KB185107

얼음과 불의 탄생

인류는 어떻게 극악한 환경에서 살아남았는가

Born of Ice and Fire

빙하와 화산을 통해 지적인 생명체의 기원을 추적하다

BORN OF ICE AND FIRE

얼음과 불의 탄생

인류는 어떻게 극악한 환경에서 살아남았는가

그레이엄 실즈 지음 | 성소희 옮김 | 최덕근 감수

whale books

추천의 글

지구에 살고 있는 생명의 출연과 과거의 격변은 어떤 관계가 있을까? 이것이 궁금하면 이 책을 펼치시라. 학문적 깊이와 문학적 아름다움을 품은 흥미로운 서사로 지질학과 기후변화, 그리고 생명 진화를 재구성한 작품이다. 우리가 사는 세상의 뿌리를 이해하고자 한다면 반드시 읽어야 한다.

_**이정모**(전 국립과천과학관장, 《찬란한 멸종》 저자)

이 책에서 저자는 캄브리아기에 있었던 생물종다양성의 폭발적인 증가 과정을 지금까지 축적된 다양한 연구 결과를 토대로 면밀하게 추적한다. 나는 이 책을 읽으면서 6~5억 년 전에 있었던 일을 마치 저자가 직접 보면서 설명하는 듯한 이야기 전개에 흠뻑 빠져들었다. 전 지구 표면이 얼음으로 덮여 있던 '눈덩이지구' 시기(상상만 해도 흥미롭다)와 이후의 화산 폭발과 풍화 활동이 생물 진화를 이끌었다는 가설을 물질적 증거로 뒷받침하기 위해 책에는 복잡한 화학식과 흐름도가 난무한다. 그러나 이에 겁먹을 필요는 없다. 찬찬히 따져가며 읽으면 마치 추리소설을 읽는 느낌을 받을 것이다. 저자는 가이아 이론을 제시한 제임스 러브록만큼 지구 시스템의 작동 과정에서 생물의 역할을 중요하게 보지는 않는 듯하다. 대신 판구조운동을 앞세우는데, 은연

중에 지질학자로서의 자부심을 드러내기도 한다. 이 책은 수억 년 전 특정 시기의 환경 변화가 어떻게 생물의 폭발적인 진화를 이끌었는지를 흥미로우면서도 논리적으로 설명한다. 지구의 역사, 특히 지질학과 고생물학에 관심 있는 대중에게 적극적으로 추천하고 싶다. _**박정재**(서울대 지리학과 교수, 《한국인의 기원》 저자)

극한의 얼음과 불이 빚어낸 생명의 기적에 관한 지적인 모험서다. 차가운 얼음과 뜨거운 불이 만나 빚어낸 지구의 역사는 SF 영화보다 더 흥미진진하다. 46억 년 전 뜨거운 불덩이였던 지구가 거대한 눈덩이로 변했다가, 화산의 불길 속에서 되살아나며 생명을 잉태했다. 지질학자 그레이엄 실즈는 마치 탐정처럼 암석과 화석의 흔적을 좇아 눈덩이지구 시대부터 생명의 폭발적 등장까지, 우리가 얼마나 극적인 우연의 연속 속에서 탄생했는지를 명쾌하게 그려낸다. 이 책을 다 읽고 나면 저자의 통찰력과 상상력에 놀라지 않을 수 없을 것이다. 한 권의 책에 담긴 지구와 생명의 대서사시를 함께 만나보자.

_**김백민**(기후과학자, 《우리는 결국 지구를 위한 답을 찾을 것이다》 저자)

인간의 지식에 이바지했지만,

널리 칭송받지 못한

이들에게 경의를 표하며.

✦

모든 생명은 다른 존재에

의지해서 살아간다.

회오리치는 소용돌이처럼

에너지 폭포를 먹고 산다.

감수의 글

오늘날 우리는 비교적 따뜻한 지구에서 살고 있다. 물론 적도 지방은 뜨겁고, 극지방이 춥기는 하지만 말이다. 우리는 지구가 언제나 지금과 같은 모습이었을 것으로 생각한다. 그런데 아주 오랜 옛날 지구 전체가 빙하로 둘러싸였던 때가 있었다. '눈덩이지구 빙하시대'라고 불리는 특이한 현상으로 지구가 온통 얼음으로 뒤덮인 재앙적인 사건이었다. 암석 기록이 남겨져 있는 지난 40억 년의 지구 역사에서 눈덩이지구 빙하시대는 두 번 있었는데, 한 번은 고원생대(24억 년 전~22억 년 전)고 다른 한 번은 신원생대(7억 2000만 년 전~6억 3500만 년 전)였다.

이 책의 저자 그레이엄 실즈는 영국 유니버시티칼리지런던의 지질학 교수로 주로 화학적 자료를 바탕으로 지구를 연구하는 학자이다. 특히 신원생대와 고생대 초(10억 년 전에서 5억 년 전 사이의 기간)에 걸쳐서 지구에서 일어났던 중요한 사건, 예를 들면, 눈덩이지구 빙하시대와 산소혁명사건, 동물의 출현, 캄브리아기 생명 대폭발 등이 상호 밀접한 연관이 있음을 밝히기 위한 연구를 수십년 간 진행해 왔다. 독자 중에는 아마도 제목에서 이 책이 '얼음'과 '불'의 기원을 다루리라고 예상할 수도 있겠지만, 이 책은 캄브리아기 초에 동물이 폭발적으로 번성하게 된 배경에 눈덩이지구 빙하시대(=얼음)와 화산 활동(=불)이 중요한 역할을 했다는 점을 강조하고 있다. 그런데 이 책에서 다루는 최신 연구 내용을 일반 독자들이 이해하기는 만만치 않다. 이 책을 읽기 위해서는 우리 지구에 관한 몇 가지 기초 지식이 필요하다. 첫째는 우리 지구가 하나의 시스템을 이루며 움직이고 있다는 사실이며, 둘째는 약 46억 년에 걸친 지구 역사의 전반적인 흐름이고, 셋째는 이 책에서 자주 등장하는 '신원생대 눈덩이지구' 가설에 대한 내용이다.

지구는 하나의 시스템

우리가 보통 '지구' 하면, 단단한 암석 덩어리로 이루어진 지구를 떠올리기 마련이다. 그러나 지구는 단단한 고체지구뿐만 아니라 고체지구를 감싸는 바다와 대기 그리고 그 속에서 살고 있는 생물들로 이루어진다. 그래서 오늘날 지구과학 분야에서는 지구를 크게 지권, 수권, 기권, 생물권으로 구분하고, 이 4권역 사이에 일어나는 역동적인 관계를 지구 시스템earth system이라고 일컫는다.

지권은 고체지구라고 부르는 영역으로 겉 부분은 우리에게 친숙한 암석으로 이루어지며, 지하 깊은 곳은 밀도가 높은 물질로 채워져 있다. 수권은 물이 차지하는 공간으로 바다, 호수, 강, 지하수 그리고 빙하를 포함한다. 기권은 고체지구와 바다를 감싸는 부분으로 여러 기체로 채워져 있으며, 생물권은 지권, 수권, 기권에서 생물들이 차지하는 공간을 말한다.

4권역의 크기를 비교해 보면, 고체지구가 질량의 99.9퍼센트, 부피의 80퍼센트로 거의 대부분을 차지하지만, 지구에서 관찰되는 대부분의 자연현상은 4권역의 상호 작용에 의해 일어난다. 4권역은 물질과 에너지를 서로 주고받으며 지구의 모습을 끊임없이 바꿔간다. 예를 들어 물의 이동을 추적해 보면, 수권의 대부분을 차지하는 바닷물이 증발해 수증기가 되면 이는 기권의 한 요소가 되고, 구름을 이루던 수증기는 비나 눈이 되어 다시 수권으로 돌아간다. 물은 땅과 식물체에 흡수되어 생물권의 영역으로 들어가기도 하고, 광물이나 암석에 포획되어 지권의 구성원이 되기도 한다. 이처럼 물은 수권, 기권, 생물권, 지권 사이를 끊임없이 오가면서 지구를 하나의 시스템으로 연결하고 있다. 만일, 이러한 흐름이 끊어진다면 어떻게 될까? 비도 내리지 않고, 강도 흐르지 않으며, 호수도 없는, 그리고 생물도 살 수 없는 황량한 행성이 될 것이다. 마치 지금의 화성처럼.

사실 지권을 연구하는 분야는 지질학, 수권을 연구하는 분야는 해양학, 지하수학과 빙하학, 기권을 연구하는 분야는 대기과학, 그리고 생물권을 연구하는 분야는 생물학으로 뚜렷이 나뉘었다. 그런데 1980년대 이후 지구를 이해하기 위해서는 지구 탄생 이후 4권역 사이의 흐름이 어떻게 변해왔느냐를 아는 일이 중요하다는 점을 인식하게 되었다. 지구를 좀 더 잘 이해하려면 지질학, 해양학, 대기과학, 생물학에 관한 폭넓은 지식이 필요한 것이다. 그래서 요즈음 지구과학 분야에서는 4권역 사이의 역동적인 관계를 연구하는 분야를 지구 시스템 과학earth system science이라고 부른다. 이 책에서는 신원생대 후반에 동물(=생물권)이 출현한 배경에 눈덩이지구 빙하시대(=수권), 산소혁명사건(=기권), 대규모 화산 활동(=지권)이 복잡하게 작용했음을 다룬다.

46억 년 나이를 먹은 지구와 지질시대

지구는 약 46억 년 전에 탄생한 것으로 알려져 있다. 지구 탄생 이후 역사시대 이전까지의 기간을 지질시대라고 말한다. 지질시대에는 여러 등급이 있다. 예를 들면, 고생대, 중생대, 신생대 같은 대代가 있고, 그보다 작은 등급으로 캄브리아기와 쥐라기 같은 기紀가 있다. 기보다 작은 등급으로는 세世와 절節도 있다. 지질시대 중에서 가장 큰 등급으로 누대累代가 있는데, 현재 지질시대는 시대순에 따라 명왕누대, 시생누대, 원생누대, 현생누대로 나뉜다.

명왕누대는 지구 탄생 시점부터 지구상에서 알려진 가장 오랜 암석의 생성 시기까지를 아우르는 45억 6700만 년 전에서 40억 년 전까지의 기간이다. 쉽게 말하면, 명왕누대는 암석으로 남겨진 기록이 없는 시대다. 시생누대는 가장 오랜 암석의 생성 시기에서 대기 중에 산소가 갑자기 많아진 시점까지의 기간으로 40억 년 전에서 25억 년 전까지다. 원생누대는 대기 중에 산소가 출현한 무렵부터 골격을 가지는 동물이 등장한 시대까지 기간으로 25억 년 전에서 5억 3880만 년 전까지다. 현생누대는 5억 3880만 년 전에서 현재까지의 기간으로 고생대, 중생대, 신생대로 나뉜다.

이 책은 주로 원생누대 끝날 무렵에 일어났던 중요한 사건들을 다룬다. 원생누대는 고원생대(25억~16억 년 전), 중원생대(16억~10억 년 전), 신원생대(10억~5억 3880만 년 전)로 나뉜다. 원생누대에 일어났던 사건 중에서 매우 특이한 것으로 '눈덩이지구 빙하시대'와 '산소혁명사건'이 있다. 눈덩이지구 빙하시대는 두 번 있었는데, 24억 년 전에서 22억 년 전 사이의 기간과 7억 2000만 년 전에서 6억 3500만 년 전 사이의 기간이다. 제1차 산소혁명사건은 24억 년 전에서 20억 년 전 사이에 일어났으며, 대기 중 산소가 현재 수준의 0.001퍼센트에서 1퍼센트로 1000배 이상으로 많이 증가했다. 제2차 산소혁명사건은 8억 년 전에서 6억 년 전 사이에 일어났는데, 대기 중 산소 함량이 현재 수준의 5~18퍼센트에 도달한 것으로 알려졌다. 그런데 눈덩이지구 빙하시대와 산소혁명사건이 거의 비슷한 시기에 일어났다는 점에서 두 사건 사이에는 어떤 인과관계가 있는 것으로 보인다.

고원생대에 일어났던 중요한 사건을 요약하면, 초기에 대규모 호상철광층이 지구 곳곳에 쌓였으며, 24억~20억 년 전에 고원생대 눈덩이지구 빙하시대와 제1차 산소혁명사건이 일어났고, 18억 년 전 무렵에는 초대륙 컬럼비아Columbia 또는 누나Nuna가 형성되었다. 중원생대는 지구 역사에서 매우 특이한 시기로 알려져 있는데, 중원생대에는 지구 환경과 생물 진화의 관점에서 거의 변화가 일어나지 않은 것처럼 보이기 때문이다. 그래서 학자들은 이 기간(18억 5000만 년 전~8억 5000만 년 전)을 '지루한 10억 년'이라고 부르기도 한다. 하지만, 판구조론의 관점에서 보면 이 기간에 컬럼비아 초대륙이 여러 개의 작은 대륙으로 갈라졌다가 10억 년 전에 이르러 새로운 초대륙 로디니아가 형성되었으니까 결코 지루할 수 없었으리라 생각된다. 신원생대는 눈덩이지구 빙하시대와 특이한 형태의 에디아카라 화석군이 산출된 덕분에 많은 연구가 이루어진 시대다. 신원생대의 가장 중요한 사건은 눈덩이지구 빙하시대로 7억 2000만 년 전에서 6억 3500만 년 전 사이에 일어났다. 신원생대에 눈덩이지구 빙하시대는 두 번에 걸쳐서 일어났는데, 첫 번째는 스터트 빙하기(7억 2000만 년 전~6억 6000만 년 전) 그리고 두 번째는 마리노 빙하기(6억 4500만 년 전~6억 3500만 년 전)로 불린다. 아울러 신원생대 눈덩이지구 빙하시대에 일어났던 제2차 산소혁명사건과 동물 출현도 지구 역사에서 중요한 사건이다.

현생누대는 캄브리아기 이후 현재까지의 기간을 말한다. 지구 역사에서 캄브리아기는 무척 중요하게 다루어지는데 캄브리아기 이후에 화석이 많이 발견되기 때문이다. 캄브리아기 지층에 화석이 많은 배경에는 캄브리아기 시작 직전에 생물들이 골격을 가지면서 생물들의 유해가 화석으로 많이 남겨졌기 때문이다. 그래서 '캄브리아기 생물 대폭발'이라는 용어가 등장했고, 이후 생물들은 크게 번성해 지구 곳곳에 다양한 동·식물들이 살기 시작했다. 그러므로 현생누대는 우리에게 친숙한 시대로 현재 우리가 살아가는 시대이기도 하다.

21세기 가장 뜨거운 논쟁거리 눈덩이지구 가설

1980년대 중반, 오스트레일리아 남부의 플린더스산맥에 분포하는 6억 4000만 년 전 무렵의 빙하퇴적층인 엘라티나층Elatina Formation의 고지자기를 연구하던 오스트레일리아의 고지자기학자들이 엘라티나층이 적도 부근에서 쌓였다는 논문을 발표해 사람들을 놀라게 했다. 적도지방에 빙하 퇴적층이 쌓였다니 믿기 어려운 연구 결과였다. 미국 캘리포니아 공과대학 고지자기학자 커쉬빙크 교수는 이를 확인하고자 독자적으로 연구했는데, 그 역시 엘라티나층이 위도 15도 부근의 적도 가까운 곳에서 쌓였다는 측정 결과를 얻었다.

커쉬빙크는 측정 결과를 통해 빙하가 적도 부근을 덮었다면 극지방도 빙하로 덮였을 것이기 때문에 지구 밖에서 지구를 보면 지구가 마치 커다란 눈덩이처럼 보였을 것이라는 생각했다. 이를 바탕으로 1992년 〈눈덩이지구〉라는 짧은 논문을 발표했다. 이후 눈덩이지구 가설이 빠르게 퍼져나가면서 논쟁의 소용돌이를 일으켰고, 이 소용돌이는 1998년 하버드대학 폴 호프먼 교수 팀의 논문 〈신원생대 눈덩이지구〉가 과학 잡지《사이언스》에 게재되면서 극에 달했다.

이 논문이 발표된 이후, 사람들은 바다에 어떻게 그처럼 두꺼운 빙하가 만들어질 수 있었는지, 빙하 밑 바다에 살던 생물들이 어떻게 생명을 유지할 수 있었는지 등등 여러 문제점을 제기하기도 했다. 어떤 학자들은 적도 부근의 빙하는 두께가 얇았을 것이라고 주장하기도 하고, 또 어떤 학자들은 대륙으로부터 먼 바다에는 아예 빙하가 없었다는 수정안을 내놓기도 했다. 빙하의 규모가 어떠했는지 그 모습을 정확히 알기는 어렵다고 해도, 신원생대에 지구 대부분이 빙하로 덮였다는 사실에는 의견을 함께하고 있다. 눈덩이지구 가설은 21세기에 들어서서 지구과학 분야의 가장 뜨거운 논쟁거리의 하나였다.

그러면 신원생대 눈덩이지구 빙하시대는 어떻게 일어났을까? 지구를 따뜻하게 유지해 주는 것이 온실기체이기 때문에 신원생대 눈덩이지구 빙하시대의 원인을 대부분 온실기체의 감소에서 찾고 있다. 신원생대에 일어났던 제2차 산소혁명사건에 의해 갑자기 크게 늘어난 산소가 대기 중에 들어있던 메탄과 반응해 이산화탄소보다 훨씬 강력한 온실기체인 메탄 함량을 감소시킴으로써 빙하시대가 시작되었다는 주장도 있고, 로디니아 초대륙의 해체에 따른 활발한 풍화 작용으로 인한 이산화탄소의 감소가 빙하시대의 주원인이라는 주장도 있다. 그 무렵 태양 밝기는 현재의 90~95퍼센트였기 때문에 온실기체인 메탄이나 이산화탄소의 함량이 크게 감소하면 지구는 빙하시대로 접어들었을 것이다. 최근에 나온 또 다른 해석에 의하면, 북아메리카 대륙에서 7억 2000만 년 전에 일어났던 대규모 화성 활동이 빙하시대의 주원인이었다는 해석도 있다. 화산이 분출할 때 뿜어낸 황화수소(H_2S)와 아황산가스(SO_2)의 에어로졸이 대기권 상층부로 올라가 햇빛을 차단한 결과 눈덩이지구 빙하시대가 시작되었다고 설명한다.

지구화학자인 이 책의 저자는 화학적 자료를 이용해 신원생대 눈덩이지구 빙하시대, 제2차 산소혁명사건, 그리고 동물의 출현에 얽힌 문제를 풀어내려고 노력했다. 특히 동위원소인 탄소(C), 산소(O), 황(S), 스트론튬(Sr)의 상대적 함량 변동이 신원생대의 환경적 요인을 반영한다는 철학 아래 접근했다. 또한 연구하는 과정에서 겪었던 경험을 바탕으로 신원생대에 일어났던 사건들을 논리적으로 설명한다. 저자는 단순히 지구화학적 지표를 강조하는 데 그치지 않고, 지질학의 다른 분야, 예를 들면 판구조론, 퇴적학, 고생물학 등의 지식을 동원해 통합적 해석을 시도했다.

우리나라에도 신원생대 눈덩이지구 빙하시대에 쌓인 빙하퇴적층이 분포한다. 신원생대 빙하퇴적층이 퍼져 있는 곳은 충청북도 충주에서 괴산, 보은을 지나 옥천에 이르는 지역으로 '충청분지'로 불리고 있다. 우리나라의 신원생대 빙하퇴적층을 연구해 신원생대 기간에 한반도에서 일어났던 역사를 다룬 논문을 발표한 사람으로 나는 이 책에 흠뻑 빠져들었다. 책을 읽어나가는 과정에서 10여 년 전 충청분지를 헤매고 다녔던 행복했던 시절이 떠올랐기 때문이다. 이 책은 비단 지질학을 전공한 사람뿐만 아니라 지구의 역사에 관심이 있는 독자들에게도 무척 흥미롭게 읽히리라고 생각한다. 이 책을 번역 출판해 준 웨일북 출판사에 고마운 마음을 전한다.

서울대학교 지구환경과학부 명예교수

최덕근

서문

찰스 다윈 이래로, 지질학자들은 한숨이 절로 나올 만큼 불완전한 화석 기록을 토대로 생명의 진화를 재구성하려고 애썼다. 약 5억 년 전 캄브리아기에 동물이 폭발적으로 증가한 현상의 '도화선'이 어디에서도 보이지 않는다는 사실이 가장 골치 아픈 문제였다. 생명체가 생물학적으로 점점 복잡해지는 방향으로 진화했다는 사실을 입증하는 화석 증거가 오래전부터 발굴되었지만, 최근에는 잇따라 대거 발견되고 있다. 퍼즐에서 빠진 핵심 조각 몇 개를 드디어 찾았으니, 이제 우리의 최초 조상이 처음 등장한 과정과 원인에 대한 지식을 찬찬히 검토할 때다.

나는 학계에서 그 누구도 최초의 동물이 어떻게 진화했는지, 어떤 조건에서 출현했는지, 심지어 어떤 모습이었는지조차 알지 못했던 시기에 순진하게 이 책을 구상했다. 오랜 세월이 흐른 지금, 나는 더 자신 있게 글을 쓸 만큼 적어도 이런 질문에 일부 답을 줄 수 있다. 이 책에서 나는 동물이 언제 어떻게 진화하고, 널리 퍼져나갔고, 오늘날 존재하는 무수한 형태로 다양해졌는지 간략히 설명했다. 더불어 우리 자신의 기원이라는 문제를 넘어서서 복잡하고 활동적인 생명체가 조건이 알맞은 행성에 존재할 가능성에 관해서도 폭넓은 결론을 내리려고 노력했다.

이 책은 동물의 기원과 진화를 핵심 주제로 다루지만, 생명과학이 아니라 지구과학 책이다. 구체적인 동물군의 체계와 중요성, 유전 메커니즘과 특징을 분석하는 과제는 다른 이들에게 맡기겠다. 나는 단세포 원생생물이 대략 6억 년 전에 정확히 어떤 중요한 단계를 거쳐서 복잡한 다세포 생물로 진화했는지가 아니라, 환경이 어떻게 바뀌었길래 그처럼 새로운 생명의 생존에 유리해졌는지 궁금하다. 최근 몇 년 사이, 지구 표면의 물리적 변화에 관한 지식이 크게 성장함에 따라 생명체와 환경의 역동적 상호작용뿐만 아니라 진화 과정의 원동력도 밝혀냈다.

나는 현장에서 이 주제를 직접 다룬 학자의 관점에서 30년간 이 책을 썼다. 학자 생활은 힘겹고 돌아오는 것도 적지만, 진심으로 즐거웠고 과학 지식이 어떻게 발전하는지 지켜보며 유익한 교훈도 얻었다. 이 책의 독자들도 나처럼 호기심이 많고 기존 개념에 새로운 의미를 더하는 데 열성을 기울이겠지만, 지질학 관점은 낯설지도 모르겠다. 이 책은 초기 생명체를 다룬 기존 저서와 다르다. 나는 지구를 복잡하고 새로운 체계, 다시 말해 생물권과 지권, 기권, 수권으로 구성되며 생명체와 마찬가지로 지금 같은 현대적 형태로 진화해야 하는 체계로 보기 때문이다. 오늘날 우리가 살아가는 세계의 특징은 큰 변화 없이 한결같은 기후, 산소가 풍부한 해양과 대기, 활력이 넘치는 고등 생명체지만, 지구가 늘 이렇지는 않았다. 이 책은 지구가 더운 기후와 추운 기후, 산소가 풍부한 상태와 산소가 고갈된 상태, 생명의 대확산과 대멸종 사이를 오가는 격변을 헤쳐나가며 현대의 모습으로 이어지는 여정을 이야기한다. 그리고 이처럼 막대한 불안정성이 훨씬 더 거대한 지질 구조 순환과 어떻게 관련되는지 탐구한다.

지구의 과거가 어떻게 현재와 미래를 결정하는지 탐구하려는 호기심 가득한 독자가 이 책에도 관심을 기울여 주기를 바란다. 나의 경험과 이야기로 과장을 좀 했지만, 퇴적학에서 판구조론, 지구화학, 고생물학에 이르기까지 다양한 분야의 최신 발견과 개인적 해석을 적절히 버무려서 균형 잡힌 글을 내놓았다고 믿는다. 아울러 내가 영웅이라고 생각하는 여러 인물에 관한 역사 속 이야기도 실어두었다. 나의 영웅은 현대 과학 체계를 발전시키는 데 삶을 바쳤지만, 널리 인정받지 못한 과학자들이다. 책에 나오는 아이디어는 대체로 나의 견해로 일부는 동료 심사 학술지에 발표했고, 일부는 아직 면밀하게 검토받지 못했다. 학계 동료들도 이 책을 읽고 내 생각을 알게 되었으면 한다.

인간과 동물이 이 행성에서 어떻게 진화했는지에 관한 질문은 얼마 전까지만 해도 과학적 질문이 아니라 철학적 질문에 가까웠다. 하지만 최근에 너무도 많은 일이 일어나서 이 모든 상황을 바꾸었고, 그 덕분에 이 책도 탄생할 수 있었다. 학계는 화석과 분자 증거를 바탕으로 온 세상이 수천만 년 동안 두꺼운 얼음 안에 파묻혔던 흥미진진한 시기에서 우리가 기원했다고 밝혔다. 이 크리오스진기('추위'와 '탄생'을 의미하는 그리스어에서 유래한 이름이다)에는 '눈덩이지구'라는 흥미로운 이름도 붙었다. 지구가 꽁꽁 얼어붙었던 이 사건이 일어나기 이전과 일어나는 도중과 일어난 직후에는 기후만이 아니라 판구조운동, 산소, 영양소, 생물 진화에서도 극단적인 변화가 발생했다. 우리는 이제야 이런 변화를 이해하기 시작했다. 나는 이 책에서 이례적으로 파괴적이었던 시기를 불러온 원인과 이 불안정이 우리의 기원에 미친 영향을 철저히 밝히려고 애썼다.

과학자가 확률을 고려한 표현으로 조심스럽게 의견을 드러내면, 사람들은 당황하거나 심지어 의구심을 품기도 한다. 나 역시 그저 정답만 배워서 시험에 통과하고 싶은 학생들이 불확실성을 두려워한다는 사실을 잘 안다. 하지만 생각을 바꾸는 능력은 과학자에게 필수다. 과학은 사실을 확인하는 것이 아니라 의심을 따져보는 것이다. 우리는 모든 불확실한 결론을 무턱대고 덥석 받아들여서는 안 된다. 나는 무엇보다도 사실에 근거한 지질학 관찰 결과를 먼저 제시하고, 이후에 부족한 내용을 보완할 학문 분야의 정황 증거를 보태서 불확실성을 다소 줄인 결론을 내렸다. 동물의 진화 과정에는 아직 밝혀내야 할 것이 너무나도 많지만, 우리가 이처럼 짧은 시간 안에 여기까지 왔다는 사실에 자신감이 솟는다.

차례

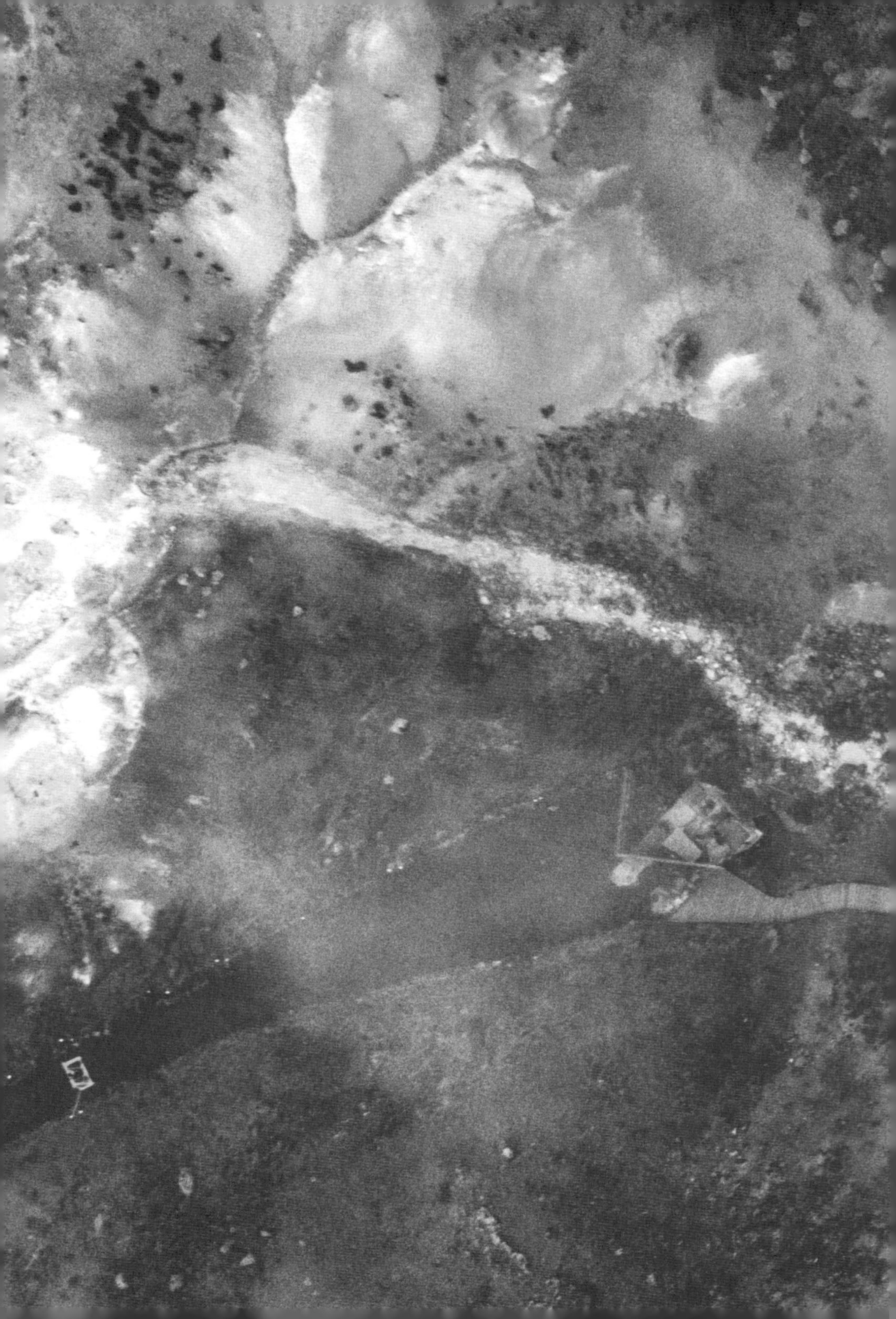

1.

시간 여행

현재는 과거를 여는 열쇠인가

Time Travel

최초의 동물은

얼음에서 태어나 불의 품에

안겨서 자랐다.

내가 처음으로 교편을 잡고 얼마 지나지 않았을 때다. 오스트레일리아의 제임스쿡대학교 강의실에서 게슴츠레한 눈빛을 한 50여 명의 학생들 머리 위로 날아갈 것처럼 두 팔을 쩍 벌린 채 민망해하며 서 있었던 것이 기억난다. 휴대폰 화면에서 학생들의 주의를 떼어놓기까지는 지질 시대만큼 오랜 시간이 걸릴 것 같았다. 그 순간을 헛되이 보내고 싶지 않았던 나는 지구 역사가 상상할 수 없을 만큼 어마어마하게 길다고 열렬하게 설명을 쏟아냈다. 사실 너무나 길어서 상상할 수 없을 만큼 어마어마하게 길다는 표현이 무의미하다. 그렇다면 100만 년은 10억 년보다는 상상이 가능한 기간인 걸까? 나는 과감하게 학생들에게 말했다. 우리가 인간의 짧은 수명 때문에 생겨난 제약을 넘어서려면 '비유'가 필요하다.

우리가 버드맨이고, 우리의 한쪽 날개 끝에서 다른 쪽 날개 끝까지의 길이가 우리 행성 역사 전체를 이룬다고 상상해 보자. 다시 말해서 사람 몸을 척도로 삼아서 지구 역사가 쭉 펼친 한쪽 손가락 끝에서 반대 팔 손가락 끝까지의 길이로 압축되었다고 생각해 보자. 한쪽 손가락 끝, 이때 원시 태양을 원반처럼 에워싸고 회전하는 성운 속에서 맞부딪치던 무수한 이웃 미행성들이 여러 차례 격렬하게 충돌해 결합한 끝에 지구가 만들어졌다. 지구의 시간이 우리 손목에 이를 때쯤이면 원시 지구는 이미 화성만큼 커다란 천체와 충돌한 후 살아남으며 죽도록 고생한 뒤다. 이런 충돌 가운데 하나 때문에 달이 만들어졌다. 지구 역사의 이 한 뼘을 명왕누대Hadean Eon라고 부른다. 이렇게 부르는 이유는 머나먼 과거에 생명체가 존재했더라도, 끔찍하게 파괴적인 충돌이 일어날 때마다 그 생명체는 멸종해서 흔적도 없이 사라졌을 것이기 때문이다. 반대편 팔의 손목도 매우 중요한 지점이다. 첫 번째 동물이 비로소 지구에 불쑥 등장한 때가 바로 이 시기다. 따라서 우리의 두 팔과 가슴은 처음에는 미생물이 나중에는 조류algae가 끊임없이 지구를 지배했던 30억 년 넘는 세월에 해당한다. 누구나 가장 좋아하는 화석인 날지 못하는 공룡은 손가락 관절 부근 시점에서 진화했지만, 손가락 관절 셋 중 마지막 부분에서 운석 때문에 종말을 맞아 지구상에서 사라지고 말았다. 고래와 영장류, 풀, 히말라야산맥, 록밴드 롤링 스톤즈처럼 영원토록 우리 곁에 있었던 것 같은 존재들을 위한 시간이라고는 단지 손가락 끝이 전부다. 특별히 흉악하게 굴고 싶다면, 우리는 그저 손톱을 다듬는 것만으로도 인류 전체를 말살할 수 있다.[1]

이제 팔을 내려도 좋다. 이 비유는 나쁘지 않지만, 우리와 더 가까운 시대에는 잘 들어맞지 않는다. 영원히 서 있었던 것처럼 보이는 피라미드가 건설된 이후의 세월이 고작 깎아낸 손톱 조각의 1퍼센트에 지나지 않는다고 누가 상상할 수 있을까? 훨씬 더 효과적인 다른 비유도 많다. 예를 들어 지구 역사를 딱 1년에 끼워서 맞춘다면, 찰스 다윈은 1년의 마지막 날 자정에 교회 종소리가 열한 번째로 울리는 순간 자연 선택natural selection을 통한 진화 이론을 발표한 셈이다.

이 책에 담긴 이야기는 우리 손목에 해당하는 시대, 즉 동물의 징후가 처음으로 나타나는 시기를 다룬다. 나는 지구 역사 전체에서 이 시기가 가장 특별하다고 생각한다. 그래서 우리 조상이 형성되는 데 가장 중요했던 시기로 거슬러 올라가는 여행에 당신을 초대하고자 한다. 이 시기는 중요하지만, 최근까지 우리가 아는 것은 비교적 거의 없었다. 게다가 더 최근 시기보다 확실히 덜 극적이다. 예를 들어 소설 속 시간 여행자는 언제나 공룡 시대로 가는 것 같다. 공룡 시대는 수수께끼 같은 머나먼 과거에 세상이 어땠는지에 관한 대다수 사람의 생각에 잘 들어맞는 듯하다. 영화에서 미치광이 과학자는 대담하게 타임머신 밖으로 나왔다가 굶주린 티라노사우루스의 포효를 듣고 극심한 공포에 질리고 만다. 늘 그렇지 않던가? 1990년에 출간된《쥬라기 공원》소설도 비슷한 상황을 묘사하지만, 반대로 지독하게 영리한 벨로시랩터가 물 만난 물고기처럼 오늘날의 아프리카 밀림으로 온다. 우리는 소설 작품 속 이런 가변성을 당연하게 받아들이며, 아마 당연하게 받아들여야 할 것이다. 우리와 공룡의 세계는 수천만 년 떨어져 있지만, 그리 다르지 않기 때문이다. 어쨌거나 공룡은 우리와 겨우 손가락 마디 하나 떨어진 시기에 살았다. 내 바람대로 우리가 정말 시간을 거슬러 올라갈 수 있다면, 나는 중생대Mesozoic Era의 신선한 공기를 가장 먼저 들이마시는 사람이 되겠다고 기꺼이 자원하겠다.

누대	대	기		뜻	의의
현생	신생대		눈에 보이는 생명	새 생명	포유류와 풀의 시대, 기온 하강
	중생대			중간 생명	파충류의 시대, 칼슘 플랑크톤
	고생대			오래된 생명	양서류와 식물의 시대, 빙하기
					절지동물의 시대, 생물 다양화
원생	신원생대	에디아카라기	새로운 원시 생명	에디아카라	에디아카라 동물상, 최초의 동물, 신원생대 산소 발생 사건
		크리오스진기		추위	빙하 퇴적물, 철광층
		토노스기		뻗다	대륙 균열, 화산, 원생생물 출현
		클레이시아기		폐쇄	초대륙 완성, 로디니아
	중원생대	스테노스기	중간 원시 생명	협소한	조산대, 변성 작용, 녹조류와 홍조류 출현
		엑타시아기		뻗어나가다	대지의 지속적 퇴적과 확장
		칼리마기		덮다	구조상 안정기, 대지 확장
		스타테로스기		안정된	최초의 초대륙(누나), 최초의 진핵생물 미화석과 대형 화석
	고원생대	오로세이라기	오래된 원시 생명	산맥	광범위한 조산 운동, 변성 작용, 최초의 대형 화석
		라이악스기		용암의 흐름	로마군디 탄소 동위원소 이상, 최초의 거대 황산염 퇴적물, 광범위한 화산 활동
		스쿠리아기		녹슬다	대기 중 산소 축적, 산소 대폭발 사건, 주요 빙하 작용

0 200 400 600 800 1000 1200 1400 1600 1800 2000 2200 2400

하지만 소설 속 시간 여행은 오해를 불러일으킬 수 있다. 세상이 우리 신진대사에 언제나 우호적이지는 않았기 때문이다. 우리 행성이 존재해 온 시간은 게걸스러운 육식동물과 우리 사이의 시간보다 70배나 더 길다. 비공식적으로는 선캄브리아 시대Precambrian Eon(전캄브리아 시대)로 불리고, 더 공식적으로는 아직 이름이 정해지지 않았거나 정의되지 않은 것을 포함해 여러 하위 시대로 나뉘는 명왕누대와 시생누대Archean Eon, 원생누대Proterozoic Eon로 구성된다. 이 기간인 지구 역사 속 첫 40억

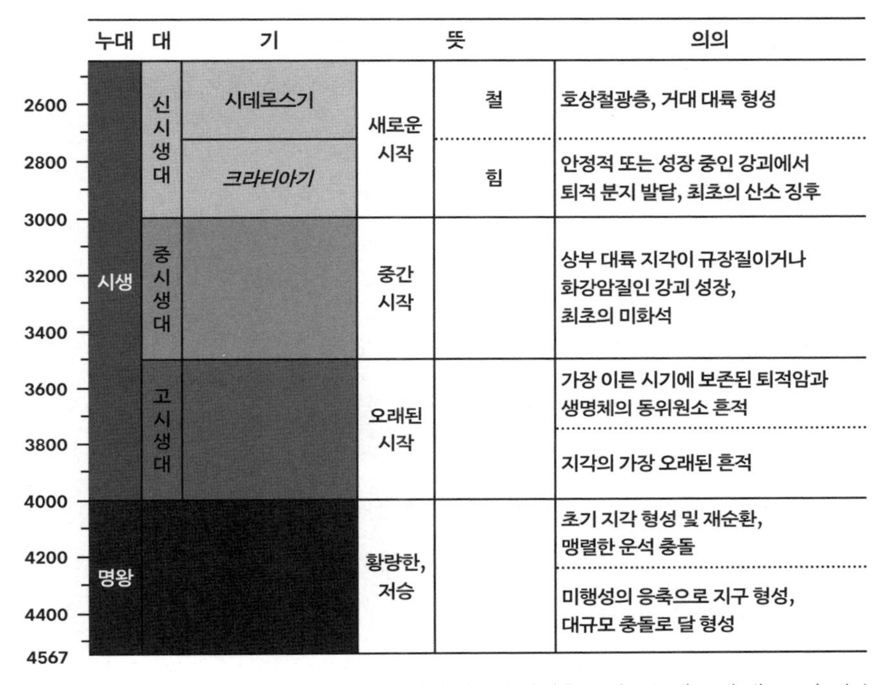

그림 1. 지질 연대표. 지질 시대는 암석에 기록된 사건을 토대로 누대eon와 대era, 기period로 구분한다. 이 표는 지구 역사 전체를 구분한 최근의 시도를 보여준다(표 왼쪽 숫자는 '100만 년 전'을 단위로 하는 연도를 나타낸다). 기의 명칭은 그리스어 단어에서 따왔다. 기울임으로 적힌 이름은 국제지질과학연맹International Union of Geological Sciences에 승인받지 않은 제안일 뿐이다.

년 동안 달리기는커녕 움직일 수라도 있는 생물은 거의 없었다. 원시 지구를 여행하는 히치하이커를 위한 안내서라면 위대한 작가 고故 더글러스 애덤스(소설《은하수를 여행하는 히치하이커를 위한 안내서》의 저자-옮긴이)의 표현과 달리 이 여행지가 "대체로 무해"하다고 말하지 않을 것이다. 우리는 먼저 산소 부족으로 죽지 않더라도 치명적인 유독가스 혼합물이나 극단적인 기온 때문에 곧 죽음을 맞을 것이다. 물고기 같은 바다 동물에게도 나을 것이 없다. 바다에 산소가 조금이라도 있었다고 한들, 가장 얕은 곳에만 있었을 것이다. 천천히 분해되는 유기물 쓰레기 때문에 바다는 악취가 고약하고 유독한 곤죽이 되었을 것이다. 무언가가 이 모든 상황을 바꾸기 전까지는 오늘날 해저 밑이나 우리 장 내부에만 숨어서 번성하는 숱한 혐기성 박테리아가 영겁의 세월 동안 지구의 주요 관리인이었다(그림 1).[2]

어떤 이유에선지 '지루한 10억 년boring billion'이라고 불리는 상대적 정체기가 10억 년 동안 이어진 끝에 생물학적 혁명이 일어났다. "겉은 변해도 본질은 변하지 않는다plus ça change, plus c'est la même chose"라는 속담대로 되어버린 프랑스혁명처럼, 어떤 혁명은 기존 상태로 빠르게 되돌아간다. 반대로 산업혁명 같은 다른 혁명은 틀을 깨뜨린다. 이런 혁명은 역사 흐름을 바꿀 뿐만 아니라 규칙을 다시 쓴다. 발명품이 일단 확고하게 자리 잡고 나면 되돌리기가 거의 불가능하기 때문에 새로운 기술은 사회 구조를 다시 엮는다. 불과 바퀴, 시계, 엔진, 컴퓨터가 우리의 집단의식에 들어오고 난 후 인류는 결코 원상태로 돌아갈 수 없었다. 단순한 미생물에서 더 복잡한 생물계로 바뀌는 지구 대혁명은 이 두 번째 종류의 혁명과 비슷했다. 우리 행성은 한 번 현대화에 뛰어들면 절대 뒤돌아보지 않았다. 새로운 생명체가 도착해서 새롭게 행동하며 우리가 이제야 이해하기 시작한 방식으로 지구 시스템을 바꿔놓았다.

최근까지 우리는 무엇이 생명체의 '산업' 대혁명을 일으켰는지 추측만 할 따름이었다. 사실 다윈 이래로 약 6억 년 전에서 5억 년 전 사이에 벌어진 동물의 출현과 그 이후의 다양화를 설명할 아이디어가 부족하지는 않았다. 일부 학자는 내재적 설명을 선호해서 그저 엄청 오랜 시간만 흐르면 필수적인 유전 기계가 필요한 돌연변이를 진화시킬 수 있다고 주장했다. 하지만 대부분은 '혁명을 허용하는' 환경 변화도 한몫했다는 사실을 받아들였다. 다수가 캄브리아기 생명 대폭발Cambrian explosion 이전에 처음으로 바다 전역에서 산소 농도가 대단히 증가한 현상은 우연일 수가 없다고 주장했다(나도 전적으로 동의한다). 동물 전체는 아니더라도 대다수에게는 산소가 중요한데, 이 산소 급증이 동물 진화의 원인이었는지, 아니면 결과였는지를 두고 의견 차이가 존재한다. 충분히 이해할 만한 일이다. 아울러 거대 대륙의 분열과 충돌 등 전례 없는 규모의 지각 변동은 생물학적 혁신의 역동적 배경이 되었다. 이는 생명체와 환경 모두 훨씬 더 커다란 규모의 조화에 맞추어 움직였다는 사실을 암시하는 듯하다.

내가 아직 학생이었을 때, 터무니없어 보이는 생각의 씨앗이 뿌리를 내렸다. 이 생각은 동물이 출현하기 직전까지 우리 행성은 빙하에 완전히 덮여 있어서 빙모(산 정상이나 고원을 모자처럼 덮은 빙하로, 빙원이나 빙상보다 크기가 작다-옮긴이)가 적도까지 뻗어 있었다는 논란 많은 증거를 바탕으로 했다. 1990년대 말, 이 공상은 더 인기 있는 눈덩이지구snowball earth 이론으로 바뀌어서 과학자와 일반인의 상상력을 사로잡았다.

그 혼란스러운 시절에서 겨우 20년이 지난 지금, 우리가 지식을 훨씬 더 많이 쌓아왔다는 사실을 떠올리면 경외감이 느껴진다. 한때 조롱받았던 이 가설은 요즘 너무나 널리 받아들여져 이제 논쟁거리는 세부사항 정도다. 경험상 눈덩이지구 이론을 둘러싼 논쟁만큼 지식의 성장 과정을 잘 보여주는 것도 없다. 전 세계 과학자가 마치 범죄 사건을 수사하듯이 이 이론을 하나씩 예측하며 조사했기 때문이다. 그런데 얼음으로 뒤덮인 지구를 상상하는 일은 흥미진진하지만, 이처럼 혹독한 상태가 우리 인류의 기원과 어떻게 관련될까?

최근의 화석 발견과 유전학 연구가 없다면 이 질문은 미결 상태로 남을 것이다. 하지만 유기체 사이의 유전적 차이를 연구하는 계통유전체학이 크리오스진기Cryogenian Period의 혹한이라는 호된 시련을 거친 이후에 모든 동물 생명체가 진화했다고 정확히 짚어냈다. 아울러 화석 기록에 대한 지식이 발전한 덕분에 눈덩이지구 시기 이전에는 현생 동물군이 전혀 존재하지 않았다고 확신할 수 있다. 상당히 많은 증거가 동물은 눈덩이가 녹은 후에야 나타나서 퍼져나갔다고 말해준다. 요즘에는 억겁의 세월을 겪고도 기적처럼 보존된 유기 분자가 증거 대열에 합류해서 어떻게 대빙하 시대에 복잡한 다세포 조류가 전 세계에 출현했는지 알려주었다. 우리 행성의 역사에서 눈덩이지구 시기는 생물학적 진화를 거의 완전히 다른 두 부분으로 나눈다. 이런 혁명적 사건은 왜 발생했을까? 그리고 이 사건은 우리 진화의 시작을 이해하는 데 어떤 도움이 될까? 이 두 가지 질문은 앞으로 우리를 계속해서 따라다닐 핵심 질문이다.

우리 행성에 생명체가 온전하게 거주할 가능성은 지구 시스템의 진화와 밀접하게 관련된다. 이 시스템에는 대기와 바다뿐만 아니라 암석으로 이루어진 지구 내부도 포함된다. 대기와 바다, 지구 내부는 기후에 영향을 미치고, 또 기후에 영향을 받는다. 우리는 인간이 거대하고 복잡한 시스템 속에서 살아가며 그 시스템의 일부라는 사실을 어느 때보다 잘 알고 있다. 전 지구적 규모로 일어나는 물질의 흐름 때문에 시스템 각 부분은 서로 연결된다. 생명체의 주요 구성 성분(탄소와 산소, 영양분인 인과 질소)이 끊임없이 재순환하는 현상은 유기물 생산성을 유지하고, 대기 구성을 조절하고, 지표면 온도를 조정하고, 이 외에도 우리가 당연히 여기는 많은 것을 통제한다. 우리가 지금 이전의 세상을 상상하기 어려운 것도 바로 이 때문일 것이다. 우리에게 먼 옛날 지구는 도저히 알아볼 수 없어서 화성이나 다름없는 행성이다. 지금은 우리 행성이 그토록 오랫동안 꽁꽁 얼어 있었으며, 이 조건이 우리의 기원에 도움이 되었고, 심지어 필수적이었다고 상상할 수조차 없다. 비록 아주 오래전일지라도 이런 일이 정말로 벌어졌다는 사실은 이처럼 극단적인 사건이 발생할 수 있을 뿐만 아니라 우리 행성의 자연스러운 상태이기도 했다는 뜻이다. 지구는 장구한 세월 동안, 우리와 날지 못하는 공룡을 갈라놓는 시간보다 훨씬 더 긴 세월 동안 얼어붙은 담요를 덮고 있었다. 이런 세상을 이해한다는 것은 '정상'에 대한 생각을 다시 조정한다는 뜻이다. 어쩌면 "현재는 과거를 여는 열쇠다"라는 동일과정설uniformitarianism(과거와 현재의 지질 현상이 같은 작용으로 이루어진다고 보는 학설-옮긴이)의 모토를 버리는 것일지도 모른다.

지난 20년간 이루어진 지식의 커다란 발전은 어떻게 선캄브리아 시대 지구가 우리 생각에 이의를 제기하는지 잘 보여준다. 당시 지구는 우리가 현대 세계에서 알고 있는 것과 전혀 일치하지 않았다. 극단적인 기후부터 해양 화학 조성의 설명할 수 없는 변화까지, 현대 지구 시스템이라는 관점에서 보면 이해할 수 있는 것이 거의 없다. 어떻게 얼음은 지구 기후를 이전으로 되돌리는 음의 피드백negative feedback을 일으키지 않은 채 적도까지 뻗어갔을까? 오늘날 우리는 기후 시스템에 음의 피드백이 작용한다는 사실을 잘 안다. 상상력의 실패를 극복하려면 다른 사고방식을 받아들여야 한다. 서로 단절되어 보이는 현상을 모두 통합해 지질학 시계가 앞으로 나아가게 내버려 둘 때 이해되는 하나의 서사로 묶는 사고방식이 필요하다. 역사학자라면 산업혁명을 이해하려고 컴퓨터를 분석하지는 않을 것이다. 지질학에서도 마찬가지로 지구의 먼 과거를 이해하려고 오직 현대 세계만을 이용하는 실수를 저지르지 않는 것이 중요하다.

지질학은 궁극의 미해결 사건이다. 지질학 탐정은 마치 사건을 과학적으로 수사하듯이 무자비한 시간에 갉아 먹히고 남은 몇 안 되는 자그마한 퍼즐 조각에서 증거를 모아 종합한다. 이 책은 서로 뚜렷하게 다른 두 부분으로 구성되었다. 전반부에서는 불완전한 암석 기록에서 힘들게 찾아낸 증거의 세부 사항과 특징을 간략하게 설명한다. 어느 추리소설에서든 인과관계를 정립하는 가장 좋은 방법은 사건 시간표를 만드는 것이다. 하지만 사건이 5억 년 전보다 더 먼 과거에 일어났다면 이 방법이 말처럼 쉽지 않다. 꾸준히 축적된 방대한 데이터를 어떻게든 받아들이려면 반드시 지식을 시간 순서대로 정리해야 한다. 최근까지는 이 작업이 거의 불가능했다.

1990년대 이후 화학과 물리학, 생물학이 줄곧 새로운 데이터를 내놓으면서 지질학은 점점 더 협력적이고 종합적인 학문이 되었다. 이제는 동물의 출현을 초래한 원인에 대한 가설을 타당하고, 논리적으로 방어할 수 있고, 검증하도록 종합해 볼 수 있다(이 책의 후반부에서 하려는 일이다). 내가 내린 결론에서 세부 사항은 확실히 바뀌겠지만, 본질은 오랜 시간이 흘러도 변하지 않으리라고 믿는다. 그 결론은 무엇일까? 최초의 동물 조상은 얼음에서 태어나 불의 품에 안겨서 자랐고 암석의 풍화 작용에서 에너지원을 얻었다. 이때 가장 중요한 암석 가운데 하나는 설화석고와 회반죽, 분필을 만드는 데 쓰이는 보드랍고 하얀 분말 광물인 석고였던 것으로 드러났다. 여기서 또다시 소중한 동일과정설을 버려야 한다. 이번에는 현대 탄소 순환의 작동 방식이 문제다. 동물이 출현하기 전 탄소(와 산소) 수지를 이해하려면 반직관적으로 황을 살펴봐야 한다. 아울러 지구의 서사에 등장하는 모든 조연 뒤에는 무엇보다도 중요한 거대 현상이 있다. 태양과 판구조운동이 없었다면 혁명도, 그 혁명을 이야기할 존재도 없었을 것이다.

이 행성에서 우리의 존재는 과거 속 숱한 사건이 만든 결과다. 만약 시간을 되돌려서 다시 처음부터 시작한다면, 그래도 인간이 존재할 수 있을까? 그렇지 않을 것이다. 우리에게 유리하게 작용해야 하는 중요한 우연의 일치가 너무도 많기 때문이다. 그렇다면 어떤 종류든 지적 생명체가 생겨날까? 동물이 진화하기는 할까? 에너지를 소모하는 대사 작용을 추진할 만큼 산소가 충분히 있을까? 이런 질문이 더 흥미롭다. 불가능해 보이는 사건들이 방해받지 않고 이어지냐 아니냐에 따라 답이 달라지지 않기 때문이다. 이런 질문의 답은 어마어마하게 긴 시간과 특정한 시작 조건을 고려할 때 있을 법하지 않은 일이 불가피한지 아닌지에 따라 달라진다. 진화 궤적은 재앙과 기회에 의존하는 것뿐만 아니라, 지질 시대를 거쳐 결국에는 필연적으로 지배하게 될 장기적인 행성 규모의 힘에도 달려 있다. 이 요인들 가운데 무엇이 지적 생명체의 진화에 진정으로 필수적이었을까? 답은 까마득히 먼 지질 시대에 있다. 답을 알면 당신은 깜짝 놀랄 것이다.

지구의 아득한 과거를 더 깊이 파헤치기 전에 동물의 기원을 품은 얼어붙은 요람을 방문하며 여정을 시작하자. 다시 말해 생명의 대혁명 전후에 일어난 일을 조사하기에 앞서 우선은 우리 손목 시점까지만 거슬러 올라가 보자. 현재가 언제나 과거를 열 수 있는 열쇠가 아니라면, 예상을 거스르는 것처럼 보이겠지만 지구상 가장 뜨거운 지역으로 꼽히는 곳에 먼저 가는 게 옳다. 바로 사하라 사막이다.

2.

사하라 빙하

가장 뜨거운 곳에서 얼음 흔적을 찾다

Saharan Glaciers

이 행성에서 우리의 존재는
과거 속 숱한 사건이
만든 결과다.

캄브리아기Cambrian Period에 동물들이 다양해지기 직전에 빙하가 광범위하게 존재했다는 사실을 보여주는 증거가 100여 년 동안 쌓였다. 안타깝게도 주목받지 못한 전 세계 지질학자들이 빙하 작용에 관해 논란의 여지 없이 설명했지만, 선캄브리아 시대의 빙하가 유달리 광범위했다는 주장에는 언제나 회의론이 파문처럼 일어났다. 아이러니하게도 이 얼어붙은 난제를 해결하기 알맞은 곳은 사하라 사막이다.

"뭘 하든 누악쇼트에서 택시는 타지 마세요!" 막스 데누Max Deynoux가 경고했다. 하지만 신나게 선금을 받아간 택시 기사를 점점 더 불신 가득한 눈빛으로 바라보면서 마음을 바꾸기에는 너무 늦은 터였다. 이미 두 시간 전에 한 노신사가 낡아빠진 토요타 랜드크루저의 푹 꺼진 지붕 위에 무려 자동차 엔진을 포함해 각종 물건을 싣는 일을 감독하는 모습을 보았다. 마침내 나는 차에 올라타서야 팔이 앙상하고 의안을 낀 그가 운전사이기도 하다는 사실을 깨달았다. 어느새 우리는 모리타니의 수도에서 멀리 벗어났다. 맨 모래와 바위가 끝없이 펼쳐진 풍경을 오랫동안 바라보며 우리는 어떻게 이 차 안으로 이렇게 많은 사람이 비집고 들어올 수 있었는지 감탄했다. 차 안에는 넉넉한 파란 원피스를 입은 여인 세 명이 팔다리를 아무렇게나 벌리고 나란히 앉아 있었는데, 우아해 보일 정도인 그들의 몸은 어떻게 된 일인지 택시 기사에게 전혀 닿지 않았다. 뒷좌석에 앉은 나는 머리를 천장에 찧을 때마다 고통에 차서 울부짖는 여윈 노인에게 바짝 짓눌려 있었다. 상황이 이보다 더 나쁠 수는 없겠다고 생각한 순간, 노인은 세네갈에서 온 건장한 정비공과 자리를 바꿨다. 뼈마디가 쑤시고 신경을 긁는 열한 시간이 더 지나고, 기진맥진한 우리는 드디어 사막 도시 아타르에 도착했다.

어쩔 수 없이 야외에서 움직여야 하고 전 세계를 돌아다녀야 하는 학문인 지질학은 경악과 기쁨을 모두 주는 경향이 있다. 세네갈에서 개코원숭이 무리가 계곡 저편에서 나를 향해 달려와서 무서워 죽을 지경이었던 때가 떠오른다. 절벽에 자리 잡은 원숭이 떼는 망치와 확대경으로 절벽 면을 꼼꼼히 조사하는 내 머리에 돌을 던졌다. 오스트레일리아 북부에서는 하루 동안 쌓인 때를 씻어내려고 수영하러 갔다가 물에 둥둥 떠다니는 통나무들이 실은 악어라는 사실을 깨닫기도 했다. "걱정하지 마요, 프레시일 뿐이에요." 노련한 오스트레일리아 동료들이 나를 놀려댔다('프레시'라는 별명으로 불리는 오스트레일리아민물악어는 크기가 작고 온순해서 사람을 해칠 위험성이 매우 낮다-옮긴이). 내가 몸담은 학문이 찾아다니는 현상은 오스트레일리아 오지나 양쯔강 협곡, 몽골 타이가처럼 멀고 이국적인 장소에 자주 출현하는 듯하다. 아프리카 남서부 나미비아와 러시아 시베리아, 캐나다 유콘, 미국 데스밸리, 그린란드 북부처럼 내가 가보지는 못했지만 같은 시대의 암석이 분포하는 곳 역시 일반적인 휴양지는 아니다. 지금이야 아늑한 런던 사무실에 앉아서 비교적 편안하게 글을 쓰고 있지만, 뜨거운 사하라 사막에서 땀 흘리던 시절을 생각하면 얼굴에 미소와 울상이 같이 떠오른다.

나는 이 책에서 멋진 장소들뿐만 아니라 연구에 인생과 경력을 바친 사람들에 관해 이야기하고 싶다. 지질학계에는 안타깝게도 널리 알려지지 못한 영웅이 수두룩하다. 그들은 우리 발밑의 바위를 입체적으로 그려내고자 무수한 세월 동안 낯선 땅을 밟았다. 모든 지질학자는 오늘날 지구가 만들어진 과정에 관한 매혹적인 이야기를 점진적으로 재구성하는 데 크든 작든 어떤 식으로든 이바지했다. 내가 사하라 사막 한복판에서 만나고 싶었던 사람도 바로 그런 인물이다. 1996년에 방문했을 때 막스 데누는 사하라 사막을 정성 들여 세세하게 조사하는 데 이미 30년이 넘는 세월을 보낸 후였다. 모리타니 아드라르주의 중심 도시이자 인구 2만 5000명 정도의 작은 도시인 아타르에 마침내 도착했더니 막스가 약속한 장소에서 나를 기다리고 있었다. 그보다 몇 달 전, 막스는 연구 현장으로 함께 모험을 떠날 지구화학자를 찾는 일을 거의 포기했었다고 말했다(학회에 참석할 때가 아니면 연구실을 떠나지 않는 사람이 많은 듯했다). 하지만 나는 막스의 설득에 쉽게 넘어갔다. 지구 역사상 가장 흥미로운 전환점에 관해 막스에게 직접 배우고 싶었다. 결코 실망스러운 선택이 아니었다.

왕년에 열정적인 럭비 선수였던 막스는 몸이 탄탄하고, 굳세며, 대단히 자부심 강한 프랑스인이다. 1976년, 비교적 무명이었던 그는 《아메리칸 저널 오브 사이언스American Journal of Science》에 평범해 보이는 논문을 실은 덕분에 적어도 지질학계에서는 어느 정도 악명을 얻었다. 롤랑 트롬페트Roland Trompette와 공동으로 집필한 논문은 두 해 전에 출간된 다른 논문에 대한 '논평'을 영어로 번역한 것에 지나지 않는다는 점에서 평범했다. 보통 이런 논문은 과학 연대기에서 망각으로 사라지는 각주가 될 운명이다. 하지만 막스의 발견은 그때까지 도무지 알 수 없어서 당황스러운 만큼 논쟁적이기도 했던 지구 역사 속 어느 사건을 유달리 자세하게 드러냈다. 그의 연구 결과는 극에서 극까지 얼음으로 뒤덮여 심지어 적도에서도 빙하가 바다에 닿아 있던 과거 지구의 모습을 밝히는 데 도움이 되었다. 훗날, 지구 역사 속 이 시기에 '눈덩이지구'라는 이름이 붙는다. 하지만 막스가 논문을 냈을 당시로서는 나중의 일이었다.[1]

내가 보기에 전환점은 1976년이지만, 유달리 극심한 빙하기에 대한 증거는 무려 1871년에 등장한 첫 단서 이래로 오랫동안 쌓여왔다. 그 해 제임스 톰슨James Thomson이라는 과학자가 스코틀랜드 에든버러에서 열린 영국과학진흥협회 제41차 회의에서 위스키로 유명한 스코틀랜드 서해안 아일레이섬의 지질을 주제로 발표했다. 전형적인 빅토리아 시대 산문 문체로 발표문을 작성한 톰슨은 "(그가 섬에서 발견한 일부 표석이) 시간에 끝없이 갉아 먹히고 (…) 얼음의 힘으로 이동한 거대 북부 대륙의 재분류된 물질이라는 제안이 신중하지 못한 추측이 아니기를 바란다"라는 말로 강연을 마무리했다(표석은 빙하 작용으로 운반되었다가 빙하가 녹은 뒤에 그대로 남은 둥근 바위를 가리킨다-옮긴이). '거대 북부 대륙'에 대한 톰슨의 추측은 근거가 충분한 것으로 드러났다. 이제 우리는 톰슨이 말한 이 붉은 화강암 표석이 북아메리카에서 왔다는 사실을 잘 안다. 먼 옛날에는 북아메리카 대륙이 오늘날보다 스코틀랜드와 더 가

까웠다. 얼음에 관해서도 톰슨의 생각이 옳았다.[2]

전 세계 지질학 연구진은 일부 지역이 캄브리아기(지구 역사에서 동물 화석이 처음으로 눈에 띄게 풍부해진 시기) 이전에 빙하로 뒤덮였다는 증거를 1960년대까지 꾸준히 보고했다. 스코틀랜드에서 처음으로 증거가 보고된 이후, 노르웨이에 이어 오스트레일리아와 그린란드, 스발바르 제도, 나미비아, 미국, 중국, 인도, 러시아, 아프리카 북서부에서도 증거가 나타났다. 모두 제2차 세계대전이 터지기도 전이었다. 선캄브리아 시대 빙하 가설을 초창기부터 지지한 인물 중에는 모험가 더글러스 모슨Douglas Mawson이 있다. 위대한 남극 탐험가로 이름을 떨친 모슨이 오스트레일리아 애들레이드대학교에서 지질학과 광물학 교수가 되었다는 사실은 널리 알려지지 않은 것 같다. 1949년에 그는 주로 오스트레일리아의 지질을 관찰한 내용을 토대로 전 세계적인 선캄브리아 시대 후반 빙하기 가설을 제안했다. 그런데 안타깝게도 그가 이 아이디어를 공식화한 지 얼마 지나지 않아서 한때 조롱받았던 알프레트 베게너Alfred Wegener의 대륙이동설이 주류로 받아들여졌다. 새로운 전후 세대 지질학자들은 한때 남극 대륙과 붙어 있던 오스트레일리아가 훨씬 더 높은 위도에서 현재 위치로 이동했다는 데 동의했다. 오스트레일리아의 빙모는 격렬한 저항에 부딪히는 대신, 당연하고 일반적인 현상으로 빠르게 받아들여졌다. 선캄브리아 시대 후반에 전 세계적인 빙하기가 있었다는 개념은 이처럼 불리한 상황에 놓였을 뿐만 아니라 완전히 다른 관점에서도 도전을 받았다.

19세기 중반에는 대서양을 가로질러 전신 케이블을 부설한 덕분에 통신이 쉬워졌다. 그런데 1929년 11월 18일 단 하루에 케이블 열두 개가 끊어지면서 재앙이 닥쳤다. 1952년이 되어서야 컬럼비아대학교의 두 지질학자 브루스 히젠Bruce Heezen과 모리스 유잉Maurice Ewing이 미스터리한 사고의 퍼즐 조각을 맞췄다. 이제는 고전이 된 논문에서 두 사람은 증거를 재검토하고 끊어진 케이블 모두 캐나다 뉴펀들랜드섬의 해저 내리막 비탈에 있었다는 사실을 지적했다. 그리고 그날 사고가 일어나기에 앞서 이곳에서 규모 7.2도의 강력한 지진이 먼저 발생했다는 사실도 밝혔다. 이들의 결론은 놀라웠으며, 지질학자가 퇴적암을 보는 방식에도 크게 영향을 미쳤다. 결론을 요약하자면, 그들은 지진 때문에 해저 사태가 일어났다고 추측했다. 이 사태로 해저 가까이에서 진흙과 암석 파편으로 구성된 파괴적인 저탁류(해저 경사면을 따라 흐르고, 퇴적물 밀도가 높은 탁류-옮긴이)가 발생해 최대 시속 64킬로미터로 이동했다. 히젠과 유잉은 1929년에 뉴펀들랜드 앞바다의 대륙붕이 붕괴하는 사건 단 하나 때문에 200세제곱킬로미터가 넘는 퇴적물이 1100킬로미터 이상 이동해서 완벽한 시간 순서로 케이블을 남북으로 끊었다고 추정했다. 케이블이 무사할 가능성은 없었다. 이것은 저탁류가 존재한다는 결정적 증거였고, 아울러 모슨이 제안한 선캄브리아 시대 후반 빙하기 가설에 두 번째 골칫거리를 안겨주었다. 커다랗고 '엉뚱한erratic' 표석이 비교적 평평하거나 진흙투성이인 해저에 나타나는 것은 독특한 빙하 현상이라고 가정되었기 때문이다(표석을 의미하는 단어 'bloulder'는 'erratic blouder'라고도 하며, 미아석迷兒石으로도 부른다. 빙하 작용으로 운반된 뒤 그대로 남은 바위라 주변의 다른 암석과 특성이 다르기 때문이다-옮긴이).[3]

회의적 시각이 점점 커지는 가운데, 대륙이동설을 초기에 받아들인 학자 중 한 명이 빙하에 의해 운반된 잔해물과 해류에 의해 운반된 잔해물을 구별할 확고한 판단 기준을 세우며 반발을 잠재우려고 나섰다. 브라이언 할런드Brian Harland는 1960년대 판구조론 혁명이 한창이던 시기에 케임브리지대학교 지질학 교수였다. 새로 개발된 지구물리학 기술에 힘입은 할런드는 1964년에 선캄브리아 시대 후반 빙하기라는 모순의 결론을 되풀이하며 이를 "하캄브리아 시대 대빙하Great Infra-Cambrian Glaciation"라고 불렀다(하캄브리아 시대는 신원생대에서 캄브리아기 초반까지를 말한다-옮긴이). 할런드의 선구적인 지구물리학 연구는 나중에 다시 살펴보자. 어쨌거나 간단히 정리하자면, 할런드가 영리하게 구성한 주장과 새로운 데이터는 부정적인 시각으로 바라보는 학자들을 침묵시키는 데 아무런 도움도 되지 못했다. 할런드의 연구 결과가 영향력을 크게 발휘하지 못한 데에는 객관성 문제도 어느 정도 작용했다. 그는 빙하와 관련된 기준을 세 범주로 나누었다. 1) 단순히 빙하 작용을 암시하는 것, 2) 충분한 정도로 연관성이 발견된다면 결정적인 것, 3) 그 자체로 결정적인 것. 그가 매우 중요한 세 번째 범주에 과감하게 포함한 유일한 특징은 낙하석dropstone 형태의 유빙 증거였다. 낙하석은 이동하는 빙산에서 진흙 퇴적물로 떨어져서 고립된 자갈이다. 지질학자는 자갈이 퇴적층을 꿰뚫거나 부스러뜨리는 방식을 보고 낙하석이라고 파악한다. 그런데 빙산은 틀림없이 어딘가 다른 지역에 빙하 작용이 있었다는 사실을 암시하지만, 낙하석은 가장 확실한 것조차 전 세계적 빙하 작용에 대한 증거를 뒷받침하지 못한다.[4]

할런드와 다른 학자들은 논문을 연이어 발표하며 선캄브리아 시대 후반에 일종의 빙하 작용이 아마 지구상 군데군데 있는 정도이기는 해도 분명히 존재했다고 많은 사람을 설득했다. 그러나 1970년대까지 의견은 크게 분열되었다. 판구조론의 새로운 패러다임 덕분에 지질학은 학문 분과로 자리매김했고, 대다수가 하캄브리아 시대 대빙하의 증거는 과장되었거나 완전히 잘못되었다고 생각했다. 당시 포르투갈에서 거주하던 네덜란드 지질학자 로데베이크 J. G. 셰르머혼Lodewijk J. G. Schermerhorn도 회의론자였다. 셰르머혼은 1974년까지 증거를 모아서 모슨과 할런드의 선캄브리아 시대 후반 빙하기 가설에 정면으로 반박하는 152쪽 분량의 통렬한 논문을 출간했다. 그는 전 세계에 알려진 모든 퇴적물을 면밀하게 조사해서 빙하가 존재했더라도 산악 지역에만 국한되었다고 결론을 내렸다. 그런데 이 회의론은 의도와 정반대의 결론을 불러왔다. 셰르머혼의 논문이 공개되자, 논문은 물론이고 심지어 책까지 줄줄이 세상에 쏟아져서 전 지구적 빙하에 대한 숱한 증거가 마침내 드러났다. 지난 수십 년 동안 고생스럽게 수집했지만, 전 세계의 조사 보고서와 논문, 무명 학술지에 파묻힌 채 잊혔던 증거였다. 최초의, 그리고 단언컨대 가장 결정적인 쐐기를 박은 주인공은 막스 데누였다.[5]

내가 누악쇼트에서 출발해 힘겨운 여정을 마친 다음 날, 막스는 아침 일찍 일어났다. 그는 내가 택시를 타지 말라는 자신의 조언을 무시했다는 사실에 약간 당황했지만, 묘하게도 깊은 인상을 받은 듯했다. 전날 나는 저녁이 되어 어둠이 내리고 나서야 도착했고, 호스텔 프런트 직원에게 서둘러 저녁 인사를 건넸을 때를 제외하면 아무것도, 아무도 보지 못했다. 하지만 걱정할 필요는 없었다. 막스는 나를 곧장 시장으로 데려갔고, 북적이는 사하라 시장의 광경과 소리, 냄새가 대번에 나를 덮쳤다. 현지 가이드가 매일 밤 요리할 음식을 산 후 우리는 사막으로 출발했다. 아드라르주에서 맞는 두 번째 밤은 전날과 아주 달랐다. 우리는 스테이크를 먹고, 와인을 마시고, 악마 같은 모래가 종잡을 수 없이 움직이는 길에서 물건을 치우며 사막에서 살아가는 유목 부족과 주변에서 울부짖는 들개에 관해 밤늦도록 이야기를 나눴다.

세상에는 전 세계 지질학자의 순례지가 될 정도로 가치 있는 노두outcrop(암석이나 지층 따위가 지표면에 드러난 부분-옮긴이)가 몇 곳 있다. 자빌리아트Jbéïlat도 그런 장소다. 자빌리아트는 셰르머혼의 의구심을 멋지게 거부한다. 이 거부에는 아무런 말도 필요 없다. 데누와 트롬페트의 14쪽짜리 논문을 더 쉽게 표현하면 다음과 같다. "셰르머혼 박사님, 아직도 선캄브리아 시대 후반의 빙하기에 대한 증거를 받아들이지 못하신다면, 자빌리아트에 가보지 못하신 게 분명합니다."

퇴적암은 층bed이라고 불리는 다양한 두께의 수평층으로 발견되는데, 이 층은 퇴적물이 해저에 쌓인 시간을 기록한다. 아울러 저탁류의 이동 같은 사건을 보여줄 수도 있다. 시간이 흐르고 거리가 멀어지며 저탁류의 힘이 약해지면 훨씬 더 가벼운 잔해물도 가라앉아서 쌓인다. 이후에 새로운 사건이 일어나면 그 위에 지층이 새롭게 쌓이고, 이렇게 층층이 포개진 케이크(학술 용어로는 층서)가 만들어진다. 이때 각 사건으로 만들어진 지층은 정점이층리normal grading 양상을 보인다. 즉, 퇴적층마다 위쪽으로 갈수록 입자가 작아지는 상향 세립화upward-fining가 나타난다. 하지만 사건의 근원지에 가까울수록 퇴적층 내부에서 입자 크기가 일관되게 변화하는 현상이 덜 명확하거나, 아예 존재하지 않을 수도 있다. 커다란 바위와 더 작은 돌멩이가 진흙투성이 기질matrix(퇴적된 큰 입자를 둘러싸거나 입자들 사이의 공간을 메우는 세립질 물질-옮긴이)에서 뒤죽박죽 떠다니기 때문이다. 이 같은 암설류는 커다란 자갈이 포함된 결이

고운 대형 암석 다이아믹타이트 퇴적물을 남긴다. 다이아믹타이트 퇴적물은 빙하 표석점토와 아주 비슷하게 보일 수 있다. 이러니 셰르머혼과 막스가 충돌하는 것이다. 하지만 제대로 된 감식안이 있다면 다이아믹타이트 퇴적물과 빙하 표석점토를 구분할 수 있다. 막스는 내게 이를 보여주고 싶어서 안달이었다.

자빌리아트에는 이따금 평평한 사막 바닥을 형성하는 수평 표층이 하나 있다. 요리사를 포함해 막스 부부와 나는 흰색 랜드크루저를 타고 사막 바닥을 달렸다. 비로소 경치를 즐기던 나는 이 수평 표층이 팔레즈 다타르Falaise d'Atar 절벽 면에서 완벽하게 곧은 선으로도 나타난다는 사실을 깨달았다. 절벽에서 멀리 떨어진 곳의 수평 표층은 사막 속으로 수백 킬로미터나 뻗어나간다. 이 표층은 6억 3500만 년 전 바다에 잠기기 직전까지는 쉽게 걸어서 건널 수 있었을 고대 풍경이다. 많은 곳에서 표층 위로 진흙과 지름이 최대 1미터쯤인 표석으로 구성된 다이아믹타이트가 겨우 몇 미터 정도 덮여 있다. 다이아믹타이트 퇴적층은 별다른 두께 변화 없이 북동쪽으로 1000킬로미터 넘게 이어진다. 드물게 얇은 두께와 독특한 특성은 물론이고, 유난히 평평한 준평원peneplane(침식 작용으로 거의 평원이 된 땅-옮긴이) 위를 덮은 방대한 범위를 보면 이 퇴적층이 암설류 퇴적층과 조금도 닮지 않았다는 사실을 확인할 수 있다. 암설류 퇴적층은 더 두껍고, 덜 규칙적이고, 덜 광범위하고, 보통 하나가 아닌 여러 사건으로 구성되는 경향이 있다. 이곳으로 운반된 자갈 대다수는 북쪽에서 왔고, 현재 위치까지 분명히 엄청 먼 거리를 이동했다. 이 모든 사실은 퇴적층의 기원이 빙하라고 말한다. 상상력을 조금만 발휘하면…, 아니, 자빌리아트에서는 상상의 나래를 펼 필요가 없다. 그

그림 2. 빙하 때문에 줄무늬로 홈이 팬 표면. 모리타니 아타르주 근처 자빌리아트의 사하라 사막. (사진: 막스 데누 촬영, 1970년대 초)

냥 내려다보기만 하면 된다.

자빌리아트 사막 표층은 빙하 작용으로 만들어졌다. 내가 본 어떤 곳보다 더 극적이고 명백했다. 막스가 1970년대 초에 찍은 사진을 보면 잘 알 수 있다(그림 2). 표층은 곳곳이 매끄럽게 마모되어 있지만, 십자형으로 긁힌 자국도 있고 대개 남북 방향으로 팬 홈도 있다. 막스는 오랫동안 연구하면서 수천 제곱킬로미터가 넘는 아득한 과거의 표층을 추적할 수 있었다. 표층에는 초승달 모양으로 홈이 깊게 팬 곳도 있는데, 빙하가 밑에 있는 기반암을 뽑아낸 자리다. 어떤 곳에서는 다이아믹타이트에도 '그림 2' 속 표면과 똑같은 방향으로 홈이 나 있지만, 파인 자국은 덜 뚜렷하다. 이는 빙하 작용을 받은 전 세계의 다른 지역에서와 마찬가지로 빙하가 이동하면서 때때로 빙퇴석 언덕을 남겼다는 사실을 잘 보여준다. 아래의 기반암이 더 단단한 다른 곳에서는 기반이 당당하게 서 있다. 윤이 나게 연마한 돌무더기 같은 기반은 단면이 비대칭이고 고래의 등을 닮았다. 작은 언덕이 무리 지어 모인 것 같은 이 기반암은 독특한 빙하 침식 지형이다. 스위스 제네바 출신 지질학자이자 알프스 등반의 창시자인 오라스 베네딕트 드 소쉬르Horace-Bénédict de Saussure가 1786년에 양배암roche moutonnées이라는 이름을 붙였다.

양배암에서 '양', 즉 원어의 'mouton'은 동물 양을 말한다. 소쉬르가 이 이름을 지으면서 정말로 양 떼를 떠올린 것인지, 아니면 일부 사람들의 생각처럼 당시 유행했던 양 기름을 바른 가발을 의미한 것인지는 분명하지 않다. 어쩌면 그가 재미있게도 두 가지 다 염두에 뒀을지도 모른다. 다만 양배암의 특징인 고래의 등 같은 모양이 빙하에 깎인 지형의 전형적 특징이고, 이런 모습은 바위의 상류 사면stoss side이 연마되어서 완만하고 반들반들해졌기 때문이다. 상류 사면에 팬 홈은 언제나 빙하가 움직이는 방향으로 나 있다. 반면에 하류 사면lee side은 훨씬 더 거친데, 하류 사면에서는 이동하는 빙하의 굴식 작용 때문에 바위가 부스러지는 탓이다. 막스는 바위에 팬 홈을 따라 손가락을 움직여서 빙하가 어느 방향으로 이동했는지 알아보는 방법을 가르쳐주었다. 사하라 사막의 양 기름 바른 가발은 알프스 빙하를 다루는 현대 교과서에서 곧바로 찾아낸 것처럼 보일 만큼 모범적인 예시다. 이곳의 양배암은 의심의 여지 없이 빙하가 표석처럼 북쪽에서 왔다는 사실을 확인해 준다.

빙하 찰흔이 보이는 드넓은 암석 위에 놓인 다이아믹타이트는 잘 부서지는 진흙투성이 기질 안에 자리 잡은 커다란 자갈이나 쇄설물clast의 모양과 재질을 보고 단단하게 굳은 빙퇴석이나 빙성층(표력암, 빙력암)

으로 식별할 수 있다. 쇄설암은 구성 입자가 굉장히 다양하며, 주변 지역뿐만 아니라 최대 수백 킬로미터 떨어진 지역에서도 운반되어 퇴적된다. 대개는 빙하 작용으로 깎여나간 바위, 즉 우리가 밟고 있었던 것과 같은 바위에서 뜯겨 나왔다. 표면의 긁힌 자국과 홈을 보면 알 수 있다. 이 자국과 홈은 가끔 서로 교차하기도 하지만, 가장자리가 무디고 여러 면으로 깎인 다리미 같은 모양의 쇄설암 장축과 평행하게 나 있는 경우가 대부분이다. 흥미로운 사실은 오직 쇄설암만 탄산칼슘의 한 형태인 하얀 방해석으로 얇게 덮여 있다는 것이다. 막스는 이것이 오늘날 빙퇴석의 전형적인 특징이기도 하다고 알려주었다.

오늘날 혹한의 기후를 자랑하는 지역에서는 땅 위에 난 무늬를 볼 수 있다. 북극 지역 상공을 비행하다 보면 영구 동토층이 얼었다 녹으면서 땅에 만들어진 다각형 무늬가 보인다. 이런 무늬가 암석 기록에도 보존되리라고 상상하기는 어렵지만, 막스는 몇 개를 찾아냈다고 확신했다. 그는 다이아믹타이트 맨 윗부분에서 드넓은 검은 모래층을 발견했다. 공중에서 보면 이 층이 지름 7~10미터에 이르는 다각형 구조들로 이루어진 모습을 확인할 수 있다. 다각형 구조들 사이에는 모래로 가득 찬 쐐기 모양 균열이 있는데, 이 균열은 아마도 얼어붙었을 아래의 다이아믹타이트를 거의 2미터 깊이까지 분명하게 나눠놓는다. 이와 유사한 선캄브리아 시대 후기의 모래 쐐기는 오스트레일리아와 스코틀랜드, 스발바르 제도의 스피츠베르겐섬에서도 보고되었다. 현대에 들어서는 모래 쐐기가 지구만이 아니라 화성에도 존재한다고 알려졌다. 모리타니의 무수한 주빙하 현상periglacial phenomena(땅이나 암석이 동결과 융해를 반복해서 일어나는 지형 발달 현상-옮긴이)은 빙하 지질학에서 반론의 여지가 없는 모범적 예시다. 이 현상은 지역 빙하에서 떨어져 나온 빙산이 바다로 흘러가는 상황이 끝나자 북아프리카에서 수백 년 혹은 수천 년이나 춥고 건조한 기후가 이어졌음을 보여준다. 이후 해수면 상승이 끝내 툰드라 지형을 집어삼켜서 퇴적층 아래에 충실히 보존했음을 보여준다.

이처럼 논쟁의 여지가 없는 증거가 나왔지만, 빙하 가설에 대한 비판은 1976년에도 멈추지 않았다. 오히려 비슷한 시기에 형성된 빙하 다이아믹타이트가 전 세계에서 나타날 때마다 비판이 되풀이되었다. 역사를 다루는 과학인 지질학은 기본 법칙이 아니라 누구도 목격할 수 없고, 그래서 엄밀히 말해 검증할 수도 없는 과거 사건을 재구성하는 데 중점을 두기 때문에 오랜 세월 크게 비판받았다. 내가 보기에는 부당한 비판이다. 어느 역사 기반 연구와 마찬가지로 지질학도 법의학적 시각을 적용하므로 검증할 수 있는 가설을 세우고, 추가 관찰과 실험으로 가설을 반박하거나 개선할 수 있기 때문이다. 경험상 어느 노두에 관해서든 엄밀한 해석을 놓고 학계 동료의 동의를 얻으려면 가능한 한 빈틈없이 논거를 구성하는 데 광신적인 헌신을 기울여야 한다. 수천 번 측정하거나, 노두 패턴을 더없이 세밀히 그리거나, 지구화학적·지구물리학적 시험을 무수히 반복하고 나서야 주장을 제시할 수 있으니 극도로 어려운 일이다. 지질학자는 변호사처럼 정황 증거를 바탕으로 주장을 뒷받침한다. 자백은 전혀 없고 결정적 증거는 거의 없지만, 전 세계 과학자로 구성된 배심원단은 개연성이라는 저울을 써서 증거를 숙고한다. 이 과정을 잘 보여주는 예시를 들자면, 비슷한 시기에 빙하 작용으로 홈이 팬 바위를 또 찾아낸 일을 꼽겠다. 이번에는 노르웨이에서였다.

선캄브리아 시대 후기 빙하 작용이 바위에 남긴 찰흔을 최초로 보고한 사람은 한스 헨리크 로이쉬Hans Henrik Reusch다. 그는 1888년부터 1921년까지 노르웨이 지질조사국의 책임자였다. 1891년 지질조사국에 재임 중이던 로이쉬는 제4기 빙하시대보다 훨씬 더 오래된 시기에서 유래한 것으로 보이는 빙하 찰흔에 주목했다(노르웨이에서 빙하가 남긴 홈 자국은 흔하다). 모리타니와 마찬가지로 협만 바랑에르피오르Varangerfjørd에서도 매끄럽게 연마된 표면에 홈이 팬 자국이 난 암석은 다이아믹타이트 밑에 깔려 있었다. 일부 지질학자는 이것이 노르웨이 땅 대부분에 걸쳐서 존재하는 부정합unconformity이라고 불리는 먼 과거의 침식면을 나타낸다고 보았다. 그러는 동안 이 침식면에 관한 다양한 해석을 담은 과학 논문이 40편 넘게 나왔다. 일부 학자는 이 침식면을 빙하 작용의 증거라고 받아들이지만, 더 최근의 빙하기와 관련 있다고 여긴다. 반면에 빙하와 전혀 상관없는 침식면이라고 보는 사람도 있다. 이런 경우에는 더 많은 증거를 확보한다고 해서 학자들의 해석이 하나로 모이지 않는다. 사실, 빙하 기원을 반대하는 의견이 학계를 지배하는 정도는 아니지만, 상당히 도전적이다. 하캄브리아 시대 대빙하를 가장 꿋꿋하게 지지했던 브라이언 할런드조차 이 사례에는 회의적이었다는 사실이 가장 큰 문제였다. 선캄브리아 시대의 빙하 전체를 부인하고 대안을 옹호하고자 이런 의견 차이 가운데 유리한 것만 취사선택하기란 우스울 정도로 쉽다. 하지만 이는 잘못된 일이다. 빙하 가설, 더 나아가 모든 지질학 가설의 성패를 좌우하는 것은 특정한 노두 한 곳에 대한 해석이 아니다. 가설이 성공하느냐 실패하느냐를 결정하는 것은 통합된 상황 증거의 힘이다.[6]

내게 모리타니를 처음 소개하고 4년 후, 막스 데누는 선캄브리아 시대 후반 빙하를 연구하는 프랑스의 전국적 프로젝트에 참여했다. 눈덩이지구 가설이 부활한 뒤 전 세계가 한껏 흥분하며 시작한 수많은 프로젝트 가운데 하나였다. 가설에 관한 이야기는 나중으로 미루자. 막스가 참여한 프로젝트는 빙상이 뻗어 있던 위도를 알아내고자 했던 프랑스 남부 툴루즈 출신의 지질학자 안 네델렉Anne Nédélec이 이끌었다. 2000년이 되었을 때, 기쁘게도 막스는 아프리카 북서부를 누비는 모험에 다시 나를 초대했다. 이번에는 세네갈 국경을 넘어 말리로 들어가는 경로였다. 잊지 못할 답사가 될 터였다. 하지만 다카르 해변의 지저분한 호텔에서 맞이한 여정의 시작은 불길했다. 나는 시차 때문에 피곤해서 밤새 푹 잤다. 그런데 창문 너머로 파도가 부서지는 소리를 어렴풋하게 듣고는 시원한 바닷바람을 느끼겠답시고 어리석게도 창문을 밤새도록 조금 열어두었다. 아침에 일어났더니 모기에게 물려서 두 눈이 퉁퉁 부어올라 제대로 떠지지도 않았다.

우리는 여정 내내 벌레에 시달렸다. 모기는 마술이라도 부렸는지 내 몸에서 침낭 밖으로 삐죽 튀어나온 부분을 정확하게 아는 것 같았다. 체체파리는 한낮 무더위에도 끄떡없이 기승을 부렸다. 우리는 세네갈에 머무르면서 남동쪽 국경과 가까운 도시 케두구 근처에 있는 특정 계곡을 찾아다녔다. 막스는 그곳에 딱 한 번 가본 적 있었는데, 세네갈이 프랑스에서 독립한 직후였던 오래전 일이었다. 놀랍게도 이 지역으로 과학계의 관심을 불러 모은 주인공은 영국 조사 팀이었다. 지질학에서는 지질도에 표시할 수 있을 정도로 쉽게 알아볼 수 있는 암석의 묶음을 층formation이라고 부른다. 보통 층의 이름은 처음 밝혀진 장소를 따서 짓는다. 첫날은 선구적인 영국 팀이 이 층의 이름을 따온 하사나 디알로Hassanah Diallo 마을을 찾는 데 시간을 다 보냈다. 사람들이 알려주는 대로 이 마을 저 마을을 돌아다닌 우리는 마침내 영국 지질학자들을 기억하고 그들이 작업했던 장소를 알려줄 신사를 소개받았다. 알고 보니 하사나 디알로는 마을 이름이 아니라 마을 촌장의 이름이었다. 게다가 촌장도, 촌장의 마을도 이리저리 옮겨 다니곤 했다. 이웃한 지역 타나가에서 태어난 그는 이제 퍼져나간 큰 마을 펠렐 킨데사의 촌장이 되어 있었다. 다행히도 디알로 촌장은 그렇게 멀리 있지 않았고, 우리가 찾아가자 환하게 웃었다.

왈리디알라계곡Walidiala Valley을 방문한 것은 셰르머혼 같은 회의론자의 우려를 충분히 해결하기 위해서였다. 셰르머혼이 내놓은 주요 반대 이유는 해양 빙성층을 해저 사태로 형성된 암설류 퇴적물과 구별하기가 어렵다는 사실이었다. 게다가 오늘날 해양 빙성층은 곧 해저 암설류로 만들어진 퇴적물인 경우가 많다. 빙모가 대륙 가장자리를 지나가면 경사면이 불안정해지므로 진흙과 바위가 잔뜩 뒤섞인 아주 두꺼운 암석층이 만들어질 수 있다. 막스가 같은 아프리카 북서부지만 훨씬 더 북쪽에 있는 모리타니와 알제리 쪽 타우데니 분지Taoudeni Basin에서 측정한 결과, 표석이 북쪽에서 남쪽으로 이동했다는 사실을 밝혀냈다. 그는 주로 표석점토나 빙퇴석 같은 육상 빙하 퇴적물에 초점을 맞추었다. 그런데 빙상은 내리막으로 흐른다. 아마도 바다를 향할 것이다. 그래서 우리는 빙하가 한때 바다와 만났다는 증거를 분지의 남쪽에서 찾아야 한다고 추정했다. 며칠 동안 나는 바다 가장자리에서 발견할 수 있는 다양한 종류의 역암에 관해 많이 배웠다. 빙하 작용으로 생기는 다이아믹타이트와 그렇지 않은 다이아믹타이트를 구분하는 일이 왜 그토록 어려웠는지도 알게 되었다. 왈리디알라계곡에서 우리가 살펴본 많은 노두는 다이아믹타이트로 이루어졌지만, 한 가지 예외를 제외하면 어떤 것도 빙하 기원에 대한 확실한 징후를 보여주지 않았다.

'낙하석'이라는 용어는 아주 조심해야 한다. 퇴적학자들은 이런 용어를 경계하라고 배운다. 이런 용어는 가리키는 대상의 뜻을 명쾌하게 밝히지만, 순전히 설명적인 대체어와 자주 호환되어 쓰이기 때문이다. 예를 들어 낙하석은 고립된 돌lonestone(낙하석은 아니지만 퇴적물 내부에 고립된 돌멩이-옮긴이)과 동의어로 여겨지고, 다이아믹타이트는 빙성층과 혼동된다. 본론으로 돌아가면, 어떤 노두에서든 입자가 아주 작은 이암mudrock 안에 홀로 끼어 있는 자갈이 정말로 퇴적물에 수직으로 떨어진 돌(낙하석)인지, 따라서 빙산이 운반한 쇄설물로 밝혀질 가능성이 있는 후보인지 아닌지 판단하는 것은 거의 불가능하다. 이런 모호함은 별로 놀랍지 않다. 커다란 돌도 이류mudflow 꼭대기로 운반될 수 있다. 나중에 진흙이 압축되어서 바위로 변하면, 어떤 커다란 쇄설암이든 겉보기에는 진흙 퇴적물에 떨어진 것 같은 모습이 된다. 그런 경우, 많이 압축되는 진흙층이 압축되지 않는 쇄설암을 감싸서 결국 낙하석과 아주 흡사해 보인다. 하지만 전문가들은 압축이 일어나기 전에 커다란 자갈이 기존 퇴적층을 뚫어서 변형시켰고, 나중에 쌓이는 퇴적층에 덮였다는 사실로 미루어 자신 있게 낙하석이라고 판단할 수 있다. 우리가 왈리디알라계곡에서 발견한 것이 그런 낙하석 층위였다(그림 3). 더욱이 이 층위는 모리타니의 표석점토와 층서학적 층이 정확히 똑같았다(층서학은 지층의 분포와 순서, 형태, 화석을 종합적으로 연구하는 지질학 분야다-옮긴

그림 3. 빙산이 운반한 낙하석. 막스 데누가 빙하 낙하석일 가능성이 있는 돌을 측정하고 있다(세네갈, 왈리디알라계곡, 타나그). 진짜 낙하석은 아래의 퇴적층에 박혀서 주변 퇴적층을 변형시킨다. 이 커다란 돌이 떨어진 이후에 쌓이는 퇴적물은 단순히 그 위를 덮고 있다. (사진: 직접 촬영, 2002년)

이). 6억 3500만 년 전 타우데니 빙붕에 인접한 해저를 발견한 것이다.

할런드가 주장했듯이 비록 다이아믹타이트가 선캄브리아 시대 후반의 암석층에서 아주 흔하더라도, 대체로 낙하석은 그 다이아믹타이트가 빙하 작용으로 만들어졌다는 사실을 증명할 유일하게 명백한 증거다. 어떤 낙하석은 얼음에 깎이고 긁혀서 여러 면이고 줄무늬도 나 있지만, 이런 경우는 드물다. 대개 표석은 빙산에 갇혀 있다가 빙하가 녹아 흐르는 물에 씻겨나가서 이동하며, 따라서 녹은 빙하가 흘러드는 강물에 깎여 둥글게 닳기 때문이다. 아울러 빙하에서 떨어진 낙하석은 무리를 이루는 경우가 흔하다. 이는 돌멩이들이 얼음덩어리 안에 박혀 있었고, 나중에 얼음이 해저에서 녹았다는 사실을 확실하게 보여주는 흔적이다. 때로는 낙하석 자체가 완전히 굳어지지 않은 빙퇴석(표석점토 알갱이)으로 구성된다. 이런 입자는 거세고 사나운 해저 사태를 절대로 무사히 버티지 못했을 것이다. 지질학자는 아무리 작고 사소해 보일지라도 이처럼 의미심장한 단서를 많이 모아서 지구의 과거 환경에 관한 4차원(3차원+시간) 그림을 구성한다. 우리의 목표는 빙상이 커지고 줄어들던 과정을 추적하는 것이었다.

우리는 날마다 가파른 언덕을 올랐다. 계곡 바닥에서 꼭대기까지, 다시 말해 가장 오래되었고 빙하에 영향을 받은 암석에서부터 가장 젊고 빙하의 흔적이 전혀 없는 암석까지 오랜 시간 걸어 다녔다. 모리타니 빙성층이 쌓일 때 해양에서 쌓였던 이 암석은 예상했던 대로 훨씬 더 두꺼웠고, 여러 암설류로 구성되어 있었다. 암설류는 서로를 완전히 세굴(강이나 바다에서 바닥의 바위나 토사가 파이고 깎여나가는 일-옮긴이)해 놓았고, 낙하석이 여럿 끼어 있는 다른 층 하나로 간간이 분리되어 있었다. 앞서 말한 개코원숭이 떼가 이따금 계곡을 가로질러 달려와서 절벽 위에서 내 머리에 돌을 던지며 위협하던 것이 바로 이때였다. 하루는 언덕 꼭대기까지 올라갔다가 세계에서 가장 규모가 큰 유목 집단인 풀라니족을 발견했다. 이곳의 높고 평탄한 고원에서 생활하는 풀라니족은 계곡에 거주하고 피부색이 더 짙은 월로프족과 완전히 달랐다. 풀라니 사람들은 아프리카 서부에서 동부까지 드넓은 땅을 돌아다니면서 소와 염소, 양을 치고 유제품을 판다. 예고도 없이 불쑥 나타나서 이목을 끌며 풀라니 마을 한가운데를 걷자니 기분이 이상했다. 우리가 세네갈에서 기니로 건너갔다가 다시 돌아왔다는 사실을 나중에 알고 난 후에는 기분이 훨씬 더 묘해졌다. 사하라 사막 일대의 아프리카 유목민은 국경을 조금도 개의치 않았다. 어쩌면 사하라 사막 일대의 아프리카 국경이 그곳에서 살아가는 사람들의 생활 방식을 조금도 존중하지 않는다고 말해야 더 정확할 것이다.

우리는 세네갈에서 국경을 건너 말리로 갈 생각이었다. 막스는 케니에바 국경 지대에 담당 공무원이 없으리라는 사실을 잘 알았다. 그곳은 강바닥이 얕은 여울일 뿐이어서 건기에만 건너다닐 수 있었다. 그래서 우리는 케두구에서 아침 식사를 하던 경찰관을 발견하고는 그를 설득해서 여권에 도장을 받아냈다. 베냉 출신의 노련한 지질학자 파스칼 아파톤Pascal Affaton은 그날 밤 캠프를 차려놓고 야생에서 잠자는 데 익숙하지 않은 불쌍한 나에게 사자와 뱀, 악어 이야기로 겁을 주며 즐거워했다. 우리는 저녁마다 요리를 하기 전 텐트를 쳤고, 아침이면 텐트를 걷고 테이블과 의자를 접어서 정리했다. 놀랍게도 모두 문명화된 생활이었다. 마침내 국경에 도착했을 때 가장 충격적이었던 것은 어린아이들의 모습이었다. 아장아장 걸을 나이의 아이들이 대부분이었고 더 어린 이들도 있었는데, 다들 배가 너무 부풀어서 배꼽이 튜브처럼 튀어나와 있었다. 가나 사람들은 이를 '동생이 태어나면 걸리는 병'이라고 불렀다. 콰시오커Kwashiorkor라는 영양실조는 젖을 뗀 아이들 사이에서 너무나도 흔한 단백질 결핍 때문에 발생한 것이 분명했다. 콰시오커에 걸린다고 해서 아이가 수척해지지는 않는다. 분명 칼로리는 충분히 섭취할 것이기 때문이다. 하지만 단백질이 부족하면 몸이 붓고 체액 부종이 생긴다. 케니에바는 수백 년 동안 금광 지역이었지만, 이곳에서 행운을 만나는 가족은 거의 없다. 우리는 가끔 멈춰 서서 어느 정도 자란 소년들이 좁은 사각형 수직 통로 안으로 30미터나 내려가는 모습을 지켜보았다. 아이들이 토사를 가지고 올라오면 부모와 형제들이 사금을 가려낸다. 골라낸 사금은 유독한 수은과 섞어서 정제한 다음 태운다. 이 지역에 만연한 영세한 광산 채굴은 아동 노동이라는 더 일반적 재난에 만성적 수은 중독까지 더한다. 이런 광경을 보고 있자니 참담한 심정이었다. 최근 보고서에 따르면 케니에바의 금광 환경은 아직도 개선되지 않았다.

말리 서부로 들어가서 케스와 그 너머로 향하는 여정은 이제까지와 달라도 그렇게 다를 수가 없었다. 얼마 지나지 않아 우리는 세상에서 가장 멋진 폭포로 손꼽히며 말리의 나이아가라폭포로도 불리는 구이나 폭포 옆에서 캠핑했다. 가끔 파리-다카르 랠리를 마치고 돌아가는 레이서가 굉음을 울리며 질주하는 바람에 고요함이 깨질 때를 제외하면 그토록 아름다운 풍경을 누구와 공유할 필요도 없었다. 폭포로 가는 길에 막스는 그 지역의 지질에 관해서 설명해 주었다. 우리는 막스의 제자 장노엘 프루스트Jean-Noel Proust가 발견한 피처럼 붉고 밀도 높은 암석이 커다란 빙모와 가까웠거나 어쩌면 떠다니는 얼음 아래에 있었을 해저에서 퇴적했다고 판단했다. 호상철광층이라고 불리는 철이 풍부한 이 퇴적물은 지구 역사에서 훨씬 더 오래된 과거에 가장 많이 형성되었다. 선캄브리아 시대 후반 빙하기의 초기 단계에 잠시 재출현한 호상철광층은 뒤에서 설명할 눈덩이지구 논쟁에서도 핵심 역할을 맡는다. 하지만 우리가 호상철광층이나 심지어 풍부한 다이아믹타이트를 보러 말리에 간 것은 아니었다. 우리의 목적은 어떻게 빙하기가 끝났는지 알아보는 것이었다.

우리는 완벽하리만치 평평한 사막 바닥을 몇 시간 동안 달렸다. 바오바브나무와 어쩌다 한 번씩 나타나는 오두막도 지나쳤다. 그 외에는 별다른 것이 없었다. 이윽고 점점이 늘어선 도상 구릉과 마주쳤다. 사막 속 고립된 섬처럼 보이는 그 언덕들은 시간과 악천후의 쉴 새 없는 공격에 저항한 것처럼 보였다. 케스 인근의 바위 언덕들은 붉은 사암으로 이루어져 있다. 한때는 거대한 이동 사구 속에 높이 쌓인 모래였는데, 침식으로 평평하게 깎여나갔다. 이후 방향을 살짝만 틀어서 남쪽으로 이동하는 거대 사구가 새롭게 그 위를 덮었다. 이 두 사구를 분리하는 평평한 면은 초표면supersurface이라고 하며, 침식과 퇴적이 이루어지는 새로운 주기의 시작을 나타낸다. 막스는 1000킬로미터 넘게 떨어진 모리타니에서와 마찬가지로 이곳에서도 장노엘과 함께 각 초표면 아래에 있는 다각형 균열을 발견했다며 도상 구릉에 올라가 보자고 제안했다. 선캄브리아 시대 후기의 빙하가 쇠퇴하면서, 아프리카 북서부 대부분은 거의 완벽하게 수평으로 깎이고 바람에 모래만 날리는 황량한 사막과 100만 제곱킬로미터가 넘는 영구 동토층으로 변했다.[7]

빙하가 있으면 대기 순환 패턴이 크게 변한다. 그러므로 바람에 날린 모래와 흙이 쌓인 퇴적층이 선캄브리아 시대 후반 빙하 주변 풍경의 특징이 된 것도 별로 놀랍지 않다. 이런 현상은 요즘에도 똑같이 발생한다. 빙하 가장자리 근처에서 부는 바람은 빙모에서 가라앉은 차가운 공기 때문에 대체로 강력한 데다 끈질기게 지속된다. 강한 바람 탓에 암분glacial flour(빙하가 지나가면서 암반을 깎아 만들어지는 흙-옮긴이)은 뢰스loess(바람에 운반된 작은 입자의 퇴적층, 주로 황토라고 부른다-옮긴이)와 모래 알갱이가 되어 거대한 사구 지대를 이룬다. 오늘날 빙하 주변 사구 지형을 잘 보여주는 예시로는 미국 네브래스카주의 샌드힐스 지역을 꼽을 수 있다. 6만 제곱킬로미터에 걸친 샌드힐스는 1만 년 전 마지막 빙하기의 말기에 드넓고 활발하게 변화하는 사구였지만, 이제는 별다른 변화 없이 풀로 덮여 있다.

나는 말리를 방문한 덕분에 여러 전문가 팀이 수십 년 동안 갖은 고생을 겪으며 닦아놓은 기초를 토대로 아프리카 북서부의 빙하 작용을 온전하게 파악할 수 있었다. 빙하가 어떻게 융기한 대륙을 깎아냈는지, 어떻게 쇄설물을 북쪽 고지대에서 거대한 사구가 탁월풍을 타고 이동하는 남쪽 평원으로 옮겼는지 확인했다. 또한 빙상이 어떻게 대륙붕을 갈아버리고, 거대한 굴착기처럼 바다 바닥을 파내서 해저 사태를 일으켰는지도 보았다. 그리고 둥둥 떠다니는 빙산이 어떻게 화물처럼 품고 있던 바윗돌을 뒤죽박죽으로 섞인 바다 바닥에 떨어뜨렸는지도 살펴보았다. 내가 아프리카를 모두 세 번 방문해서 4개국에 머무르며 보낸 날을 더하면 고작 40일이다. 그만하면 오래 여행했다고 생각하는 사람도 있겠지만, 나는 아찔할 만큼 빠른 속도로 아프리카의 지질학 보석 일부를 눈에 담을 수 있었던 일이 터무니없는 행운이라는 것을 절감한다. 인간의 노력이 지구상 겨우 한 지역에서 일어난 선캄브리아 시대 후반 빙하 작용에 관해 지식을 이만큼이나 쌓아 올렸다니 경이롭다. 이 과정에 들어간 노력과 정성은 시간 단위, 심지어는 날짜 단위로도 측정할 수 없다. 아마 일생이나 경력 전체를 단위로 삼아야 할 것이다. 나는 막스의 작업을 기꺼이 선구적이라고 평가하지만, 막스보다도 앞선 학자들이 있었다. 그들은 장래 모든 작업의 토대가 될 최초의 지형도와 항공사진, 지질 조사서를 만드는 데 오랜 세월을 바쳤다. 엄밀한 관찰을 통한 지식의 축적은 과학에서 중요하지만, 찬사를 받는 일은 무척 드물다. 그러나 이런 과정 없이는 실질적인 진전이 이루어지지 못한다.

이처럼 진전을 이루었지만, 답을 찾지 못한 질문은 아직 많다. 이 빙하기는 얼마나 오래 지속되었을까? 범위는 얼마나 넓었을까? 할런드가 제시한 '하캄브리아 시대 대빙하'라는 용어로 설명할 수 있을까? 아니면 셰르머혼의 믿음처럼 빙하는 산악 지역과 고위도에만 존재했을까? 이런 질문에 대답하려면 이곳 퇴적물의 나이와 아주 오래전의 정확한 위치를 알아내야 한다. 대체로 설득력 낮은 전 세계 빙하에 관한 다른 보고와 어떻게 들어맞는지도 확인해야 한다. 이런 정보는 상당히 최근까지도 베일에 가려져 있었지만, 단서가 몇 가지 나왔다.

아프리카 북서부 거의 전 지역에서 특정한 얇은 암석층을 찾아볼 수 있다는 말은 수년 동안 잘 알려져 있었다. 이 암석층은 모리타니에서 빙하 찰흔이 보이는 바위와 다이아믹타이트 위를 덮고 있다. 세네갈에서는 암설류와 낙하석을 가득 품은 이암 위에 놓여 있다. 말리에서는 거센 바람이 휘몰아치는 툰드라 지형 위에 누워 있다. 이런 기준층key bed(건층)은 지질학자에게 매우 중요하다. 그런데 아프리카 북서부의 이 기준층은 그 어떤 기준층보다도 넓게 퍼져 있다. 사실, 이 암석은 지구 역사상 전 세계에 침전된 퇴적물 가운데 유일하게 알려진 사례일 수도 있다. 이 암석이 품은 비밀을 캐낸다면, 선캄브리아 시대 후반 빙하의 진정하고 특별한 본질을 알아낼 열쇠를 쥐는 셈이다. 하지만 너무 앞서가지는 말자. 지금은 아프리카처럼 햇볕이 쨍쨍 내리쬐지만, 불가사의하게도 빙하 작용에 영향을 받은 대륙으로 갈 차례다. 오스트레일리아가 우리를 기다리고 있다.

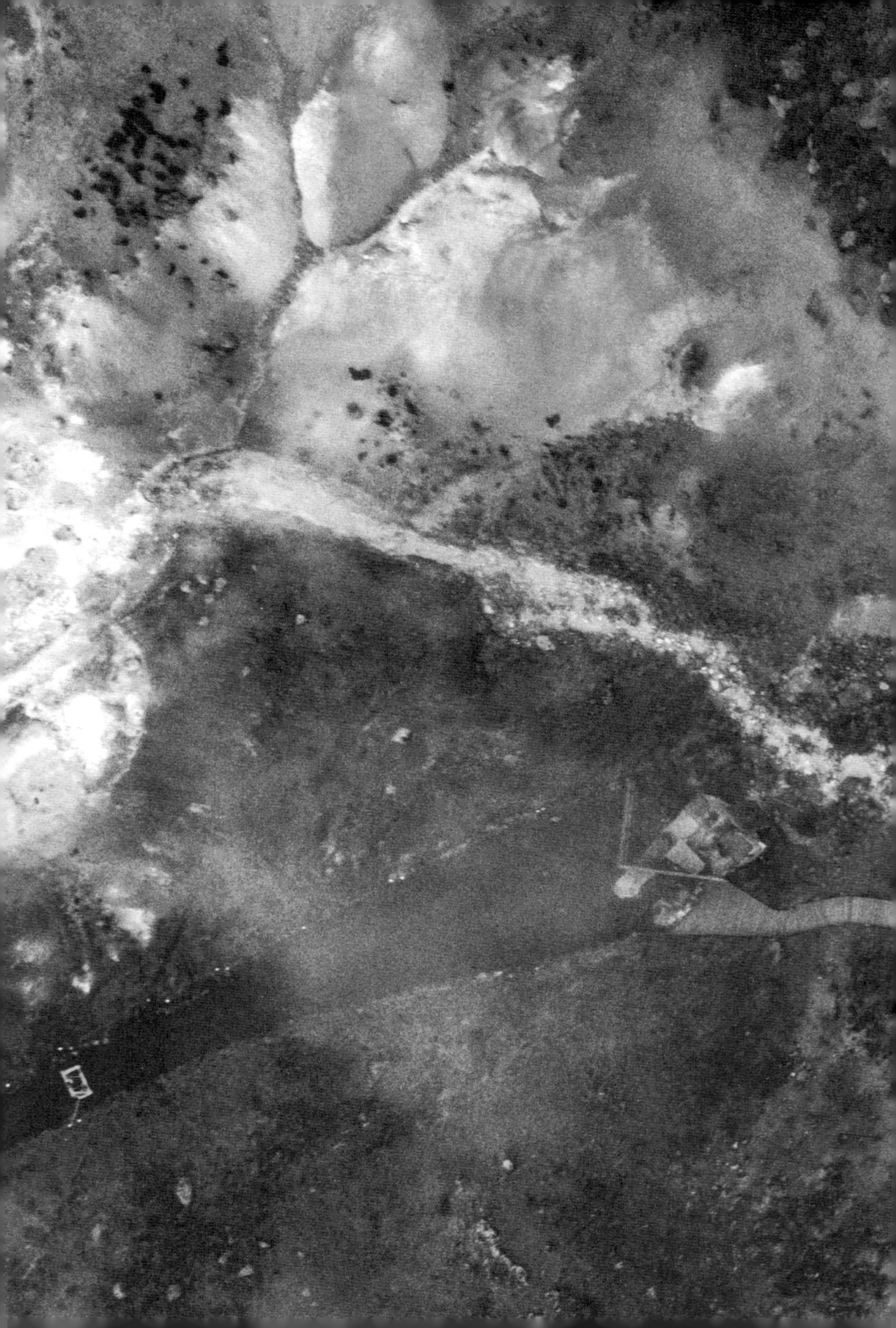

3.

융빙수 플룸

눈덩이지구 가설을 위한 무대

Meltwater Plume

지구는 우리와 공룡을
갈라놓는 시간보다
훨씬 더 긴 세월 동안
얼음 담요를 덮고 있었다.

✦

대략 6억 3500만 년 전 크리오스진기의 빙하기가 끝날 무렵, 탄산염 암석층이 전 세계의 빙하 지형 위에 쌓였다. 지구 역사상 유일하게 전 세계적인 퇴적 사건이었다. 이 '덮개 돌로스톤cap dolostone'은 빙하가 후퇴하는 동안 퇴적되었다는 증거가 많다. 이러한 독특한 암석을 조사한 결과, 갑작스러운 해빙 때문에 빙하 근처의 차갑고 밀도 높은 바다가 두꺼운 융빙수 플룸(물리적·화학적 특성이 거의 같은 해수의 모임인 수괴 하나가 특성이 다른 수괴 속으로 길게 흘러드는 현상-옮긴이) 아래에 최대 10만 년 동안 갇혀 있었던 것으로 드러났다.

선캄브리아 시대 빙하를 사막에서 처음으로 마주하고 몇 년 후, 나는 비바람으로 낡아버린 토요타를 타고 다시 한번 햇볕에 탄 땅을 질주했다. 그사이에 뒤늦게 운전면허 시험을 친 덕분에, 도로라고 할 수도 없는 길에서 달리는 차의 운전대를 잡은 사람은 바로 나였다. 나는 유네스코 국제지구과학프로그램UNESCO International Geoscience Program, IGCP의 일원으로서 오스트레일리아 레드센터 지역을 누비며 동료 암석 애호가들을 안내해야 했다. 일행에게는 오스트레일리아 남부의 플린더스산맥에 맨 먼저 들러서 지질학계에서 가장 유명하기로 손꼽히는 암석 노두 한 곳을 살펴보겠다고 약속한 터였다. 우리는 코카투 앵무새가 깍깍 우는 오아시스만 드물게 나타날 뿐 아무것도 없는 황량한 오지에서 매일 밤 캠핑했다. 우리는 꺼져가는 깜부기불 옆에서 함께 유쾌하게 노래했고, 동이 터오면 든든하게 아침을 먹었다. 이곳에서 한데 모인 한국과 중국, 미국, 캐나다, 프랑스, 오스트레일리아의 지질학자들은 모두 지구의 머나먼 과거에 매료된 사람들이었다.

플린더스산맥에 있는 에노라마 크리크Enorama Creek 구간의 크림색 암석층은 그야말로 시시하지는 않지만 그렇다고 딱히 대단한 것도 없어 보일지 모른다. 하지만 더없이 중요한 암석층이다. 2003년, 당시 전 세계 전문가로 구성된 공식 기구 국제층서위원회International Commission on Stratigraphy, ICS는 이 '누칼레나층Nuccaleena Formation'이 선캄브리아 시대 마지막 장의 공식적 시작을 표시한다는 데 동의했다. 이 중대한 사건 이후, 누칼레나층의 바닥 위에 있는 암석은 에디아카라기Ediacaran Period에 속하고, 아래에 있는 암석은 크리오스진기에 속하는 것으로 정해졌다(크리오스진기는 혹독하게 추웠기 때문에 매서운 추위를 뜻하는 'cryo'라는 낱말이 이름에 들어간다). 지구 역사에서 지극히 중요한 이 시점은 빛나는 황동 원판으로 표시한다. 이런 원판은 국제적으로 합의한 지층 단면의 참조 지점인 국제표준층서구역Global Boundary Stratotype Section and Point, GSSP을 정확하게 가리킨다. GSSP는 수년, 심지어 수십 년의 연구를 거쳐 결정되는데, 이 과정은 과학적 증거가 아니라 국가적 자부심이 부채질하는 옹졸한 논쟁으로 엉망이 되기도 한다. 어느 나라에서든 지질학자는 이런 황금못golden spike(에노라마 크리크에는 황동 원판으로 GSSP를 표시했지만, 일반적으로는 황금못으로 불린다-옮긴이)을 활용해서 시간을 세세하게 나누고 전 세계 암석층을 대비한다correlation(둘 이상 지역의 지층을 서로 대응시켜서 지질연대나 사건을 시공간적으로 연결하는 일-옮긴이). 에노라마 크리크의 GSSP에 박힌 황금못(그림 4-1)은 선캄브리아 시대 후반 대빙하기가 돌연 끝나 버렸다는 대이변을 상기시킨다(그림 4-2). 더불어 동물이 갈수록 세력을 키울 새로운 생물권의 시작을 의미한다.[1]

오스트레일리아의 덮개 돌로스톤은 빙하 다이아믹타이트를 모자처럼 덮는 기준층으로 잘 알려져 있다. 거의 어디에나 존재하는 덮개 돌로스톤은 남쪽의 태즈메이니아에서 북쪽의 킴벌리산맥까지 거의 4000킬로미터나 뻗은 광대한 지역에 걸친 퇴적층의 층위를 대비하는 데 오랫동안 사용되었다. 시각적 특징이 거의 없는 이 덮개 돌로스톤은 보통 두께가 10미터 미만이고 돌로마이트dolomite로 구성된다. 돌로마이트는 흔한 해양 탄산염 광물로, 칼슘과 마그네슘 양이온이 거의 같은 양으로 포함되어 있다. 덮개 돌로스톤의 특징 몇 가지는 앞으로 차차 살펴보겠다. 다만 이 암석이 믿지 못할 만큼 광범위하게, 그야말로 전 지구적 규모로 퍼져 있다는 것이 사실이 아니라면 그냥 지나치기 쉬울 만큼 평범하다는 것을 미리 강조하고 싶다. 각 퇴적물 유형은 퇴적된 다양한 환경을 반영하기에 오늘날 전 세계 바다 곳곳마다 굉장히 다르다. 그렇다면 전 세계는 말할 것도 없고 단 한 지역 전체에서라도 어떻게 해양 퇴적 환경이 일정하게 유지되었을까? 이 수수께끼는 오랫동안 풀리지 않았다.

그림 4-1. 에디아카라기의 시작을 알려주는 황금못.

그림 4-2. 오스트레일리아 남부 플린더스산맥의 에노라마 크리크에 있는, 국제적으로 합의된 에디아카라기 시작점에 방문한 저자의 모습이다. 안내판 너머에 있는 옅은 누런색의 '덮개 돌로스톤'이 공식적인 바닥을 나타내는데, 이 암석은 크리오스진기 빙하 작용에 영향을 받은 붉은색 다이아믹타이트 위에 맞닿은 채 놓여 있다. (사진: 마르쿠스 작세 Markus Sachse 촬영, 2005년)

지역적 층서 대비 작업에서 덮개 돌로스톤의 중요성을 처음 인식한 주인공은 더글러스 모슨의 발자취를 따른 오스트레일리아 지질조사국이었다. 우리가 답사를 떠나기 얼마 전, 밥 달가노Bob Dalgarno라는 노신사가 지인을 통해 답사를 따라가도 괜찮은지 묻기에 나는 대번에 승낙했다. 그런데 놀랍고 당황스럽게도 밥이 플린더스산맥의 지질을 최초로 상세하게 조사했던 팀을 이끌었다는 사실을 곧 알게 되었다. 밥이 젊은 현장 지질학자 시절에 에노라마 크리크를 찍은 낡은 흑백 사진을 보여줬을 때는 정말로 강렬한 인상을 받았다. 에노라마 크리크는 변한 것이 별로 없었다. 심지어 그사이 45년 동안 끝없이 느릿느릿 자라난 유칼립투스마저 거의 그대로였다. 특유의 매력과 겸손함을 풍기는 밥은 그가 누칼레나층이라고 이름을 붙인, 이상하리만치 어디에나 있는 덮개 돌로스톤의 더 넓은 의미를 늘 추측했었다고 말했다. 하지만 그는 가만히 생각하고만 있을 사람이 아니었다. 밥은 플린더스산맥에서 작업을 끝내자마자 다음 지질도를 만들러 다른 곳으로 떠났다.

밥 역시 지질학 지식을 쌓는 데 경력과 열정을 바친 이름 없는 영웅이다. 밥 같은 사람들이 없었다면 우리의 야심 찬 가설은 아무런 알맹이도 없을 것이다. 밥의 작업과 비슷한 시기에 아프리카 북서부에서도 유사한 조사가 이루어졌고 똑같은 결론이 나왔다. 1950년대와 1960년대에 프랑스 지질학 팀은 언제나 얇은 돌로스톤층이 빙하에 영향을 받은 아래쪽의 암석과 위쪽의 세립질 이암 사이에 샌드위치처럼 낀 채로 발견된다는 사실을 가리켜 '삼총사'라는 개념을 생각해 냈다. 프랑스 팀은 현재 모리타니와 알제리, 말리, 세네갈에 걸친 타우데니 분지뿐만 아니라 근처 베냉과 토고, 부르키나파소, 니제르에 걸친 볼타 분지Volta Basin에서도 이 삼총사를 추적했다. 덮개 돌로스톤이 가운데 끼인 삼총사는 전 지구에 걸쳐 서로 같은 층위 관계에 있으며, 어디에서든 크리오스진기의 빙하에 영향을 받은 지형과 해저를 덮고 있다. 겉모습은 그다지 눈에 띄지 않지만, 에디아카라기 암석층의 바닥에 있는 덮개 돌로스톤은 전 세계적 규모로 존재하는 것으로 알려진 유일한 암석이다. 이 사실 하나만으로도 정말 특별하다.

덮개 돌로스톤은 정확히 무엇일까? 간단히 설명하면, 돌로마이트라는 광물로 이루어진 퇴적암층이다. 돌로마이트의 화학식은 $CaMg(CO_3)_2$이다. 덮개 돌로스톤은 평균 두께가 20미터 미만이고, 빙하에 영향을 받은 전 세계의 다양한 암석 위에 선명한 대조를 보이며 앉아 있다. 덮개 돌로스톤은 강괴craton(대륙괴)라고 불리는 대륙 조각 스무 곳에서 보고되었다. 사실 에디아카라기의 암석층을 조사하는 곳마다 어김없이 등장한다. 덮개 돌로스톤 아래에 깔린 다이아믹타이트는 모리타니의 물에 잠긴 툰드라 지형부터 세네갈의 쇄설물 가득한 해저까지 육상과 해양 환경을 모두 보여줄 수 있다. 다이아믹타이트의 최하층에 빙하가 운반한 낙하석이 들어 있다는 보고도 가끔 나왔지만, 덮개 돌로스톤과 그 위의 암석층에는 지역 빙하에 영향을 받은 흔적이 전혀 없다. 지질학자는 이처럼 광범위하게 분포하는 덮개 돌로스톤을 해침transgression 퇴적층이라고 부른다. 해침은 해수면 상승으로 해안선이 육지 쪽으로 이동하는 현상이다. 해침 퇴적층이라는 표현은 해수면이 크게 상승해서 빙하기에는 마른 땅이었던 드넓은 지역이 틀림없이 물에 잠겼으리라는 사실을 반영한다.

우리는 빙하 후퇴 결과로 전 지구에 걸쳐 해수면이 상승eustatic sea level rise(또는 eustasy, 전 세계의 해수면이 동시에 올라가거나 내려가는 변화-옮긴이)할 수 있다는 개념에 익숙하다. 요즘에는 몇십 년 내로 빙상과 빙하가 녹아서 해수면이 몇십 센티미터 오를 수 있다고 걱정하는 사람이 많다. 몇십 센티미터면 태평양의 저지대 환초 섬 일부를 너끈히 집어삼킬 수 있는 높이다. 만약 그린란드와 남극 대륙의 주요 빙하가 모두 녹는다면, 천 년 넘게 걸리기야 하겠지만 해수면이 무려 70미터나 올라서 전 세계 해안 도시를 휩쓸어버릴 것이다. 약 2만 년 전에 있었던 마지막 최대 빙하기Last Glacial Maximum에 해수면은 125미터나 낮았다. 현재와 더 가까운 1만 1000년 전에도 해안선은 현재보다 110미터나 낮았다. 전 세계 해안 지역이 거침없이 바다 아래로 가라앉는 광경은 정말로 충격적이었을 것이다. 그 시대에 살았던 우리 조상들도 이런 광경을 목격했을 것이 틀림없다. 가장 유명한 노아의 홍수 이야기를 포함해서 세계 곳곳의 믿기지 않을 만큼 많은 홍수 신화는 가차 없는 해수면 상승 때문에 생겨났다고 보는 사람들도 있다. 1만 9000년에서 8000년 전 사이에는 매해 6센티미터씩 바다가 솟아올랐다. 대단한 수치로 보이겠지만, 크리오스진기의 빙하기 말에는 해수면이 이보다 훨씬 더 빠르고 높게 상승했다고 한다.

최근에 빙하가 녹고 있지만, 우리는 여전히 빙하시대에 살고 있다. 빙산은 여전히 바다를 떠돌아다니면서 온 세상의 진흙투성이 해저에 돌을 떨어뜨린다. 실제로 지구는 수백만 년 동안 빙하가 늘어나고 줄어드는 현상을 겪었고, 그 결과 해수면은 대략 10만 년마다 하강하고 상승했다. 이런 순환은 빙하가 존재하든 아니든 지구 기후 역사에서 일반적이다. 지구 공전 궤도 이심률orbital eccentricity(태양 주위를 도는 타원 궤도의 일그러진 정도-옮긴이)의 변화 때문이다. 하지만 어떤 위도에서든 덮개 돌로스톤에 빙하가 옮긴 쇄설물의 뚜렷한 흔적이 없다는 사실은 크리오스진기의 빙하기 말에 일어난 빙하 후퇴가 그 이전이나 이후의 어떤 빙하 후퇴보다도 더 갑작스러웠고, 더 극심했고, 더 결정적이었다는 것을 반영한다. 고삐가 풀린 해빙 과정은 도저히 멈출 길 없이 폭주했던 듯하다. 광대한 육상 지형 위에 퇴적된 해양 지층은 이를 질적으로 보여준다. 나는 변화의 양을 측정해서 밝히는 편을 선호하지만, 수억 년 전에 발생한 사건을 다룰 때는 그러기가 당연히 어렵다. 다행히도 어디를 봐야 할지 안다면 단서를 찾을 수 있다.

막스 데누와 두 번째 아프리카 답사를 떠나기 전, 나는 새로운 IGCP 그룹과 모리타니를 다시 방문했다. 크리오스진기 다이아믹타이트 아래에서 빙하에 긁힌 표면을 드러내는 더 오래된 암석을 연구하기 위해서였다. 나는 어쩌다 한 번씩 무리에서 떨어져 나와 이전 답사에서 수수께끼 같았던 덮개 돌로스톤을 새롭게 살펴보러 갔다. 이 답사 이후로 사하라 사막 지역은 납치당하거나 쥐도 새도 모르게 사라지기 쉬운 위험천만한 곳으로 변했다. 하지만 당시에는 전혀 달랐다. 현지 여성과 아이들이 새끼 고슴도치를 쓰다듬어 보라고 눈짓하던 모습이 아직 눈에 선하다. 나는 당연히 고슴도치에게 손을 뻗었다. 그런데 녀석이 내 손가락에 이빨을 어찌나 단단하게 박던지, 아무리 구슬리고 얼러도 그 이빨에서 벗어날 수 없었다. 처음부터 끝까지 그들이 계획한 대로 상황이 돌아가자, 사람들은 한바탕 큰 웃음을 터뜨렸다. 즐겁고 편안한 여행이었다. IGCP 답사에서는 프랑스 마르세유에서 아타르로 곧장 날아가서 팔레즈 다타르의 덮개 돌로스톤을 직접 바라보며 우리가 연구하려고

했던 바로 그 바위에 착륙했다. 불과 몇 년 전 택시를 탔던 경험이 이제는 다른 세상의 먼 이야기처럼 느껴졌다.

자빌리아트에서 막스가 보여줬던 덮개 돌로스톤은 두께가 기껏 몇 미터였지만, 층층이 어그러져서 실제 두께를 측정하기조차 어려웠다. 얇은 돌로스톤층들은 돌로마이트 결정으로 교결되어 있었다cementation(교결 작용, 퇴적물 입자 사이에 쌓인 광물 성분이 입자를 단단히 연결하는 작용-옮긴이). 돌로마이트 결정은 층리bedding(퇴적암에서 층을 이루는 입자의 크기와 색, 구조 등이 달라서 생기는 층 배열-옮긴이) 사이의 '판 모양' 균열을 드러내며 군데군데에서 층들을 뾰족한 원뿔 천막 형태로 구부려놓았다. 이는 부드러운 퇴적물을 단단한 암석으로 바꾸는 과정인 교결 작용이 퇴적 도중이나 직후에 일어났다는 확실한 증거다. 아울러 광물 형태의 황산바륨인 중정석 덩어리가 덮개 돌로스톤 위를 아무렇게나 덮고 있었는데, 막스조차 중정석이 왜 거기에 있는지 갈피를 잡지 못했다. 기이하게도 이 얇은 덩어리 전체를 짙은 보라색 석회암층(탄산칼슘)이 고작 30센티미터 두께로 덮고 있어서 수수께끼가 한층 더 복잡하게 꼬였다. 그렇지만 이번에는 내가 더 노련해진 시각으로 노두를 살펴볼 수 있었다. 과연 돌로스톤이 퇴적했던 해수면 상승기가 단지 한 단계뿐이었는지 의심되기 시작했다.

답사 그룹으로 돌아간 나는 골짜기를 메운 것처럼 보이는 더 두껍고 드문 덮개 돌로스톤을 자세히 관찰했다. 빙하가 녹은 물이 흘러든 강에 울퉁불퉁한 기반까지 깊이 세굴되었을 것 같았다. 특이하게도 모리타니의 겔브 누아틸Guelb Nouatil이라는 지형에는 얇은 돌로스톤층이 하나가 아니라 둘이다. 이 둘 사이에는 30미터나 되는 사암이 마치 사하라 사막의 사구처럼 사층리cross-bedding(지층에서 수평으로 쌓인 주요 층리면과 기울어져서 만나는 층리-옮긴이) 형태로 끼어들어 있었다. 아울러 오직 위쪽 돌로스톤층만 교결 작용으로 휘어져 있었는데, 흥미롭게도 원뿔형 천막의 뾰족한 꼭대기는 침식으로 평평하게 깎여나갔다. 게다가 여기에서도 얇은 보라색 석회암층이 침식면 바로 위에 놓여 있었다. 상부 돌로스톤층을 더 자세히 조사했더니 작은 동굴이 숭숭 뚫려 있었다. 분명히 탄산염 암석이 빗물에 녹은 곳일 것이다. 이 카르스트karst(석회암이 녹거나 침전되어서 만들어지는 지형-옮긴이) 동굴은 내부가 중정석으로 덮여 있고, 남은 틈은 모두 불가사의한 보라색 석회암으로 채워진 것으로 보아 분명히 일찍이 형성된 것 같았다. 운이 좋다면 지금까지 말한 지질학의 모든 수수께끼를 더 명확하게 보여주는 노두를 한 곳쯤은 찾을 수 있다. 겔브 누아틸이 바로 그런 곳이다. 이곳에 와서 보니 해빙기의 해수면 상승은 두 단계로 진행되었고, 침식면은 돌로스톤이 잠시 파도 아래에서 벗어났다가 비바람에 갉아 먹혔던 기간을 표시한다는 생각이 타당해 보였다.[2]

해침이 두 번에 걸쳐 일어났다는 가설은 온 지구에서 확인할 수 있다. 몇 년 후, 나는 캐나다 로키산맥의 북쪽 연장부인 매켄지산맥에 관한 비슷한 설명을 읽고 호기심을 느꼈다. 캐나다 온타리오 킹스턴대학교 출신의 노련한 선캄브리아 시대 전문가 노엘 제임스Noel James와 기 나르본Guy Narbonne, 쿠르트 카이저Kurt Kyser 역시 비슷하게 끝이 잘려나간 원뿔 천막을 보고했다. 이 학자들은 카르스트 동굴의 존재를 예측하기까지 했다. 정말로 카르스트 동굴이 존재한다면, 두 단계에 걸친 해침 가설을 증명하리라고 추측했다. 하지만 캐나다에서는 카르스트 동굴을 하나도 찾지 못했다. 안타깝게도 동굴이 돌무더기 가득한 산비탈 아래 깊이 파묻혔을 것이기 때문이다. 전 세계의 다른 덮개 돌로스톤도 똑같은 징후를 보인다. 대체 이게 무슨 뜻일까? 해수면은 틀림없이 두 번 상승했다. 확실하다. 아마도 녹아내린 빙하 때문일 것이다. 더불어 두 번의 빙하 후퇴 사이에 해수면이 다시 하강한 것도 명백한 사실일 테다. 그런데 모든 대양의 해수면 하강을 불러왔을 빙하기가 중간에 다시 찾아왔다는 증거가 전혀 없다. 만약 전 세계 해수면 하강이 정말로 발생하지 않았다고 가정한다면, 몹시 흥미롭고도 믿지 못할 가능성 하나가 나타난다. 이 가능성은 바위를 더 자세히 관찰해야만 알아낼 수 있다.[3]

그러기 전에 먼저 다른 길로 살짝 에둘러 가야 한다. 우리는 모두 지구 행성의 내부가 양파처럼 생겼다는 사실을 잘 안다. 날카로운 칼로 지구를 절반으로 자르면, 곧바로 내부의 층이 분명하게 드러난다. 한가운데에는 금속으로 된 핵이 있고, 가장자리로 갈수록 밀도가 낮아지는 규산염 암석층이 그 위를 덮고 있다. 마지막으로 가장 가벼운 층인 지각이 지구 표면을 얇은 막처럼 감싸고 있다. 지각은 우리가 발을 딛고 살아가는 곳이기에 특별히 중요하다. 학계는 주로 지진이나 폭발이 일어난 후 지진파가 지구 내부의 층들을 통과해 굴절하거나 층들에서 반사되는 데 걸리는 시간을 측정해서 내부를 파악했다. 고된 노력과 치밀한 연구 덕분에 지구의 가장 깊숙한 곳에 숨은 비밀도 낱낱이 드러났다. 세부 사항을 두고 논쟁할 여지가 없을 정도다. 이제 잘 알듯이 대륙 이동부터 조산 운동까지 지구 표면에서 벌어지는 현상 다수를 다음 사실로 설명할 수 있다. 지구의 가장 바깥층 암석권은 단단하고 잘 부서지기 쉬운 반면, 맨틀의 더 깊은 부분은 내부의 높은 온도와 압력 때문에 느릿느릿 이동하는 액체처럼 움직인다.

액체는 압력을 받아도 부서지지 않는다. 그 대신 압력을 상쇄하고자 아래와 옆으로 움직인다. 빙산이 두꺼워졌다가 얇아질 때도 똑같은 일이 일어나며, 지난 수백만 년 동안 수차례나 이 일이 되풀이되었다. 얼음은 밀도가 맨틀암의 대략 3분의 1도 안 된다. 그래서 단단한 얼음이 현재 그린란드와 남극 대륙의 빙모와 비슷하게 3킬로미터를 약간 넘기는 두께로만 쌓여도 지구 지각이 무려 1킬로미터나 그 아래 맨틀을 향해 구부러진다. 얼음에 뒤덮인 그린란드 땅 역시 이런 이유로 해수면 아래로 가라앉았다. 만약 다음 세기에 전 세계 빙하가 모두 녹아 없어진다면, 그린란드의 절반 이상이 바다로 변할 것이다. 그러면 그린란드는 현재 우리가 세계 지도에서 찾아보는 모습과 완전히 달라질 것이다. 한동안은 오늘날의 필리핀처럼 크고 작은 섬들이 무리를 지은 모습이겠지만, 이런 모습은 오래가지 않을 것이다. 위에서 누르는 하중이 늘어나면 지각이 맨틀 속으로 가라앉는 것과 마찬가지로, 하중이 줄어들면 지표면이 대강 예전 위치로 다시 올라온다. 익히 잘 알려진 이 현상은 지각 평형 반동isostatic rebound이라고 한다. 지각 평형isostasy(밀도가 낮은 지각이 밀도가 더 높은 맨틀 위에 평형을 이루며 떠 있는 상태-옮긴이)으로 인한 해수면 변동은 지역마다 다르며, 빙하가 생기고 녹는 현상에 직접 영향을 받는 전 세계적 해수면 변동과 구별된다.

빙하가 유럽 북부와 아메리카 대륙을 떠나자마자 땅은 무거운 짐에서 벗어나 10만 년도 더 전에 있던 곳으로 되돌아갔다. 하지만 지각 평형 반동은 느릿하게 진행된다. 빙하 후퇴로 인한 전 세계적 해수면 상승은 끝난 지 5000년도 더 지났지만, 지각 평형 반동으로 인한 해수면 변동은 속도가 훨씬 뒤처져서 오늘날에도 여전히 진행 중이다. 실제로 스칸디나비아반도의 보트니아만 같은 일부 북반구 지역에서는 곳곳의 땅이 아직도 해마다 1센티미터 이상 상승한다. 융기한 해안을 보면 이런 지역 다수가 총 300미터 넘게 솟아올랐다는 것을 알 수 있다. 이곳의 빙상 두께는 적어도 1킬로미터에 이르렀을 것이다. 지각 평형 반동은 빠르게 시작했다가 급격히 느려져서 수천 년 후에나 다시 평형이 이뤄진다. 스코틀랜드 같은 고위도 지역은 점점 솟아오르고 있지만, 잉글랜드 같은 인접 지역은 가라앉고 있다. 땅이 중심축을 두고 빙하 시소를 타는 셈이다. 혹시 왜 오대호에서 캐나다 쪽 풍경이 더 장엄한지 궁금한 사람이 있을까? 미국 쪽 호숫가는 천천히 가라앉고 있지만, 캐나다 쪽은 높이 솟아오르고 있기 때문이다.

어느 지역에서 얼음이라는 짐 덩어리가 없어지고 나면, 압력이 사라진 데에 대한 탄성 반응으로 반동이 크게 일어난다. 하지만 반동은 더 오랜 간격에 걸쳐 지속된다. 맨틀 물질이 대양 분지ocean basin에서 한때 빙하에 덮였던 대륙 아래쪽으로 서서히 이동하기 때문이다. 이처럼 지각 평형 조정isostatic adjustment이 일어나고 물 무게가 늘어나면 대양 분지는 지구의 중력 중심을 향해 가라앉고, 짓누르던 얼음이 사라져서 가벼워진 대륙에서 멀어진다. 바다 전체를 통틀어서 평균을 냈을 때 해저가 알아채지도 못할 만큼 느린 속도로 100년에 약 3센티미터씩 가라앉는 현상에서 마지막 빙하 후퇴의 영향이 여전히 감지된다.

당신은 이 모두가 크리오스진기 빙하기와 대체 무슨 관련이 있는지 궁금할 것이다. 이제 우리의 흥미진진한 덮개 돌로스톤으로 돌아가자. 앞서 보았듯이 전 지구의 빙하 지형은 점점 솟아오르는 융빙수에 잠겼었다는 징후를 분명하게 드러낸다. 많은 지역에서 지층 위쪽에 쌓인 덮개 돌로스톤은 어떻게 된 일인지 험한 날씨에 노출되었다가 다시 물에 잠겼다. 이번에는 영영 물 밖으로 나오지 못했다. 이 현상은 빙하 후퇴가 일으킨 전 세계 해수면 상승과 두꺼운 빙상이 국지적으로 사라지며 벌어진 육지의 지각 평형 반동이 복잡하게 상호작용한 결과라고 간단히 설명할 수 있다. 빙하가 후퇴한 후, 땅과 바다 모두 솟아올랐다. 처음에는 바다가 솟아오르는 속도가 더 빨랐다. 하지만 거북이와 토끼의 경주 이야기처럼, 땅이 기어이 바다를 따라잡았다. 그래서 한때 바다에 가라앉아 있던 덮개 돌로스톤은 광대하게 뻗은 저지대 대륙에 발이 묶여서 물 밖으로 고개를 내밀었다. 해수면 상승이 어떻게 지속되었는지는 잠시 후에 이야기하자. 지금은 어디에나 있는 덮개 돌로스톤이 무엇을 의미하는지 곰곰이 생각해야 할 때다. 이 불가사의한 암석의 최상부와 그 주변에서는 외부에 노출되었다는 증거가 흔하게 발견된다. 암석의 두께는 다양하지만, 대개는 평균 18미터 정도다. 빙모는 돌로스톤이 퇴적되기 전에 거의 다 녹은 것으로 보인다. 지각 평형 조정은 서서히 진행되긴 했지만, 빙하 후퇴 이후 1만 년 이내에 완료되었을 것이다. 어림잡아서 계산해 보면, 덮개 돌로스톤이 해마다 최소한 1밀리미터에서 10센티미터 정도 형성되었다고 파악할 수 있다.

공교롭게도 1년에 1밀리미터와 10센티미터는 전형적으로 산호가 가장 느리게 자라는 속도와 가장 빠르게 자라는 속도다. 게다가 산호의 구성 성분도 탄산염이다. 하지만 공통점은 여기서 끝난다. 가장 빠르게 자라는 산호는 매우 얕고, 햇빛이 잘 들고, 따뜻한 해안 지역에 서식한다. 이런 지역의 바닷물은 탄산칼슘이 굉장히 과포화한 상태다. 모든 탄산염 광물은 온도가 높아질수록 덜 용해된다. 그런데 덮개 돌로스톤은 전 세계 대륙붕이라는 훨씬 더 넓은 지역을 덮었고, 얕은 해양 환경뿐만 아니라 깊은 대륙붕에서도 형성되었다. 아울러 덮개 돌로스톤은 빽빽하게 층을 이룬 퇴적물이다. 빠르게 자라지만 사슴뿔 같은 가느다란 가지를 뻗는 오늘날의 단단한 돌산호scleractinian와는 전혀 다르다. 이 탄산염 침전 사건의 속도와 넓은 범위를 고려할 때, 덮개 돌로스톤이 해수면 상승으로 갑자기 바닷물에 깊이 잠긴 환경을 나타낸다는 널리 알려진 가설을 반박할 수 있다. 이런 '고해수면기highstand 퇴적물'은 보통 침전 탄산염, 혹은 교결 작용이 일어난 '하드그라운드hardground(해저면이나 바로 그 아래에서 퇴적된 동시에 교결된 탄산염층-옮긴이)'를 상당히 많이 포함한다. 평소에 암설을 공급하던 삼각주가 물에 잠겨버렸기 때문이다. 하지만 퇴적될 만한 다른 물질이 부족한 탓에 이처럼 응축된 퇴적물은 믿지 못할 만큼 더디게 만들어져 수백만 년이 지나도 고작 몇 센티미터 늘어난다.

전 세계에 존재하는 다이아믹타이트와 돌로스톤, 이암이라는 삼총사는 지각 평형 조정이 완전히 끝난 후에도 해수면이 계속 상승했다고 암시한다. 이것이 사실이라면, 두 번째 해침으로 만들어진 암석층 바닥에는 이 응축된 고해수면기 하드그라운드 퇴적물이 있을 수 있다. 나는 이 점을 염두에 두고 겔브 누아틸에 있는 '물에 잠겼던' 덮개 돌로스톤의 균열과 틈새, 꼭대기를 매운 보라색 석회암을 오랫동안 관찰했다. 맨눈으로 보면, 석회암은 짙은 색의 얇은 조각으로 구성된 것처럼 보이며, 퇴적학자가 모난 각력암이라고 부를 법한 것 안에서 자리 잡고 탄산칼슘으로 서로 붙어 있는 것 같았다. 그런데 이 퇴적암에는 조금 놀라운

면이 두 가지 있다. 첫째, 예리하고 길쭉한 칼날 같은 중정석 결정이 포함되어 있다. 당신은 근처 자빌리아트의 암석에도 중정석이 포함되어 있다는 사실을 기억할 것이다. 오스트레일리아와 캐나다, 노르웨이, 중국 등 다른 지역의 덮개 돌로스톤 맨 윗부분에서도 보이는 특징이다. 이 관찰 내용이 핵심 사항인데, 나중에 자세히 이야기하자. 둘째, 중정석 조각이 분명히 화산 작용으로 만들어진 것처럼 보인다는 것이다. 광물 조성과 조직을 보면, 이 조각이 원래 녹은 암석의 뜨겁고 빛나는 덩어리였다가 식어서 유리 같은 파편이 되었다는 사실을 확인할 수 있다. 아마 화산 밖으로 분출된 이후에 식었을 것이다. 당시에는 아프리카 북서부 전역뿐만 아니라 그 시절 가장 가까운 이웃이었던 브라질에서도 화산이 분출했다. 다만 화산이 폭발한 직접적인 이유는 명확하게 밝혀지지 않았다. 학자들이 오랫동안 머리를 싸매고 연구한 끝에, 이제 에디아카라기 초반의 화산 활동은 두꺼운 빙상이 빠르게 녹아내린 이후 과도한 압력이 급작스럽게 완화되었기 때문이라고 여겨진다.

덮개 돌로스톤과 달리, 그 위를 덮은 석회암에는 육상에서 온 알갱이라고 할 만한 것이 별로 없다. 이것은 빙상이 해안 지역의 내륙으로 후퇴하고 한참 후에도 해수면 상승이 계속되어서 해침 덮개 돌로스톤이 결국 바다에 잠겼다는 견해를 강력하게 뒷받침한다. 이 두 번째 해수면 상승에는 내륙의 빙모와 전 세계 다른 산악 지역의 빙하가 녹은 사건이 부분적으로 영향을 미쳤으리라는 주장이 제기되었다. 두 번째 해수면 상승의 규모를 설명하려면, 지속적인 빙하 후퇴뿐만 아니라 액체로 변한 물의 열팽창이 일으킨 더 작은 효과까지 고려해야 한다. 그렇다면 놀라운 가능성이 열린다. 덮개 돌로스톤은 1만 년이 채 안 되는 지각 평형 조정 기간뿐만 아니라 빙하 후퇴 기간에도 형성되었다. 그러므로 돌로스톤 퇴적은 우리가 앞서 추정했던 것보다 훨씬 더 빠르게 진행되었을 수 있다. 그 증거는 무엇일까?

앞에서 덮개 돌로스톤은 평범해서 눈에 띄지 않는다고 말했다. 하지만 일부 연구는 내가 언급한 판 모양 균열을 만든 교결물cements과 원뿔 천막 같은 구조 말고도 유별난 특징 몇 가지를 강조했다. 가장 중요한 특징은 스트로마톨라이트stromatolite다. 주름진 돔 모양 퇴적암인 스트로마톨라이트는 카펫처럼 넓적하게 모인 시아노박테리아 무리가 층층이 쌓여서 만들어진다. 광합성을 하는 세균인 시아노박테리아는 태양광선을 잘 이용할 수 있도록 퇴적물의 가장 위층을 차지한다. 요즘도 오스트레일리아 서부 해안에서 스트로마톨라이트를 찾아볼 수 있지만, 가장 크고 유명한 형태는 모두 선캄브리아 시대 것이다. 선캄브리아 시대에는 산호가 없었기에 당연히 산호초도 없었다. 그 대신 스트로마톨라이트 암초는 흔했다. 우리 IGCP 그룹을 모리타니로 초대한 자닌 사르파티Janine Sarfati는 스트로마톨라이트 전문가다. 사르파티는 좁은 피라미드 모양의 스트로마톨라이트 코노피톤conophyton 암초가 이룬 방대한 수중 숲을 연구하는 데 경력을 바쳤다. 모리타니의 아타르 국제공항도 그런 암초 위에 건설되었다. 공항 활주로에 앉아서 주먹만 한 스트로마톨라이트 덩어리를 팔며 진기한 문진을 사라고 아우성치던 아이들이 떠오른다. 선캄브리아 시대의 열대 바다로 다이빙한다면 기막힌 경험이 되지 않을까. 물고기는 없지만, 이리저리 가지를 뻗은 코노피톤 둥치와 색색의 해초, 남조류(시아노박테리아)가 있을 것이고, 신기하고 경이로운 단세포 원생생물도 엄청나게 많을 것이다. 원생생물은 대개 광합성을 하는 이웃들이 주는 에너지에 의존해서 살아간다(관점에 따라 이런 생활 방식을 공생이라고 할 수도 있고, 기생이라고 할 수도 있다).

스트로마톨라이트는 본래 얕은 물에서 형성된다. 물이 너무 깊으면 햇빛이 아무런 힘도 발휘하지 못한다. 덮개 돌로스톤 스트로마톨라이트는 생김새가 독특하다. 겹겹의 돌로마이트가 터무니없을 정도로 얇게 탑을 쌓았고, 그 사이를 초기 돌로마이트 교결물이 지탱하고 있다. 돌로스톤은 점점 높아지는 해수면을 따라잡으려고 경쟁에 뛰어들었지만, 기원지에서 이동한reworked 돌로마이트밖에 없는 더 깊고 먼 영역에서 패배했던 것 같다. 하지만 상부 비탈면처럼 조건이 완벽했던 곳에서는 해수면 높이를 따라잡는 데 거의 성공했을 것이다. 이런 곳에서 덮개 돌로스톤층은 '관tube'이 뻥뻥 뚫린 스트로마톨라이트 암초로 구성되어 100미터 이상 쌓일 수 있다. 지금 우리는 세상이 한 번도 간파한 적 없는 빙하 후퇴의 실태를 느리지만 착실하게 파악해 나가는 중이다. 해수면이 상승하면서 돌로마이트는 점차 내륙으로 더 깊숙이 들어가서 쌓이기 시작했다. 하지만 이 모든 일은 지각 평형이 허락한 수천 년 내에서만 일어났다. 그런데 당시 융빙수의 양은 어마어마했던 것 같다. 마지막 최대 빙하기 이래로 배출된 양보다 훨씬 더 많았고, 그 결과 일어났던 현상을 이제 이해하기 시작했다. 몇 가지 추가 단서는 광물학에서 찾아보자.[4]

중정석은 신기한 광물이다. 알려진 광물 중 밀도가 가장 높은 편이고, 불용성도 매우 크다. 사실, 불용성이 어찌나 강한지 바륨 이온(Ba^{2+})은 지구상 어떤 수성 퇴적 환경에서든 용액에서 황산 이온(SO_4^{2-})과 거의 공존하지 못한다(양이온인 바륨 이온은 반응성이 매우 큰데, 음이온인 황산 이온과 반응해서 황산바륨 광석, 즉 중정석을 만든다-옮긴이). 중정석이 상당량 만들어지려면, 바륨을 함유한 (하지만 황산염은 없는) 유체와 황산염을 함유한 (하지만 바륨은 없는) 유체가 만나야 한다. 이 둘이 만나면 즉시 중정석이 침전된다. 그런데 바닷물에는 황산염이 풍부하게 함유되어 있다. 황산염은 바다의 이온 가운데 우리가 먹는 소금의 주성분인 나트륨과 염화물 다음으로 많다. 오늘날 바다에는 황산염이 지나치게 많아서, 대체로 황산염 환원 세균이 황산염을 완전히 없애버린 퇴적물의 공극수(암석이나 토양 사이 틈에 스며든 물-옮긴이) 내부에서만 중정석이 형성된다(해양 퇴적토에서 상층은 황산염 환원 세균이, 하층은 메탄 생성 세균이 차지하며 군집 구조를 이룬다-옮긴이). 어두컴컴하고 유기물이 풍부한 이 퇴적물에는 바륨 이온이 깊이 축적될 수 있다. 따라서 위의 황산염 환원 세균과 아래의 메탄 생성 세균 사이에서만 중정석 광물이 만들어지는 영역이 생겨난다. 중정석은 계속해서 다시 용해되고 침전되며, 퇴적물과 보조를 맞춰서 위로 이동한다. 이것이 일반적인 경우지만, 덮개 돌로스톤의 중정석이 만들어진 배경은 전혀 다르다.

모리타니의 중정석 덩어리와 교결물은 뚫리자마자 해수면 상승으로 물에 잠긴 카르스트 동굴에서 빠르게 만들어졌다. 하지만 캐나다의 매켄지산맥 같은 다른 지역에서는 중정석이 탄산칼슘 광물의 일종인 아라고나이트와 함께 해저에서 직접 형성되었다. 이 중정석과 아라고나이트 결정은 덮개 돌로스톤의 꼭대기에 부채꼴로 박혀 있다. 캐나다에서는 부채꼴을 이룬 중정석이 얼룩덜룩하게 철이 박힌 돌로스톤과 수백 킬로미터에 걸쳐서 분포하고 있다. 똑같은 양상을 멀리 떨어진 몽골에서도 볼 수 있다. 바륨 이온과 황산 이온이 거의 공존할 수 없다면, 대체 어떻게 중정석이 바닷물에서 직접 만들어질 수 있을까? 도무지 이해할 수 없는 수수께끼다. 중정석이 온 지구에 존재하는 현상은 서로 성질이 뚜렷하게 다른 물 두 종류, 다시 말해 황산염이 풍부한 물과 황산염이 없으며 (아마 산소도 부족할) 물의 결합으로만 설명할 수 있다. 덮개 돌로스톤과 관이 뻥뻥 뚫린 스트로마톨라이트처럼, 이 중정석 침전도 틀림없이 크리오스진기 빙하기의 특별한 조건과 관련된 독특한 사건인 듯하다. 하지만 어떻게 관련된 걸까?

2004년 할리우드 영화 〈투모로우〉가 개봉해 그해 최고의 흥행 수익을 올렸다. 이 영화는 문명의 존립 자체를 위협하는 자연재해를 묘사한다. 나는 최근에야 뒤늦게 이 영화를 보았는데, 영화 속 막대한 재난이 계획된 음모인지 아니면 이야기를 끌고 나가기 위해 가정한 사건인지 잘 모르겠다. 영화의 작품성은 제쳐놓자. 어쨌거나 숱한 재난 영화와 마찬가지로 〈투모로우〉 역시 작은 진실을 넌지시 비춘다. 영화 주인공인 고기후학자 잭 홀 박사는 빙하가 녹아서 온 세상에 곧 파멸이 닥친다고 경고한다. 이런 장르에 꼭 있기 마련인 과학자다. 장르의 법칙에 따라 누구도 귀를 기울이지 않는 잭의 이론에 따르면, 극지방의 빙하 녹은 물이 전 지구로 퍼지면서 담수 렌즈freshwater lens가 형성되어 대양의 해류 순환 패턴과 지구 기후가 교란된다. 그는 대서양에서 수역의 수직 이동이 완전히 중단되어 세상이 거의 하룻밤 사이에 빙하기로 변하리라고 예측한다. 그리고 (영화에서는) 그 예측이 맞아떨어진다. 잭의 이론에는 유효한 면이 있다. 담수는 염분을 함유한 해수보다 명백히 밀도가 낮다. 따라서 한동안, 적어도 바람과 파도가 담수와 해수를 뒤섞을 때까지 해수 위에 '떠' 있을 수 있다(이처럼 담수가 해수 위에 떠서 형성한 렌즈 같은 경계면을 담수 렌즈라고 한다-옮긴이). 더욱이 태양열을 받아서 점점 데워지는 표층은 열팽창 때문에 밀도가 더욱 낮아지고, 이 탓에 부력의 차이가 더 벌어진다. 여기까지는 문제 될 것이 없다. 하지만 영화의 과학적 진실성은 곧 무너지고 만다. 이 영화에 영감을 주었다는 최근의 대양 모델링ocean modeling 연구는 만약 대서양의 순환이 멈추더라도 냉각 효과가 미미해서 수십 년 내로 전 세계 온난화의 영향력에 밀려날 것이라는 결론에 이르렀다. 그렇다고 해서 빙하가 녹는 사건이 언제나 하찮다는 말은 아니다. 물은 세상에 알려진 모든 액체 물질 가운데 열용량이 가장 크다. 이는 바다가 전 지구의 열에너지를 저장하고 운반하는 데 주요한 역할을 맡는다는 뜻이다. 만약 어느 지역에서 따뜻한 물이 바다 표면에 막을 형성해서 용승(하층의 차가운 해수가 표층 해수를 제치고 올라오는 현상-옮긴이)이 멈춘다면, 얼마 지나지 않아 지구 온도가 오를 것이다. 태평양 동부의 더 높은 기온이 남극 대륙에서 발원한 차갑고 용승하는 훔볼트 해류Humboldt current를 잠시 멈춰 세우는 엘니뇨가 발생할 때마다 실제로 이런 일이 잇따른다. 지난 100년 동안 엘니뇨는 스무 번가량 일어났고, 엘니뇨 때문에 지구 평균 기온이 눈에 띄게 급등했다.[5]

수역을 물리적으로 분리할 수도 있는 해양 성층 현상stratification은 전 세계 바다에서 발생하는 것으로 알려졌다. 이때 수온과 염도의 독특한 조합이 각 층의 경계를 만든다. 엄밀히 말해서 지속적인 성층 현상은 오직 심해에서만 일어난다. 폭풍이 얕은 바다를 휘저어서 수직 밀도 차이를 빠르게 무너뜨릴 수 있기 때문이다. 표면의 사나운 난류가 더는 영향을 미치지 않는 깊이인 '폭풍파 작용 한계 심도storm wave base'는 최대 100미터 아래에 이를 수도 있다. 한계 심도 아래에서는 바닷물이 더 차

가워지고, 그래서 밀도도 더 높아진다. 특히 '밀도약층pycnocline(염분이나 수온 때문에 물의 밀도가 수심에 따라 급격히 증가하는 층-옮긴이)'이 상층을 심해, 적어도 수십에서 수백 년 동안 용승이나 침강downwelling이 일어나지 않는 곳과 사실상 분리하는 대략 1000미터 아래에서는 이 현상이 더 뚜렷하다. 남극이나 그린란드의 빙상이 붕괴해서 얼음이 녹는다고 하더라도, 바닷물이 수직으로 뒤섞이는 현상을 오랫동안 막을 만큼 막대한 양의 물이 빠르게 방출될 가능성은 작다. 이는 최근의 빙하 작용이 시작된 이래로 극지방에서는 거대한 빙하가 제자리에 남았고 중위도에서는 대체로 녹았기 때문이다. 하지만 빙하 후퇴가 전 세계에서 되돌릴 수 없는 규모로 신속하게 일어난다면? 그러면 어떻게 될까? 과연 바닷물이 지구에서 오랫동안 서로 다른 층으로 분리될 수 있을까?

터무니없는 말로 들리겠지만, 크리오스진기 빙하기 말에 바로 이런 일이 일어났다. 이 사건만이 덮개 돌로스톤의 수많은 불가사의한 특징(전 세계적인 분포, 아래에 깔린 주빙하 지형과 뚜렷한 대조를 보이는 접촉면, 유별난 광물 구성)을 가장 간결하게 설명할 수 있다. 빙하가 녹은 물이 해수면부터 수백 미터 아래까지 차지한다면, 이 물과 그 아래의 바닷물이 섞이는 데 걸리는 시간은 할리우드 작가가 대담하게 상상할 수 있는 것보다 훨씬 더 길다. 바다를 뒤덮은 융빙수는 수만 년 동안 해수면 환경을 심해와 사실상 분리하고 봉쇄할 것이다. 이처럼 믿기지 않는 상황을 상상하려면, '현재는 과거를 여는 열쇠다'라는 지질학의 전통적 주문을 버리고 L. P. 하틀리L. P. Hartley가 1953년 발표한 소설《중개자The Go-Between》 속 유명한 대사를 받아들여야 한다. "과거는 외국이다. 과거에서는 사람들이 다르게 산다."

지구의 과거는 정말로 외국이다. 급격한 빙하 후퇴의 직접적 여파로 심해는 눈덩이지구 시절의 바다로부터 기묘한 특징을 물려받았다. 빙하기에는 너무도 많은 물이 얼음 속에 갇혀 있어서, 바다는 염분 함량이 높고, 얼음장처럼 차갑고, 밀도가 극도로 높은 성질을 보였을 것이다. 이런 성질은 빙하기 이후의 심해에서도 그대로 유지되었다. 따뜻해지는 수면 환경과 사실상 분리된 심해는 갈수록 표층수와 멀어졌고, 한때 보유했을 유리 산소를 끝내 모조리 잃었다. 시간이 흐르면서 산화제는 대양 중앙해령의 감소한 화산 가스와 가라앉는 유기물과 반응해 모두 소모되었다. 산소가 남김없이 사라지자마자 혐기성 세균이 전 세계의 심해를 점령했다. 그러자 황산염이 새로운 희생자가 되었다. 까마득한 과거의 유물인, 이제는 산소가 없는 늪이나 포유동물의 위장, 퇴적물로 밀려난 혐기성 세균 생태계가 자취를 드러내며 심해를 악취 풍기는 황화물 곤죽으로 바꿔놓았다. 온 바다가 흑해 같았던 셈이다(흑해는 바닷물에 녹은 산소가 부족해서 황화수소로 포화한 상태다-옮긴이). 황산염이 풍부한 상층의 융빙수 플룸과 완전히 분리된 심해의 상황은 바륨 농도가 높아지기에 완벽한 조건을 갖췄다. 그러나 표층수와 심층수는 마침내 뒤섞였다. 아마도 산소가 없는 심해수가 용승하는 영역에서 섞였을 것이다. 그러니 중정석 침전은 너무도 당연한 결과였다. 이 시나리오는 중정석과 분홍빛 도는 돌로마이트의 묘한 연관성도 설명한다. 용승하는 무산소 심해수에는 아마 철(II)이 풍부했을 것이고, 철(II)은 표층수에서 불그스름한 철(III)로 산화했을 것이다. 두 사실은 과거의 지구라는 지극히 낯선 외국 세계를 설명하는 강력한 정황 증거가 된다.[6]

이 기상천외한 이야기의 불가피한 결말은 무엇일까? 전 세계 덮개 돌로스톤의 탄산염 광물은 대륙붕 가장자리 수백 미터 아래에서든, 수심이 훨씬 더 얕은 해안 대지에서든 모두 담수 렌즈 아래에서 퇴적되었다. 황당무계하게 들리겠지만, 그렇게 터무니없지는 않다. 비록 오늘날 바닷물은 주요한 해양 탄산염 광물(방해석, 아라고나이트, 돌로마이트)이 모두 굉장히 포화한 상태지만, 이런 해양 환경에서도 탄산염 광물은 잘 침전되지 않는다. 수많은 요인, 특히 바닷물에 녹은 다양한 염분이 침전을 억제하기 때문이다. 대체로 방해석과 아라고나이트는 이 광물로 껍데기를 만드는 생물체가 적절하게 관여할 때만 침전한다. 껍데기가 진화하기 이전에 생명체는 미생물 활동을 통해서만 이 침전 과정을 중재할 수 있었다. 그런데 이 작용은 해수 기둥이나 퇴적물에서 알칼리도alkalinity(물에 용해된 탄산염이나 탄산수소염 등 알칼리분의 양-옮긴이)가 국지적으로 올라가는 부수적 결과를 낳을 수도 있다. 실제로 오늘날의 일반적인 표면 온도와 압력에서 돌로마이트가 형성되는 방법은 오직 이것뿐이다. 이처럼 외부의 도움이 없다면, 생명체가 관여하지 않는 침전만 이루어질 수 있다. 이런 침전이 발생하려면 바닷물에 칼슘과 마그네슘, 탄산염 이온이 대단히 풍부해야 한다.

담수는 이런 문제가 별로 없다. 해마다 여름이면 전 세계 산속의 호수에서 미세한 식물이 번성한다. 마지막으로 남아 있던 눈이 녹으며 암분이 노출되어서 비바람에 침식되면 영양분이 유입되는 덕분이다. 이 초미세 플랑크톤은 모든 식물과 마찬가지로 광합성을 위해 이산화탄소를 흡수한다. 이 작용은 호수 표층수의 수소 이온 농도pH를 바꾸는데, 그 탓에 호수 바닥에 탄산염이 눈송이처럼 쏟아질 정도다. 초미세 플랑크톤이 번성할 때마다 호숫물이 이른바 백화 현상whiting event으로 하얗게 변한다. 백화 현상은 호수에 해마다 쌓이는 퇴적층의 연대를 측정하는 데 도움이 된다. 나무의 나이테를 세는 것과 같은 방식이다. 탄산염 침전은 보통 더운 기후와 관련되지만, 산호초를 생각해 보면 백화 현상이 늘 한여름에만 발생하는 것은 아니다. 스위스의 고산 호수인 하겔제블리Hagelseewli에서는 일반적으로 백화 현상이 겨우 섭씨 4도에 수심 6~9미터의 물에서 일어난다. 이는 탄산염 침전이 거의 언제나 생물체를 매개로 일어나는 과정이라는 사실을 잘 보여주는 증거다.

이런 호수는 빙하가 녹은 이후 융빙수가 지배하는 대양 표면의 '플룸계plume world'와 유사하다. 담수는 염도가 낮아서 광물 용해도가 크게 떨어진다. 이는 탄산염 알칼리도가 크게 높아지지 못해서 광합성으로 인한 수소 이온 농도 변화를 막을 수 없다는 뜻이다. 담수 플룸계는 박테리아 번식이 전 세계에 걸친 백화 현상을 유발하는 곳이었을 것이다. 해침의 초기 단계에서 해저에는 미생물 깔개microbial mat가 깔렸을 것이다. 이 미생물 군집의 표면층은 따뜻해지는 바다 가장자리에서 빠르게 석화했고, 급속히 상승하는 해수면을 따라잡으려는 스트로마톨라이트 탑을 쌓았다. 햇빛이 투과하는 층 아래에 잠긴 덮개 돌로스톤은 어느덧 해안에서 멀리 떨어진 더 깊은 물에 자리했을 것이다. 이 깊은 바닷속에서는 강력한 물리적 성층 현상 때문에 산소가 해저에 도달하지 못했다. 미생물 군집은 지구에 수십억 년 동안 존재한 적 없던 혐기성 생태계로 변했다. 지구화학 연구는 덮개 돌로스톤에서 혐기성 고세균archaea의 메탄 생성과 혐기성 박테리아의 황산염 환원이 남긴 동위원소 지문을 모두 발견했다. 메탄 생성과 황산염 환원은 돌로마이트가 침전하기에 완벽한 조건이다. 오늘날에는 바닷물에 황산 이온이 고농도로 함유되어 있어서 돌로마이트 침전이 어렵다. 실제로 메탄 생성 고세균은 돌로마이트 침전을 돕는다고 알려져 있다. 고세균의 도움은 아마도 플룸 내부에 존재했을 독특한 조건에서 돌로마이트 침전을 일으킨다고 유일하게 알려진 방법이다. 그 조건은 낮은 온도와 중성에서 약산성의 수소 이온 농도 값이다. 한편, 많은 지역에서 지각 평형 재조정으로 압력이 줄어들자 인장 균열이 발생했다. 이 균열은 터져서 벌어지는 와중에도 교결되어 굳게 닫혔다. 압력이 완화된 탓에 화산 분출과 지진, 해저 사태도 발생했다. 그 증거는 아프리카 북서부와 브라질 전역에서 찾아볼 수 있다. 그런데 세네갈의 덮개 돌로스톤은 훨씬 더 특별하다. 일부 지역에서 돌로스톤이 완전히 화산 쇄설물로만 구성되었기 때문이다. 화산 쇄설물이 더 깊은 영역으로 쓸려 내려간 결과, 화산재와 파편이 돌로마이트로 바뀌었다.[7]

막스 데누와 밥 달가노 같은 지질학자가 오랫동안 골머리를 썩인 끝에, 현재 학계는 서서히 의견 일치에 이르고 있다. 덮개 돌로스톤이 전무후무한 규모의 빙하가 걷잡을 수 없는 속도로 후퇴해서 생긴 비현실적이면서도 당연한 결과라는 의견이다. 치밀한 지질학 연구를 통해 쌓아온 학설은 크리오스진기 빙하기 말에 융빙수가 전 세계 바다에 이례적인 규모와 속도로 유입되었다고 말한다. 숱한 지구화학 연구와 동위원소 연구가 함께 수행되어 이 아이디어를 뒷받침한다. 일부 연구는 나중에 살펴볼 것이다. 이러한 결론이 브라이언 할런드의 주장을 입증하는 것처럼 보일지도 모르지만, 하캄브리아 시대 대빙하에 대한 논쟁이 끝난 것은 아니다. 덮개 돌로스톤의 존재는 예측할 만하지만, 그 거대한 규모는 예측할 수 있는 수준이 아니다. 이 암석의 크기는 탄산염 침전의 규모가 대단히 컸다는 사실을 암시한다. 덮개 돌로스톤 안에 갇힌 탄산염의 양은 100만 기가톤 이상으로 추산된다. 오늘날 해양과 대기, 토양에 있는 탄산염을 모두 합친 양보다 한 자릿수가 더 많은 수치다. 덮개 돌로스톤의 전형적인 특징, 다시 말해 탑처럼 우뚝 솟았지만 앙상한 스트로마톨라이트와 일찍이 교결된 원뿔형 천막 구조tepee와 판 모양 균열은 비정상적일 정도로 높은 수준의 탄산칼슘 과포화를 보여준다. 빙하 작용의 여파로 탄산염 알칼리도가 어떻게 그처럼 많이, 어떻게 그처럼 빨리 높아졌는지를 두고 논란이 분분하게 일어났다. 이 내용은 이후에 살펴보도록 하고, 덮개 돌로스톤에 관한 이야기는 여기서 마무리하겠다. 다만 아주 중요한 사항을 빠뜨리고 넘어갈 수는 없다.

학계는 덮개 돌로스톤이 전 지구적으로 빙하가 후퇴하던 시기에 형성되었다고 뒤늦게 합의했다. 이 합의 내용은 덮개 돌로스톤이 놀라울 만큼 정확하게 시간을 표시하는 존재이기에 층서학계의 귀중한 보물이라는 사실을 의미한다. 에디아카라기의 '황금못', 즉 GSSP는 모든 지질시대의 황금못 중에서 가장 정확한 시간을 알려준다. 덮개 돌로스톤은 어떤 경우로든 빙하 작용에 영향을 받은 모든 퇴적물 위에 형성되었다. 따라서 덮개 돌로스톤의 존재는 당시 지구에 빙상의 영향에서 벗어난 곳이 거의 없었다는 사실을 암시한다. 그러면 새로운 질문이 생겨난다. 크리오스진기 빙하 작용은 얼마나 광범위했을까? 대륙의 빙모에는 얼음이 얼마나 많이, 얼마나 오래 존재했을까? 이 재앙적인 빙하 작용은 지구 생명체에게 어떤 결과를 초래했을까? 이 질문에 대한 답은 기후 변화 너머에 있는 사건들을 밝힐 실마리를 던져준다. 이제 눈덩이지구 가설을 위한 무대가 마련되었다.

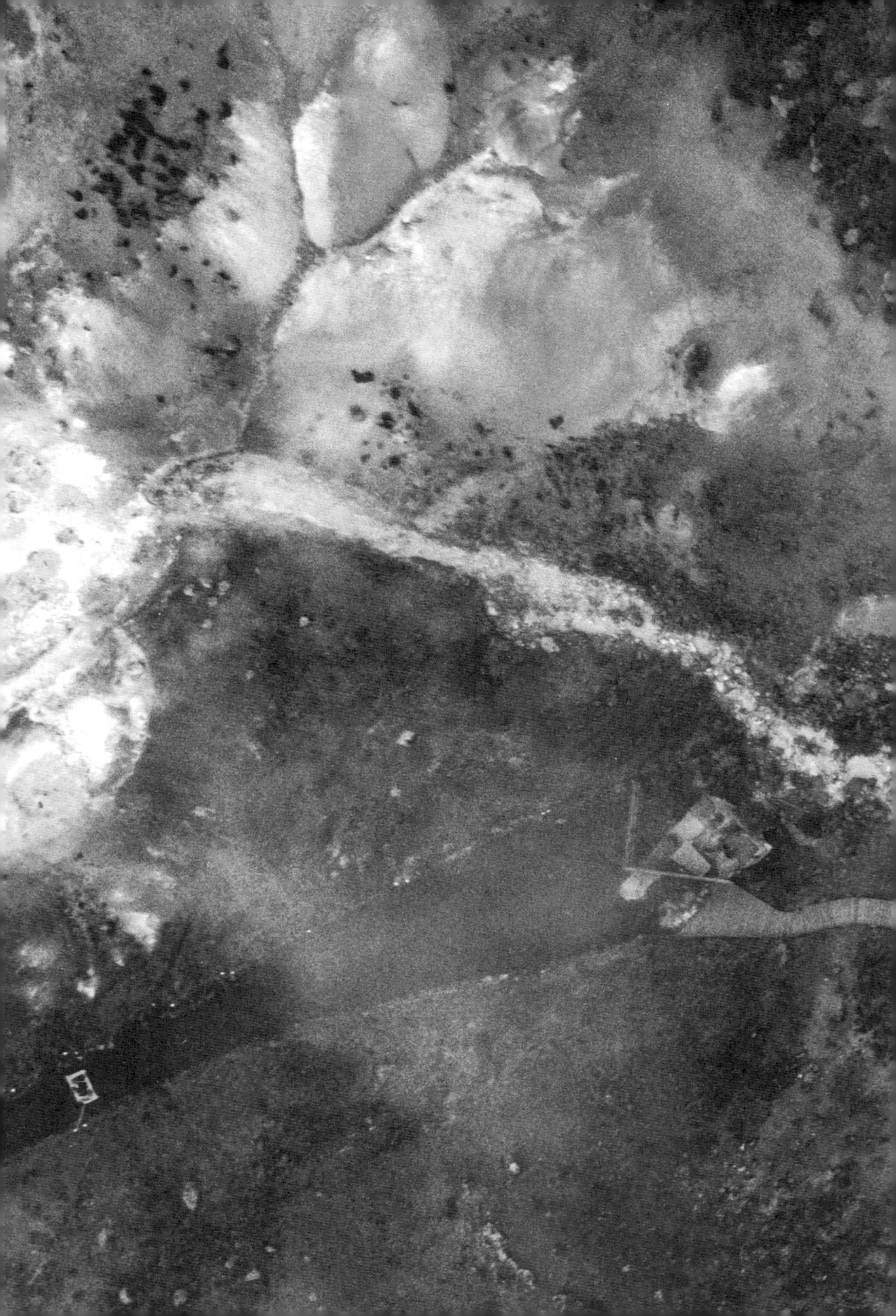

4.

얼어붙은 온실

지구가 혹한의 운명에서 벗어날 수 있었던 이유

Frozen Greenhouse

이산화탄소는 지구 역사를 통틀어

존재하는 세계적인 재앙의

유력한 용의자다.

✦

약 7억 1700만 년 전, 세계 곳곳에서 빙하가 열대 탄산염 암초를 직접 깎아냈다. 이 사건은 대륙이 적도에서 극으로 빠르게 이동했거나, 아니면 저위도에서도 기온이 급락했다는 것을 암시한다. 한때 허무맹랑하다고 여겨졌던 이 생각을 지구물리학 데이터가 옳다고 확인한 이후, 학계는 전 지구적 빙하 작용을 가정했다. 눈덩이지구 가설은 얼음이 지구 전체를 뒤덮은 탓에 이산화탄소 농도가 극단적인 수준에 이르렀고, 마침내 온실 효과가 완전히 얼어붙은 행성의 높은 알베도albedo(천체 표면이 태양 빛을 반사하는 비율. 흰 눈으로 덮인 표면은 알베도가 높다-옮긴이)를 극복했다고 말한다.

전 세계의 많은 지질학과 학생은 어엿한 지질학자가 되기 전에 통과 의례를 거친다. 지질도를 맨 처음부터 만드는 작업은 1950년대부터 거의 변함없이 통과 의례로 남아 있으며, 여전히 런던지질학회의 승인 조건이다. 영광스러운 오랜 전통에 따라 나도 임페리얼칼리지 런던 왕립 광산학교에서 공부한 후 나만의 수습 기간을 거치며 지질도를 만들었다. 지질도를 작성해야 하는 곳은 스코틀랜드 서해안 아일레이섬의 작은 지역, 가로세로 각 5킬로미터 정도인 땅이었다. 바람이 휘몰아치는 언덕과 바닷가를 터벅터벅 걸어 다니던 6주 동안, 나는 고물 캐러밴에서 혼자 지냈다. 주변 들판에는 진드기와 깔따구, 말파리, 양 떼밖에 없었다. 내내 가랑비가 그칠 줄 모르고 내렸는데도 런던으로 돌아왔더니 야외 활동 때문에 피부가 구릿빛으로 변해 있었다. 그리고 현장 지질학자를 그 누구보다도 존경하게 되었다. 특히 토니 스펜서Tony Spencer라는 학자가 감탄스러울 정도로 세밀하게 작업하는 모습이 내 눈길을 잡아끌었다. 스펜서는 20년 전에 똑같은 지역을 조사했고, 스코틀랜드에서 선캄브리아 시대 후반의 빙하 작용을 알려주는 증거를 풍부하게 찾아냈다.

브라이언 할런드가 1964년에 하캄브리아 시대 대빙하 가설을 발표한 후, 열대 지방의 빙하기는 뜨거운 논란거리가 되었고 이윽고 전 세계에서 증거가 쏟아졌다. 밥 달가노와 오스트레일리아 지질조사국의 동료 학자들은 오스트레일리아 남부 플린더스산맥의 자세한 지질도를 막 완성한 참이었다. 이 지질도는 당시에 세상을 떠나고 없던 위대한 지질학자 더글러스 모슨의 주장이 옳다고 확인해 주었다. 막스 데누와 프랑스의 젊은 학자 그룹도 사하라 사막의 빙하 작용을 연구하고 똑같이 주장했다. 하지만 진정으로 전 지구적인 빙하 작용이 존재했다는 가설, 다시 말해 저위도 해수면에 빙하가 존재했다는 가설을 뒷받침할 확고한 지구물리학 증거가 아직 없었다. 다름 아닌 할런드가 증거를 찾으려고 일찍이 직접 시도했지만, 소득이 없었다. 나는 막스가 오르도비스기Ordovician Period 후반 빙하 작용에 대한 증거를 열심히 모았다는 사실을 잘 알고 있었다. 이 시기의 빙하 작용 역시 사하라 사막에 영향을 미쳤다. 이즈음에는 아프리카 북부가 오르도비스기 동안 남극에 있었다는 사실이 확실히 인정받은 상태였으니, 놀랄 일은 아니다. 많은 지질학자는 난처한 사실 단 하나만 아니라면 대륙 이동으로 크리오스진기의 빙하기를 설명할 수 있으리라고 믿는다. 언제나 훼방을 놓는 사실은 탄산염 암석과 빙하퇴적층이 붙어 있다는 점이다. 탄산염 암석은 보통 수온이 높은 저위도 지역에서 생성된다. 현재 버밍엄대학교 명예 교수인 이언 페어차일드Ian Fairchild는 1993년에 이 명백한 모순을 "훈훈한 해안과 얼어붙은 불모지"라는 흥미로운 표현으로 요약했다.[1]

빙하를 둘러싼 이 초기 논쟁을 해결할 실마리는 토니 스펜서의 포괄적 연구였다. 내가 학부 시절에 지질도를 그렸던 지역에 대한 그의 논문은 이후 고빙하학paleoglaciology의 고전이 되었다. 이 매력적이고 원기 왕성한 요크셔 출신 학자는 1971년에 런던지질학회의 연보로 논문을 출간했고, 논문 덕분에 석유 산업에서 경력을 시작했다. 스코틀랜드에서 빙하가 만든 다이아믹타이트를 철두철미하게 파헤치기 시작한 지 반세기가 흐른 지금, 토니는 여전히 아일레이섬과 인근 가벨락스군도The Garvellachs의 언덕과 협곡을 성큼성큼 걷는다. 지난 몇 년간 토니는 이언 페어차일드와 나를 포함해 점점 늘어나는 학생과 교수를 모아서 유익한 정보를 품은 이 놀라운 암석층을 다시 한번 자세히 관찰하고 있다.[2]

문제의 암석은 달라디안 누층군Dalradian Supergroup에 속한다(암석 층서의 기본 단위를 층이라고 하고, 이 층을 세분하는 단위는 층원member, 층을 두 개 이상 묶은 단위는 층군group, 층군을 두 개 이상 묶은 단위는 누층군이라고 한다-옮긴이). 달라디안 누층군은 어마어마하게 두꺼운 퇴적층으로, 스코틀랜드와 아일랜드 전역에 걸쳐 남서에서 북동 방향의 띠 모양으로 뻗어 있다. 이 퇴적층이 보기 드물 정도로 두껍게 쌓인 것은 이아페투스 대양Iapetus Ocean(오르도비스기 남반구에 있었던 바다-옮긴이)에서 빠르게 가라앉는 가장자리에 있었기 때문이다. 빠른 침강은 지질 사건의 기록을 비교적 완전하게 보존하므로 이런 장소는 아주 귀중하다. 더 깊은 해양 환경이라면 완전한 누층군이 가장 잘 보존되겠지만, 누층군이 변성 작용이나 섭입으로 인한 파괴를 온전하게 버티는 경우는 드물다. 두꺼운 달라디안 누층군에는 빙하기로 이어지던 과도기의 기록이 보존되어 있을 수 있다. 전 세계에서 유일하다시피 한 가능성이다. 아프리카 북서부와 오스트레일리아에서 빙하 작용의 시작을 표시하는 것은 아래쪽의 훨씬 더 오래된 암석을 깎아낸 세굴 자국이다. 내가 지질도를 그릴 때 현지 가족에게서 빌린 캐러밴은 빙하기 이전의 암석 위에 펼쳐진 들판 한가운데에 있었다. 캐러밴에서 북쪽으로 고개를 돌리면, 빙하가 만든 포트애스케이그층Port Askaig Formation의 울퉁불퉁한 바윗덩어리가 훤히 보였다. 이곳은 오래전 1871년에 선캄브리아 시대 빙하 작용이 최초로 보고된 곳이다. 바로 이 보고가 아직도 열기를 잃지 않은 논쟁을 촉발했다.

누구나 상상할 수 있겠지만, 스코틀랜드 서부는 사하라 사막이나 오스트레일리아 오지와 다르다. 하지만 캄브리아기 이전, 신원생대Neoproterozoic Era의 스코틀랜드는 오늘날과 다른 모습이었다. 토니와 이언이 연구한 암석은 다이아믹타이트로 이루어진 포트애스케이그층 아래에 놓여 있는 석회암이다. 나도 캐러밴이 있던 곳 근처에서 확대경으로 석회암을 재빨리 확인해 봤다. 석회암은 방해석 광물(탄산칼슘)이 동심원 고리를 이룬 자그마한 공들로 구성되어 있었다. 이런 어란석 입자ooid는 지구 역사 대부분에 걸쳐 형성되었지만, 오늘날에는 바하마처럼 온화한 열대 해안에서만 발견된다. 해안의 조류 속에서 모래알처럼 이리저리 굴러다니는 어란석 입자는 탄산칼슘층이 겹겹이 달라붙어서 만들어진다. 앞에서 나는 동일과정설을 버려야 한다고 거듭 말했다. 정말로 스코틀랜드에서는 저위도와 관련되는 열대의 모래톱 위로 빙하가 거칠게 이동했다는 결론을 피하기가 어렵다. 빙하 세굴 작용의 강력한 힘을 보여주는 가장 적절한 예시는 홀리섬Holy Isle이라고도 불리는 스코틀랜드 서해안 섬 가브아일리치Garbh Eileach의 '거품'이다(그림 5). 어쨌거나 더운 환경과 추운 환경이 한곳에 있었다니, 불가능해 보인다. 셰르머혼이 선캄브리아 시대 후반에 빙하가 있었다는 생각을 비웃었던 것도 이 때문이었다.

토니 스펜서는 가브아일리치의 최북단에서 탄산염 대지carbonate platform와 그 위에 놓인 다이아믹타이트의 경계면을 찾아냈다. 파도가 잔잔한 날이면, 현지 뱃사공이 늘 그래왔듯이 뱃삯을 받고 이곳까지 데려다준다. 하지만 유일한 부두가 이 무인도의 반대편에 있어서 뭍으로 올라가려면 배에서 폴짝 뛰어내려야 한다. 이웃한 섬 아일리치안나오임Eileach an Naoimh 역시 다이아믹타이트로 이루어져 있다. 이 섬은 한때 아일랜드 수도사의 거처였다. 스코틀랜드에서 가장 오래된 크리스트교 건물인 예배당과 수도원은 여전히 험악한 날씨에 맞서 꿋꿋하게 서 있다. 이런 섬들이 모여서 가벨락스군도를 형성한다. 신기하게도 이 군도의 달라디안 암석은 이아페투스 대양이 점점 좁아지면서 벌어진 최악의 지각

그림 5. 가브아일리치의 '거품'. '거품'(사진에서 일그러진 하얀 바위)은 스코틀랜드 서부 가브아일리치에 있는 대각력암(포트애스케이그층)의 일부다. 지름이 약 100미터에 이르는 이 거대한 바윗덩이는 아래에 있는 석회암 암초에서 깎여 나왔다. 이후 크리오스진기에 위를 덮은 빙상에 엄청난 압력을 받으며 짓눌리고 일그러져서 '횡와습곡 recumbent fold(습곡의 축면이 거의 수평으로 기울어진 것-옮긴이)'이 일어났다. (사진: 직접 촬영, 2013년)

변동을 피했다. 이 지각 변동은 잉글랜드를 스코틀랜드로 밀어서 강하게 충돌시키기까지 했다. 그래서 가벨락스군도는 꽁꽁 얼어붙은 크리오스진기의 기록이 온전하게 보존되었을 가능성이 가장 큰 곳으로 꼽힌다.

토니를 전문 가이드로 두고 이 섬의 석회질 진흙으로 발을 내디디면 소름이 쫙 느껴질 정도다. 석회질 진흙층은 넓적한 미생물 깔개와 이따금 나타나는 스트로마톨라이트 돔의 흔적을 확실하게 보여준다(그림 6). 다채로운 색깔을 자랑하는 이 열대 암초들 사이로 다이빙했다면 참

그림 6. 토니 스펜서. 아일레이섬의 빈난부이어Beannan Buidhe 남쪽, 빙하기 이전에 만들어진 로싯 석회암층Lossit Limestone Formation의 케일스 층원Keills Member 노두에 서서 동쪽의 둥그스름한 산 팹스오브쥐라Paps of Jura를 바라보고 있다. 이곳에서 전형적인 크리오스진기 이전 방해석(어금니처럼 생긴 구조)을 발견한 후에 이 사진을 찍었다. (사진: 이언 페어차일드 촬영)

즐거웠을 것이다. 모리타니의 훨씬 더 오래된 스트로마톨라이트 암초도 떠올랐을 것 같다. 하지만 얼마 지나지 않아서 상황이 바뀌었다. 스트로마톨라이트 바로 위에 놓인 탄산염 암석은 시간이 흐르며 해안 환경이 갈수록 얕아졌다는 분명한 징후를 보여준다. 고위도 지역에서 빙하가 형성되기 시작했고, 본격적인 빙하 작용이 일어나기 전에 해수면이 낮아졌다는 최초의 징후가 아닐까. 빙하의 범위가 확장되었다는 증거는 동상 현상frost heave(흙 속의 물이 얼어 얼음층이 형성되며 지표면이 떠올려지는 현상-옮긴이)이 생긴 지면과 집단류mass flow의 거듭된 순환을 드러

그림 7. 스코틀랜드 서부 가브아일리치의 얼음 쐐기ice wedge(지표면의 균열에 생긴 얼음 막대가 주변 수분을 흡수하며 성장해서 영구 동토층까지 뻗은 V 자형 얼음덩어리–옮긴이). 이 다각형 균열은 크리오스진기 빙하기 동안 결빙과 해빙이 일어나며 생겨난 주빙하 지형으로, 현재 모래가 차 있다. 왼쪽은 빙하학자 마리 버스필드Marie Busfield, 오른쪽은 지질학자 갈렌 할버슨Galen Halverson이다. (사진: 직접 촬영, 2013년)

내는 수백 미터의 다이아믹타이트다(그림 7). 가브아일리치의 퇴적층은 대륙 이동으로 열대 해안에서 극지방으로 옮겨갈 시간조차 없는 급작스러운 기후 변화를 기록하고 있다. 적어도 이 지역에서는 나지막한 흐느낌이 아니라 굉음과 함께 크리오스진기가 도착했다.

내 생각일 뿐이지만, 나는 토니와 이언을 비롯해 달라디안 누층군 전도사들에게 전적으로 동의한다. 이들은 달라디안 누층군에서 수수께끼 같은 단절을 거의, 혹은 전혀 보지 못했다. 겉으로 보이는 바를 곧이곧대로 받아들여 생각해 본다면, 암석층에 단절이 없다는 사실은 크리오스진기의 빙하기가 당황스러울 만큼 갑작스럽게 시작했다는 것을 의미한다. 최근 몇 년 동안 이언은 이를 증명하려고 위에 깔린 빙상에서 떨어져 나와 퇴적된 자갈을 분석했다. 한편, 토니는 회고록에서 세월이 흐르며 누층군에서 거대한 쇄설물의 구성이 어떻게 바뀌었는지 아주 상세하게 설명했다. 다이아믹타이트의 바닥 부분은 대체로 돌로마이트질이지만, 꼭대기 부분은 대체로 화강암질이다. 이 선명한 붉은색 화강암 표석은 우리가 1장에서 만났던 제임스 톰슨이 1871년에 언급한 바로 그 바위다. 그런데 평범한 돌로마이트 쇄설물에 주목한 사람은 거의 없었다. 아마도 이 바위는 아래의 암석에서 직접 '뽑혀' 나와서 색다른 기원을 보여주지 않기 때문일 것이다. 이언은 다이아믹타이트 밑바닥 전체를 (바닥에서 위로 올라가며) 구성하는 쇄설물의 동위원소 조성이 그 아래에 있는 탄산염 암석층을 거울처럼 비추리라고 예측했다. 맨 처음 퇴적된 표석은 최초로 침식된 암석이어야 하고, 최초로 침식된 암석은 가장 높이 있는 암석이어야 하기 때문이다. 이언의 예측은 정확했다. 사라진 암석층이 존재한다는 흔적, 예상치 못한 쇄설물 유형이나 동위원소 조성 같은 형태의 흔적은 전혀 없었다. 이는 가브아일리치에서 일어난 변화 사이의 시간 간격이 무시할 수 있을 만큼 작았다는 사실을 확인해 준다.[3]

최근 다른 동위원소 증거가 달라디안 누층군의 과도기적 성격을 분명히 보여줬다. 더 자세한 내용은 나중에 다루겠다. 당장은 크리오스진기의 빙하가 탄산염 대지 위를 덮었다는 사실을 보여주는 예시가 달라디안 누층군 외에도 존재한다는 것만 알아두자. 일부 지질학자는 그린란드나 스피츠베르겐에 있는 크리오스진계Cryogenian System('계system'는 지질

시대 단위 중 '기'에 형성된 암석 전체를 가리킨다-옮긴이)의 맨 아랫부분이 열대 지역에서 일어난 빙하 작용을 더 확실하게 보여준다고 말한다. 다른 암석층만큼 커다란 캐나다 로키산맥의 지질 단면을 선호하는 학자도 있다. 한편, 이런 증거는 결코 완전한 기록일 수 없다며 반박하는 학자들도 있다. 이들은 중국에서 찾아볼 수 있는 것처럼 더 깊은 해양 환경을 살펴보아야 진정한 과도기 단면을 확인할 수 있다고 주장한다. 하지만 이 중에는 탄산염 암석을 포함하는 귀중한 증거가 거의 없다. 전지구적인 빙하 작용의 존재를 확실하게 밝히려면, 마지막으로 한 번 더 지구물리학의 도움을 빌려야 한다. 열대 지역이 얼음으로 덮였다는 정황 증거가 상당히 많이 쌓이자, 크리오스진기의 빙하기를 향한 관심이 마침내 부활했다. 이 부활을 이끈 주역은 지구의 과거 자기장에 관한 연구였다. 이 연구는 저위도의 빙하 작용이 그토록 파멸적이었던 이유를 설득력 있게 설명한 '눈덩이지구 가설'로 이어졌다.

당신은 오스트레일리아 사람, 특히 북쪽의 열대 지방 출신과 이야기를 나눠본 적이 있는가? 이들은 어린 시절에 민물 악어와 함께 헤엄쳤던 일이나, 오지의 뱀과 거미부터 그레이트 배리어 리프의 맹독성 청자고둥과 쏠배감펭, 상자해파리까지 온갖 고약한 생물에 익숙해진 일을 들려줄 것이다. 2007년에 오스트레일리아 북서부 킴벌리산맥을 방문하고 얻은 가장 생생한 기억이 바로 이런 경험이다. 나는 민물 악어와 함께 씻고 헤엄치면서 악어의 존재에 아랑곳하지 않게 되었다. 집으로 돌아가서 이 경험을 말해줬더니 아내가 질겁했다. 민물 악어가 우리를 조금 깨물어 볼 수도 있지만, 충분히 감수할 만한 불편함이다. 훨씬 더 사나운 바다 악어에게 걸리면 살아남을 수도 없기 때문이다. 원주민

가이드는 피비린내 나는 악어 이야기를 잔뜩 늘어놓으며 우리를 즐겁게 해줬고, 우리는 무엇에도 얽매이지 않은 자연을 실컷 감상했다. 킴벌리 답사의 동료이자 가이드였던 마리 코르케런Maree Corkeron은 킴벌리산맥의 빙하 작용과 덮개 돌로스톤 전문가로, 이미 그곳에서 수개월 동안 작업한 뒤였다. 코르케런은 박사 과정을 밟는 중에도 황량한 오지로 야외 답사를 떠날 때 남편과 어린 딸 두 명을 데리고 깊숙한 오지로 견학을 갔다.

이 답사는 유네스코 국제 프로젝트였던 IGCP 512의 후원으로 조직되었다. 이번에는 선캄브리아 시대 후반의 빙하기가 연구 대상이었다. 오스트레일리아뿐만 아니라 세계 각국의 학자들이 참여했고, 불과 몇 년 전의 오지 답사에 함께했던 옛 동료 일부도 돌아왔다. 이번 그룹에는 지구물리학자가 두 명 있었다. 조 커쉬빙크Joe Kirschvink와 마크 맥윌리엄스Mark McWilliams의 전문 분야는 변화하는 지구의 자기장이었다. 두 사람 모두 오스트레일리아의 옛 자기장에 관해 박사 논문을 써서 학위를 받았고(이 주제는 1970년대 후반에 확실히 화제였다), 서로 오랜 경쟁자이기도 했다. 미리 밝혀둬야겠는데, 조는 비록 '눈덩이지구'라는 용어를 고안해 냈지만, 처음에는 전 지구적 빙하 작용을 회의적으로 바라보았다. 물론 그럴 만한 이유가 있었다. 격동의 1950년대 후반 이래로, 빙하 퇴적물은 고지자기paleomagnetic 연구자가 가장 좋아하는 조사 대상이었다. 철분이 풍부한 퇴적물 입자가 지구 자기장을 향한다는 사실은 일찍이 입증되었다. 이런 퇴적물이 암석으로 변하고 나면, 선호 방향성preferred orientation과 고자기장 정보는 암석 안에 영원히 고정된다. 따라서 암석을 이용해 퇴적물이 퇴적된 위도를 재구성할 수 있다. 다만 이런 방식으로 알아낸 위도가 변함없이 유지되었는지, 아니면 시간이 흐르면서 위도 정보가 어떤 식으로든 방해받아 다시 설정되었는지 판단하기란 그리 쉽지 않다.

스코틀랜드의 포트애스케이그층은 저위도에서 형성된 것으로 추정된 덕분에 1970년대 내내 주요 연구 대상이었다. 여러 연구가 한결같이 이 층이 적도에서 10도 이내인 곳에서 퇴적되었다는 결론을 내놓았다. 하지만 전 지구적인 빙하 작용을 가장 열렬하게 지지하는 학자들도 의심을 깨끗하게 지우지 못했다. 퇴적 한참 후에 벌어진 잉글랜드와 스코틀랜드의 충돌이 열을 발생시켜서 최초의 자기장 흔적을 모조리 제거했다는 의혹이 끈질기게 남아 있었다. 이제 우리는 이런 '중첩overprinting'이 실제로 일어났다는 사실을 안다. 더불어 달라디안 암석층에 기록된 기존의 자기장 데이터는 모두 크리오스진기가 아니라 오르도비스기의 스코틀랜드 위치와 관련이 있다는 사실도 안다. 과학의 회의주의를 충실히 따른 학자들은 훨씬 더 엄격한 시험 계획을 세웠다. 신뢰할 만한 고위도paleolatitude 정보를 얻으려면 이 시험을 통과해야 했다. 최초로 철저하게 시행된 시험은 1986년과 1987년에 빠르게 잇달아서 수행되었다. 두 팀이 오스트레일리아 남부 피치리치Pichi Richi에서 똑같은 빙하 퇴적물을 연구했다. 두 연구진 모두 빙하 작용이 적도 부근 위도에서 일어났다고 발표했다. 결정적인 보고였다. 하지만 조 커쉬빙크 팀은 한 걸음 더 나아갔다. 독창적인 실험을 설계한 조의 연구 팀은 퇴적물이 암석으로 변하기 전에 산사태가 일어나서 위도 정보를 교란했다는 사실을 밝혔다. 고지자기 성질이 퇴적물의 독특한 속성이라는 사실을 분명하게 보여주는 증거였다. 이후 이런 '습곡 시험fold test'은 우리 지질학자가 애정을 담아 '고마술사'라고 부르는 학자들의 기본 실험이 되었다(저자가 언급한 단어는 과거 지질 시대의 지구자기장과 지질작용을 연구하는 고지자기학을 가리키는 'paleomagnetism'을 바꿔서 만든 단어 'paleo-magician'이다-옮긴이).[4]

조는 이처럼 인생을 바꿔놓는 경험을 하고도 멈추지 않았다. 1992년, 훗날 '눈덩이지구 가설'이라고 불릴 학설의 뼈대를 두 페이지로 구성했다. 모든 명성을 걸고 전 지구적인 빙하 작용 가설을 주장한 것이다. 증거를 시험해 본 그는 빙하가 심지어 적도 부근에서도 정말로 해수면에 도달했다고 자신 있게 주장할 수 있었다. 이 주장에서 조금만 더 나아가면, 온 지구가 얼음으로 덮여 있었다는 의견이 뒤따른다. 조의 논문 발표보다 훨씬 이전에 학계는 만약 빙상이 지구 중위도 근처까지 잠식한다면 빠르게 세력을 넓혀서 적도 지역마저 뒤덮을 것이라고 보았다. 눈부시게 밝은 얼음은 태양 에너지를 지구 밖으로 반사하는 경향이 있다. 햇빛을 가장 많이 받는 저위도 지역까지 얼음으로 덮이고 나면, 이 현상의 여파는 걷잡을 수 없이 폭주한다. 조는 행성 전체가 얼음으로 덮인 후 이전 상태로 돌아가는 데 오랜 시간이 걸렸으리라고 추측했다. 증가한 알베도가 불러온 효과는 온실가스가 수백만 년 동안 점진적으로 축적되어야만 상쇄될 수 있었기 때문이다. 얼음이 땅과 바다를 모두 덮자, 지구의 주요 탄소 흡수원인 화학적 풍화 작용과 광합성 작용이 억제되었을 것이다. 따라서 이산화탄소 농도가 일반적으로 가능한 수준보다 훨씬 더 높게 올랐을 것이다. 눈덩이지구 가설은 크리오스진기에 지구 대기 중 온실가스 농도가 극도로 높았을 것으로 예측한다. 우리 직관과는 정반대되는 내용이다. 도발적이면서도 순이론적인 이 가

설의 핵심 내용은 이제 널리 받아들여졌다.[5]

나는 스코틀랜드에서 지질도를 작성한 후 스위스로 건너가서 박사 과정을 시작했다. 그해 여름, 조의 연구 결과 때문에 우리 행성이 한때 완전히 얼음으로 뒤덮였을 가능성을 두고 지질학계가 달아올랐다. 이후 몇 년 동안 지구물리학자들은 찬성파와 반대파로 나뉘었다. 그런데 1997년, 캐나다 북서부 매켄지산맥의 고지자기에 대한 연구 결과가 마침내 논쟁을 완전히 매듭지었다. 조사가 이루어진 매켄지산맥의 지질 단면은 가브아일리치의 누층군과 마찬가지로 빙하가 탄산염 대지 꼭대기를 긁어냈다는 증거를 품고 있었다. 연구는 탄산염과 다이아믹타이트 모두 적도에서 고작 몇 도 이내인 지역에서 퇴적했다고 입증했다. 이제 이러한 발견이 더 넓은 과학계의 관심을 끌 때가 무르익었다. 바로 이 시점에서 현존하는 세계 최고의 지질학자 폴 호프먼Paul Hoffman이 등장한다. 호프먼이 명성을 누릴 이유는 차고 넘치지만, 무엇보다도 그는 빙하기가 끝나면 어김없이 나타나는 것 같은 이상한 '덮개 돌로스톤'과 조 커쉬빙크의 눈덩이지구 가설을 최초로 연결한 인물일 것이다. 호프먼은 수년 동안 나미비아에서 크리오스진기 빙하 작용을 연구했다. 마침내 1998년, 그가 이끄는 하버드대학교 팀이 궁극적으로 덮개 돌로스톤과 석회암의 탄산염은 전 세계 물 순환이 거의 중단된 눈덩이 지구의 온실가스가 과다한 대기에서 유래했다고 발표했다. 이후 10여 년 동안 치열한 '눈싸움'이 학계를 지배했다. 이 '눈싸움' 과정에서 우리가 앞으로 살펴볼 가설이 더 세밀하게 다듬어졌다.[6]

눈덩이지구 가설은 빙하 후퇴가 왜 그토록 급작스럽게 이루어졌는지, 왜 잠시도 중단된 적 없어 보이는지 비로소 설명했다. 중위도에서 얼음이 녹기 시작하자, 알베도 감소와 새로워진 물 순환의 효과가 결합하면서 빙하 후퇴가 그 어느 때보다도 빠른 속도로 일어났다. 이산화탄소의 양이 이례적으로 많아서 온실 효과가 강화되었고 빙하기로 복귀하는 것은 불가능해졌다. 그러자 빙하 후퇴 속도가 더욱 빨라졌다. 바다 표면이 따뜻해지면서 바닷물의 이산화탄소가 대기로 배출되었고, 기온이 훨씬 더 높아졌다. 이산화탄소 배출과 수온 상승은 탄산염 광물의 침전을 촉진했다. 이 현상으로 다시 이산화탄소가 대기 중으로 더 많이 배출되었다. 이산화탄소 수준은 급격한 빙하 후퇴 이후로 한동안 정상적인 수준으로 돌아갈 수 없었다. 이처럼 계속 이산화탄소 배출을 촉진하는 양의 피드백이 연이어 발생했으므로 수십만 년이 흐른 후에야 이 상태가 끝났을 것이다. 과다한 이산화탄소가 제거되는 데 왜 그토록 오래 걸리는지 이해하려면, 잠시 옆길로 새서 장기적인, 혹은 지질학적인 탄소 순환의 작용 방식을 알아봐야 한다. 장기적 탄소 순환은 기후뿐만 아니라 최초의 동물 조상이 호흡하는 데 필요한 산소에도 영향을 미치므로 책 후반부에서도 다시 살펴볼 것이다.

장기적 탄소 순환이라는 개념은 200년 전에 처음으로 윤곽이 잡혔다. 이 시대는 뒤늦게 계몽주의 시대라는 이름을 얻었지만, 혁명과 반혁명, 전면전이 동시에 일어난 시절이기도 했다. 이 시대 초반에 희생된 사람 중에는 생명에 지극히 중요한 원소 전부에 명칭을 붙이는 공로를 세웠지만, 인정사정없는 재판장에서 사형을 선고받고, 단두대에서 처형당하고, 그 후에야 사면받은 인물도 있다. 안타깝게도 정말 이 순서대로 일이 벌어졌다. 앙투안 라부아지에Antoine Lavoisier는 업적을 숱하게 세웠다. 그중 마지막은 영국 화학자 조지프 블랙Joseph Black이 '고정 공기fixed air'

라고 불렀고, 더 나중에 스웨덴 화학자 칼 셸레Carl Scheele가 '공기산aerial acid' 이라고 부른 불가사의한 기체가 실은 라부아지에 자신이 새롭게 발견한 원소인 탄소와 산소로 이루어졌다는 사실을 밝힌 것이다. 1789년, 라부아지에는 논문에서 탄소를 "산화하기 쉽고 산성화할 수 있는 비금속 원소"라고 설명했다. 라부아지에가 세상을 뜨자 수학자 조제프 루이 라그랑주Joseph Louis Lagrange는 과학계의 손실을 안타까워하고 라부아지에를 애도하면서 "그의 머리를 베어버리는 데에는 단 한 순간이 걸렸지만, 그런 두뇌를 다시 만들려면 한 세기도 더 걸릴 것이다"라고 말했다.

비록 이 애통한 마음에 모두가 공감했겠지만, 계몽주의 시대의 막강한 힘을 막는 일은 라그랑주의 생각보다 더 어려웠다. 라부아지에의 안타까운 죽음 이후 50년 동안, 유능한 프랑스 과학자들은 이 위인이 남겨두고 떠난 책무를 맡아서 완수했다. 1827년, 조제프 푸리에Joseph Fourier는 이산화탄소가 대기에 미치는 온난화 효과를 예측했다. 이미 1847년에는 자크조제프 에벨망Jacques-Joseph Ebelmen이 오늘날 우리가 쓰는 화학 방정식을 똑같이 사용해서 지구 탄소 순환을 빈틈없이 설명했다. 이 과학자들은 브롱냐르, 부생고, 뒤마 등 탄소 순환 연구의 다른 선구자들과 함께 에펠탑에 이름이 새겨졌다. 지금 돌이켜 보면, 수백만 년 동안의 대기 구성과 기후에 영향을 미치는 장기적 탄소 순환의 복잡한 작용이 다윈의 《종의 기원》이 출간되기도 전에 밝혀졌다는 것이 믿기지 않는다. 앞으로 더 알아보겠지만, 안타깝게도 장기적 탄소 순환의 개요는 여기에서 한 세기가 더 지나야만 재발견된다.[7]

요즘 우리는 이산화탄소 배출이 지구 온난화를 유발한다는 사실을 너무도 잘 안다. 하지만 온실 효과 자체는 본래 해롭지 않다. 대기 중 이

산화탄소의 온난화 효과가 없다면 지구의 평균 표면 온도는 섭씨 30도 이상 급락할 것이다. 대기 중 이산화탄소의 양은 비교적 적어서, 지금은 무게가 고작 400피피엠(ppm)을 조금 넘기는 수준이다. 그래서 온실 효과는 참 변덕스럽다. 어떤 이유로 발생했든지 단기적인 이산화탄소 수준의 변화는 이제 이상 고온, 빙하 작용, 멸종, 질식 사건 등 지구 역사를 통틀어 존재하는 세계적인 재앙의 유력한 용의자로 꼽힌다. 어떤 지질학 문헌도 탄소 순환을 무시할 수 없다. 하지만 탄소의 성질은 관찰하는 시간과 공간 척도에 따라서 그 규모와 메커니즘이 크게 달라진다. 다시 말해, 한 자릿수부터 열 자릿수까지 다양한 시간 규모에서 작동하는, 서로 아주 다른 과정들을 혼동하지 않는 것이 매우 중요하다.

잘 알듯이 산업혁명 이후로 대기 중 이산화탄소 수준은 기하급수적으로 증가했다. 심지어 1960년대 이래로는 증가 속도가 터무니없이 빨라졌다. 내가 보기에 이런 현상에서 가장 경이로운 특징은 지구가 연간 주기로 호흡하는 방식이다. 육지가 훨씬 더 많은 북반구에서는 이 주기를 매우 쉽게 알아볼 수 있다. 북반구에서는 봄철 동안 광합성을 위해 이산화탄소를 깊이 흡입하는데, 이 양은 가을철에 배출하는 양과 거의 같다. 가을철에 이산화탄소를 급격히 배출하는 현상은 우리 허파가 하는 일과 어느 정도 닮았기 때문에 '호흡'이라고 부르지만, 부패라고 일컬을 수도 있다. 지질학자는 이것을 단기적 탄소 순환이라고 부른다. 다른 조건이 모두 똑같다면, 단기적 탄소 순환에서 한 해의 탄소 수준 상승과 하락은 균형을 이루어야 한다. 하지만 인간이 화석 연료를 태우면서 이 주기 중 매해 봄의 저점이 지난해보다 조금씩 높아지고 있다. 인간의 영향을 제외할 때, 해마다 대기 중 이산화탄소 총량의 거의 10분의 1이 생물권을 거친다. 하지만 이산화탄소는 훨씬 더 긴 시간에 걸쳐 전 지구를 순환하기도 한다. 여러 순환 주기가 서로 겹치지만, 우리는 이런 주기를 모두 하나로 묶어서 '장기적 탄소 순환'으로 보는 경향이 있다. 장기적 탄소 순환이 평형에 이르려면 1만 배 더 오래 걸릴 것으로 추정된다.

나는 '화석 연료'라는 용어가 좋다. 단어의 뜻이 너무도 명백해서 따로 설명할 필요가 없기 때문이다. 간단히 말해 석탄, 석유, 천연가스는 한때 지구에 살았던 생물들의 화석화한 잔존물이다. 바다에서든 땅에서든, 퇴적물 대부분은 유기 물질을 일부 함유한다. 대체로 이 유기 물질에는 무게 기준으로 탄소가 몇 퍼센트 정도 포함되어 있다. 많은 경우, 암석에 있는 유기 탄소를 추출하면 절묘하게 보존된 포자 화석fossil spore과 플랑크톤, 심지어 엽록소의 분자 지문과 생명체로 진단할 수 있는 다른 유기 화합물까지 드러난다. 그런데 한 해 동안 일어나는 단기적 탄소 순환의 완벽해 보이는 균형 조정이 완벽하지 않아야 이런 화석 탄소가 존재할 수 있다. 달리 말하자면, 순환에 누출이 있다는 뜻이다. 이런 누출은 규모가 작지만, 더 긴 기간을 놓고 보면 중요하다. 누출이 억제되지 않는다면 결국 대기에서 이산화탄소가 전부 사라질 것이다. 이런 상황에서 얼어 죽는 것과 굶어 죽는 것 중 무엇이 먼저일지는 모르겠지만, 우리 조상이 살아남은 걸 보면 이산화탄소 누출은 분명히 다른 작용으로 상쇄되었을 것이다. 즉, 대기로 이산화탄소를 꾸준히 공급하는 작용이 틀림없이 있을 것이다. 토양 속 화석 유기 물질의 산화 풍화 작용도 그 해결책이다. 이 작용은 유기 탄소 매장을 정반대로 뒤집은 것과 같다. 하지만 이 '장기적 유기 탄소 순환'은 전체 이야기의 일부일 뿐이다. 두 번째 탄소 배출원은 틀림없이 화산 활동이라고 처음 추측한 사람은 에벨망과 같은 시대를 살았던 장 바티스트 부생고Jean Baptiste Boussingault였다. 맨틀에서 배출된 이산화탄소를 화산이 대기 중으로 내뿜으면 산성비가 내린다. 산성비는 지표면의 암석을 공격해서 높은 산을 알갱이 하나씩 녹인다. 이 화학적 풍화 작용은 19세기 중반 구스타프 비쇼프Gustav Bischof와 독일 화학자들이 발견한 덕분에 잘 알려졌다. 비쇼프는 시간만 충분하다면 이산화탄소와 물의 단순한 혼합물(탄산)이 단단한 화강암마저 물렁물렁한 점토로 풍화시킬 수 있다는 사실을 보여주었다.[8]

이런 토대를 바탕으로 자크조제프 에벨망은 장기적 탄소 순환이라는 개념을 통합했다. 에벨망은 모든 이산화탄소 순 배출(산화 풍화 작용과 화산 가스 분출)이 지질학적 시간 규모에 걸쳐 순 흡수와 반드시 똑같아야 한다는 사실을 깨달았다. 아울러 그는 이 장기적 탄소 흡수원이 해저에 유기 탄소와 탄산염 탄소가 퇴적되는 것이라고 정확하게 식별했다. 게다가 탄소 배출과 흡수의 균형이 아주 조금만 깨지더라도 믿기 어려울 만큼 막대한 환경 변화가 일어날 것이라고 꽤 정확하게 추측했다. 비쇼프가 주장했듯이, 탄소 배출과 흡수를 연결하는 고리는 화학적 풍화 작용이다. 규산염 암석이 용해되면 칼슘 이온과 탄산 알칼리도, 영양분 있는 인산염이 해양 환경으로 배출되기 때문이다. 이 셋 중 처음 두 가지는 결합해서 탄산칼슘이 되고, 마지막 영양분은 유기물 생산을 촉진해서 결국에는 유기 탄소 매장을 촉진한다. 그런데 퇴적된 탄산염이 전부 장기간에 걸친 이산화탄소 순 흡수원이 되는 것은 아니다. 탄산염 암석의 풍화도 탄산염 퇴적으로 이어지지만, 규산염 암석의 풍화와 똑같은 효과를 내지는 않는다. 석회암 용해에 사용되는 산성도는 탄산염 광물이 침전할 때 다시 배출되기 때문이다. 실제로, 땅과 바다에서 탄산염 광물의 침전과 용해는 서로 연결되어서 탄소 순환 교란을 막는다. 이 완충 작용은 단지 1000년 정도에 지나지 않는 중기 시간 규모에서 작동한다. 이와는 대조적으로, 해양-대기 시스템을 통한 순 탄소 흐름carbon flux을 지표에 저장된 탄소의 양과 비교하면, 규산염 풍화와 탄산염 퇴적이 결합한 순환이 대략 10만 년이라는 훨씬 더 긴 시간 규모에서 평형을 이룬다는 사실을 추정할 수 있다(그림 8). 이는 오늘날의 과도한 온실가스 배출 때문에 앞으로 매우 오랫동안 대기 중 이산화탄소 수준이 비정상적으로 높아지리라는 뜻이다.

증기기관의 발명 덕분에 계몽주의 운동의 지도자들은 자연 순환 역시 적어도 장기간에 걸쳐서는 완벽히 균형을 이루어야 한다는 귀중한 교훈을 배웠다. 다시 말해 견제와 균형을 통해서, 음의 피드백을 통해서 완벽한 경제가 복잡한 시스템에서 자연스럽게 생겨날 수 있다. 애덤 스미스는 1776년에 출간한 저서 《국부론》에서 이 현상을 '보이지 않는 손'이라고 불렀다. 에벨망이 탄소 순환의 균형이 이루어지는지 아닌지가 아니라, 어떻게 균형이 이루어지는지만 질문한 이유가 바로 이것이다. 만약 에벨망이 37세라는 젊은 나이에 안타깝게 세상을 뜨지 않았다면, 탄소 순환의 피드백이 어떻게 기후를 조절했는지 전부 밝혀냈을지도 모른다. 에벨망이 던진 질문에 대한 대답은 훨씬 나중에 나왔다. 신기하게도 대단한 영향력에 비해 분량이 너무나 적은 논문 〈지구 표면 온도의 장기적 안정화를 위한 음의 피드백 메커니즘A Negative Feedback Mechanism for the Long-term Stabilization of Earth's Surface Temperature〉이 주인공이다. 1981

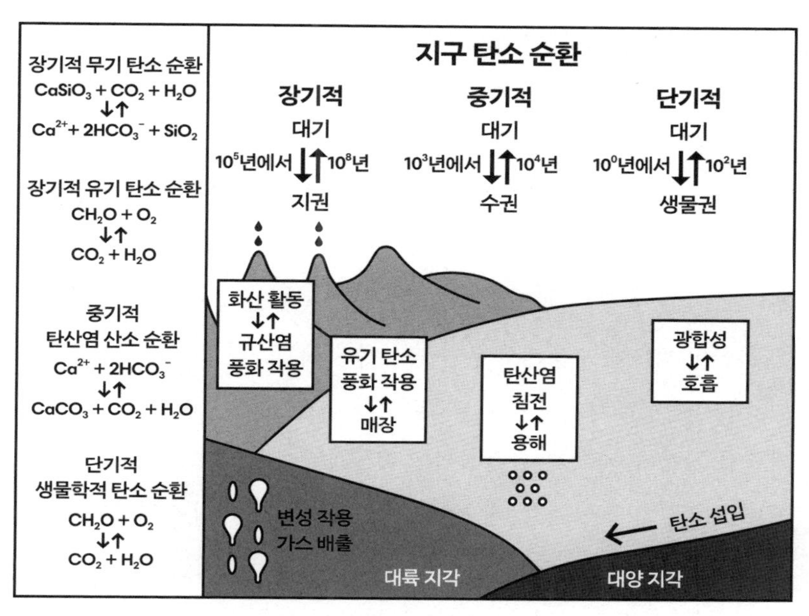

그림 8. 해양-대기 시스템을 통해 이산화탄소 흐름을 통제하는 전 지구적 순환은 다양한 시간 규모에서 상호작용한다. 예를 들어서 장기적인 대기 중 이산화탄소 흡수원은 (1) 광합성으로 발생하는 유기 탄소의 매장, (2) 풍화 작용으로 발생하는 탄산칼슘이다. 매장된 탄소는 섭입과 변성 작용으로 인한 가스 분출, 또는 지각 융기와 산화가 일어난 후 겨우 수백만 년 만에 되돌아온다.

년에 미국의 지구과학자 제임스 워커James Walker와 피터 헤이스Peter Hays, 짐 캐스팅Jim Kasting이 발표한 이 메커니즘은 장기적 탄소 순환이 지구 기후를 조절하는 방식을 효과적으로 설명하는 패러다임으로 확립되었다. 핵심만 말하자면, 세 사람은 지질학적 탄소 순환에(노벨상 수상자 해럴드 유리를 포함해 수많은 사람이 이 순환을 재발견했다) 온실 효과와 관련된 온도 민감도를 추가했다. 훌륭한 아이디어지만, 돌이켜서 생각하면 믿을 수 없을 만큼 단순해 보인다.

이 음의 피드백에서 핵심은 에벨망이 말한 장기적 탄소 순환 개념에 온도 제어 효과를 추가해서 지구의 화학적 풍화 작용 속도와 대기 중 이산화탄소의 양을 연결한 것이다. 온실 효과가 감소하는 경우를 생각해 보자. 온실 효과가 줄어들면 지구 기온이 떨어지기 시작할 것이다. 그 결과, 화학적 풍화 작용의 속도가 늦춰져서 이산화탄소 수준이 다시 올라가고, 영구적인 극저온 상태는 불가능해질 것이다. 반대로 만약에 화산이 새롭게 분출해서 용암을 수백만 세제곱킬로미터나 토해낸다면, 대기 중으로 빠져나온 이산화탄소가 온실 효과를 강화해서 지구가 과열될 것이다. 따뜻한 환경에서는 이산화탄소 용해도가 낮아진다. 그러므로 온도가 높아져서 바닷물의 이산화탄소가 대기로 배출되고, 이에 따라 다시 기온이 훨씬 더 오르고 날씨가 더 습해지는 '양의 피드백'이 발생할 것이다. 하지만 끝내는 균형이 돌아올 것이다. 따뜻하고, 습하고, 산성도가 높은 대기에서는 화학적 풍화가 더 잘 일어나기 때문이다. 이처럼 온실 효과가 발생하는 조건에서 대기 중의 과다한 이산화탄소는 물에 녹아 해저에서 탄산염으로 퇴적된다. 오직 지각 변동(변성 탈탄산 작용metamorphic decarbonation이라고 불리며 섭입으로 발생할 수 있다)을 통해서만 저장된 이산화탄소가 다시 배출된다. 그러므로 화산 분출 후 수천만 년에서 수억 년이 지나면 이 순환이 종료될 것이다(그림 9).

이 자연적 온도 조절 장치가 작동하려면 물 순환, 즉 '수자원' 순환이 가동되어야 한다. 수자원 순환은 물리적·화학적 풍화의 속도를 높인다. 하지만 빙하가 잠시도 녹지 않고 온 지구를 덮고 있다면, 풍화 속도가 이산화탄소 배출 속도를 따라잡기 어렵다. 따라서 조 커쉬빙크가 제안한 대로 대기 중 이산화탄소 수준이 계속 증가했을 것이다. 빙하

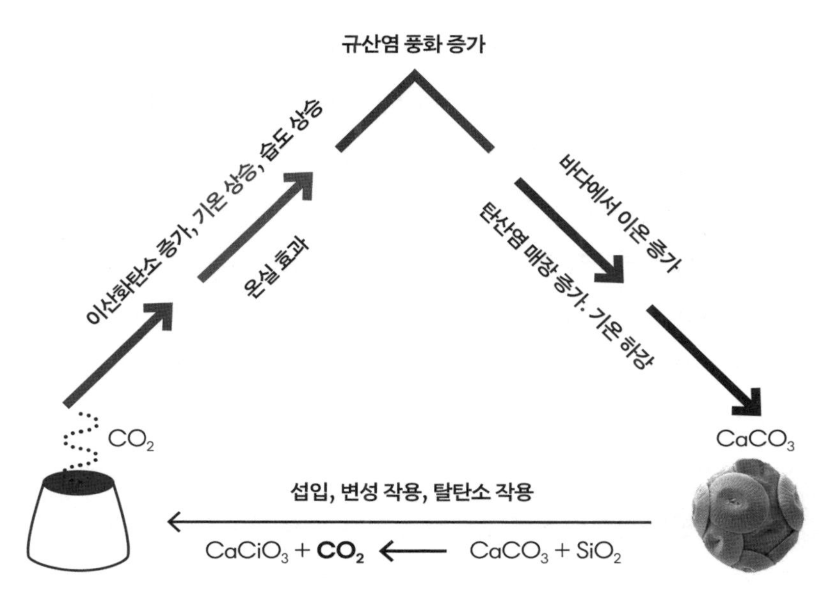

그림 9. 규산염 풍화 작용이 기후에 미치는 음의 피드백. 기후 교란은 화학적 풍화 작용과 강의 흐름, 탄산염 퇴적을 통해 10만 년 이내에 조절된다.

가 후퇴한 이후에는 수자원 순환이 정상적인 수준으로 다시 시작되었을 뿐만 아니라, 과다한 온실 효과 때문에 속도가 빨라졌을 것이다. 빗물의 산성도가 높아지고 기온이 치솟으면서 화학적 풍화 작용의 속도 역시 전례 없이 급증했을 것이다. 빙하가 잘게 갈아놓은 돌가루와 빙하에 긁힌 바닥이 풍화 작용에 고스란히 노출되었기 때문이다. 시간이 충분하다면, 풍화 작용이 늘수록 탄산염 퇴적도 늘어난다. 하지만 덮개 돌로스톤은 그다지 결정적인 증거가 아니다. 앞서 살펴보았듯이, 덮개 돌로스톤은 빙하 후퇴가 일어나던 시기에 형성되었다. 과다한 이산화탄소가 대량으로 물에 용해되기에는 너무 짧은 기간이다. 탄산염 침전은 너무도 짧은 시간 내에 일어나서, 빙하 후퇴기의 초기 단계에서는 덮개 돌로스톤조차 이산화탄소의 순 흡수원이 아니라 순 배출원이었던 듯하다. 그 탓에 해수면에 깔린 융빙수 플룸의 산성도도 훨씬 더 높아졌을 것이다. 당시에 수소 이온 농도가 1~2피에이치(pH) 단위만큼이나 떨어졌다고 밝힌 지구화학 연구 역시 이 개념에 신빙성을 더해준다.[9]

지구화학 연구가 제시한 요점은 당장 분명하게 보이지 않을 수 있다. 확실히 탄산염 퇴적은 해양-대기 시스템에서 탄소를 제거한다. 그렇다면 이산화탄소 수준도 떨어지지 않았을까? 딱히 그렇지 않았다. 에벨망이 오래전에 정확하게 예측했듯이, 탄산염 퇴적은 오직 규산염 풍화와 연계될 때만 이산화탄소 순 흡수원이 된다. 해양 표층은 탄산염 광물이 포화한 상태다(이것이 암초가 수십억 년 동안 전 세계 바다의 영원한 특징이었던 이유다). 그러므로 풍화 작용 동안 배출된 거의 모든 칼슘 이온은 하나당 중탄산염 이온 두 개와 결국 결합해서 탄산염 광물을 형성할 것이고, 이로써 이산화탄소 분자 하나를 배출할 것이다.

만약 탄산염 침전과 풍화가 평형을 이룬다면, 침전 동안 배출된 이산화탄소의 양은 화학적 풍화 작용에 쓰인 이산화탄소의 양과 거의 같을 것이다. 하지만 1만 년보다도 더 짧은 기간에 탄산염 침전이 과다하게 발생한다면, 적어도 한동안은 이산화탄소 배출 속도가 풍화 작용 속도를 앞지를 것이다. 간단히 말해, 짧은 기간 내에 빠르게 침전된 덮개 탄산염의 존재 자체가 기세를 막을 수 없을 만큼 급격했던 빙하 후퇴와 일치한다. 온실가스 농도가 빙하 후퇴 이전에 이미 높은 상태였다면, 빙하 후퇴 이후에는 훨씬 더 높아졌을 것이다. 높아진 온실가스 수준은 염분이 섞인 융빙수 플룸을 지나치게 데우고, 지구를 얼음에서 꺼내 인정사정없이 불길 속으로 집어넣었을 것이다.

바다는 엄청나게 깊다. 하지만 수면의 플룸계와 더 차가운 하층 사이의 열 교환은 물리적인 성층의 붕괴가 시간문제일 뿐이라는 의미였다. 염분을 함유한 더 차가운 물은 대륙붕 가장자리에서 용승해서 따뜻하게 데워지자 마침내 대기 중으로 이산화탄소를 다량 배출했을 것이다. 이산화탄소로 가득 찬 대기와 평형을 이룬 해양에는 필연적으로 이산화탄소뿐만 아니라 중탄산염도 풍부해졌을 것이다. 탄소 배출과 탄산염 알칼리도의 결합은 새로운 탄산염 암석의 퇴적으로 이어졌다. 이번에는 오늘날 물속에 가라앉아 있는 대륙붕 가장자리 너머에서였다.

이 용승의 흔적은 30년 넘게 수수께끼였다. 한때 아라고나이트(준안정 탄산칼슘 광물)였던 기이한 결정이 부채꼴을 이룬 채 전 세계 곳곳의 덮개 돌로스톤 꼭대기 위에 앉아 있다. 어떤 지역에서는 앞 장에서 다루었던 해저 중정석과 밀접하게 관련되어 있기도 하다. 이 부채꼴 결정체는 브라질과 캐나다, 미국, 나미비아에 있는 빙하기 이후의 지질 단면에서 보고되었지만, 덮개 돌로스톤과는 달리 전 세계에 존재하지는 않는다. 부채꼴 아라고나이트는 먼 과거 해저의 아주 드문 특징이다. 이 결정이 형성될 때 분명히 생명체가 관여하지 않았다는 사실은 과포화 수준이 극도로 높았다는 것을 가리킨다. 유일하게 비슷한 사례는 지구 역사 속 훨씬 더 이른 시기에 형성된 것으로 알려졌고, 산소가 없는 환경과 높은 수준으로 용해된 철(II)의 억제 특성을 반영하는 것으로 해석되었다. 이 부채꼴 결정체가 있는 위치는 무산소 해수가 용승해서 침전된 중정석이 철분이 풍부한 돌로마이트 광물과 만났으리라고 우리가 이미 예상했던 장소와 시기와 정확하게 일치한다. 이 일치는 너무나 절묘해서 우연이 아닌 것 같다. 나미비아 같은 일부 지역에서는 이 상층부 탄산염 퇴적물의 두께가 수백 미터에 이른다. 언제나 이런 퇴적층은 돌로마이트(탄산마그네슘칼슘)가 아니라 석회암(탄산칼슘)으로 이루어져 있다. 탄산염 퇴적은 화학적 풍화 작용의 산물에서 직접 생겨난다. 따라서 나미비아의 거대한 석회암 절벽은 눈덩이지구 시기가 끝나고 그 여파가 이어지는 동안 해양의 물리적 성층이 붕괴했을 뿐만 아니라 풍화 작용이 지나치게 빨라졌다는 증거가 되어준다.[10]

할런드는 하캄브리아 시대 빙하기가 '대빙하기'라고 불러야 할 만큼 특별하다고 여겼다. 눈덩이지구 가설은 할런드의 생각을 극적으로 입증했다. 전 지구가 얼음으로 뒤덮였다는 사실을 증명할 퇴적학·지구물리학 증거는 이제 압도적으로 많다. 빙하에서 유래한 퇴적물이 열대에서 만들어진 것 같은 어란석oolite 무더기와 스트로마톨라이트 암초 위에 별다른 균열이나 틈새도 없이 놓여 있다는 수수께끼도 비로소 풀렸다. 토니 스펜서와 밥 달가노, 막스 데누 같은 전 세계 지질학자가 직면했던 난제도 마침내 해결되었다. 화산 활동이 일으킨 이산화탄소 축적은 지구가 끝내 혹한이라는 운명에서 어떻게 벗어났는지, 어떤 속도로 탈출할 수 있었는지 설명한다. 해수층이 뒤집히고 나서 지구의 수자원 순환이 더 정상적으로 돌아온 현상은 빙하가 덮고 있던 대륙에서 이제 석회암 대지가 다시 한번 빠르게 성장한 이유도 설명한다. 규산염 풍화 작용과 장기적 탄소 순환은 천천히 정상 상태를 회복했다. 그렇다. 훈훈한 해안과 얼어붙은 불모지가 정말로 나란히 존재했다.

잠시 회의적으로 생각해 보자. 내가 이야기를 설득력 있게 구성했을 수도 있지만, 그렇다고 해도 지금까지 다룬 많은 내용이 본질상 주관적이다. 까마득한 과거 해저에 남은 잔해의 극히 일부에 관해 한 사람이 밝힌 의견일 뿐이다. 내가 언급한 내용은 타당한 설명이겠지만, 아마 유일무이한 설명은 아닐 것이다. 암석 기록만으로는 내 주장을 뒷받침할 수치를 제시하기 어렵다. 더 심각한 문제도 있다. 내가 펼친 주장에는 고약한 순환 논리도 어느 정도 존재한다. 정말로 이 퇴적물이 전부 같은 시대에 만들어졌다고 확신할 수 있을까? 지금도 크리오스진기의 빙하기가 온 지구에서 동시에 이루어졌다는 가설에 이의를 제기하는 지질학자가 많다. 심지어 덮개 돌로스톤조차 단 하나의 사건으로 형성되지 않았다고 반박하는 지질학자도 있다. 어쩌면 덮개 돌로스톤은 서로 다른 장소에서 서로 다른 시간에 일어난 여러 유사한 사건과 관련 있을지도 모른다. 할런드가 제안한 빙하기가 전 지구에서 정확히 동시에 시작하고 끝났다고 의심의 여지 없이 증명할 수 있을까? 지금 우리가 다루는 대상은 단 한 번의 대빙하기인 걸까, 아니면 지구의 기온이 하강하며 벌어진 무수한 사건인 걸까? 간단히 말해, 우리는 빙하기의 연대를 분명하게 측정할 수 있을까? 단순히 연대를 측정하는 것을 넘어서 빙하 작용과 그 여파가 해양과 대기에 미친 영향을 수치로 파악할 수 있을까? 아마 할 수 있을 것이다.

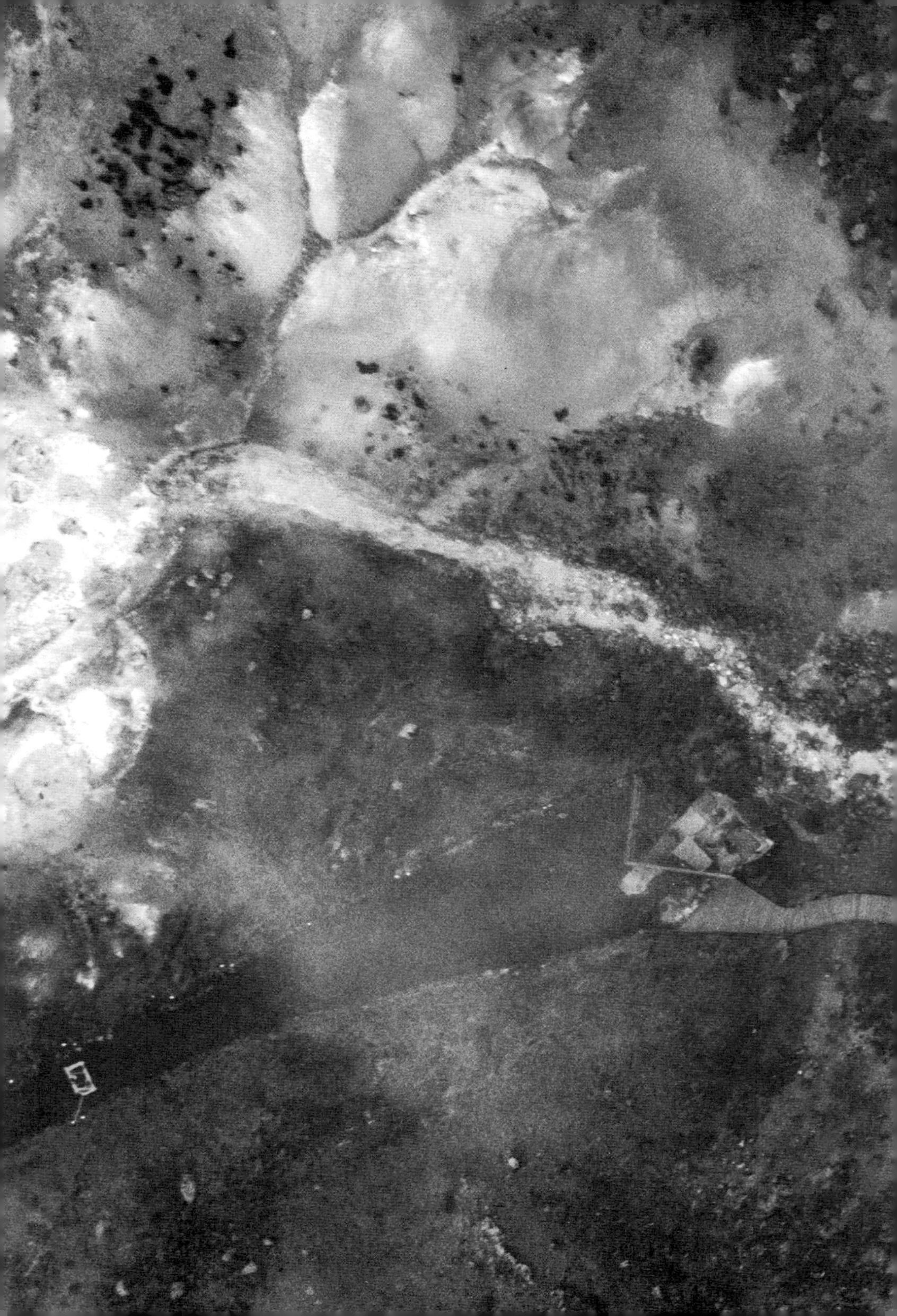

5.

암석 속의 시계

완전히 다른 지구 시스템을 겪은, 크리오스진기

Clocks In Rocks

역사를 다루는 지질학자들은

시시해 보이는 것에서

심오한 깨달음을 끌어낼 수 있다.

1990년대에 전 지구적 빙하 작용을 향한 관심이 부활하면서 초온실super-greenhouse 시험이 여러 차례 수행되었다. 크리오스진기에 있었던 두 번의 빙하기(7억 1700만 년 전~6억 6000만 년 전과 6억 5000만 년 전~6억 3500만 년 전) 동안 이산화탄소 수준이 높았다는 사실은 산소 동위원소를 이용해서 확인했다. 지구화학 연구는 빙하가 녹은 후에 화학적 풍화 작용이 급증했다는 증거를 찾아냈다. 눈덩이지구 가설은 세부 사항이 미세하게 수정되었지만, 기본 원칙은 변함없이 유지되었다.

사실 지금까지 작은 비밀을 숨기고 있었는데, 이제 털어놓을 때가 되었다. 브라이언 할런드는 '하캄브리아 시대 대빙하'라고 단수형으로 말했지만, 더 정확하게 표현하자면 '대빙하들'이라고 써야 한다. 이제는 크리오스진기에 서로 다른 빙하기가 적어도 두 차례 있었다는 사실이 밝혀졌기 때문이다. 정말로 확신할 수 있는 사실이다. 일부 지역, 두어 곳만 예로 들자면 캐나다와 나미비아, 중국에는 빙하 작용으로 생겨난

다이아믹타이트층이 두 개 존재한다. 서로 뚜렷이 다른 두 층은 평범해 보이는 해양 퇴적물로 분리되어 있다. 더글러스 모슨은 이미 1950년대에 빙하기가 두 번 있었음을 알아냈다. 현재 이 빙하기에는 오스트레일리아 지역명을 붙였다. 지질학계는 크리오스진기의 두 빙하기를 각각 '스터트Sturtian 빙하기'와 '마리노Marinoan 빙하기'라고 부른다. 오스트레일리아 남부의 캄브리아기 지층 바로 아래에 있는 하부 퇴적층과 상부 퇴적층에서 따온 이름이다.

혹시 누칼레나층을 기억하고 있을까? 이 덮개 돌로스톤은 에디아카라기의 시작과 크리오스진기의 두 번째 빙하기, 즉 마리노 빙하기의 끝을 표시한다. 오스트레일리아에서는 크리오스진기의 시작 지점을 찾기가 어려운 편이다. 스터트 빙하가 아래에 있는 더 오래된 암석을 깊이 긁어놓은 탓에 빙하기로 전환되는 지점이 모호해졌다. 다만 우리는 앞에서 스코틀랜드를 여행하며 스터트 빙하기의 시작점을 분명히 살펴보았다. 오스트레일리아에서는 스터트 빙하기의 마지막도 얇은 덮개 돌로스톤이 표시한다. 전 세계 어디에서나 마찬가지이므로 놀랍지 않다. 지구물리학은 스터트 빙하기와 마리노 빙하기 모두 저위도에서 발생했다고 알려준다. 오스트레일리아에서 마리노 빙하기의 다이아믹타이트와 트레조나층Trezona Formation이라고 불리는 그 아래의 탄산염 대지가 접한 경계면에는 전환기의 흔적이 뚜렷하다. 적어도 저위도에서는 크리오스진기의 두 빙하기 모두 돌연히 시작되었다는 증거다.

내가 스코틀랜드의 현장 연구 경험을 아직 마음속 깊이 품은 채 1991년에 취리히에 도착했을 때, 선캄브리아 시대 후반 빙하기의 개수와 순서는 약간 혼란에 빠져 있었다. 많은 학자가 할런드의 접근법을 따랐다. 할런드는 다이아믹타이트가 시간을 표시하는 지표이므로 서로 다른 지역의 다이아믹타이트끼리 대비할 수 있다고 가정했다. 이 가정을 따른다면, 신원생대의 모든 다이아믹타이트층은 전 세계 어디에서나 정확히 같은 시간대에 놓인다. 하지만 단순해서 매력적인 이 접근 방식에는 커다란 문제가 있다. 지구 각지에는 빙하 퇴적물이 오직 하나만 발견되는 곳이 많다. 그런데 서로 분명히 다른 퇴적물이 세 개나 그 이상 발견되는 곳도 여럿이다. 당시만 해도 연대를 추정하는 데 제약이 너무나 컸기에, 이 빙하 퇴적물 가운데 상당수가 정말로 크리오스진기에 형성되었는지 확실하게 판단하기가 어려웠다. 과학계가 회의적 태도를 보일 만도 했다. 하지만 지금 우리는 크리오스진기에 뒤이은 에디아카라기에서도 여전히 빙상이 국지적으로 형성되었다는 사실을 안다. 그래서 크리오스진기에 만들어졌다고 추정했던 퇴적물 상당수가 에디아카라기의 퇴적물로 바뀌었다. 그 반대도 마찬가지였다.

수년 동안 많은 지질학자가 덮개 돌로스톤으로 이 딜레마를 해결할 수 있다고 제안했다. '분홍색 덮개 돌로스톤'은 이미 지역 내 층서 대비에 널리 사용되었다. 하지만 이 암석이 아래에 깔린 다이아믹타이트와 달리 정말로 전 지구적인 시간 기준점이 될 수 있다는 사실은 최근까지 일반적으로 받아들여지지 않았다. 어느 지역에나 덮개 돌로스톤이 있는 것은 아니지만, 분홍색 돌로마이트가 언제나 단 하나라는 사실은 할런드의 접근법에도 장점이 있다고 넌지시 알려주었다. 그러나 회의적 시각도, 혼란도 여전히 컸다. 전 지구적 규모로 빙하기를 대비할 독립적 방법이 필요했다. 1980년대 이후 층서 대비에서 지구화학을 점점 더 많이 활용하기 시작했고, 결국 이 방식이 승리를 거머쥐었다. 동위원소 지질학은 특히 지난 20년 동안 숨이 턱 막힐 정도로 발전했고, 다양한 기회로 구성된 완전히 새로운 주기율표를 내놓았다. 이제 동위원소는 단지 전 세계를 잇는 연결선을 구축하는 데만 쓰이지 않는다. 초온실과 플룸계 가설의 모든 측면을 조사하고 정량화하는 데도 갈수록 많이 쓰인다.

1980년대 후반과 1990년대 초반, 스타인 야콥센Stein Jacobsen이 이끄는 하버드대학교 지구화학 연구진은 동위원소 혁명의 선두에 섰다. 이들은 다양한 원소 시스템을 사용해서 화학적 풍화 작용을 정량화할 방법을 모색했다. 아울러 자연적으로 발생하는 스트론튬 동위원소 네 가지 ^{84}Sr와 ^{86}Sr, ^{87}Sr, ^{88}Sr에 특별히 관심을 보였다. 내가 박사 과정을 밟으러 간 취리히 역시 동위원소 연구의 요람이었다. 나는 운 좋게도 구인 중인 스트론튬 제조 실험실을 발견했다. 게다가 박사 과정 지도교수 중 한 분이었던 루돌프 루디 스타이거Rudolf Rudi Steiger의 무한한 전문 지식을 마음껏 활용할 수도 있었다. 스타이거는 암석의 연대를 측정하는 학문 분야인 동위원소 지질연대학을 발전시키는 데 경력을 바쳤다. 당시에는 고정밀 스트론튬 동위원소 분석에 고정밀 열 이온화 질량 분석법Thermal Ionization Mass Spectrometer, TIMS이 필요했다. 취리히연방공과대학교는 예나 지금이나 세계 일류 TIMS 연구소로 꼽힌다. 나는 현장 조사 장비를 버리고 '오염되지 않은' 실험실의 마스크와 슬리퍼, 장갑을 받아들였다. 그리고 모암에서 다양한 원소를 뽑아내는 방법과 실험을 줄줄이 거쳐서 정제 원소 추출물이 과거 해양의 화학 성분과 동위원소 조성을 충실하게 반영하는지 평가하는 방법을 배웠다. 지금은 표준 절차가 되었지만, 대단히 난해하고 복잡한 이 과정은 절대 간단하지 않다. 더욱이 원소와 암석 유형마다 과정이 달라진다. 끔찍하리만치 실망스러울 때도 있다. 현장에 나가서 고되게 한두 달 작업하고도 몇 주나 더 실험실에 틀어박힌 후에야 힘들게 얻은 표본을 어떤 용도로든 사용할 수 있는지 없는지 알아낼 수 있었다. 그래도 나는 운이 따르는 편이었다.

전 지구 바닷물의 스트론튬 동위원소 조성은 정확하게 똑같지만, 풍화 작용으로 변화가 생겨서 그 값이 바뀌는 것으로 알려져 있다. 풍화 작용은 세계 대양에 스트론튬을 공급하는 여러 원천 중 가장 주요하다. 루비듐의 방사성 동위원소 ^{87}Rb은 늘 방사능 붕괴를 일으키면서 베타선을 방출하고 서서히 ^{87}Sr으로 변한다. 그러므로 풍화를 겪는 암석일 경우, 암석의 나이와 암석 광물 초기의 루비듐/스트론튬 비율에 따라서 ^{87}Sr 함유량은 '안정적인' 자매 동위원소 ^{84}Sr와 ^{86}Sr, ^{88}Sr과 상당히 달라진다. 바닷물에서 스트론튬 동위원소 조성은 보통 ^{87}Sr/^{86}Sr 비율로 기록하는데, 이 조성의 변화도 전 지구의 풍화 작용에 반응한다. 다만 이 반응이 일어나는 시간 단위를 100만 년으로 잡아야 한다. 해마다 강물을 타고 흘러 들어오는 스트론튬의 양은 막대한 바닷물에 비하면 너무도 미미하기 때문이다. 오늘날, 바닷물의 ^{87}Sr/^{86}Sr 비율은 정확히 0.709160이다. 0.000005 정도 차이가 있을 수는 있다. 그런데 이 수치는 술에 취해 비틀거리는 사람처럼 셀 수 없이 다른 길로 샜다가 비로소 도달한 값이다. 유니버시티칼리지UCL 런던의 동료 존 맥아서John McArthur는 해수의 ^{87}Sr/^{86}Sr 비율 변화가 극심하게 느리다는 사실을 증명했다. 지난 5억 년 동안 지각판 충돌과 화산 분출, 운석 충돌이 숱하게 일어났는데도 100만 년에 약 0.000050만큼 변하는 속도만도 못했다. 하지만 어느 시점에서든 세계 대양의 동위원소는 동일하므로, 스트론튬 동위원소 층서 연구를 통해 큰 변화가 일어난 기간에 퇴적된 암석의 연대를 측정할 수 있다. 변화 속도가 굉장히 가파르게 올라갔던 시기 중 하나는 4000만 년 전에서 1800만 년 전 사이인데, 히말라야산맥이 융기한 시기와 일치한다. 하버드대학교 연구 팀은 선캄브리아 시대 후반 바닷물에서도 변화의 속도가 인상적으로 빨라졌다는 사실을 처음으로 보고했다. 이 데이터는 지구의 풍화 시스템에 커다란 변화가 있었다는 것을 암시한다.[1]

나는 박사 과정을 시작한 지 고작 1년 만에 스코틀랜드와 중국의 빙하 퇴적물을 두 눈으로 직접 보는 행운을 얻었다. 그리고 중국의 빙하 퇴적물을 주요 연구 대상으로 삼겠다고 계획을 세웠다. 그런데 이 계획에 반대한 지도교수 켄 쉬Ken Hsu가 몽골 서부 알타이산맥 기슭을 조사하러 곧 답사를 떠날 예정인데 같이 가지 않겠느냐고 제안했다(그림 10). 이 답사를 조직한 사람은 옥스퍼드대학교의 마틴 브레이저Martin Brasier로, 그는 선캄브리아 시대와 캄브리아기의 경계를 확정 짓기 위한 국제 조사단의 책임자였다. 당대의 많은 고생물학자와 달리 마틴은 연구 대상 해석에서 동위원소가 발휘하는 힘을 열정적으로 믿었다. 이 답사는 우리에게 일생일대의 경이로운 경험이 될 터였다. 하지만 몽골 현지 인원을 이끄는 도르지인 도르지남자Dorj-iin Dorjnamjaa가 답사를 준비하는 일은 수월하지 않았다. 그때 몽골은 소련 붕괴의 여파에서 아직 헤어나지 못한 상태였다. 텅 빈 시장에는 과일과 채소가 거의 없었고, 왕복 4800킬로미터를 이동하려면 연료를 전부 가져가야 했다. 수도 울란바토르에서 네 명이 곁들일 메뉴로 샐러드를 주문했더니 양상추 단 한 장과 네 등분한 토마토 하나가 나왔던 일이 생생하게 떠오른다. 그러나 우리가

그림 10. 몽골 답사. 1993년 몽골 서부 답사에 참여한 화석 해면 전문가 막스 드브렌Max Debrenne과 프랑수아즈 드브렌Françoise Debrenne, 애나 간딘Anna Gandin, 레이철 우드Rachel Wood, 피에르 크루즈Pierre Kruse가 공용 게르 밖에서 고생물학을 주제로 토론하고 있다. (사진: 레이철 우드 제공)

몽골에서 받은 따뜻한 환대는 내 마음속에 여전히 머물러 있다. 승마와 씨름, 여러 음을 동시에 소리 내는 전통적인 배음 창법의 노래를 경험한 일도 마찬가지다. 다만 말젖을 발효한 술 아이락과 증류한 술 아르키를 지나치게 많이 들이켜 얻은 추억이 마냥 좋지만은 않아서, 아련한 마음이 조금 누그러들긴 했다.

우리가 몽골에서 발견한 퇴적 석회암 중 가장 오래된 것은 크리오스진기 이전에 만들어졌다. 흥미롭게도 석회암은 한때 해양 지각이었던 얇은 녹색 화성암 조각 위에 놓여 있었다. 서로 떨어져 있던 많은 해저 분지가 닫히면서 몽골 땅이 하나로 연결되었다는 사실을 보여주는 증거다. 사실, 중앙아시아 전체가 지질학적으로 복잡한 곳이다. 해양 지각과 대륙 지각의 작은 조각들이 서로 마구 떠밀고 뭉쳐서 이 땅을 이루었다. 이 '지체구조적 멜란지tectonic mélange'를 알고 싶다면, 서태평양에서 섭입이 일어나서 바다가 완전히 사라지고 나면 어떤 모습이 될지 상상하면 된다. 이곳의 오래된 암석 가운데 일부는 한때 당당하게 서 있었던 화산호volcanic arc의 잔존물인데, 화산호 아래로 암석권이 느릿느릿 이동해서 섭입했다는 것을 보여준다. 화산 활동이 멈추고 화산이 파도 아래로 가라앉은 지 오랜 세월이 흐른 후, 크리오스진기 빙하 작용이 일어났다. 적어도 그렇게 보인다. 이상하게도 몽골에서는 빙하 작용을 강력하게 암시하지만 확실하지는 않은 땅에 다이아믹타이트가 놓여 있다. 답사 팀은 빙하 작용이 있었다고 해석하는 편을 선호했다. 하지만 이렇게 해석하면 층서 대비에서 의문이 생긴다. 이 빙하 작용은 마리노 빙하기에 일어났을까, 아니면 스터트 빙하기에 일어났을까? 둘 다 아니라면 아직 발견되지 않은 다른 빙하시대에 일어난 걸까?

당시에 우리는 실패 위험을 줄이려고 여러 가능성을 동시에 고려하다가 스터트 빙하기를 선택했다. 나중에 전 세계의 다양한 연구 결과를 바탕으로 우리 선택이 옳았다는 사실을 확인했다. 몽골의 다이아믹타이트 위에 있는 암석은 분홍색 덮개 돌로스톤이 아니며, 덮개 돌로스톤의 특징은 하나도 보이지 않는다. 이 암석은 색이 어둡고 아주 세밀한 줄무늬가 난 엽층 석회암laminated limestone으로 오스트레일리아와 캐나다, 나미비아의 스터트 빙하기 이후 퇴적층과 비슷하다. 그런데 이 암석을 스위스로 직접 가져가기가 까다로웠다. 그렇다고 암석을 우편으로 보내는 방법은 신뢰가 안 갔다. 결국 암석 때문에 무게가 90킬로그램이나 나가는 수화물을 울란바토르와 모스크바, 런던을 거쳐서 취리히로 가져오는 데 거의 일주일이나 걸렸다. 나는 학교로 돌아오자마자 시간을 조금도 허비하지 않고 분석을 준비했다. 분석 과정의 첫 단계에서는 암석을 잘라서 외부에 노출된 표면은 없애고 나머지는 암석 분류 시험에 적합하도록 얇은 조각으로 만든다. 표본에서 알맞은 부분을 선택하면 가루로 만들어서 희석된 약산성 용액에 녹인다. 이 용액을 원심 분리기로 분리한 후, 오직 스트론튬만 포착하도록 조정해 놓은 이온 교환 칼럼에 통과시킨다. 스트론튬이 풍부한 부분은 눈에 보이지 않을 만큼 작다. 그래서 이 시점부터는 믿음에 의지해서 분석 과정을 진행해야 한다. 표본을 증발시켜서 텅스텐이나 레늄으로 만든 얇은 필라멘트 위에 얹은 다음, 진공 상태에서 전류로 가열한다. 온도가 섭씨 100도를 훌쩍 넘기면, 스트론튬 이온이 전자기장에 의해 방출되고 질량/전하 비율에 따라 용기에 모인다. 여기서 수학적 수정과 통계 분석을 수없이 거치면 마침내 $^{87}Sr/^{86}Sr$값을 알아낼 수 있다.

이내 우리는 놀랍게도 몽골의 석회암에 스트론튬이 풍부하다는 사실을 발견했다. 이 석회암은 스트론튬 동위원소 연구에 완벽하게 적합한 후보였다. 몽골에서 빙하기 이후에 형성된 석회암의 $^{87}Sr/^{86}Sr$ 조성은 0.7067에서 0.7073으로 바뀌었다. 분홍색이 얼룩덜룩하게 퍼진 다이아믹타이트 꼭대기로부터 겨우 50미터 이내에서였다. 지구 역사의 다른 시기에서는 이처럼 커다란 변화가 일어나는 데 적어도 1000만 년, 혹은 간빙기 전체만큼 오랜 시간이 걸렸을 것이다. 이 수치는 빙하 후퇴 이후 풍화 속도가 유달리 빨랐다는 것을 강력하게 시사한다. 몽골 석회암을 분석하고 그다음 몇 년 동안 세계의 다른 지역에서 쏟아지는 데이터와 우리 데이터를 비교했더니 흥미로운 결과가 나왔다. 빙하기 이후의 다른 지층을 연구한 팀들도 정확히 똑같은 값을 보고했다. 반면에 스코틀랜드와 그린란드, 스발바르제도에 있는 빙하기 이전의 오래된 석회암을 연구한 팀들도 비슷한 $^{87}Sr/^{86}Sr$값을 내놓았다. 빙하기 이전과 이후에 만들어진 전 세계 석회암의 동위원소 지문은 전형적인 덮개 돌로스톤이 없는 이 다이아믹타이트를 스터트 빙하기의 것으로 분류할 수 있다고 알려주었다. 아울러 스터트 빙하기에서도 빙하 작용의 끝이 온 지구에서 동시에 일어났다는 가정이 옳다고 확인해 주었다.[2]

1998년 이후 눈덩이지구(혹은 초온실) 가설을 향한 관심이 급증하자, 크리오스진기의 두 번째 빙하기와 그 이후에 형성된 덮개 돌로스톤에도 빠르게 관심이 쏠렸다. 그런데 커다란 문제가 하나 있었다. 마리노 빙하기 이후 세계 곳곳에서 형성된 덮개 돌로스톤의 $^{87}Sr/^{86}Sr$값은 중구난방이었고, 대체로 세계 대양에서 실제로 형성될 수 있는 수치보다 훨씬 높았다. 캐나다와 나미비아에서 덮개 돌로스톤 위에 있는 부채꼴 석회암은 스터트 빙하기 이후와 마찬가지로 뚜렷이 상승하는 일관된 수치를 보여주었다. 하지만 대략 0.7072라는 더 높은 수치에서 시작해 0.7080으로 더 가파르게 올랐다. 이번에도 절댓값은 빙하기 내내 변화가 거의, 혹은 전혀 없었다는 사실을 시사했다. 게다가 급격한 동위원솟값 상승은 화학적 풍화 작용의 빠른 속도를 반영할 가능성이 컸다. 따라서 눈덩이지구 시기 이후에 생겨났다고 가정한 초온실 조건과 완벽하게 일치했다. 흥미롭게도 모리타니의 중정석은 중간값이 0.7077이었다. 따라서 모리타니 내륙의 대지 위로 얇게 응축된 보라색 석회암층과 나미비아의 대륙붕 가장자리 위에 두껍게 쌓인 부채꼴 아라고나이트층을 비교하면, 둘이 거의 비슷한 시기에 형성되었으나 모리타니의 석회암이 더 느리게 퇴적되었다고 볼 수 있다. 덮개 돌로스톤 위에 놓인 암석의 $^{87}Sr/^{86}Sr$값 일관성은 빙하기 이후 바다가 동위원소라는 측면에서 잘 혼합되어 있었고, 육상의 풍화 작용으로 흘러 들어온 물질이 갈수록 늘어났다는 사실을 확인해 준다(그림 11).[3]

전 세계 덮개 돌로스톤의 광범위하고 변화무쌍한 동위원소 수치 때문에 처음에는 수많은 학자가 당황했다. 하지만 이 수치는 빠른 퇴적 속도는 물론이고 이미 예측되었던 융빙수 플룸의 불균질성까지 보여주는 완벽한 증거였다. 1998년에 수정된 눈덩이지구 가설은 덮개 돌로스톤이 빨라진 규산염 풍화 속도 때문에 강에서 바다로 알칼리도가 엄청나게 많이 유입된 결과라고 간주했다. 덮개 돌로스톤의 형성 기간이 짧았다는 것을 고려할 때 이 해석은 진실을 온전히 보여주지 못한다. 탄산염은 더 빠르게 풍화된다. 무엇보다도 추운 환경이 탄산염 용해도를 높이기 때문이다. 더욱이 초온실 효과가 발생한 환경에서는 기존의 탄산염 알칼리도라는 문제도 있다. 어떤 경우이든, 융빙수 플룸이 점점 팽창하고 있었으므로 물리적 성층이 지속되는 한 화학적 차이와 동위원소 차이는 일반적이었을 것이다. 최근, 일부 덮개 돌로스톤을 대상으로 한 정교한 연속 침출 실험이 굉장히 흥미로운 결과를 냈다. 새로운 데이터에 따르면, 스트론튬 동위원솟값의 변화는 무작위가 아니며 덮개 돌로스톤의 일부분에서만 변칙적인 값이 나타난다. 일부 사례에서는 오직 덮개 돌로스톤의 중간 부분만 강물 유출river runoff(물질이 강을 통해 유출되는 현상-옮긴이)에 전형적으로 나타나는 아주 높은 값을 보여준다. 이 데이터를 곧이곧대로 받아들인다면, 덮개 돌로마이트가 퇴적된

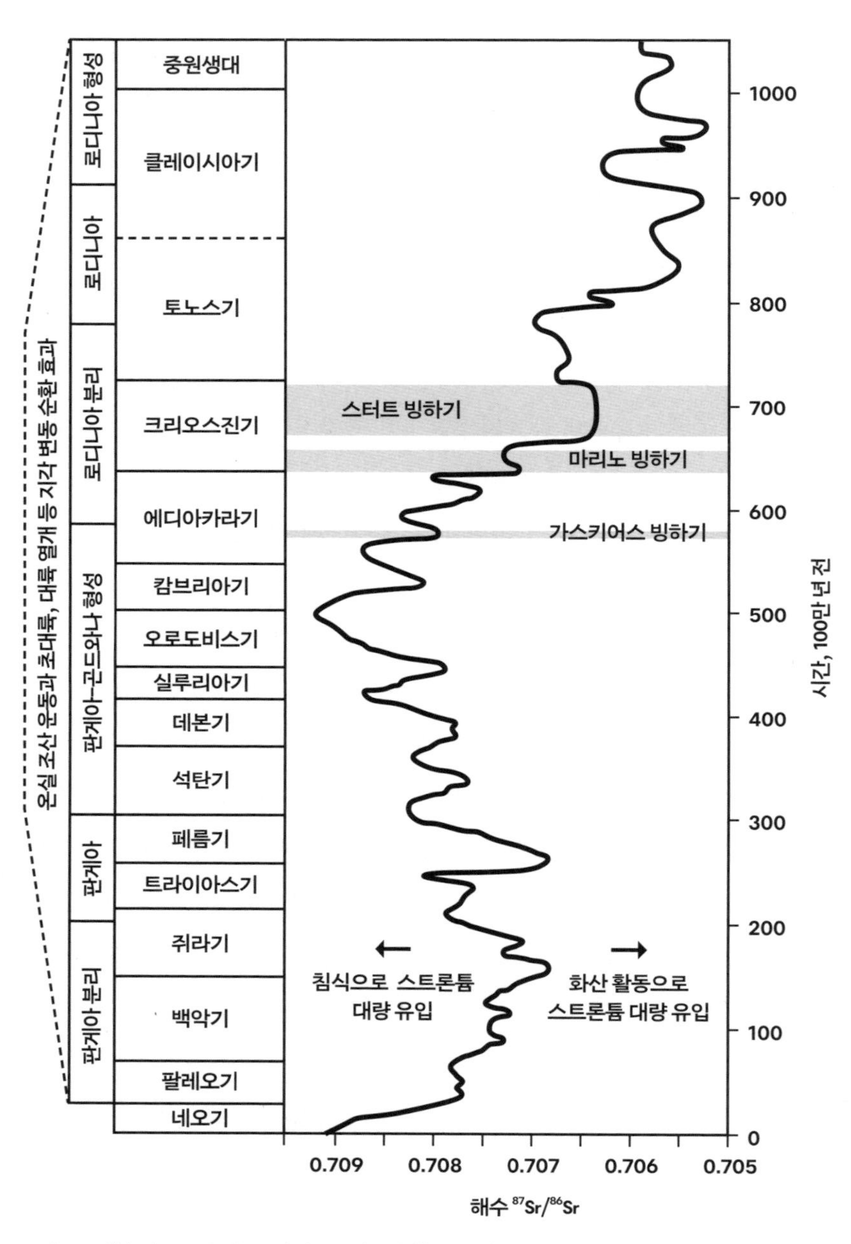

그림 11. 해수의 스트론튬 동위원소. 해수의 ^{87}Sr 대 ^{86}Sr 비율은 침식과 마그마 활동이라는 거대한 지각 변동 순환에 따라 변화를 거듭한다. 해수의 $^{87}Sr/^{86}Sr$값은 산이 융기할 때 증가하고, 초대륙이 평평하게 침식되거나 쪼개져서 새로운 바다를 형성할 때 감소한다. 크리오스진기 빙하기 이후 이 값이 가파르게 올라간 현상은 급격한 지구 온난화와 높은 이산화탄소 수준 때문에 화학적 풍화가 증가했다고 시사한다.

기간의 시작과 끝 시점에서 융빙수 플룸과 빙하처럼 차가운 해수가 더 활발하게 뒤섞였다고 판단할 수 있다. 아마 이 시점에서는 범지구적 해수면 상승 속도가 육지의 지각 평형 반동 속도보다 더 빨랐을 것이다.[4]

이처럼 복잡하지만, 스트론튬 동위원소를 훨씬 더 정밀하게 분석한 최종 결과는 빙하 후퇴 기간을 별개의 두 단계로 나누어야 한다고 알려주었다. 첫 번째 빙하 후퇴를 나타내는 현상은 $^{87}Sr/^{86}Sr$값이 0.7067에서 0.7072로 증가하는 어두운 엽층 석회암의 국지적 퇴적이다. 먼저 일어난 스터트 빙하기에 빙하 작용으로 형성된 암석은 대체로 해양 암석이다. 그런데 이 암석에는 빙상이 녹아서 해수면이 크게 상승했다는 증거가 부족하다. 일부 학자는 스터트 빙하기가 극단적으로 길었기 때문일 수 있다고 생각한다. 이 기나긴 세월 동안 대륙 빙상은 승화했을 수도 있고, 아니면 중력의 힘 때문에 전 세계 해저분지로 미끄러져 들어갔을 수 있다. 고위도 지역에는 '덮개 탄산염' 퇴적층이 전혀 없는 것 같다. 이곳의 퇴적은 다소 평범해 보인다. 두 번째 빙하 후퇴를 나타내는 현상은 색이 옅고 분홍빛이 도는 덮개 돌로스톤의 전 지구적 퇴적이다. 이때 돌로마이트의 $^{87}Sr/^{86}Sr$값은 0.7072에서 0.7080으로 올랐다. 나중에 발생한 마리노 빙하기에 빙하 작용으로 형성된 암석은 육지 암석인 경우가 많고, 엄청난 해수면 상승 흔적을 잘 보여준다. 지구화학 연구가 없어도 전 지구적 빙하 작용이 서로 뚜렷하게 구별되는 두 단계로 일어났다는 사실을 추측할 수 있었지만, 스트론튬 동위원소는 중요하고 독립적인 증거를 제공했다. 동위원소는 단순히 층서 대비를 훌쩍 뛰어넘는 용도로도 활용되었다. 스터트 빙하기와 마리노 빙하기를 정교하게 해석하고 연대를 정확히 지정할 수 있었던 것도 동위원소 덕분이었다.[5]

스트론튬은 비교적 무거운 원소다. 자연적으로 발생하는 동위원소 네 가지(^{84}Sr, ^{86}Sr, ^{87}Sr, ^{88}Sr)의 질량 차이는 너무도 작아서, 더 가벼운 동위원소의 반응을 더 무거운 동위원소와 구별할 수 없다. 반대로 더 가벼운 원소의 경우 동위원소 간 질량 차이가 훨씬 더 크다. 그래서 자연적 과정에서 동위원소 재분포가 일어날 수 있다. 무거운 동위원소는 가벼운 동위원소보다 대체로 더 느리게 반응하고, 화학결합이 더 강하다. '동위원소 분별isotopic fractionation(동위원소의 질량이 달라서 물리적 성질이 차이를 보이는 현상-옮긴이)'은 복잡함을 더하지만, 해석에 도움을 준다. 분별의 정도가 과거 지구 환경과 변화에 관해 중요한 단서를 제공할 수 있기 때문이다. 동위원소 분별은 식물과 조류가 대기에서 탄소를 추출하는 경우처럼 생물학적일 수 있다. 광합성에는 탄소의 동위원소 중 이산화탄소 분자 속의 산소와 덜 강하게 결합하는 더 가벼운 ^{12}C가 선호된다. 따라서 유기물에는 더 무거운 동위원소인 ^{13}C이 결핍되어 있다. 물리적 작용에서도 분별이 발생할 수 있다. 예를 들어 물이 증발할 때, 더 가벼운 산소 동위원소(^{16}O)와 수소 동위원소(^{1}H)는 증발하지만, 더 무거운 동위원소(^{18}O와 ^{2}H)는 호수와 바다에 남는 경향이 있다. 광합성과 증발에서 일어나는 분별은 두 과정이 발생하는 속도와 관련 있으므로 활동적 분별kinetic fractionation에 속한다. 다시 말해, 증발이 더 빠르게 발생한다면 어쩔 수 없이 동위원소를 덜 구별하며 과정이 일어날 수밖에 없다. 하지만 분별은 단순히 평형 상태에서 특정한 동위원소를 선호하는 것과도 관련될 수 있다. 이럴 때 반응물과 생성물은 동위원소를 재배열한다. 재배열 방식은 전체 자유 에너지가 가장 낮은 분포에 따라 결정되므로 예측할 수 있다. 초온실 가설에 관한 초기 시험 중 하나는 가장 가벼운 축에 드는 원소를 사용했다. 바로 붕소였다.

붕소는 해양 산성도 연구에 적합하다. 붕소의 동위원소 두 가지(^{10}B와 ^{11}B)가 서로 다른 붕산염 종류를 선호하기 때문이다. 붕소는 수소 이온 농도가 낮을 때 동위원소가 무거운 붕산으로 존재하고, 수소 이온 농도가 높을 때 동위원소가 더 가벼운 붕산으로 존재하는 경향이 있다. 실험실에서 탄산염 암석층의 붕산염 동위원소 조성을 측정했을 때, 표본에서 발견되는 차이라면 무엇이든 해양의 수소 이온 농도 변화를 반영할 수 있다. 하지만 지구화학자의 일이 그렇게 수월하게 풀릴 리가 없다. 현실에서 실험 결과를 해석하는 일은 절대 단순하지 않다. 시간이 흐르면서 바닷물 속 붕소의 동위원소 조성도 달라질 수 있기 때문이다. 사실, 해수의 조성과 수소 이온 농도라는 두 가지 미지수 때문에 오래된 표본의 붕소 동위원소 비율을 보고 바로 수소 이온 농도를 읽어내는 것은 불가능하다. 현재 독일 브레멘대학교에 있는 동위원소 지구화학자 시몬 케제만Simone Kasemann의 탁월한 연구가 아니었다면 정말로 불가능했을 것이다. 케제만은 스코틀랜드의 동료들에게서 눈덩이지구 논쟁을 전해 들었다. 그리고 크리오스진기 빙하기가 극단적이고 갑작스러웠다면, 전 대양의 붕소 동위원소 조성이 크게 바뀔 시간도 별로 없었으리라고 생각했다. 이런 경우라도 상대적인 수소 이온 농도 변화는 검출할 수 있다.

첫 번째 조사 대상은 나미비아에서 폴 호프먼이 오랫동안 연구했던 지역이었다. 결과는 여전히 혼란스럽기는 했지만, 그래도 놀라울 정도로 명확했다. 케제만은 동위원소 기록에서 높은 이산화탄소 수준이 드러나기를 바랐지만, 실제로 얻은 결과가 보여준 엄청난 규모나 일시적 성격은 잘 설명되지 않는 것 같았다. 나미비아에서 덮개 돌로스톤이 쌓이고 그 위로 석회암이 쌓이기 시작할 때 산성도가 거의 2피에이치나 올랐다. 그런데 이 변화는 정말로 일시적이었다. 변화는 덮개 돌로스톤의 바닥 부근에서 시작해 꼭대기로부터 고작 몇 미터 이내인 곳에서 끝났다. 케제만은 나미비아의 다른 지역에서도 작업을 계속했고, 심지어 머나먼 카자흐스탄과 중국의 지질 단면에서도 표본을 채취했다. 결과는 늘 똑같았다. 스터트 빙하의 후퇴는 이런 변화를 전혀 보여주지 않았다. 반대로 마리노 빙하의 후퇴는 수소 이온 농도가 빠르게 감소했다가 덮개 돌로스톤 퇴적이 끝나기 이전이나 대륙붕단shelf break(대륙붕이 끝나고 대륙 사면이 시작되는 경계 부분-옮긴이)의 지질 단면에서 휴지기가 약간 발생했을 때 회복했다는 사실을 항상 보여주었다. 수소 이온 농도가 낮아지는 현상은 높은 이산화탄소 수준으로 설명할 수 있다. 하지만 이처럼 급격한 산성화와 뒤이은 해수 수소 이온 농도의 회복은 염분이 섞인 융빙수 플룸의 제한적인 완충 능력buffering capacity(산도나 알칼리도 변화에 저항하는 능력-옮긴이)으로만 설명할 수 있다. 대륙에서 풍화 작용이 갈수록 빠르게 일어나면서 칼슘과 중탄산염이 대량으로 바다에 유입되었을 것이다. 그래서 온 바다의 수소 이온 농도는 거의 정상 수준으로 빠르게 회복되었을 것이다.[6]

빙하가 후퇴한 지 오래 지난 후에도 급속한 풍화 작용이 지속되리라는 것은 눈덩이지구 가설의 주요 예측 사항이었다. 아마 수자원 순환이 다시 활기를 띠며 풍화 작용이 지속하는 데 큰 영향을 발휘했을 것이다. 풍화 작용에 대한 예측은 스트론튬 동위원소로 입증했다. 또한, 빙하 후퇴의 즉각적 여파로 수소 이온 농도가 크게 변화하리라는 것 역시 플룸계에 대한 주요 예측 사항이었다. 이 현상은 붕소 동위원소로 입증했다. 하지만 초온실 자체는 어떻게 예측하고 증명할까? 눈덩이지구 시기에 대기 상태가 어땠는지 알아낼 수 있을까? 예를 들어 높은 이산화탄소 수준을 보여주는 증거가 과연 있을까? 확실한 증거는 찾기 불가능한 것처럼 보였다. 대체 어떻게 해양 암석이나 다이아믹타이트로 대기 조건을 파악할 수 있을까? 당시 미국의 루이지애나주립대학교에 있던 바오 후이밍Huiming Bao은 눈덩이지구 가설의 주요 예측 내용, 즉 빙하기의 높은 이산화탄소 수준을 직접 시험할 수 있다고 판단했다. 후이밍은 중력을 거스르는 빳빳한 직모로 놀라움을 선사하는 쾌활한 지구화학자다. 지금은 중국으로 돌아가서 난징에 차세대 동위원소 연구소를 설립하는 일에 참여하고 있다.

1950년대에 안정 동위원소를 연구하던 초창기 이래로, 지구화학계는 대체로 산소의 안정 동위원소 세 가지 중 ^{16}O과 ^{18}O에만 초점을 맞추고 ^{17}O은 무시했다. 그럴 만한 이유가 있었다. ^{17}O은 극히 드물었다. 중성자가 여덟 개인 산소(^{16}O)는 중성자가 열 개인 산소(^{18}O)보다 거의 500배나 더 많다. 그런데 중성자가 열 개인 산소(^{18}O)는 중성자가 아홉 개인 산소(^{17}O)보다 다섯 배나 더 많다. 동위원소 분별은 주로 질량에 의존하므로, (^{16}O과 비교해서) ^{18}O에 대한 분별 효과는 ^{17}O에 대한 분별 효과보다 두 배 더 클 것이다. 이처럼 희귀한 동위원소의 양을 왜 굳이 측정하려고 애써야 할까? 적어도 기술이 발전해서 분석이 더 쉬워지기 전까지는 다들 이렇게 생각했다. 그리고 모든 동위원소 분별이 동위원소 간 질량 차이에 정확하게 비례하지는 않는다는 인식이 생겨났다. 어떤 경우 $^{18}O/^{16}O$ 비율에서 변화를 거의 인식할 수 없다. 그런데 이 변화는 $^{17}O/^{16}O$ 비율의 변화보다 겨우 두 배 정도 크다. 이처럼 예상 패턴에서 아주 미세한 편차를 보이는 것을 질량 비상관 분별mass-independent fractionation, 줄여서 MIF라고 한다. 질량 분석계로 이를 측정하는 일은 꽤 대단한 기술적 위업이라고 할 수 있다.

산소 동위원소의 MIF는 운석에서 처음 발견되었다. MIF는 우리 태양계 초기의 일산화탄소가 광화학적으로 해리dissociation(화합물이 분자나 원자, 이온으로 나누어지는 현상-옮긴이)되는 데서 발생했다고 여겨졌다. 오존의 광해리photodissociation를 포함해서 다른 광해리 반응 역시 오늘날 지구 대기권에서 MIF로 이어진다. 학계는 이 사실을 고려해서 일반적으로 MIF가 기체의 화학 반응에서 비롯한다고 추정한다. 수년 동안 분석한 결과, 육상 암석은 측정할 수 있는 MIF를 거의 보여주지 않았다. 하지만 두드러지는 예외가 단 하나 있었다. 후이밍은 시험을 거듭한 끝에 크리오스진기 빙하기에 형성된 퇴적물에서나 빙하 후퇴 이후 형성된 덮개 돌로스톤의 중정석에서나 ^{17}O가 극단적으로 결핍되어 있다는 사실을 입증했다. 그는 독창적인 논문을 잇달아 발표해서 (중정석의) 황산염 속 산소는 육지의 풍화 환경에서 유래했고, 따라서 마리노 빙하기 말까지 대기의 특성을 간직했다고 주장했다. 그에 따르면, MIF는 눈덩이지구 시기에 산소와 오존, 이산화탄소의 상호작용을 통해서만 발생할 수 있었다. 더불어 산소 동위원소의 분별 정도는 온실가스 농도가 엄청나게 높아졌다는 것을 뜻한다.[7]

스터트 빙하기나 지구 역사 속 다른 빙하기에 관한 연구에서는 후이밍이 내놓은 결과가 반복되지 않았다. 이는 마리노 빙하기가 끝나고 닥친 대격변이 유일무이한 상황이었다고 강조한다. 눈덩이지구 가설이 예측한 대로, 높은 이산화탄소 수준과 높은 지구 기온, 높은 화학적 풍화 작용 속도를 보면 빙하 작용의 시작과 끝이 전 지구에서 동시에 일어났다고 추정할 수 있다. 하지만 이 동시성이 모든 합리적 의심을 넘어서서 확실하게 증명되었다고 볼 수 있을까? 앞서 말했듯이 스트론튬 동위원소는 이 문제를 해결하는 데 도움이 된다. 앞으로 살펴보겠지만, 탄소 동위원소도 역시 도움이 된다. 하지만 해수의 화학 조성이 지구 역사 속 단 한 순간에만 변동했던 것은 아니다. 사실, 동위원소 층서학은 기껏해야 상대적인 연대만 알려줄 뿐이다. 그러나 냉소주의자는 쉽게 포기하지 않는 법이다. 문제를 명쾌하게 해결하려면 암석의 연대를 구체적으로 측정하는 방법이 필요하다. 다행히도 지질학에서 최근에 가장 발전한 분야가 암석의 나이를 직접 측정하는 지질연대학이다. 지질연대학은 해가 갈수록 연대의 범위를 정확하게 좁혀나가고 있다. 드디어 크리오스진기 빙하기의 시기와 기간, 동시성에 대한 의문이 남김없이 풀릴 것이다.

2003년에 누칼레나층이 에디아카라기의 시작을 표시하는 지점으로 선택되었지만, 이는 확실한 증거가 아니라 믿음에 기초한 결정이었다. 누칼레나층의 연대가 정확히 밝혀지지 않았기 때문이다. 더욱이 세계 그 어디에서도 덮개 돌로스톤의 연대가 정확하게 측정되지 않아서 이 결정은 상당히 비판받았다. 그때는 오스트레일리아에서 스트론튬 동위원소를 측정한 결과도 존재하지 않았다. 지금 와서 돌이켜보면, 담당 국제기구(국제지질학연합International Union of Geological Sciences에 결정을 승인받아야 하는 국제층서학위원회International Commission on Stratigraphy)가 그토록 용감했다는 사실이 놀랍다. 에디아카라기는 1879년에 오르도비스기가 밝혀진 이후 처음으로 공인받은 지질 시대다. 아울러 화석 군집, 즉 생물학적 진화가 아니라 기후와 해양에서 벌어진 사건을 근거로 삼아 경계를 확정한 최초의 지질 시대이기도 하다. 수많은 과학자는 이 사건이 동시에 일어나지도 않았고 특별하지도 않다고 생각했다. 이 결정에 반대하는 의견에도 일리가 있었다. 타당한 비판에 대한 최선의 응답은 데이터를 더 많이 쌓는 것이다. 다행히도 학계는 오래 기다릴 필요가 없었다.

누칼레나층에 황금못이 박히던 무렵, 매사추세츠공과대학MIT 연구진이 눈덩이지구의 연대를 측정하고자 전 세계 지질학 전문가 팀과 건설적인 협력을 시작했다. 2005년 4월 1일, MIT의 대니얼 콘던Daniel Condon과 샘 보링Sam Bowring이 난징 지질학 및 고생물학 연구소의 주마오옌Maoyan Zhu 연구 팀과 함께 《사이언스Science》에 논문을 실었다. 그들은 마리노 빙하기의 끝이 정확히 6억 3520만 년 전(±60만 년)이라고 발표했다(그림 12). 이 새로운 (오차 범위 이내) 연대는 MIT 2인조가 나미비아 지질조사국의 카를하인츠 찰리 호프만Karl-Heinz Charlie Hoffmann과 함께 《지올로지Geology》의 2004년 9월호에 발표한 정확한 연대와 구분할 수 없을 만큼 유사했다. 놀라운 결과였다. 전자는 중국 남부에서 빙하기 이후에 형성된 덮개 돌로스톤에서 밝혀낸 것이고, 후자는 나미비아 북부에서 덮개 돌로스톤 아래 빙하 낙하석을 품고 있는 층에서 밝혀낸 것이기 때문이다. 이 결과는 크리오스진기의 두 번째 빙하기가 끝나고 빙하가 전 세계에서 동시다발적으로 빠르게 녹았다는 것을 확실하게 증명했다. 겨우 2년 전에 새로운 지질 시대를 승인하는 데 찬성표를 던진 사람들은 다 함께 안도의 한숨을 내쉬었을 것이다. 이후의 연구는 빙하 후퇴가 전 지구에서 동시에 발생했다는 사실을 더욱 확고하게 입증했다.

그림 12. 화산회층 표본 추출. 중국 난징 지질학 및 고생물학 연구소의 주마오옌이 마리노 빙하기의 난투오층Nantuo Formation 빙하 다이아믹타이트 사이에 샌드위치처럼 낀 녹색 화산회층을 가리키고 있다(후난성 서부 룽비쭈이 근처). 화산 활동의 연대는 크리오스진기 빙하기의 연대와 기간을 좁히는 데 도움이 된다. (사진: 대니얼 콘던 촬영, 2002년)

아득하게 먼 과거에 일어난 사건의 연대를 어떻게 오차 범위 ±0.1퍼센트 이내로 정확하게 밝힐 수 있었을까?[8]

아주 오래된 퇴적암의 연대를 충분히 정확하게 밝히는 일은 매우 어렵다. 여기서 충분히 정확하다는 말은 오차 정도가 100만 년이라는 뜻이다. 일반적으로 제일 나은 방법은 화석이나 동위원소 함량을 바탕으로 상대적 연대를 구하는 것이다. 대상에 포함된 방사성 동위원소의 반감기를 정확하게 추정할 수 있다면, 방사성 붕괴를 활용해서 연대를 측정할 수도 있다. 하지만 퇴적물에는 이 방법을 적용할 수 없다. 퇴적물을 이루는 성분은 훨씬 더 오래된 암석이 풍화된 후 강물에 실려 바다로 운반된 쇄설물이기 때문이다. 이런 쇄설성 광물은 퇴적 연령의 상한을 알려준다. 만약 마그마 관입intrusion으로 퇴적층이 절단되면, 퇴적 연령의 하한도 알 수 있다. 그러나 아주 철저한 지질연대학 연구가 내놓는 결과조차 연령의 상한과 하한 사이의 폭이 너무 넓어서 서로 다른 사건을 시간 순서대로 나누기가 어렵다. 연대의 오차 역시 받아들일 수 없을 정도로 클 수 있다. 대다수 방사성 계열에서 방사성 붕괴로 생겨난 동위원소 양과 기존에 있던 동위원소 양을 구별하기가 매우 어렵기 때문이다. 나 역시 우라늄-납 연대 측정법을 이용해서 석회암의 연대를 측정하려고 했을 때 똑같은 문제를 맞닥뜨렸다. 이 측정법은 보통 오차 범위 ±2.5퍼센트 이하의 결과가 나온다. 그런데 1990년대 후반에 스트라스부르에서 납 동위원소로 몽골의 스터트 빙하기 이후 석회암 연대를 측정했더니 6억 7000만 년 전(±5000만 년)이라는 완전히 쓸모없는 값이 나왔다. 하지만 우리는 가끔 다른 방식으로 행운을 만난다.

아주 드문 경우지만, 얇은 화산회층volcanic ash bed이 퇴적층 사이에 샌드위치처럼 끼어 있을 때가 있다. 운이 따라준다면 화산이 분출하는 동안이나 그 직후에 형성된 자그마한 결정체를 찾아서 연대를 측정할 수 있다. 지르콘 결정은 지질연대학에 가장 유용한 광물이다. 지르콘 결정의 연대는 국제 지질연대 척도의 근간이 된다. 지르콘이 형성될 때, 방사성 우라늄과 토륨은 결정격자crystal lattice에 포함되고 납은 제외되기 때문이다. 따라서 먼 과거에 만들어진 지르콘 결정에서는 방사성 납이 지배적인 납 형태가 된다. 납의 동위원소 네 가지 중 셋(^{208}Pb, ^{207}Pb, ^{206}Pb)은 각각 방사성 토륨 동위원소 ^{232}Th와 우라늄 동위원소 ^{235}U, ^{238}U의 방사성로 인해 생겨난 딸 원소다. 납의 나머지 동위원소인 ^{204}Pb는 처음부터 존재했던 '평범한' 납의 얼마 안 되는 양을 추산하는 데 사용될 수 있다. 이처럼 서로의 양을 대응시켜 볼 수 있는 독립적 붕괴계열decay series(방사성 동위원소가 연쇄적으로 방사성 붕괴를 일으켜서 다른 핵종으로 변화하는 계열-옮긴이)이 세 개 있는 덕분에 연대를 극도로 정확하게 계산할 수 있다. 요즘에는 수억 년 전에 발생한 사건이라도 오차 범위를 단 수만 년 이내로 좁혀서 연대를 측정할 수 있다. ±0.01퍼센트보다도 훨씬 적은 이 오차 범위는 불과 10년 전보다 훨씬 더 개선된 수치다.

마리노 빙하기가 끝난 시점이 밝혀지고 몇 년 이내로 오스트레일리아와 모리타니를 포함해 세계의 다른 지역에서도 똑같은 결과가 나왔다. 스터트 빙하기는 대략 7억 1700만 년 전에 저위도에서 시작되었고, 6억 6000만 년 전 즈음에 전 세계에서 동시에 끝났다. 6억 5000만 년 전 무렵, 저위도에서 다시 빙하 작용이 발생했는데 이 연대는 아직 확실하게 정립되지 않았다. 두 번째 빙하기는 6억 3500만 년 전에 전 지구에서 동시에 끝났다. 크리오스진기의 빙하 퇴적물이 전 세계에서 동시에 형성되었으므로 시간을 나타낼 기준점으로 사용될 수 있다는 추측은 옳았다. 하지만 극적으로 밝혀진 이 단순한 사실은 크리오스진기를 더 깊이 이해하는 데 별로 도움이 되지 않았다. 크리오스진기 빙하기는 확실히 그 이전이나 이후의 빙하기와 다르다. 예를 들어, 당시의 빙하기는 최근의 빙하기와 비교하기가 어렵다. 최근의 빙하기는 신생대Cenozoic Era에 여러 차례 멈추고 다시 시작하기를 되풀이했다. 남반구에서 여러 빙상이 전진한 이후, 북반구에서는 약 600만 년 전부터 빙하가 전진하고 후퇴하는 순환이 발생했다. 10만 년 주기로 빙하기와 간빙기가 번갈아 발생하는 현상은 지난 250만 년 동안 이어지고 있다. 이 순환은 정도가 작으면서 예측할 수도 있는 지구 공전 궤도 이심률 때문에 발생한다. 공전 궤도 이심률이 기후에 미치는 작은 영향은 양의 피드백 때문에 확대되고, 결국 지구 기온이 기준 기후에서 벗어나 오르내린다. 현생누대Phanerozoic Eon에 발생했던 비슷한 빙하기와 비교할 때, 크리오스진기는 고삐 풀린 듯 폭주하는 한랭화, 극도로 안정적인 빙하 작용, 걷잡을 수 없이 날뛰는 온난화로 대표되는 전혀 다른 지구 시스템을 보여준다. 크리오스진기는 지구 역사상 그 어떤 시기와도 다르다(유일하게 비슷하다고 할 만한 시기가 20억 년 전에 존재했는데, 이 내용은 책의 후반부에서 다루겠다). 특별한 사건에는 특별한 설명이 필요하다. 하지만 아직은 때가 아니니 너무 앞서가지 말자.[9]

연대 측정 작업은 일부 학자들이 전혀 예상하지 못한 뜻밖의 결과를 내놓았다. 적어도 일부 학자는 전혀 예상하지 못했을 것이다. 소수의 빙하학자, 특히 니콜라이 추마코프Nikolay Chumakov는 크리오스진기 빙하 퇴적물로 추정되는 것 일부가 사실은 훨씬 더 나중에 만들어졌으리라고 오랫동안 의심했다. 모스크바의 러시아과학아카데미에 소속된 유명한 지질학자 추마코프는 그 빙하 퇴적물이 에디아카라기의 빙하 작용으로 만들어졌다고 반세기 넘도록 확고하게 주장했다. 그는 지역 조사 보고서와 종합 논문을 러시아어와 영어로 펴냈지만, 국제 지질학계에서 별다른 반응을 얻지 못했다. 에디아카라기 빙하 작용을 의제로 꺼내서 관심을 끈 주인공은 이번에도 MIT 연구 팀이었다. 이 연구 팀은 가스키어스Gaskiers 빙하가 만든 뉴펀들랜드의 다이아믹타이트 연대가 대략 5억 8000만 년 전이라고 측정했다. 마리노 빙하기가 끝나고 꼬박 5500만 년이나 지난 시점, 에디아카라기의 한가운데에 있는 시점이었다. 이 연대는 동물이 진화한 시기를 결정하는 데 지극히 중요했다. 뉴펀들랜드의 퇴적물은 최초의 커다란 다세포 동물 화석 바로 아래에 있었기 때문이다. 나중에 이 불가사의한 화석을 오랫동안 꼼꼼하게 살펴보겠다. 중국 북부의 뤄취안Luoquan 빙하는 약 5억 6000만 년 전에 형성된 것으로 보이기에 뉴펀들랜드의 퇴적물보다 훨씬 더 젊다. 기온이 크게 내려갔던 시기는 에디아카라기 내내 여러 차례 있었을 수도 있다. 6억 1000만 년 전 무렵에도 그랬다. 바로 다음 장에서 알아볼 내용이지만, 그다지 놀라운 이야기는 아니다. 우리는 탄소 동위원소 덕분에 에디아카라기와 캄브리아기 초기에 지구 탄소 순환이 엄청나게 교란되었다는 사실을 이미 잘 안다. 이런 빙하기도 분명히 중요한 기후 사건이지만, 눈덩이지구 빙하기와는 전혀 다르게 고위도와 고지대에서 국지적으로 빙하작용이 일어났던 일시적 현상일 뿐이었다. 물론 그 중요성은 결코 무시할 수 없다. 이런 빙하기가 생명체 진화와 생물권에 미친 막대한 영향은 해가 갈수록 분명해지고 있다.[10]

고도로 정밀한 지구연대학은 지난 몇 년 동안 커다란 발전을 이루었다. 분석 능력이 개선되어서 인과관계와 상관관계에 관한 가설을 시험할 수 있으므로 당연히 앞으로 더욱 발전할 것이다. 과학의 이상적인 발전 과정은 관찰, 예측, 시험, 개선을 거치는 점진적 과정이다. 하지만 요람에서 무덤까지 과학적 방법을 엄격하게 따르는 타고난 과학자란 존재하지 않는다. 우리는 모두 개인 경험에 제약받는 불운한 죄수다. 눈덩이지구 가설 같은 논쟁에서 패배한 학자들은 자기가 내세운 논거가 증거의 힘에 짓눌려 무너지거나 오컴의 면도날Occam's razor(어떤 현상에 관한 설명 중에서 논리적으로 가장 단순한 것이 진실일 가능성이 크다는 원칙-옮긴이)에 잘려나가도 계속 펀치를 날리곤 한다. 과학 발전은 대체로 과학계 전체가 얽힌 문제인 데다, 호기심과 자존심 모두 과학 발전에 똑같은 힘을 발휘하는 원동력이기 때문이다. 온실 담요 아래의 얼어붙은 행성이라는 충격적 이미지는 조 커쉬빙크의 지구물리학 실험과 적도에 빙하가 있다면 나머지 지역에도 전부 빙상이 있어야 한다는 통념에서 유래했다. 조가 아이디어를 내고 폴 호프먼과 다른 학자들이 그 아이디어를 재구성한 덕분에 의미 있는 예측이 가능해졌고, 전 세계 연구 팀이 이를 시험해 보겠다고 달려들었다. 몇 년 만에 지질학자와 생물학자, 빙하학자, 화학자, 물리학자, 수학자, 기후학자 그룹이 가능한 모든 각도에서 가설을 다루었다. 눈덩이지구 가설은 시험할 수 있다는 면에서 좋은 가설이다. 좋은 가설은 까다로운 시험을 부단히 거쳐서 발전한다. 초온실 가설은 지금까지 시간의 시험을 견뎌냈다. 이제 전 세계에서 동시에 발생한 빙하 후퇴는 입증되지 않은 가설이 아니다. 전 지구적 빙하기에 대한 증거가 이보다 더 강력했던 적은 없었다. 더불어 덮개 돌로스톤의 의미도 크게 바뀌었다. 덮개 돌로스톤은 원래 규산염 풍화 속도가 크게 빨라진 현상을 보여주는 물리적 증거였지만, 온실가스로 가득한 하늘 아래서 빙하가 급격하게 후퇴한 사실을 보여주는 결정적 증거로 발돋움했다.

우리가 전 지구적인 빙하 작용처럼 터무니없이 혼란스러운 현상도 받아들일 수 있다면, 마침내 과거를 진정으로 다른 장소로 생각할 수 있을 것이다. 동일과정설이라는 신성한 신조를 버린다면 새롭고 흥미로운 질문을 던질 수 있다. 대체 무엇 때문에 지구 기온이 이처럼 급락했을까? 혹시 눈덩이지구 시기가 다시 찾아올 수 있을까? 이제 기후 안정성을 어떻게 바라보아야 할까? 우리 행성에서 생명체가 그토록 오래 살 수 있었던 것은 그저 행운과 우연이 겹쳐서 생긴 신기루인 걸까? 이런 질문에 답하고 우리의 기원에 관한 핵심 주장으로 나아가려면, 이 별난 시기에서 한 걸음 뒤로 물러나야 한다. 애초에 왜 우리 행성에 생명체가 살 수 있었는지 살펴보자.

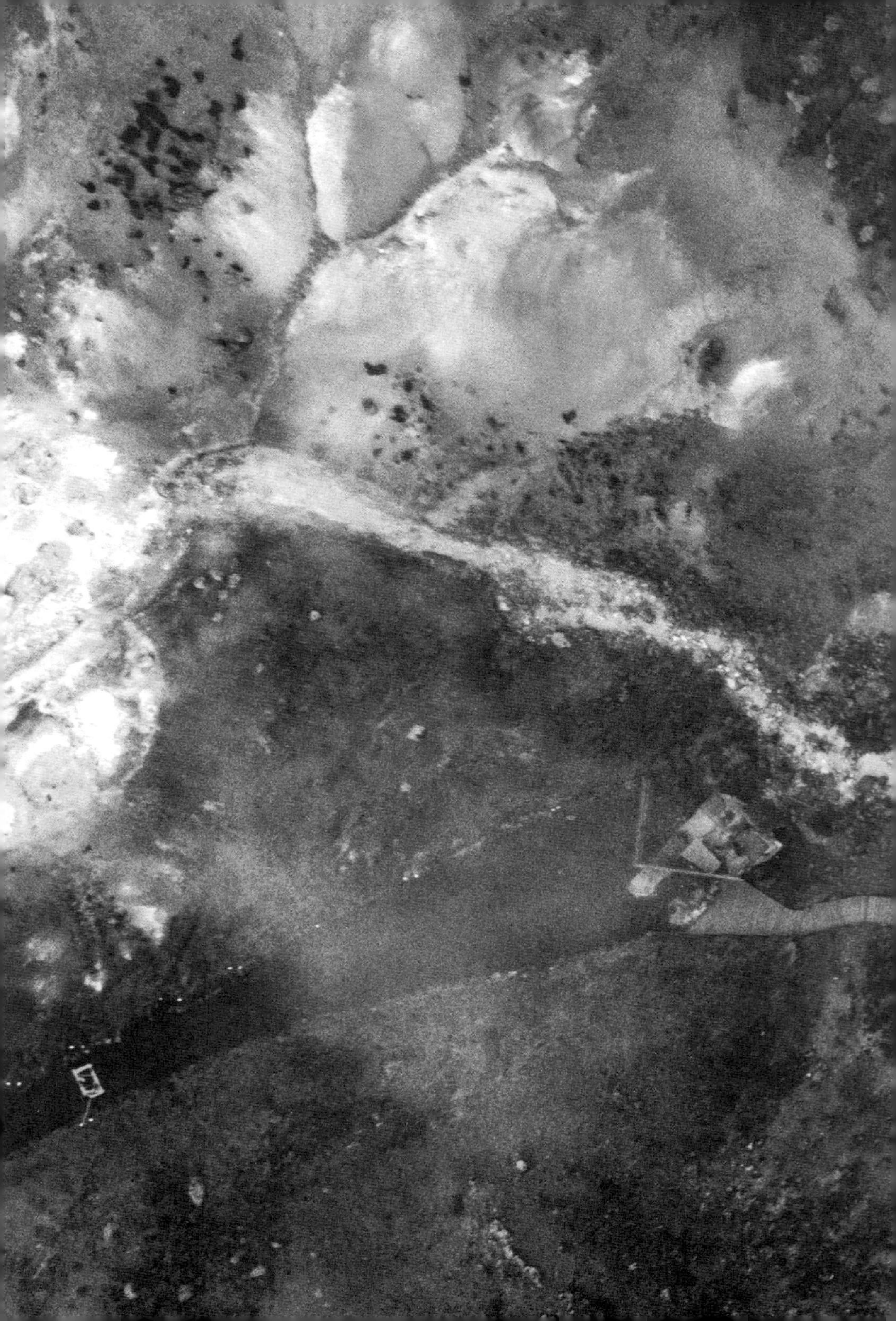

6.

고장 난 온도 조절 장치

지구는 왜 과잉 '지출'을 막을 수 없었는가

Broken Thermostat

모든 자연 순환은
물질 균형이라는
법칙을 따라야 한다.

장기적 탄소 순환은 음의 피드백을 통해 극단적인 기후 현상을 방지하는 온도 조절 장치다. 크리오스진기 눈덩이지구 사건은 지구의 자연적 온도 조절 기능이 고장 났음을 보여준다. 양의 피드백이 급격한 한랭화를 일으켰을 수도 있지만, 이제까지 나온 주장은 대부분 설득력이 없다. 아무래도 그 당시에는 지구 탄소 순환이 근본적으로 달랐던 것 같다.

활기를 주체하지 못하는 윌킨스 미코버는 극단적인 인간 조건 두 가지 사이에서 오랫동안 비틀거리다가 결국 채무자 감옥을 거친 후 극빈자가 되어 오스트레일리아로 추방된다. 미코버는 다음과 같이 계산한다. 1년에 20파운드를 벌어서 19파운드 19실링 6펜스를 쓰면 행복해지고, 1년에 20파운드를 벌어서 20파운드 6펜스를 쓰면 불행해진다.[1]

찰스 디킨스가 《데이비드 코퍼필드》에서 설명한 이 내용은 우리에게 상식이다. 집세가 일주일 밀렸으면, 곧바로 과잉 지출을 바로잡아야 급격한 재정 악화에 빠지지 않는다. 누구나 지출을 수입에 맞춰야 한다.

그래야 시간이 흐르면 자연스럽게 평균 수입과 평균 지출이 점점 더 가까워진다. 수입과 지출이 같아지는 이 동적 평형은 '정상 상태steady state'로 이어진다. 이즈음 되면 은행 잔고가 일정한 규모에 이르기 때문이다. 이후에 어떤 식으로든 비정상 상태(소득이 줄거나 늘어남, 지출이 줄거나 늘어남, 세금이 줄거나 늘어남)가 일어나면 저축액이 줄어들거나 늘어날 수 있다. 다시 정상 상태로 돌아가느냐 마느냐는 돈이 부족하거나 넘칠 때마다 효과를 발휘하는 음의 피드백에 달려 있다. 경제에서 음의 피드백은 세상에서 돈이 고갈되기 전에 우리 대다수가 부자가 되지 못하도록 막을 것이다. 물질 균형mass balance이라는 자연법칙도 똑같은 방식으로 작동한다.

모든 자연 순환은 물질 균형이라는 법칙을 따라야 한다. 우리 위장으로 들어오는 음식이든, 폐로 들어오는 공기든, 토양으로 들어오는 양분이든, 바다와 대기로 들어오는 화학 물질이든, 물질이 일정량 저장소로 들어오면 똑같은 양이 반드시 저장소 밖으로 나가야 한다. 아울러 물질이 들어오고 나가는 속도는 충분히 긴 시간에 걸쳐 평균을 냈을 때 일정해야 한다. 그렇지 않다면, 그 물질은 시스템 속에서 한 방향으로 계속 나아가 완전히 사라지거나 무한대로 늘어날 것이다. 대개는 음의 피드백이 작용해서 시스템을 다시 안정화하기 때문에 이런 극단적인 일은 일어나지 않는다. 유입과 유출의 순 흐름과 관련된 저장소의 크기에 따라 여러 시간대에서 시스템이 교란에 반응하고 교란을 바로잡을 것이다. 유입과 유출의 단순한 비율을 체류 시간residence time이라고 한다. 예를 들어, 바다에서 나트륨의 체류 시간은 수천만 년이다. 바다에 있는 나트륨의 양은 너무나도 많은데 해마다 강물에 실려서 바다로 유입되는 나트륨의 양은 보잘것없기 때문이다.

다른 극단적 예시도 있다. 대기에서 이산화탄소의 체류 시간은 고작 11년이다. 바로 이 때문에 북반구에서 해마다 봄부터 가을까지 대기 중 이산화탄소 농도의 상승과 하강을 뚜렷하게 볼 수 있다. 탄소 순환 불균형은 수백 년에서 수천 년이라는 중간 시간 규모에 걸쳐 바다에서 상쇄된다. 바다는 대기 중 이산화탄소의 초과분을 흡수하거나 부족분을 보충한다. 하지만 봄철 광합성으로 인한 흡입과 가을철의 배출, 탄산염 침전과 용해는 원 상태로 되돌리는 과정이므로 영구적인 이산화탄소 배출원과 흡수원이 아니다. 지구의 전체 표면 환경에서 탄소의 체류 시간은 대략 10만 년이다. 다시 말해, 지구의 생물량biomass과 해양, 대기에 저장된 이산화탄소의 양을 축적하려면 화산 활동과 풍화 작용이 10만 년이나 이어져야 한다. 이처럼 오랜 시간이 흘러야만 음의 피드백이 이산화탄소 배출과 흡수의 균형을 완전히 맞추리라고 기대할 수 있다.

4장에서 살펴봤듯이, 장기적 탄소 순환은 (기후도 마찬가지로) 암석의 풍화 작용으로 조절된다고 추정된다. 주요 이산화탄소 흡수원인 풍화 작용이 온도에 영향을 받기 때문에 이처럼 인상적인 활약이 가능하다. 따라서 지구 기후에 어떤 변화가 생기든, 온실 효과로 반대되는 변화가 일어나서 상쇄되어야 한다. 그런데 신원생대에서는 음의 피드백이 작동했는데도 기온이 격렬하게 요동치고 어느 기후 상태에서 다른 기후 상태로 갑자기 변했던 것 같다. 이때 지구의 온실 담요는 돌이킬 수 없는 실패를 거듭한 듯하다. 망가진 온실 담요는 빙하가 적도 근처까지 잠식하도록 내버려두었고, 끝내 온 지구가 수백만 년 동안 얼음에 휩싸이고 말았다. 그런데 빙하기 동안 온실가스 수준은 별다른 방해를 받지 않고 거침없이 상승했다. 결국 빙하기가 끝나자 초온실 상태가 뒤따랐다. 그 결과 풍화 속도가 대대적으로 빨라졌지만, 기온이 즉시 떨어지지는 않은 것 같다. 이처럼 중간이라고는 없는 변동은 기존의 과학 통념과 정면으로 어긋나며, 지금까지 예상하지 못했던 양의 피드백이 존재한다는 것을 암시한다. 양의 피드백 때문에 기후는 중요한 전환점을 넘어 완전히 새로운 정상 상태new normal에 이르렀다. 신원생대 내내 극심한 기후 변화가 발생한 이유가 이 장에서 다룰 주제다. 왜 신원생대의 지구 시스템이 미코버의 지갑처럼 회복력, 다시 말해 변화를 겪고 원 상태로 되돌아가는 능력이 부족했는지 파악해 보자.

과거에 이미 자연 순환의 '정상적' 경제를 파악했던 인물이 바로 제임스 허턴James Hutton이다. 허턴은 '지질학의 아버지'로 알려졌지만, 암석만큼이나 순환 연구에도 적합한 인재였다. 그가 네덜란드에서 완성한 박사 학위 논문의 주제는 신체의 혈액 순환이었다. 이로부터 수년 후 그가 선보인 중요한 지질학 연구서에서는 혈액에 관한 초기 연구뿐만 아니라 계몽주의 시대 정신의 영향까지 드러난다. "나는 지구의 문제에서 순환을 보고, 자연의 작용에서 아름다운 경제를 본다." 허턴의 친구이자 저명한 철학자인 데이비드 흄은 비슷한 의견을 내비치며 이렇게 선언했다. "물질의 지속적 순환은 아무런 장애도 일으키지 않는다. 모든 부분에서 지속적 낭비는 끊임없이 교정된다. 시스템 전체에서 가장 깊은 조화가 감지된다." 다시 말해, 순환성은 역동적 평형을 낳는다. 이 평형은 원 상태를 회복하는 '음의 피드백'을 통해 자연스럽게 생겨난다. 다른 위대한 계몽주의 사상가도 이 순환성의 훌륭한 예시를 언급했다. 애덤 스미스는 공급과 수요의 완벽한 균형이 자유 시장 경제에서 저절

로 이루어진다고 주장했다. 균형과 견제는 18세기로 접어들 무렵에 확실히 대유행이었다.[2]

음의 피드백으로 사람들의 관심을 끈 주인공으로는 제임스 와트와 증기기관을 꼽을 수 있다. 와트가 1788년에 제작한 원심 속도 조절기에서 회전 속도는 수직 프레임 주변을 도는 무거운 공 두 개로 일정하게 유지된다. 프레임이 너무 빠르게 회전하면 원심력 때문에 공이 위로 올라와서 연료 흡입 밸브나 증기 흡입 밸브를 막아버린다. 그러면 결국 기계의 움직임이 느려진다. 풍차에서 아이디어를 빌려온 이 간단한 장치는 이후 19세기의 위대한 사상가들에게도 영향을 미쳤다. 1858년, 린네 협회에서 앨프리드 러셀 월리스는 다윈이 이듬해에야 모든 내용을 빠짐없이 발표한 진화 원리를 두고 "어떤 변칙이든 명백해지기도 전에 억제하고 수정하는 원심 속도 조절기처럼 작동한다"라고 말했다. 기관과 생물, 경제, 더 나아가 지구 환경에서 음의 피드백은 복잡한 시스템의 안정성을 자연스럽게 통제한다.[3]

기후를 통제해 행성의 거주 가능성을 좌우한다고 여겨진 음의 피드백은 이제 고전의 반열에 오른 1981년 논문에서야 완전히 다루어졌다. 논문의 저자 워커와 헤이스, 캐스팅은 규산염 풍화 작용과 기후 모두 이산화탄소에 민감하며, 이산화탄소 역시 두 작용에 민감하다고 가정했다. 지금 돌이켜 생각해 보면, 제임스 허턴이 새로운 '지구에 관한 이론'을 가까운 친구 조지프 블랙의 '지구 시스템과 그 지속 기간 및 안정성' 강의에서 발표했다는 사실이 아이러니하다. 블랙은 이산화탄소가 산성이라는 사실을 처음으로 밝혀낸 사람이다. 그는 이산화탄소가 조개껍데기와 석회암(탄산칼슘)의 주요 구성 성분이며, 석탄을 태울 때 생성된다는 사실을 파악했다. 그리고 새롭게 알게 된 이 기체를 '고정 공기'라고 불렀다. 얼마 지나지 않아서 위대한 화학자 조지프 프리스틀리Joseph Priestley가 석회암에 산을 떨어뜨리기만 해도 이 고정 공기가 누출된다는 사실을 보여주었다. 프리스틀리는 독창적인 논문 〈물에 고정 공기 포화시키기Impregnating Water with Fixed Air〉에서 처음으로 탄산을 규산염 풍화의 주요 작용제로 제시했다.[4]

블랙은 시간만 충분하다면 빗물이 산맥을 통째로 풍화해서 없애버릴 수 있다는 사실을 알았다. 결국 빗물은 묽게 희석된 탄산이기 때문이다. 허턴은 이 풍화 작용을 증명하는 데 인생 대부분을 보냈다. 허턴의 경이로운 통찰력은 지질학을 넘어서 모든 물질, 가장 중요하게는 생명을 유지하는 데 필요한 영양분의 순환을 아우르는 데까지 이르렀다. 기묘하게도 허턴은 지구를 스스로 조절하고 자족하는 유기체로 바라보는 제임스 러브록의 가이아 이론Gaia theory을 예견한 듯했다. 허턴이 보기에 지구는 "하나의 살아 있는 세계 전체를 이루는 물질들의 복합적인 체계다. 이 살아 움직이는 세계의 물질은 식물의 성장과 번영, 다양한 동물의 생명과 안위를 위해 현명하게 자원을 공급하는 유익한 순환 속에서 끊임없이 움직인다." 허턴이나 그 시대 사람들에게 눈덩이지구라는 개념은 끔찍하게 충격적이었을 것이고, 영구적 안정성이라는 당대의 생각은 가혹한 시련을 맞닥뜨렸을 것이다. 허턴은 지구의 장구한 선사시대가 "언제 시작했는지 알 수도 없고, 또 언제 끝날지도 예측할 수 없다"라고 유명한 말을 남겼다. 하지만 다윈과 에벨망이 일찍이 깨달았듯이, 우리가 사는 세계에서는 각기 다른 두 순환이 서로를 정확하게 반복하지 않는다. 자연도, 피드백의 방향도 바뀔 수 있다. 그렇지만 오늘날까지도 지질학계는 대격변을 싫어한다. 상황을 불안정하게 흔드는 양의 피드백이 아니라 상황을 안정시키고 변화를 억제하는 피드백을 여전히 선호한다. 그러나 눈덩이지구처럼 전례 없는 사건의 원인을 파헤쳐 보고 싶다면, 동일과정설의 규정집을 버려야 한다. 적어도 한동안은 서랍에 넣어둔 채 먼지가 쌓일 때까지 잊어야 한다.[5]

과학의 대중화에 비할 데 없는 공을 세운 공영 방송인이자 소설가, 비판적 사상가 칼 세이건은 외계 생명체에 대한 탐구를 인상적인 말로 압축해서 표현했다. "만약 우주에 우리뿐이라면, 엄청난 공간 낭비다." 세이건이 보기에, 우주의 광막함과 시간의 막대함을 고려하면 있을 법하지 않은 일은 불가피한 일이 된다. 이 말은 비슷하게 기나긴 시간을 다루고, 비슷하게 있을 법하지 않으나 불가피한 데다 파멸적인 사건(운석 충돌과 화산 분출, 지진, 쓰나미)을 다루는 지질학자에게도 어울리지 않을까. 안타깝게도 1996년에 삶을 마감한 세이건은 정부와 개인 모두 틀에서 벗어나 생각하라고 꾸준히 권했다. 그는 나와 마찬가지로 비합리성에 매력을 느꼈고, 비합리성의 기원을 연구해 보라고 적극적으로 장려했다. '비판적 사고'에 관한 그의 강의는 논술 시험을 통해 엄선한 학생 스무 명만 들을 수 있었다. 이런 엘리트주의는 부끄러운 일이다. 누구나 이 강의를 듣고 혜택을 볼 수 있었을 것이다. 어쩌면 비판적 사고를 주제로 근사한 글을 쓸 능력이 부족한 사람일수록 도움을 얻었을지도 모른다. 어쨌거나 세이건은 코넬대학교에서 행성학 학과장으로 임명된 이듬해인 1972년에 우리의 이야기에 등장한다.[6]

물리학자 세이건은 항성이 늙어갈수록 열을 더 많이 방출한다는 사실을 알았다. 이는 태양의 중심부에서 일어나는 핵융합 반응의 불가피한 결과다. 우리의 태양은 지구에서 가장 오래된 미생물이 끈적끈적한 덩어리를 이루었을 때에 비해서 현재 열을 적어도 25퍼센트 더 많이 내뿜는 것으로 추정된다. 지구는 예나 지금이나 똑같은 유전자 주형genetic template으로 생명체를 만들고 유지한다. 아마 언제든 변함없었을 것이다. 이는 지구의 기후가 생명체에게 쾌적한 조건에서 단 한 번도 벗어난 적이 없다는 뜻이다. 그리고 생명체에게 알맞은 조건이란 대체로 액체 상태의 물이 필요하다는 의미다. 까마득한 과거에는 태양이 지금보다 희미했는데, 이 사실은 세이건의 주장에 따라 '희미한 젊은 태양의 역설Faint Young Sun Paradox'이라고 불린다. 린 마굴리스와 제임스 러브록은 가이아 이론을 다룬 공동 기고문에서 세이건의 의견을 받아들였다. "기온이 우연히도 35억 년 동안 예외 없이 표면의 생명체에게 가장 적합한 곧고 좁은 경로를 따랐다는 것은 믿기 어려울 정도로 가능성이 없어 보인다. 생명체는 이 조건을 적극적으로 유지해야 한다"라는 두 사람의 결론은 제임스 허턴이 200년 앞서 제시했던 지구의 항상성 개념을 반영한다.[7]

이 책이 끝날 무렵 가이아 이론을 다시 살펴보도록 하자. 사람들이 이 이론을 어떻게 생각하든, 태양이 수십억 년 동안 쉬지 않고 열을 더 많이 내뿜었는데도 생명체가 제자리를 지켰고, 지구 표면 온도가 꽤 일정하게 유지되었다는 사실은 몹시 흥미롭다(어떤 사람들은 그야말로 기가 막힌 행운이라고 생각할 것이다). 태양열이 갈수록 강해지는 현상을 상쇄하기 위해 기후에 작용하는 메커니즘이 틀림없이 점진적으로 바뀌었을 것이다. 그 정도로 효과를 낼 수 있는 요소는 두 가지뿐이다. 바로 알베도, 즉 지구 표면에서 태양 빛을 반사하는 비율과 온실 효과다. 세이건은 먼 과거에 암모니아 수준이 더 높아서 희미한 젊은 태양의 힘을 상쇄했다고 보았다. 일부 학자는 메탄으로 설명하는 편을 선호한다. 하지만 여러 가지 타당한 이유로 가장 큰 공로를 세웠다고 인정받아야 하는 대상은 이산화탄소다. 이산화탄소는 기본적인 방법, 즉 기후와 풍화 작용이라는 음의 피드백을 통해 균형을 잡았다.

에펠탑에 이름이 새겨진 과학자 장바티스트 뒤마는 19세기의 전반기 동안 원소의 무게를 하나씩 달아본 사람이다. 뒤마는 1841년에 탄소 순환을 최초로 설명하면서 머나먼 과거에는 지구에서 이산화탄소 수준(과 질소 수준)이 더 높았다고 처음으로 가정했다. 그로부터 4년 후, 자크조제프 에벨망이 한 세기가 흐른 뒤에야 재발견될 장기적 탄소 순환이라는 개념을 거의 완벽하게 설명했다. 에벨망이 프랑스어로 적은 글을 옮기면 다음과 같다. "나는 암석의 분해로 제거된 대기 중 이산화탄소를 회복하는 주요 원인이 화산 현상에 있다고 본다. 식물 뿌리는 접촉하는 규산염 광물이 풍화되는 속도를 높이고, 풍화 작용에서 배출되는 탄산 이온은 결국 바다 생물의 껍데기로 침전된다." 시대를 초월한 만찬에 세이건과 뒤마, 에벨망을 초대해서 이들의 생각을 한데 합치면, 태양이 더 희미했던 선캄브리아 시대에는 풍화 속도를 높이는 고등식물이 존재하지 않아서 이산화탄소 수준이 높게 유지되었다고 추측할 수 있다. 갈수록 식물이 효율적으로 풍화 작용을 일으키면서 온실 효과는 약해졌고, 지구 기후는 탄소 순환 교란에 점점 더 취약해졌다.[8]

1840년대 중반 이래로 장기적 지구 탄소 순환 개념은 잊혔고, 꼬박 120년 후에야 판구조론이 등장해서 탄소 순환 이해에 큰 진전이 이루어졌다. 이제 우리는 허턴이 말한 과정, 즉 순전한 수직 이동과 침식을 통해서 탄산염이 아주 가끔 표면으로 돌아온다는 사실을 안다. 아울러 우리는 최근 수십 년 동안 해저가 역동적으로 변화한다는 사실도 확인했다. 그런데 융기를 주로 일으키는 힘은 수직력이 아니라 수평력이다. 현재 해양의 바닥에서 가장 오래된 부분의 나이는 2억 년도 되지 않으며, 이 해저에서 퇴적작용이 일어났던 시간은 지구 역사에서 5퍼센트도 되지 않는다. 따라서 화산 활동으로 만들어진 오늘날의 이산화탄소는 대체로 지각 변동이라는 다른 대순환의 산물이다. 해양 암석권(지각과 최상부 맨틀)이 해마다 몇 센티미터씩 대륙 아래로 스르르 미끄러져 들어갈 때 화석화한 생물 유해와 탄산염 알갱이와 조개껍데기는 휘발성 탄소를 방출한다. 이 '섭입'이 없다면 장기적 탄소 순환도, 대기 조절도 없을 것이다. 아마 지구에 생명체가 생겨날 가능성도 훨씬 제한적이었을 것이다.

화산이 뿜어내는 이산화탄소의 양은 규산염 풍화(와 그에 따른 탄산염 퇴적)로 대기에서 사라진 이산화탄소의 양과 정확하게 일치하지는 않았을 것이다. 따라서 나머지는 다른 장기적 탄소 배출원인 풍화 작용과 흡수원인 유기물 매장이 해결해야 한다. 이 모든 배출원과 흡수원은 10만 년이나 그보다 더 긴 시간 규모에서 완벽하게 조화를 이루었을 것이다. 그런데도 눈덩이지구 사건이 벌어졌다. 그때 지구의 기후 시스템이 제대로 회복력을 발휘하지 못한 이유는 무엇일까? 전 지구에서 작동하는 온도 조절 장치에 무슨 문제가 생겼던 걸까? 여러 이론이 흥미로운 답변을 내놓았다.

첫 번째 아이디어는 메탄과 관련 있다. 15억 년 전보다 더 먼 과거에 연달아 발생한 빙하기가 떠오르는 의견이다. 이 시기의 지구물리학 증거는 크리오스진기의 퇴적물과 비교하면 보존 상태가 훨씬 나쁘지만,

어쨌거나 고원생대Paleoproterozoic Era 빙하기 중 적어도 하나가 전 지구적 사건일지도 모른다고 암시한다. 그래서 가끔 이 빙하기를 첫 번째 눈덩이 지구라고 부르기도 한다. 첫 번째 눈덩이지구는 까마득하게 오래전에 벌어진 사건이지만, 발생 원인에 대해서는 논쟁의 여지가 적다. 보통 이 빙하기는 유리 산소가 전 지구적 규모로 대기에 처음 나타난 사건인 산소 대폭발 사건Great Oxidation Event, GOE과 연관된다. 이때 대기 중에 들어 있던 산소가 메탄과 반응하면서 지구를 덮은 온실 담요를 무너뜨렸을 것이다. 크리오스진기가 포함된 신원생대에도 비슷한 일이 일어나지 않았을까? 그럴 수도 있지만, 솔직히 말해서 크리오스진기 이전의 대기에서 메탄 함량이 높았다는 증거는 많지 않은 듯하다. 반대로 GOE 이전에는 대기 중 산소 부족 때문에 메탄 수준이 높았을 것으로 예상된다. 더욱이 탄소 동위원소 ^{13}C이 크게 결핍된 유기물이라는 동위원소 증거도 풍부하다. ^{13}C 결핍은 메탄 생성과 관련해 믿을 만한 지구화학 증거다. 그런데 크리오스진기의 두 빙하기 이전에는 이 현상이 전혀 존재하지 않았다. 두 빙하기 가운데 어느 쪽도 대기 중 산소 농도가 대거 증가하는 현상과 구체적인 관련성이 없다. 신원생대 빙하기에 메탄이 아무런 역할도 하지 않았다는 말은 아니다. 이 주제는 잠시 후에 알아보자.

다른 요인은 틀림없이 더 복잡한 토양 생물상의 진화일 것이다. 앞서 간단히 언급했듯이, 육상 식물은 온실 담요가 갈수록 약해지는 상황과 함께 진화했다. 그렇다면 주요한 생물 진화 사건이 빙하기를 촉발했을까? 원생누대의 어느 시점에 대륙에서는 고등 육상 식물의 진화에 앞서 최초의 대규모 '녹화'가 먼저 일어났을 것이다. 이끼와 우산이끼류, 잎과 뿌리가 있는 오늘날의 관다발식물은 훨씬 나중인 고생대Paleozoic Era에 나타났다. 하지만 조류와 균류의 공생체인 지의류는 크리오스진기 직전인 토노스기Tonian Period에 먼저 나타났을 수 있다. 지의류는 규산염 풍화의 속도를 높일 뿐만 아니라 유기물 매장까지 늘려서 대기에서 이산화탄소를 더 효과적으로 제거했을 것이다. 지의류는 암석에서 인을 침출해서 바닷물을 비옥하게 하는 데 대단히 뛰어나기 때문이다. 더불어 홍조류와 녹조류의 생산물일 유기 스테란sterane(스테로이드와 스테롤의 탄화수소 핵을 구성하는 화합물로 퇴적암에서 발견된다-옮긴이)이 크리오스진기 빙하기 동안과 그 직전에 훨씬 더 흔해졌다. 이런 사실로 미루어 볼 때, 최초의 지의류와 조류 화석 기록보다 3억 년 이상 더 이르기는 해도 어쨌거나 식물이 빙하기 발생에 영향을 미쳤다는 의견에 어느 정도 무게가 실린다. 비슷한 생물학적 혁신은 오르도비스기 말의 빙하기나 석탄기Carboniferous Period와 페름기Permian Period의 빙하기 등 지구 역사 속 다른 빙하시대와도 관련 있다. 심지어 현재의 우리 빙하기도 마찬가지다. 우리 빙하기는 풀과 같은 C4 식물(이산화탄소가 부족한 환경에서도 효율적으로 광합성 할 수 있는 식물 종류-옮긴이)이 지구 전체에 퍼질 무렵에 시작되었다. 식물이 원인이라는 주장은 깔끔하게 정리된 아이디어지만, 광합성 탄소 농축 메커니즘Carbon Concentration Mechanisms, CCMs이 낮은 이산화탄소 수준의 원인인지 결과인지 알기가 조금 어렵다. 반대 의견이 없지는 않지만, 크리오스진기 빙하기만큼 전 지구로 범위를 확장한 빙하기가 없다. 그러므로 크리오스진기에는 뭔가 다른 일이 영향을 미쳤던 게 틀림없다.[9]

산호초 가설이라고 불리는 흥미로운 아이디어도 현재의 빙하기-간빙기 주기와 크리오스진기 빙하기를 설명하는 데 거론된다. 이 의견은 빙하 작용이 반드시 전 세계 해수면 하강으로 이어진다는 단순한 사실에 기초한다. 이런 해수면 변화는 지각 평형isostasy으로 인한 해수면 변화와 다르다. 지각 평형이란 지구에 쌓인 물질의 하중이 이동해서 지구의 말랑말랑한 내부가 국지적으로 휘어지는 현상으로, 해수면에서 상대적인 변화만 일으킨다. 빙하가 확장되어 해수면이 낮아지면, 만들어진 지 얼마 안 된 석회암 산호초가 빗물에 용해될 수 있다. 그러면 대기 중 이산화탄소의 양이 일시적으로 줄어들어서 결국 기온은 더 떨어지고 빙하는 더 확장하는 양의 피드백이 꾸준히 이어진다. 수천 년이 흐른 후에야 탄산염 침전과 규산염 풍화라는 온도 조절 장치가 고삐 풀린 한랭화를 마침내 막아 세울 것이다. 이 같은 양의 피드백은 밀란코비치 주기Milankovitch Cycles(지구 공전 궤도와 관련된 주기 운동 세 가지 - 옮긴이)의 영향만으로는 지난 250만 년 동안 빙하기 사이에 벌어진 기후 변화의 규모를 설명할 수 없다는 수수께끼의 원인일 수 있다. 선캄브리아 시대에는 '산호초' 효과가 훨씬 더 강력했을 수 있다. 먼 바다를 돌아다니는 석회질 플랑크톤이 진화하기 전에는 거의 모든 탄산염이 얕은 해양 환경에 퇴적했을 것이기 때문이다. 산호초 가설은 멋진 아이디어다. 하지만 오늘날 심해저를 뒤덮은 '석회질 진흙'을 구성하는 유공충foraminifera과 껍데기를 지닌 다른 미생물은 훨씬 나중인 중생대에서야 중요해졌다. 그렇다면 지난 5억 년 동안에 발생했던 빙하기에는 왜 눈덩이지구 같은 현상이 일어나지 않았을까?[10]

최근에는 연구의 초점이 오늘날 이산화탄소의 주요 배출원으로 바뀌었다. 여러 연구 팀이 크리오스진기에는 화산 가스 분출이 비교적 잠잠했다는 사실을 보여주는 설득력 있는 증거를 모았다. 당시에는 지각

판 충돌과 화산호 활동arc volcanism이 그다지 활발하지 않았다. 광물, 특히 지르콘을 통계 분석한 결과를 보면, 장기적 기후 추세는 전 세계의 화산 활동에 따라서 변하는 경향이 있었다. 그렇기에 조용한 판구조운동은 확실히 추운 기후의 전제 조건이었을 수 있다. 하지만 가스 분출이 잠잠해진 상태에서 스터트 빙하기가 시작했다고 보기는 어렵다. 오히려 정반대일 가능성이 더 크다. 크리오스진기 이전, 전 세계의 대륙이 잇따라 충돌해서 합쳐진 초대륙 로디니아Rodinia는 2억 년 동안 잠잠하게 지냈다. 그런데 눈덩이지구를 일으킬 빙하 작용을 앞두고 상황이 완전히 달라졌다. 빙하 작용은 로디니아가 현무암질 용암과 가스를 엄청나게 토해내며 분열하기 시작한 이후에 일어났다. 이때 분출된 가스에는 이산화탄소도 포함되어 있었다. 아울러 초대륙이 오랫동안 마모되면 침식 속도가 줄어들 수 있고, 따라서 퇴적된 유기 탄소의 산화 풍화 작용도 줄어들 수 있다. 이 풍화 작용도 현재 이산화탄소의 주요 배출원이다. 그런데 5억 년 이후 초대륙 판게아Pangaea가 갈라지고 나서도 똑같은 지각 변동 현상이 되풀이되었다. 그러니 크리오스진기 빙하기가 시작할 무렵의 상황은 그다지 특이하지 않다. 다만 이상하게도 판게아의 분열 이후에는 지구 한랭화가 아니라 온난화가 발생했다. 가스 분출 속도가 떨어지면 지구가 빙하 작용에 취약해질 수 있다. 정말로 그렇다. 하지만 가스 분출 현상의 중요성과 특이성은 아무리 크게 보아도 미심쩍은 정도다.[11]

논의의 완전성을 위해서는 오늘날 이산화탄소의 주요 흡수원인 유기물 매장에 관해서도 생각해야 한다. 수십 년 전부터 더 크고, 더 빠르게 가라앉는 식물성 플랑크톤이 토노스기에 진화했다는 주장이 제기되었다. 한편, 새로운 토양 생물상은 가라앉는 유기물의 안정을 유지하는 점토 광물이 생산되는 데 도움을 주었을지도 모른다. 자, 이런 설명을 계속 늘어놓을 수도 있다. 그러나 당신은 눈덩이지구 사건의 발생 원인을 설명하려는 아이디어가 수두룩하다는 사실을 이미 깨달았을 것이다. 원인으로 제시된 사항 대다수가 눈덩이지구 시기만의 유일무이한 현상이 아니라는 사실도 눈치챘을 것이다. 우리는 대기 중 메탄 위기, 광합성 혁신, 산호초 가설, 이산화탄소 분출 감소, 유기물 매장을 통한 이산화탄소 제거를 살펴보았다. 하지만 이 현상 가운데 어떤 것도 왜 평형을 이룬 시스템이 다른 원인 없이 그토록 커다란 변화를 겪었는지 설명하지 못한다. 예를 들어 성공적인 진화가 가능한 환경이 아닐 때도 생물학적 혁신이 발생하자마자 곧바로 기후 변화를 주도할 수 있을까? 게다가 우리는 이런 현상이 왜 규산염 풍화라는 온도 조절 장치의 뒷면을 고장 냈는지 아직 파악하지 못했다. 그다지 이례적이지도 않은 현상 때문에 온도 조절 장치가 제멋대로 오작동할 수 있는 걸까? 우리는 한참 더 깊게 파고들어야 한다.[12]

눈덩이지구를 설명하려는 첫 시도는 로디니아가 저위도에 있던 최초의 초대륙이라는 새로운 합의에서 출발했다. 우리는 4장에서 적도 부근의 위도에서 빙하 작용이 있었다는 지구물리학 증거를 확인했다. 그런데 적도에 빙하가 있었다는 비범한 주장을 뒷받침하는 증거가 쌓일수록 놀랍게도 대륙 지각의 상당 부분이 틀림없이 저위도에 있었으리라는 사실도 명백해졌다. 현재의 대륙 배치 아래에 놓인 지각의 위치와 비교하면 훨씬 더 위도가 낮다. 더욱이 로디니아의 분열 과정 중 초기 단계 때문에 이 대륙과 일부마저 쪼개지기 시작했다는 사실까지 더 분명해졌다. 이 상황은 '불과 얼음'이 공존했다는 가설로 이어졌다. 이 두 사실을 함께 놓고 보면, 오늘날 같은 두꺼운 빙모가 형성되지 않고도 해빙sea ice이 저위도까지 잠식할 수 있었다는 결론이 나온다. 드넓게 세력을 뻗친 해빙의 알베도 역시 폭발적으로 증가했으리라는 사실을 고려하면, 돌이킬 수 없는 지점까지 얼음이 얼었을 것이다. 그러나 이 열대 지역은 전 지구적 한랭화를 가장 마지막에서야 겪었을 테니 저위도에서 대륙 열개 작용으로 갓 분출한 현무암은 이산화탄소를 계속 흡수했을 것이다. 따라서 독특한 대륙 배치는 온도 조절 장치의 두 핵심인 규산염 풍화와 그에 따른 냉각 효과를 떨어뜨려 놓았다. 최근에는 이 현무암의 높은 인 함량이 해양을 비옥하게 하고 유기물 매장을 촉진해서 한랭화를 더욱 악화했다는 가설도 제기되었다. 정말 훌륭한 아이디어다. 어쩌면 풍화 작용이라는 온도 조절 장치의 뒷부분이 왜 고장 났는지 알아낼 수 있는 유일한 아이디어일지도 모른다. 만약 이 생각이 옳다면, 풍화 작용은 온도 조절 장치라기보다는 우리가 원할 때만 볼 수 있는 신기루가 아닐까.[13]

하지만 우연한 지각 변동에만 기대는 이 모델에는 문제가 있다. 바로 탄소 동위원소 기록이다. 탄소 동위원소 기록이라는 렌즈로 들여다보면, 기후가 제멋대로 날뛰던 기간에는 당연히 이산화탄소 순환도 똑같이 미친 듯이 날뛰고 있었다. 크리오스진기와 이후 에디아카라기에 해수의 탄소 동위원소 조성은 다른 시기 대다수와 비교할 때 측정이 불가능할 정도다. 광범위한 열개 작용과 대륙 배치는 의심할 여지 없이 지구 탄소 순환에 중요하지만, 당시의 이례적 기후와 동위원소 사건을 단독으로 설명할 만큼 유일무이한 현상은 아닌 듯하다. 앞에서 언급한 가능성을 모두 염두에 두고 전체 상황을 완전하게 파악하려면, 현재가 과거의 문을 여는 열쇠라는 선입견을 버려야 한다. 선캄브리아 시대 지구 시스템을 이해하는 데 현대의 탄소 순환을 적용해야 할까? 신원생대의 탄소 순환이 오늘날의 탄소 순환과 비슷하다고 확신할 수 있을까? 빙하작용이 없던 기간이라고 해도 당시의 탄소 순환이 현재와 비슷할까? 먼 과거에도 생물권에서 탄소의 체류 시간이 고작 10만 년이었다고 굳게 믿을 수 있을까? 만약 과거에는 생물권에서 탄소의 체류 시간이 훨씬 더 길었다면, 불균형도 더 오래 이어지고 생물권이 끈질긴 교란에 맞서 회복하는 능력도 점점 약해졌을 것이다. 그때는 지구가 달랐다. 얼마나 달랐는지 알아보려면 지구가 얼어붙기 전의 역사로 더 깊숙이 파고들어야 한다.

지질학자는 지구 역사를 누대라고 불리는 네 개의 커다란 시간 덩어리로 나눈다. 첫 번째 덩어리인 명왕누대는 암석 기록이 없는 시대다. 암석 기록은 약 40억 년 전 시생누대의 막이 오르면서 시작되었다. 원생누대는 25억 년 전에 시작해서 크리오스진기 빙하기에 뒤이은 에디아카라기까지 20억 년 동안 지속되었다. 우리는 네 번째인 현생누대에 살고 있다. 지구는 현생누대에 접어들고서야 동물과 식물이 거주하는 오늘날 세상처럼 보이기 시작했다. 원생누대에서 '원생'은 '원시 생명'이라는 뜻이고, 현생누대에서 '현생'은 '눈에 보이는 생명'이라는 뜻이다. 정말 적절한 이름이다. 시생누대의 세상과 원생누대의 세상을 구분하는 요소는 산소다. 두 누대 사이의 경계를 대략 표시하는 사건도 GOE다. 시생누대의 대기권에는 유리 산소가 사실상 없었지만, 원생누대의 대기권에서는 산소가 꾸준히 늘어났다. 아마 해양 환경의 표면에서도(심해는 제외) 마찬가지였을 것이다. 따라서 원생누대는 산소가 아예 없는 시생누대 세상과 산소로 충만한 현대 세상 사이의 과도기다. 이 차이는 원생누대의 탄소 순환이 현생누대와 다르게 작용했던 이유를 밝힐 대단히 중요한 단서가 될 수 있다.

GOE는 암석 기록의 여러 측면에 흔적을 남겼다. 예를 들어, 산화한 철(III) 때문에 붉은색을 띠는 적색층(퇴적물 입자의 적철석 색소 광물 때문에 붉은 퇴적물-옮긴이)이 최초로 나타난 시기도 GOE 이후다. 용암도 이때부터 철(III)을 훨씬 더 많이 함유했다. 아직 해저에서는 별 소식이 없었지만, 육지에서는 지각이 붉게 녹슬기 시작했다. 아울러 GOE 이후로는 퇴적암에서 쇄설성 황철석 입자(황화철)가 완전히 사라졌다. 산소 농도가 다시는 시생누대의 최저 수준으로 돌아가지 않았다는 증거다. GOE가 생명체와 환경에 미친 커다란 영향은 나중에 다루겠다. 지금은 이 사건으로 산소 배출원(주로 산소 생성 광합성과 유기물 매몰)이 산소 흡수원을 압도하게 되어 변화의 문이 활짝 열렸다는 것만 기억하면 된다. GOE 이후, 주요 산소 흡수원 중 적어도 하나, 즉 황철석 같은 황화 광물의 풍화 작용이 포화 상태에 이르러서 강물이 산화 황산염(SO_4^{2-}) 이온 형태로 황을 원생누대 바다에 실어 날랐다. 마찬가지로, 이제는 녹슨 철(II) 역시 산화한 철(III) 형태로 바다로 운반될 수 있었다. 다만 Fe^{3+} 이온이 불용성이라서 고체 형태로만 운반되었다. 그 결과, 강물이 실어 나르는 철 입자는 GOE 이후 황화철에서 산화철로 바뀌었고, 이 현상은 돌이킬 수 없었다. 그러나 산소가 없는 바닷속으로 들어가고 나면, 산화 황산염과 불용성 철의 일부는 각각 황화물과 용해성 철(II)로 다시 환원되었을 것이다. 그러면 미생물이 매개하고 촉진한다고 알려진 여러 반응을 잇달아 거친 후 황철석이 재형성될 수 있다. 정상 상태에서는 황철석 풍화로 소비된 산소가 황철석 매장을 통해 되돌아온다. 이 과정은 오늘날에도 전 세계 산소 수지의 균형을 맞추는 데 중요한 역할을 맡는다. 더불어 산소 수지는 유기 탄소의 산화 풍화 작용과 매장 사이에서 일어나는 비슷한 균형 작용에도 크게 좌우된다.[14]

현재의 지구 시스템에서 산소는 다양한 환원제reductant의 조합이 소비한다. 황철석뿐만 아니라 많은 황화 광물과 철(II) 광물, 화산 가스도 지표면 환경에서 쉽게 산화한다. 그러나 가장 큰 산소 흡수원은 유기물 풍화 작용이다. 암석에 있는 탄소 중 약 20퍼센트는 아주 오래전에 생명체의 일부였고 지금도 석탄이나 석유, 다양한 종류의 분산된 유기물로 남아 있는 화석 탄소다. 어떤 유기물이든 오랫동안 비바람에 노출되면 산소가 가득한 강과 바다, 대기에서 이산화탄소로 산화한다. 하지만 화석 탄소가 전부 산화하지는 않을 것이다. 오늘날이라고 해도 마찬가지다. 암석이 풍화 작용에 노출되는 기간이 짧은 히말라야산맥처럼 침식이 급속히 일어나는 곳에서는 비교적 용해하기 어렵거나 화학 작용을 잘 일으키지 않는 탄소질 화합물이 미립자 형태로 빠르게 바다로 운반될 수 있다. 화합물은 바다에서 상대적으로 온전한 암석 순환을 새롭게 시작할 것이다. 얼마나 많은 유기물이 불활성 쇄설물이 될지는 풍화 작용에 노출되는 시간과 산소 농도라는 두 변수에 달려 있다. 즉, 대기 중 이산화탄소의 주요 배출원이자 산소의 주요 흡수원인 산화 풍화 작용은 시간이 제한된 풍화 작용이다. 대기 중 산소 수준이 비교적 낮았던 원생누대 지구에서 산화 풍화 작용의 시간 제한kinetic limitation은 산소 공급과 기후 변화의 충격을 누그러뜨리는 핵심 완충 장치였을 것이다.

탄소 동위원소 기록이 이 사실을 아주 명확하게 보여준다.[15]

GOE와 크리오스진기 사이, 특히 18억 5000만 년 전에서 8억 5000만 년 전 사이에는 바닷물의 탄소 동위원소 조성이 거의 변화하지 않았다. 옥스퍼드대학교의 마틴 브레이저 교수는 이 기간에 '지루한 10억 년'이라는 재미있는 별명을 붙였다. 억만장자들이 다소 지루한 경향이 있다는 기사를 읽고 영감을 얻었다고 한다. 탄소 동위원솟값, 즉 $\delta^{13}C$ 값은 탄소 동위원소 ^{12}C에 대한 ^{13}C의 비율을 나타낸다. 값이 클수록 더 무거운 동위원소 ^{13}C의 양이 많다는 뜻이다. 오늘날 해수 용존 탄소의 $\delta^{13}C$ 값은 거의 0퍼밀(‰)이다. 다시 말해 $^{13}C/^{12}C$ 비율이 국제 실험실 표준과 똑같다는 뜻이다. 지구화학계에서 사용하는 표준은 벨렘나이트의 화석화한 껍데기로, 벨렘나이트는 백악기Cretaceous Period에 캘리포니아 주변의 따뜻한 바다에서 헤엄쳤던 오징어 같은 동물이다. 탄소 동위원솟값은 지구 역사 내내 거의 0퍼밀이었다. 그런데 표준에서 살짝 벗어난 흥미로운 시기도 존재한다. 보통은 이런 일탈(혹은 이상)이 유기물 매장 비율을 반영한다고 해석한다. $\delta^{13}C$ 값이 클수록 매장 비율도 높다고 볼 수 있다. 유기물에는 ^{12}C가 풍부하기 때문인데, 유기물이 더 많이 매장되면 바다는 동위원소 면에서 더 무거워진다. 유기물이 매장되면, 광합성 중에 방출되는 산소가 대기에 그대로 머무를 수 있다. 그러므로 더 높은 $\delta^{13}C$ 값은 일반적으로 산소가 더 많이 방출되었다는 뜻이다(그림 13). 하지만 지루한 10억 년 동안에는 그러한 변동이 거의 없었다. 그래서 지루하다고 불리는 것이다. 토노스기는 조금 더 흥미롭다. $\delta^{13}C$ 값이 양수와 음수를 오가는 변동을 겪는데, 크리오스진기를 향해 갈수록 변동 폭이 점점 더 커진다. 크리오스진기와 에디아카라기, 캄브리아기 초기의 탄소 동위원솟값 기록은 꽤 엉뚱해서 해독하기가 정말로 어려웠다. 우리는 한참 나중에 10장에서 이 기록을 해독할 테니 당장은 걱정하지 않아도 된다.[16]

최근, 영국 엑서터대학교와 리즈대학교의 수치 모델 연구진이 지루한 10억 년을 가장 간단하고 훌륭하게 설명했다. 이들은 원생누대 거의 내내 산화 풍화 작용의 시간 제한이 너무 큰 탓에 전체 풍화 과정에서 다량의 유기물이 변함없이 유지되었다고 주장했다. 그렇다면 탄소 동위원소 기록을 설명하는 일반적 방식이 지루한 10억 년에는 적용되지 않는다. 풍화가 일어날 시간이 제한된 환경에서 대기 중 산소 수준이 올라갔다고 상상해 보자. 그러면 화석 탄소가 더 많이 산화해서 지구 시스템에 이산화탄소를 더 많이 배출할 것이다. 유기물에는 더 가벼운 탄소 동위원소 ^{12}C가 풍부하다. 따라서 유기물이 더 많이 산화하면 바닷물과 해양 탄산염 암석에 용해된 무기 탄소의 동위원소 비율($\delta^{13}C$)은 줄어들 것이다. 그런데 유기 탄소 매장은 애초에 산소가 증가한 현상의 가장 유력한 원인이다. 그리고 앞에서 보았듯이, 유기 탄소 매장은 동위원소 비율을 증가시킨다. 스튜어트 데인스Stuart Daines와 벤 밀스Ben Mills, 두 사람의 멘토이자 비범한 박식가 팀 렌턴Tim Lenton이 만든 기발한 모델을 보면, 이런 상황에서는 음의 피드백이 작용하므로 원생누대의 탄소 동위원소 기록은 평범할 수밖에 없다. 많은 유기물이 산화를 피했으리라는 인식은 심오한 깨달음을 불러온다. 지루한 10억 년 전체는 아니라도 상당 기간 내내 이 산소 콘덴서(콘덴서는 증기기관에서 기관 내부의 압력을 일정하게 유지해 효율을 높이는 장치다-옮긴이) 때문에 대기 중 산소 수준이 억제된 상태였을 것이다. 그런데 탄소 동위원소와 극한 기후는 지구

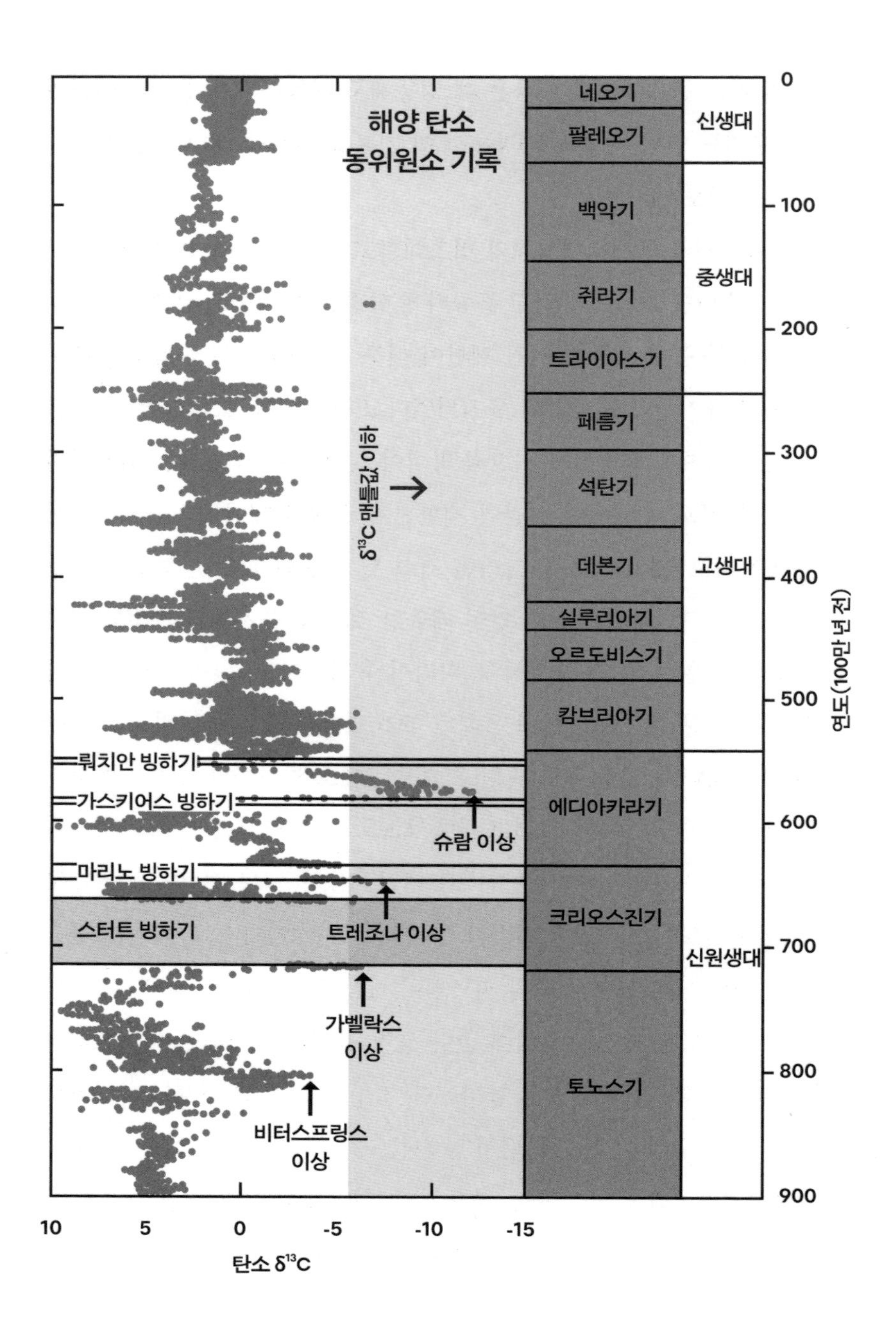
해양 탄소
동위원소 기록
δ13C 맨틀값 이하
네오기
팔레오기
신생대
백악기
쥐라기
중생대
트라이아스기
페름기
석탄기
데본기
고생대
실루리아기
오르도비스기
캄브리아기
뤄치안 빙하기
가스키어스 빙하기
에디아카라기
슈람 이상
마리노 빙하기
크리오스진기
스터트 빙하기
트레조나 이상
신원생대
가벨락스
이상
토노스기
비터스프링스
이상
0
100
200
300
400
500
600
700
800
900
연도(100만 년 전)
10
5
0
-5
-10
-15
탄소 δ13C

시스템이 신원생대 내내 점점 더 변덕스러워졌다고 알려준다. 대체 무슨 일이 일어났길래 시스템이 그토록 엉망으로 변했을까? 확실히 뭔가 벌어졌다. 바닷물 속에 고인 채 풍화 작용에 노출될 시간이 제한된 유기물의 운명과 관련된 일이었다.[17]

2003년, 수학자의 사고방식을 갖춘 지구과학자 3인조가 해답을 내놓았다. 댄 로스먼Dan Rothman이 이끄는 하버드대학교 연구 팀은 산화하지 않은 잔여 유기물이 바다에 엄청나게 많이 축적되었다고 주장했다. 대충 어림해 보더라도, 원생누대에 바다는 방대한 이탄 늪과 비슷했을 것 같다. 산소가 충분한 대기와 자유롭게 산소를 교환하는 표층에만 맑은 물이 있었을 것이다. 로스먼의 팀이 제시한 모델에서 지루한 10억 년을 끝낸 동위원소의 일탈은 유기 탄소 저장소의 일시적 고갈과 궁극적 소진을 나타낸다. 이 추측은 흥미로운 결론으로 이어진다. 화학 반응을 일으키지 않은 유기물은 기후와 산소 농도의 변화에 대한 완충 장치로 작용했을 것이다. 기온이 떨어지는 동안 바다에 산소 공급이 늘어나서(기체는 차가운 물에 더 잘 녹는다) 유기 탄소가 더 많이 산화하고, 결국 기후를 다시 따뜻하게 데울 이산화탄소를 생성했을 것이기 때문이다. 일부 기후 모델 연구자는 이처럼 강력한 콘덴서가 있으면 눈덩이지구

그림 13. 퇴적물의 탄소 동위원소 기록. 해양 탄산염 암석과 화석의 ^{13}C 대 ^{12}C 비율($\delta^{13}C$)은 해수의 화학 변화에 대응해서 달라졌다. 높은 $\delta^{13}C$ 값과 낮은 $\delta^{13}C$ 값은 각각 유기물 매장과 탄산염 매장이 해양-대기 시스템을 지배했던 시기에 해당한다. 토노스기와 크리오스진기, 에디아카라기에서는(대략 8억 년 전~5억 5000만 년 전) 극단적으로 낮은 값이 짧게 여러 번 나타났다. 이는 지구 탄소 순환이 크게 교란되었다는 뜻이다. 탄소 순환 교란은 기후(스터트 빙하기와 마리노 빙하기, 가스키어스 빙하기, 뤄치안 빙하기 참고)와 지구의 산소 수지에 영향을 주었을 것이다.

같은 사건은 그야말로 불가능하다고 제안했다. 아마 산소 조절 콘덴서는 GOE 이후 강력해졌다가 힘을 잃었을 것이다. 이러한 음의 피드백은 동위원소 변화가 거의 없는 지루한 10억 년 동안 어떤 식으로든 빙하 작용이 있었다는 증거가 존재하지 않는 이유를 설명할 수 있다. 더불어 규산염 풍화라는 온도 조절 장치가 근본적으로 다른 피드백을 보여준다고 암시한다. 전 세계의 지질학자들이 이 온도 조절 장치를 연구하고 있다. 어쩌면 지구의 까마득한 과거는 정말로 다른 나라였을지도 모른다.[18]

중요한 사실이 하나 있다. 음수값을 보여주는 이상(낮은 $\delta^{13}C$)은 스터트 빙하기와 마리노 빙하기에 앞서서 발생했다. 유기 탄소 매장이라는 지극히 중요한 기후 완충 장치가 당시에 심각하게 손상되었을 수도 있다는 의미다. 약 7억 1700만 년 전 스코틀랜드와 약 6억 5000만 년 전 오스트레일리아에서 발생한 저위도 빙하 작용의 첫 증거와 전적으로 일치하는 것이 바로 극단적으로 낮은 탄소 동위원솟값에서 회복한 일이다. 두 빙하기에서 모두 이 같은 회복이 발생했다. 핵심 기후 완충 장치가 멈춘 일은 실제로 눈덩이지구 사건을 충분히 설명할 수 있다. 장치가 활동을 그만두고 여기에 규산염 풍화라는 온도 조절 장치까지 어떤 식으로든 문제를 일으키자 기후 시스템은 현무암 풍화나 산호초 효과 등 기후에 영향을 미치는 다른 메커니즘에 더욱 취약해졌을 수 있다. 이 기간에 탄소 순환에 무슨 일이 생겼는지, 그 일이 생물학적 진화와 어떤 관련이 있는지 더 자세히 알아보려면 크리오스진기의 빙하가 녹고 에디아카라기가 뒤따르던 시간으로 달려가야 한다. 마리노 빙하기 이전 탄소 동위원솟값의 일탈이 매우 크기는 하지만, 가장 커다란 음의 이상negative anomaly은 아니다. 가장 극심한 이상은 에디아카라기 말에 발생했다. 에디아카라기에도 간헐적인 기온 하강과 빙하 작용이 일어났지만, 전 지구를 얼려버린 빙하기는 없었다. 그런데 흥미롭게도 에디아카라기의 이상은 국지적으로 빙하 작용이 일어나고 동물이 놀라울 만큼 번성하기 직전에 발생했다. 이상 자체는 몸집이 크고 구조가 복잡한 호기성(산소가 필요한) 생명체가 지구 곳곳으로 퍼져나간 상황과 관련 있다. 한편 이상에서 회복하는 동안, 지구에는 첫 번째 암초와 첫 번째 패각류, 첫 번째 이동 흔적, 첫 번째 구멍을 판 흔적이 생겨났다. 흔히 캄브리아기 생명 대폭발이라고 불리는 사건이 시작된 것이다. 생명체는 갈수록 몸집이 커졌고, 힘이 세졌고, 더 자유롭게 이동할 수 있었다. 오늘날 우리에게도 익숙한 일종의 군비 확장 경쟁도 치열해졌다. 커다란 동물이 작은 동물을 쫓아서 잡아먹는 세상, 그 대신 작은 동물은 갖가지 생존 전략을 배우는 세상이 찾아왔다.

눈덩이지구 시기가 끝났더니 곧바로 복잡한 생명체가 출현했다고 상상하기는 쉽다. 하지만 지금 우리 세상이 꽁꽁 얼어붙어 영영 얼음에서 벗어나지 못한다면 얼마나 극심한 재앙이 될지 생각해 보라. 현대의 생명체가 이런 실존적 위기에서 얼마나 많이 살아남을지 모르겠다. 그러나 반드시 살아남을 것이다. 생명체에게는 시생누대에서 이어져 내려오며 결코 끊어진 적 없는 유전자 사슬이 있기 때문이다. 더 놀랍게도, 현대 동물의 DNA와 화석 기록을 비교하면 극한의 환경에 가장 잘 적응했던 조상에게서 우리가 기원했다는 사실이 드러날 것이다. 이제 우리는 어떻게 지구의 온도 조절 장치가 고장 났는지 밝혀낸 듯하다. 더불어 현재의 생명체가 살 수 있는 조건을 지켜주는 온도 조절 장치는 과거와 완전히 똑같지 않다는 사실도 알아냈다. 무슨 이유에서인지 바다가 맡았던 기후 변화 완충 작용에 장애가 생겼다는 것도 깨달았다. 바다가 결정적인 전환점을 넘어섰고, 지구 기후가 미코버의 파산 같은 파국으로 곤두박질쳤기 때문이다. 우리 기원을 둘러싼 비밀을 파헤치고 싶다면, 그 당시의 생명체가 어땠는지 조금 더 자세히 알아봐야 한다. 대체 생명체는 눈덩이지구 사건에 어떻게 대처했을까? 우리에게 어떤 생물학적 유전을 남겼을까?

7.

화석 기록

다윈이 죽을 때까지 풀지 못한 딜레마

Fossil Records

극심한 역경을 견디고자
진화했던 새로운 생명체가
불길 속으로 걸어 들어갔다.

크리오스진기 빙하기는 생명체 진화의 중요한 전환점이었다. 물론, 확실한 동물 화석은 크리오스진기 이후에 형성된 암석에서만 발견되며, 초기 생명체는 대부분 미생물이었다. 그러나 오래도록 이어진 빙하기는 생명을 앗아가는 재앙이 아니라, 이후에 복잡한 생명체가 출현하는 기틀이 되었다. 빙하가 대거 녹고 에디아카라기가 이어지자, 동물이 파도처럼 사방으로 퍼져갔다. 동물은 새롭게 산소가 공급된 환경을 발견하면 기회를 놓치지 않고 즉시 생존에 유리하게 이용했다. 생명체가 어떻게 눈덩이지구에서 살아남았는지, 어떻게 더 튼튼하고 굳센 유형으로 번성해서 움직이고 보고 배설하고 껍데기를 만들었는지 조사하면 인류의 진화 기원을 알려주는 단서를 찾을 수 있다.

찰스 다윈은 자연 선택 진화론을 뒷받침할 화석 기록이 불완전하다는 사실을《종의 기원》초판을 쓸 때 이미 알고 있었다. 현대 유전학이 등장하기 이전에는 화석만이 마음대로 이용할 수 있는 유일한 진화의 직접적 증거였으니, 증거 부족은 당혹스러웠다. 1895년에 다윈은 다음과 같이 밝혔다.

"왜 캄브리아기계 이전 가장 이른 시기에 속하는 화석 퇴적물을 충분히 발견하지 못했는지 묻는다면, 만족스러운 답을 내놓을 수 없다. 캄브리아기에 형성된 암석 아래에 화석이 풍부하게 들어 있는 방대한 지층이 존재하지 않는 타당한 이유를 찾기도 어렵다."

다윈에게는 안된 일이지만, 다윈의 유명한 '딜레마'는 그의 생전에 풀리지 않았다. 심지어 오늘날에도 과학의 전 분야에서 가장 까다로운 논쟁거리로 꼽힌다. 커다랗고, 복잡하고, 껍데기를 지녔고, 활기 넘치고, 생김새가 놀라울 만큼 현대적인 다양한 유형의 생명체는 왜 캄브리아기 초에 느닷없이 온 지구로 퍼져나갔을까? 마틴 브레이저는《다윈의 잃어버린 세계》에서 가능성 있는 해답 세 가지를 '라이엘의 감Lyell's Hunch'과 '달리의 꾀Daly's Ploy', '솔러스의 수Sollas's Gambit'라는 재미있는 표현으로 제시했다. 라이엘의 감은 다윈의 친구이자 멘토였던 지질학자 찰스 라이엘Charles Lyell이 점진적 변화를 선호했다는 사실을 가리킨다. 라이엘은 선캄브리아 시대에도 땅에서든 바다에서든 생명체가 가득했지만, 오래된 암석 기록이 단편적인 데다 변형과 변성 작용에 너무 많이 시달렸다고 생각했다. 하지만 다윈의 시대에도 라이엘의 의견은 별로 설득력이 없었다. 다윈 역시 저 유명한 저서에서 "지질학 기록은 지층이 오래될수록 극심한 삭박denudation과 변성 작용을 더 많이 겪는다는 견해를 뒷받침하지 않는다"라고 인정했다. 다시 말해, 동물이 존재했다면 화석 증거를 찾을 수 있어야 한다.[1]

캐나다 지질학자 레지널드 달리Reginald Daly도 격심한 변화보다는 점진적 변화를 선호했다. 달리는 빈약한 암석 기록을 비난하는 대신, 그저 선캄브리아 시대의 동물이 몸에 화석이 될 만한 단단한 부분이 없어서 아무런 흔적을 남기지 못했다고 보았다. 그래서 '캄브리아기 생명 대폭발'이라는 잘못된 인식이 생겨났다는 것이다. 아울러 껍데기가 갑자기 나타난 것은 캄브리아기 이전의 바다에 탄산칼슘이 과포화한 상태가 아니었기 때문이라고 추측했다. 1905년에 저서를 펴낸 영국의 지질학자 윌리엄 솔러스William Sollas는 달리의 주장이 타당하지 않다는 사실을 잘 알았다. 무엇보다도 선캄브리아 시대 석회암층이 바다의 과포화 상태를 보여주는 증거다. 솔러스는 생명 대폭발이라는 개념이 화석이 잘 보존되어서 생겨난 작위적 해석이라는 데 동의했다. 하지만 생명 대폭발은 동물이 처음으로 껍데기를 만드는 능력을 진화시킨 생물학적 사건을 나타낸다고 보았다. 서로 대조적이지만 완전히 배타적이지 않은 두 아이디어와 변화를 허용하는 환경과 생물학적 혁신이라는 개념은 동물의 출현을 둘러싼 의견을 여전히 지배한다.

다윈이 살던 시대에는 캄브리아기 생명 대폭발이라는 수수께끼가 지금보다 훨씬 더 골치 아픈 문제였다. 요즘 우리는 어떤 동물이 확실하게 선캄브리아 시대에 살았는지 안다. 예를 들어, 해파리 같은 자포동물은 술잔 모양 몸통을 두르고 에디아카라기 바다에서 살았다. 벌레처럼 좌우대칭을 이룬 동물이 선캄브리아 시대에 살았다는 것도 특징적인 흔적을 보고 추론할 수 있다. 아마 이 동물은 오늘날의 연체동물을 포함하는 촉수담륜동물lophotrochozoa일 것이다. 하지만 다윈의 시대에는 캄브리아기 삼엽충, 즉 삼엽 절지동물이 가장 오래되었다고 알려진 화석이었다. 설득력 있는 선캄브리아 시대 화석은 전혀 없었다. 19세기의 진화론자들은 당황스러웠겠지만, 요즘에는 껍데기가 단단한 벌레 삼엽충이 전혀 엉뚱해 보이지 않을 것이다. 증거가 전혀 없는 상황에서도 다윈은 끝내 화석이 발견되리라고 가정했다. 그러면 생명체가 분자 범벅에서 복잡한 다세포 생물로 진화하는 데 걸리는 막대한 시간 동안 캄브리아기 동물의 조상이 어떤 모습인지 밝힐 수 있을 터였다. 당대의 수많은 지질학자가 보기에 장구한 선캄브리아 시대는 아득하고 특별한 과거였다. 제임스 허턴이 시간의 심연을 들여다본 이후로 이런 인식은 더욱 강해졌다. 생명체가 지구 역사에서 아주 늦게서야 눈에 띄기 시작했다는 개념은 그리스어에서 어원을 빌려온 지질 시대 명칭에도 새겨져 있다. '생명체가 눈에 보인다'라는 뜻을 품은 이름 '현생'은 마지막 누대가 차지했다. 세 번째 누대는 원시 생명을 의미하는 '원생누대'로 불리기 전에 종종 '은생누대Cryptozoic Eon', 다시 말해 '생명체가 숨어 있는' 누대라고 불렸다.[2]

다윈의 아이디어도 이제 우리가 검증할 수 있는 예측을 내놓았다. 그렇다. 선캄브리아 시대는 그야말로 엄청나게 길다. 삼엽충이 등장할 무렵에는 지구 역사의 88퍼센트가 이미 흘러간 후였다. 다윈은 삼엽충 이전에 존재했던 동물 화석이 발견되리라고 예측했다. 그의 예상은 옳았고, 학계는 캄브리아기계를 꾸준히 재정의해야 했다. 요즘은 캄브리아기가 가장 오래된 삼엽충보다 2000만 년 먼저 시작되었다고 본다. 공식적으로 이 시작점은 껍데기가 있는 동물의 화석과 흔적 화석이 처음으로 출현한 시기와 가깝다. 이런 화석은 연체동물이나 벌레 같은 좌우대칭 동물 대다수에서 껍데기가 진화하고 이동성이 늘어났다고 암시한다. 선캄브리아 시대에 살았던 조상 동물들, 심지어 '좌우대칭' 연체동물도 에디아카라기의 화석 형태로 모습을 드러냈다. 인간 중심적 관점에서 보면 매우 흥미롭다. 우리 역시 벌레처럼 좌우대칭인 동물이기 때문이다. 캄브리아기의 갑작스러운 생명 대폭발은 생명체가 점점 더 복잡하게 진화하는 길고 지루한 역사로 바뀌었다. 크리오스진기에서 오르도비스기까지 이어지는 1억 5000만 년 중 오직 마지막 4분의 1 기간에만 절지동물(대표적으로는 삼엽충)을 비롯해 식별할 수 있는 동물문phylum이 존재했다. 따라서 복잡한 생명체는 눈덩이지구 시기가 끝난 이후에만 발생했다고 생각하기 쉽다. 끝날 것 같지 않은 긴 세월 동안 온 지구를 뒤덮은 얼음은 분명히 대재앙에 가까운 멸종을 불러왔을 것이다. 하지만 무시해서는 안 되는 불편한 사실이 하나 있다. 현대 유전학은 오늘날 모든 동물의 마지막 공통 조상이 크리오스진기 이전에 이미 존재했다고 예측한다. 이는 현생누대의 시작점에서 지금 우리가 존재하기까지 생명체가 걸어온 길이 눈덩이지구의 환경에 따라 달라질 수 있었다는 뜻이다. 그렇다면 영원한 겨울이 찾아오기 전에는 생명체가 얼마나 복잡했을까?[3]

마틴 브레이저는 몽골 서부로 국제 답사를 떠난 지 20년 후, 나의 아내인 지구화학자 저우잉Ying Zhou의 초대로 새로운 답사에 참여했다. 이번에 조사할 현장은 아내의 연구 분야인 중국 동부 난징과 베이징 사이에 있는 원생누대 지층이었다. 그 무렵 백발이 성성했던 마틴은 아버지처럼 자애로운 옥스퍼드대학교 교수로 자리 잡았고, 작게나마 이름을 알린 유명인이 되어 있었다. 그는 과학계 생활을 담은 책을 두 권 집필했고, 세계에서 가장 오래된 화석의 생물학적 기원에 의문을 던지는 논문을 연달아 발표해 논란을 일으켰다. 문제의 그 화석은 35억 년 전 시아노박테리아로 추정되는 생명체의 화석으로, 학계에 중요한 지역으로 알려진 오스트레일리아 서부의 지층에서 발견되었다. 사람들이 그의 흥미로운 논문을 어떻게 생각하든, 마틴은 귀무가설(참일 확률이 매우 적어서 처음부터 버릴 것이 예상되는 가설로, 증명하고자 하는 가설의 반대 경우를 가정한다-옮긴이)의 필요성을 강조해서 확실히 해석의 기준을 높였다. 그는 지구의 먼 과거 암석이나 화성 운석에서 나타나는 모양을 생명체의 징후로 해석하는 도발적 주장이 엄격한 기준을 충족하지 않는다면 가차 없이 다루었다. 아울러 시생누대에 생명체가 있었다는 확고한 증거가 (아직) 없으며, 박테리아가 (일단 나타난 후에는) 신원생대에 생명체의 몸집이 맨눈으로 볼 수 있을 정도로 커졌을 때까지 생태계를 지배했다고 주장했다. 그는 과학에서 어떤 주장도 아무런 의심 없이 덥석 받아들여서는 안 된다는 사실을 일깨워 주었다. 그리고 진정한 회의론자처럼 우리 모두에게 말만 하지 말고 직접 증거를 보여달라고 요구했다.[4]

베이징으로 떠나는 길에 우리 부부는 예전에 함께 일한 적이 있는, 지금은 은퇴한 노년의 지질학자를 만나러 가기로 계획했다. 우리가 탄 미니버스가 톈진에 도착하자 놀랍게도 주스싱Shixing Zhu은 집으로 가서 차나 한잔하자고 초대했다. 알고 보니 그 초대는 우리에게 화석을 보여주려던 핑계였다. 주스싱은 그 화석이 머나먼 과거의 복잡한 생명체에 대한 마틴의 귀무가설을 충족하기를 바랐다. 여든이 넘은 선배 지질학자 주스싱은 믿기지 않을 만큼 방대한 광역 지질학 지식을 자랑했다. 그는 직장 생활 대부분을 중국지질과학원의 지역 사무소에서 근무했는데, 직접 조사 팀을 이끌거나 다른 연구 팀의 일원이 되어서 중국 전역을 돌아다니며 암석 지도를 그리고 묘사했다. 마침내 은퇴해서 여유로워진 그는 국제 학술지를 더 꼼꼼하게 읽을 수 있었다. 그리고 최근에 란톈 생물상Lantian Biota이라는 에디아카라기 화석이 단지 커다랗다는 이유만으로 학계가 흥분했다는 소식을 읽고 당황했다. 우리는 훨씬 더 오래된 화석을 보관한 상자를 층층이 쌓아서 벽면에 둘러놓은 거실에 앉아 녹차를 홀짝였다. 그러자 주스싱이 저 학술지를 읽고 났더니 수년 동안 수집했던 특별한 발견물 일부를 공개해야겠다는 생각이 들었다고 설명했다.

주스싱의 놀라운 화석 수집품은 베일에 꽁꽁 싸여 있지만은 않았다. 그는 1995년에 《사이언스》에 수집품을 공개해 전 세계 고생물학계의 관심을 끌었다. 논문에서 그는 길이가 수 센티미터에 이르는 나뭇잎 모양 엽상체frond를 기재했다. 화석의 연대는 놀랍게도 16억 년 전으로, 가장 오래된 삼엽충 화석보다 세 배나 더 오래되었다. 수 센티미터짜리 나뭇잎 부스러기라고 하면 특별히 내세울 것이 없어 보일 것이다. 하지만 그 당시까지 그처럼 오래된 암석에 남은 커다란 유기체의 유일한 흔적은 단순한 나선 모양과 방울 사슬뿐이었다. 게다가 이런 흔적을 남긴 주인공이 그저 커다란 박테리아일 수도 있었고, 어쩌면 흔적은 애초에 화석이 아닐 수도 있었다. 이 자그마한 흔적을 제외하면, 이렇게 오래된 화석은 전부 현미경으로 봐야 할 만큼 미세했다. 주스싱이 찾은 화석은 흥미로운 특징이 있는데, 이 때문에 진핵생물eukaryota에 속할지도 몰랐다. 오늘날 존재하는 커다란 생물 대부분(동물, 식물, 균류, 조류)이 바로 진핵생물이다. 진핵생물은 여타 유기체와 달리 세포가 더 복잡하다. 진핵생물의 세포는 세포핵과 여러 세포 소기관으로 이루어지는데, 이 소기관 가운데 일부는 한때 박테리아로서 독립적으로 살았다. 주스싱의 화석은 진핵생물의 존재를 암시하기는 했지만, 그래도 너무 단순해서 진핵생물의 기원을 밝힐 결정적 증거가 될 수는 없었다. 결국, 논문은 별로 주목받지 못했다. 하지만 지질학계가 모르는 사실이 있었다. 그의 연구는 1995년에 멈추지 않았다. 주스싱은 이후 20년 동안 훨씬 더 크고 복잡한 유기질 화석을 엄청나게 많이 모았다.[5]

그날 오후, 주스싱은 마치 아이처럼 소장하고 있던 귀중한 화석을 보여주고 싶어서 안달이었다. 마틴은 놀라움을 감추지 못했다. 선캄브리아 시대 화석은 대개 끈이나 공 모양에 아주 작고 시시하다. 그런데 주스싱이 보여준 새로운 화석은 바로 어제 폭풍에 휩쓸려서 구겨진 채 해저에 버려진 야자수 이파리처럼 보였다. 상상의 나래를 펼쳐서 다르게 해석할 여지가 없었다. 이 화석은 논문에서 공개했던 화석보다 약간 더 젊은 암석에서 나왔다. 그래도 무려 15억 6000만 년 전 암석이다. 톈진 근처 지셴국립공원에 있는 장소에서 이름을 따와 가오유좡층Gaoyuzhuang Formation이라고 불린다. 가오유좡층 화석은 대체로 작게 조각나 있지만, 거의 온전한 것도 있다. 고스란히 남은 화석은 길이가 30센티미터, 너비가 8센티미터에 이르는데 선캄브리아 시대 화석인 것을 고려하면 터무니없이 크다. 일부는 둥그런 원반 같은 자국이 찍혀 있지만, 대체로는 줄무늬가 있는 엽상체다. 엽상체는 아마 붙임뿌리holdfast로 해저에 뿌리를 내렸을 텐데, 이는 세포 분화가 어느 정도 이루어졌다는 사실을 의미한다. 다시 말해서 이 유기체는 개별 세포 수백 개로 구성된 다세포 생물이었다. 게다가 똑같은 세포들이 모여 이룬 단순한 군체도 아니었다. 일부 세포는 유기체 내에서 별도의 목적을 지녔다. 나무에 뿌리와 잎, 줄기가 따로 있는 것과 마찬가지다. 주스싱은 미국과 중국의 전문가 동료들에게서 도움을 받아 마침내 2016년에 연구 결과를 발표했고, 학계는 깜짝 놀랐다.[6]

중국 북부에서 찾아낸 이 극적인 발견물은 세상에서 가장 오래되고 확실한 진핵생물 화석이다. 이 진핵생물은 오늘날의 해초처럼 해저에 뿌리내리고 태양 에너지로 광합성을 하며 살아갔다. 주스싱의 첫 번째 논문과 두 번째 논문 사이 20년 동안 똑같은 암석군에서 아크리타치acritarch라고 하는 화석도 발견되었다. 유기질 세포벽이 있는 생물 화석인 아크리타치는 현미경으로 보아야 할 만큼 작다. 표면의 복잡한 장식ornamentation을 보면, 이 진핵생물은 적어도 생애의 한 단계 동안은 물에 둥둥 떠다니며 살았던 것이 거의 확실하다. 흥미롭게도 가오유좡층의 엽상체는 산소가 녹아든 물에서 살았던 듯하며, 주요 탄소 동위원소 변화에 뒤이어 나타난 것 같다. 이 변화는 거의 10억 년 후 신원생대 바다를 특징짓는 변화와 똑같다. 원생누대에서는 얕은 바다에 일시적으로 산소가 얼마간 공급되어서 혼탁하던 물이 맑아졌고 햇빛의 힘이 더 깊은 바닷속으로 닿았을 테니, 이처럼 유달리 크고 복잡한 생물 화석이 나타날 수 있었을 것이다. 자, 생명체의 변화와 환경의 변화를 연결하는 패턴이 나타나기 시작했다. 꾸준히 등장하는 이 주제는 나중에 다시 다룰 예정이니 지금은 너무 앞서가지 말자. 아직 우리는 원생누대 초기의 바다에 관해서 거의 모른다. 그러나 다윈이 예측한 대로 비밀스러운 진화 단계가 정말로 일어났다. 시간이 흐르면 우리는 이 단계의 성격과 중요성을 더 많이 파악할 것이다. 우리 일행은 미니버스를 타고 돌아갔다. 주스싱이 화석을 찾아낸 노두로 가는 길에 활발한 대화가 이어졌다.

여전히 비밀스러운 이 노두의 바위 무더기에서 우리가 똑같은 화석을 찾아낼 터였다. 몇 년 전 마틴은 '지루한 10억 년'이라는 용어를 만들어 냈다. 그런데 이 별명을 버릴 때가 온 듯했다. 확실히 진화는 드문 생태학적 틈 안에서 일시적이긴 해도 커다란 진전을 이루고 있었다.[7]

이처럼 전망이 밝았지만, 크리오스진기 이전에 생물학적 혁신이 일어나서 전 세계의 1차 생산primary production(광합성 생물의 유기물 생산-옮긴이)을 지배했다는 증거는 전혀 없다. 크기가 생물학적으로 의미 있다고 가정한다면, 생명체가 이후 10억 년 동안 다시 커지지 않았다는 사실이 흥미롭다. 지루한 10억 년 내내 진핵생물 화석이 형성되어서 발견되었지만, 이 생물은 얼마나 겸손했는지 분자 지문조차 남기지 않았다. 진핵생물의 특징은 스테로이드로 만들어진 세포막이다. 고리 네 개가 융합된 구조의 유기 화합물인 스테로이드는 생물체가 죽어서 매장되면 스테란으로 바뀐다. 그런데 대략 8억년 전보다 더 오래된 암석에서는 자연적으로 생성된 스테란이 발견된 적이 없다. 이 시점 이후로는 전 세계에서 풍부하게 발견되며, 일부는 오늘날에 대응물이 없는 형태로도 존재한다. 당신은 눈덩이지구의 첫 번째 사건인 스터트 빙하기가 약 7억 1700만 년 전에 시작했다는 사실을 기억할 것이다. 지질학적 기준에서 바라보면, 스테란이 발견되지 않는 8억 년 전보다 너무나도 가까운 시점이다. 이와 반대로 박테리아 바이오마커biomarker(특징적인 구조나 동위원소 조성 때문에 생물학 기원을 유추할 수 있는 유기 분자-옮긴이)인 호판hopane은 크리오스진기 이전의 암석에서 지배적으로 드러나는 특징적 유기물이다. 그런데 가오유좡 화석이 들려주는 이야기는 미묘하게 다르다. 15억 년도 더 전에 형성된 이 화석을 보면, 비록 짧은 기간이라고 하더라도 진핵생물이 마구 퍼져나간 사건이 확실히 있었다. 이렇게 명백히 모순되는 증거를 어떻게 받아들일 수 있을까? 사실, 이 화석을 남긴 존재가 진핵생물이 아닐 수도 있다. 물론 우리가 접할 수 있는 다른 증거는 모두 다르게 말한다. 어쩌면 먼 과거의 진핵생물은 스테로이드를 생산하지 않았을 수도 있다. 아니면 모든 분자 증거가 선캄브리아 시대 해저를 덮은 미생물 깔개에 소화되어 없어졌을지도 모른다. 세월이 더 흘러야만 이런 가설 중 하나라도 옳은지 알 수 있을 것이다. 하지만 적어도 지금으로서는 모든 증거가 신원생대 이전에 조류가 비교적 사소한 존재였다고 가리킨다.[8]

크리오스진기 빙하기에 가까이 다가갈수록 초기 진핵생물이 존재했다는 주장의 논거가 강력해진다. 예를 들어서 가장 오래되고 확실한 홍조류 화석이 약 10억 5000만 년 된 캐나다 암석에서 발견되었다. 30여 년 전, 당시 하버드대학교의 저명한 고생물학자 앤드루 놀 밑에서 공부하던 닉 버터필드Nick Butterfield가 이 화석을 발견했다. 이 사건 이후 놀과 그의 학생들이 선캄브리아 시대 고생물학 분야를 지배했다. 이들의 연구만으로도 초기 화석 기록에 관해 알아야 하는 전부를 거의 다 배울 수 있을 정도였다. 놀은 무수한 발견과 선구적인 동위원소 연구, 영감을 불어넣는 가르침이라는 공로를 인정받아서 2022년에 지구과학계의 노벨상이라고 불리는 크라포르드상을 받았다. 놀의 숱한 제자와 마찬가지로 닉 버터필드 역시 교수가 되었고 지금은 영국의 케임브리지대학교에 있다. 유쾌한 연설가이자 다재다능하고 신념을 꺾지 않는 학자인 닉은 나중에 다시 우리 이야기에 등장할 것이다. 닉이 발견한 홍조류도 세포 분화를 보여준다. 발견한 지 30년이 지난 지금도 자신 있게 특정 분류군taxon으로 볼 수 있는 가장 오래된 화석이다. 유일한 예외가 있다면 시아노박테리아일 것이다. 훨씬 더 최근에는 녹조류 화석이 비슷한 연대의 중국 암석에서 발견되었다. 맨눈에도 보이고, 다세포이며, 세포 분화를 분명하게 드러내는 닉의 홍조류와 중국의 녹조류는 크기가 더 작아도 현대 조류 무리에 쉽게 포함된다는 면에서 가오유좡 화석과 다르다. 이처럼 희귀한 발견이 지루한 10억 년 전체에 걸친 조류의 비밀스러운 생물 다양성을 감질나게 보여주는 증거인지, 아니면 지루한 10억 년의 종말을 향해 가는 진정한 진화적 다양화를 나타낼 증거인지는 아직 분명하지 않다.[9]

시간을 빠르게 돌려서 10년 뒤로 가보자. 앤드루 놀의 다른 제자인 수재나 포터Susannah Porter가 놀랍게도 선캄브리아 시대의 아메바 형태 진핵생물 화석을 그랜드캐니언에서 발견했다. 이제 교수가 된 수재나의 후속 연구는 이런 '원생생물protista' 화석이 전 세계에서 발견되지만, 언제나 대략 8억 년이 안 된 암석에서만 찾을 수 있다고 밝혔다. 기억을 더듬어보면, 이 시간대는 진핵생물 스테란이라는 바이오마커가 처음 등장한 시기와 완벽하게 일치한다는 사실이 떠오를 것이다. 그런데 이 바이오마커에서는 오직 단 한 가지 유형, 콜레스탄cholestane만 지배적이다. 어쩌면 스테란은 프로티스탄 콜레스테롤protistan cholesterol로 만들어졌을 수도 있다. 생물학적 광물 생성 작용biomineralization의 첫 징후 역시 단세포 녹조류를 둘러싼 작은 인산염 껍질 형태로 비슷한 시기에 나타났다. 이 징후를 처음 발견한 주인공은 피비 코헨Phoebe Cohen이다. 그렇다. 당신도 짐작했겠지만, 코헨의 박사 과정 지도교수 역시 앤드루 놀이었다. 중요한 사실이 하나 있는데, 아메바는 조류와 달리 햇빛을 이용하지 않는다. 아메바는 다른 단세포 유기체를 먹어치우는 포식성 단세포 원생생물이다. 녹조류를 둘러싼 껍질, 더 나아가 일반적인 생물학적 광물 생성 작용은 이런 공격에 맞서고자 진화한 결과라고 추측할 수는 없을까? 실제로 뇌처럼 생긴 아크리타치인 세레브로스페라 부이키Cerebrosphaera buickii와 당시의 유각아메바(몸 일부가 껍질에 싸인 아메바-옮긴이)에서 의심스러운 구멍이 발견되었다. 정말로 토노스기에 비밀스러운 '군비 확장 경쟁'이 있었던 걸까? 이 경쟁은 껍데기 진화뿐만 아니라 다양한 공격 수단과 보호 수단의 진화로도 이어진 먼 훗날의 캄브리아기 전쟁을 예고하는 것이 아닐까?[10]

이 초기 단세포 원생생물의 종속 영양heterotrophic(살아가는 데 필요한 유기물을 다른 생물에게서 얻는 방식-옮긴이) 대사는 우리의 잡식성 대사와 유사하다. 어쩌면 우리 대사 방식의 원형일 수도 있다. 그런데 아메바나 다른 원생생물이 진짜 동물일까? 동물이 아니라면, 진짜 동물과 무엇이 다른 걸까? 차이점은 별로 없다. 동물로 여겨지는 가장 원시적 생물은 모든 동물의 자매군sister group(직전의 공통 조상을 공유하는 생물군-옮긴이)인 해면이다. 해면은 다세포 생물이라서 진정한 후생동물(단세포 원생동물을 제외한 모든 동물-옮긴이)이라고 일컬어지지만, 본질상 다른 유형으로 변할 수 있으며, 심지어 돌아다닐 수도 있는 세포들이 모인 군집일 뿐이다. 따라서 해면에는 특정한 형상이 없다. 게다가 해면은 신경이나 내장, 혈액이 없는데도 먹이와 산소에 의지해서 살아간다. 위강 체벽cavity wall을 따라 늘어선 깃세포choanocyte 수천 개로 물결을 일으켜서 먹이와 산소가 있는 물을 몸으로 빨아들인다. 원생생물이 기존에 알려진 동물의 단순한 축소판이 아니며 별도의 생물군을 이룬다는 사실을 처음 알아차린 사람은 프랑스의 박물학자 펠릭스 뒤자르댕Felix Dujardin이다. 1841년, 뒤자르댕은 깃세포가 깃편모충류choanoflagellate라는 단세포 생물군과 유사하다는 사실을 관찰했고, 깃편모충이 현존하는 모든 동물과 가장 가까운 살아 있는 친척이라고 주장했다. 충분히 타당한 의견이었다. 세부 사항은 안개로 휩싸여 있지만, DNA 연구가 이 이론에 무게를 실어주었다. 단세포 원생생물에서 원시 해면 같은 줄기군stem group(공통 조상과 그 조상에서 비롯한 모든 후손 가운데 살아 있는 구성원을 제외한 종의 집합-옮긴이) 후생동물로, 그리고 모든 후기 후생동물의 마지막 공통 조상으로 도약하는 것이 상상조차 불가능한 일은 아니라는 뜻이다. 뒤자르댕은 다윈과 같은 시대를 살았던 인물이다. 드디어 우리는 다세포 생물을 향한 결정적 도약이 언제 일어났는지 밝히는 데 가까이 다가가고 있다.[11]

허위 경보와 성과 없는 조사가 수두룩했지만, 크리오스진기 이전이나 토노스기의 암석층에 동물의 존재를 알려주는 확실한 물리적 증거가 없다는 사실은 여전히 변함없다. 현대의 수많은 해면은 골편spicule이라고 불리는 견고한 구조물을 만든다. 석영 유리로 이루어진 자그마한 바늘 모양 구조물인 이 특유의 골편은 캄브리아기나 그 이후 시대의 암석에서만 발견된다. 실제로 박테리아 군집을 제외하면 다세포 생물은 토노스기에서도, 그 이후 크리오스진기에서도 거의 나타나지 않는다. 안타깝게도 세상이 길고 추운 겨울을 맞이하면서 모든 유형의 화석 기록이 섬뜩할 정도로 침묵에 잠겼다. 극소수의 예외를 제외하면, 크리오스진기 전체에서 유기질 세포벽은 있지만 유연관계affinity가 불확실한 생물체만 발견되었다. 한때 유기 지구화학자들은 보통해면류demosponge가 존재했으리라고 제안했다. 분자 시계가 그즈음에는 해면동물이 진화했다고 알려주지만, 이 특정한 바이오마커를 해석하려는 열정은 빠르게 식었다. 대략 7억 1700만 년 전에서 6억 3500만 년 전 사이의 화석 기록은 단지 논란의 여지가 있는 정도가 아니라, 사실상 존재하지 않는다. 하지만 우리는 다양한 형태의 박테리아와 홍조류, 녹조류, 원생생물이, 무엇보다도 우리의 조상이 어딘가에서 어떻게든 살아남았다는 사실을 잘 안다. 화석과 현존 생물체는 형태만 비슷할 뿐만 아니라 유전적으로도 비슷하기 때문이다.[12]

우리는 DNA 덕분에 시간이 흐르며 쌓인 돌연변이를 세밀하게 비교해서 계통수tree of life를 재구성하고, 생물이 공통 조상에서 다양하게 분기해 나간 사건의 순서를 파악할 수 있다. 쓸 만한 화석 기록이 있는 생물군의 잘 알려진 연대를 활용해서 이런 사건의 시기도 확인할 수 있다. 학계는 모든 동물의 마지막 공통 조상이 언제 살았는지 알아내려고 오랜 기간에 걸쳐 꾸준히 시도했다. 결과는 깜짝 놀랄 정도로 다양했고, 정확도는 믿을 수 없을 정도로 높았다. 가장 최근의 시도는 베이지안 추론Bayesian inference이라는 정교한 통계 방법을 적용해서 더 간결한 결론을 얻었다. 이처럼 고도로 전문적인 연구는 수학자 같은 사고방식을 갖춘 생물학자, 양즈헝Ziheng Yang의 UCL 팀과 필 도너휴Phil Donoghue의 브리스틀대학교 팀이 각각 맡았다. 놀랍게도 새로운 방법을 적용한 첫 연구에서 생물이 다양하게 변화해 나간 주요 사건이 크리오스진기의 눈덩이지구에서 발생했다는 결론이 나왔다.[13]

브리스틀대학교 팀이 가장 최근에 갱신한 게놈 정보는 훨씬 더 엄격한 제약 조건 아래에서 이 결론을 광범위하게 입증했다. 아울러 모든 동물의 마지막 공통 조상이 크리오스진기보다 앞서는 토노스기 말 즈음에 존재했다고 밝혔다(그림 14). 이 새로운 유전자 코드 판독이 정확하다면, 해면뿐만 아니라 현생 동물문의 다른 조상까지 스터트 빙하기와 마리노 빙하기를 버티고 살아남았다는 뜻이다. 해면보다 더 고등한 동물인 진정후생동물eumetazoa의 마지막 공통 조상은 크리오스진기의 눈덩이에서 출현한 것으로 보인다. 반면에 (똑같은 분석을 적용한 결과) 좌우대칭 동물은 크리오스진기의 두 빙하기가 끝날 무렵이나 끝난 직후에 발생했을 것이다. 눈덩이지구 시기는 어떤 고등 생명체도 통과할 수 없는 막다른 골목으로 여겨졌지만, 이제는 기이하게도 현대적 생명체를 낳은 호된 시련의 장으로 보인다. 하지만 이런 주장을 뒷받침할 화석 증거가 단 하나도 없다. 우리가 아는 것은 동물 화석이 크리오스진기 이전에는 전혀 없고, 이후에는 지나치게 많다는 사실뿐이다. 이 문제는 뒤에서 더 알아보자. 그런데 그토록 극단적인 추위에서 복잡한 생명체가 어떻게 생존할 수 있었을까? 번식과 다양화는 말할 것도 없다. 얼마 전까지는 이 질문에 확실하게 답할 수 없었지만, 오늘날의 빙모에서 살아가는 생명체를 연구한 결과 생각을 전환하게 되었다. 적어도 생물다양화와 관련해서 혹독한 추위는 정확히 필요한 조건일지도 모른다는 사실이 밝혀졌다.

혹시 당신도 나처럼 그 어떤 생명체도 서식하기 힘든 데다 펭귄과 물개 말고는 아무것도 없는 남극 대륙 가장자리 풍경을 담은 자연 다큐멘터리 프로그램을 주로 보면서 자랐다면, 이곳이 불모지라고 생각하는 것도 당연하다. 남아메리카와 드넓은 백색의 남극 대륙 사이에 드레이크 해협이 열리자, 사실상 극순환류circumpolar current가 따뜻한 열대 바닷물

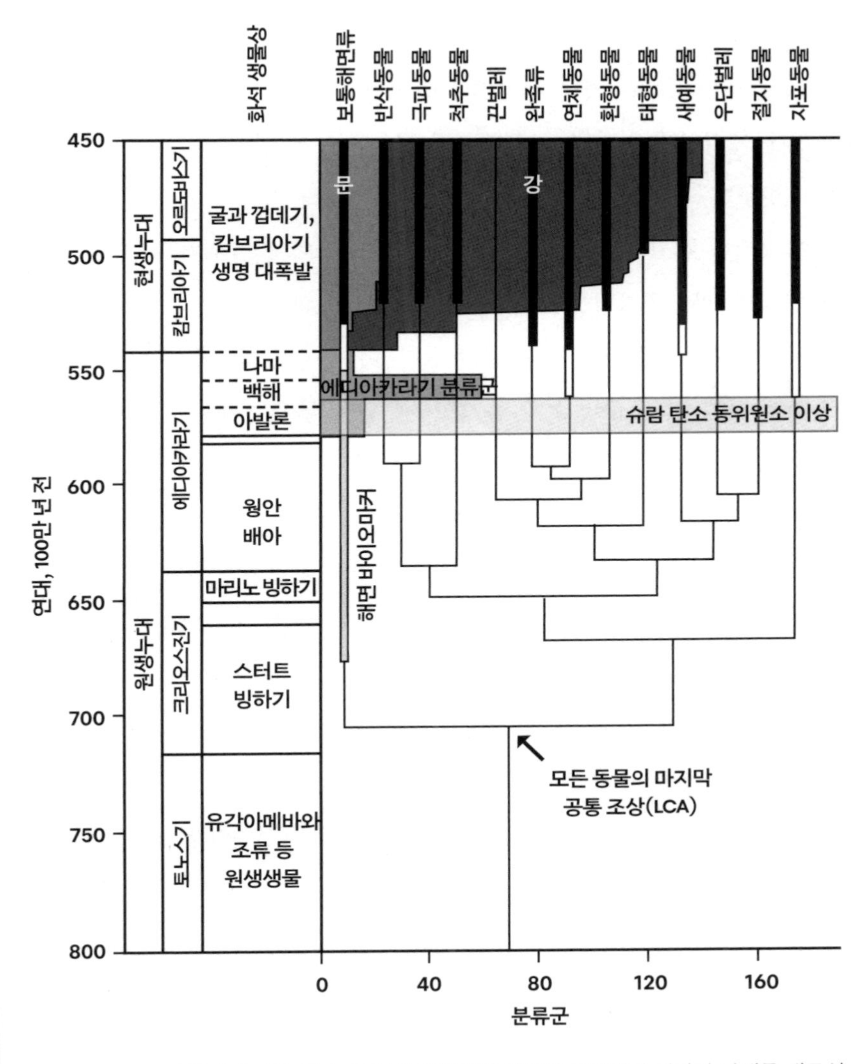

그림 14. 초기 동물의 진화 역사. 동물이 출현하던 시기에 생명체가 진화한 단계를 재구성했다. 핵심 동물군의 공인된 화석 기록(검은색 막대)과 동물의 존재를 암시하는 화석 기록(흰색 막대), 현대 생물문의 DNA 차이를 근거로 추정한 분화 시점을 보여준다. 이 표에 나타난 동물의 진화 기록은 2011년 논문을 참고했다(어윈, D. H., 라플람, M., 트위트, S. M., 스펄링, E. A., 피사니, D., 피터슨, K. J., 〈캄브리아기 난제: 동물의 초창기 역사 속 초기 분화와 이후 생태학적 성공The Cambrian conundrum: Early divergence and later ecological success in the early history of animals〉, 《사이언스》 제334호, 2011년, pp.1091~1097). 최근 정보에 따르면, 모든 동물의 마지막 공통 조상이 크리오스진기보다 더 이른 시기에 살았을 가능성은 없다. 그림를 분명하게 보여주기 위해 분기 시점에 수직(연대) 오차 막대를 표시하지 않았다.

이 극대륙으로 다가오지 못하게 영영 막아버렸다. 그 후 지난 5000만 년 동안 남극 대륙은 가차 없이 얼어붙었다. 그러는 사이 소수의 강인한 종을 제외하면 거의 모든 생명체가 극한 기후에 점진적으로도 적응하지 못했다. 버티는 데 성공한 종은 긴 여름마다 얼음이 녹는 바다에서 물고기를 잡고자 빙모의 가장자리에 달라붙어서 겨우겨우 살아간다. 하지만 이런 풍경이 전부는 아니다. 그린란드와 마찬가지로 남극 대륙에도 다양한 진핵생물 종이 살고 있다. 다만 이런 생물은 무수한 구멍 안에 갇혀 있다. 구멍을 샐 틈 없이 꽉 막은 얼음 천장이 혹독한 바깥세상을 차단한다. 바람에 날려서 빙하에 쌓인 먼지 크라이오코나이트cryoconite가 주변 얼음을 녹여서 물이 차오른 구멍을 만들면 이 자그마한 생태계가 생겨난다. 주변의 새하얀 얼음에 비하면 비교적 어두운 먼지는 표면의 알베도를 변화시켜서 박테리아와 조류, 심지어는 동물까지 번성할 수 있는 미세한 웅덩이를 만든다.

크라이오코나이트 구멍에서 사는 생명체는 당연히 가장 강인한 생물이다. 예를 들어서 윤충류rotifer는 아주 작고 자유롭게 헤엄치는 동물이다. 일부 윤충류는 유성생식을 하지 않아서, 암컷이 수컷 없이 생식하기도 한다. 암컷이 낳은 알은 매우 튼튼해서 수십 년 동안 휴면 상태로 있을 수 있다. 배아는 세 겹으로 된 껍질 덕분에 말라버리지 않는다. 알만 군센 것은 아니다. 일부 성체도 한 번에 수년씩이나 완전한 건조 상태로 버틸 수 있다. 생존하기 어려운 환경에서 살아남기에 유용한 요령이다. 쪼그라든 사체인 척하지 않을 때면 죽은 박테리아 같은 유기 쇄설물을 먹는다. 더 군센 생물만 아니었다면 윤충류는 크라이오코나이트 구멍의 먹이사슬 꼭대기에 올랐을 수도 있다. 물곰water bear으로도 불리는 완보동물tardigrade은 아마 세상에 알려진 모든 동물 가운데 가장 회복력이 강할 것이다. 이 생명체는 온도, 압력, 방사성 물질 노출, 굶주림, 탈수, 공기 부족, 건조 따위의 조건이 가장 극한으로 치달을 때도 생존할 수 있다. 심지어 우주의 혹독한 환경도 열흘 넘게 견뎌냈다. 물곰은 우주선에 실려서 지구 궤도에 진입한 후 우주선 바깥에 노출되었는데도 멀쩡하게 살아남았다.

크라이요코나이트 구멍이 어떻게 눈덩이 표면에 초소형 생태계를 무수히 형성했을지는 쉽게 상상할 수 있다. 바람의 침식 작용과 화산 활동, 이따금 찾아오는 운석우 때문에 시간이 흐르며 먼지가 많이 쌓였을 테니 바람에 날리는 먼지가 부족할 일은 없었을 것이다. 먼지가 쌓여서 점점 어두워진 표면은 행성 알베도에 영향을 미쳐서 지구가 끝을 모르는 겨울에서 벗어나는 데 슬쩍 도움을 주었을 수도 있다. 하지만 이를 입증하기는 어렵다. 증거가 말 그대로 전부 녹아서 없어졌기 때문이다. 어쨌거나 이 이상적인 장소에서 고립되어 지내는 무수한 단세포 진핵생물 개체군이 '이소적 종분화allopatric speciation(개체군의 여러 집단이 지리적으로 격리되어서 다른 종으로 분화하는 현상-옮긴이)'라는 극단적 형태의 생물학적 혁신을 일으켰을지도 모른다. 몹시 흥미진진한 생각이다. 동물의 타고난 이타성을 고려할 때, 눈덩이지구에서는 복잡한 다세포 동물로 진화하는 것이 유리했다고 볼 수도 있다. 당신은 동물이 이타적이지 않다고 생각할지도 모르겠지만, 생물학적 의미에서 동물은 이타적이다. 세포가 유전자 전달이라는 공동의 목표를 위해 독립성을 포기하고 협력하기 때문이다. 이타주의는 세포의 분화뿐만 아니라 자연사apoptosis에서도 드러난다. 세포 자연사는 유기체 전체에 위험이 된다면 세포가 자살하도록 미리 설정해 놓은 절차다. 암이 그토록 두려운 것도 암세포가 비정상적인 수준으로 독립적이기 때문이다. 암세포는 거의 미생물처럼 자유롭게 돌아다니고, 다른 모든 세포와 다르게 대사하며, 자연사하지 않는다. 동물이 진화한 이유를 설명하는 가장 흥미로운 가설은 눈덩이지구의 환경이 너무도 혹독해서 생물들이 제휴를 맺고 협력할 수밖에 없었다고 가정한다. 균류와 조류의 공생체인 지의류처럼 서로 다른 생물계kingdom가 상호 이익을 위해 서로 돕는 공생 관계가 나타났을 뿐만 아니라, 생존에 유리하도록 점점 더 특수화한 세포들의 군집으로 존재하는 방식으로 유기체 내부의 협력까지 생겨났을 것이다.[14]

이 주제에 관한 가설을 더 늘어놓는다면 이 책에서 다루어야 할 범위에서 벗어나고 말 것이다. 하지만 다윈의 딜레마와 그 이후의 골치 아픈 문제가 지구상에 동물이 비교적 갑작스럽게 출현한 데서 비롯했다는 사실은 잊지 말자. 최근의 화석 발견과 DNA 연구의 성장, 지질연대학의 발전이 상황을 완전히 바꿔놓았다. 첫 번째 눈덩이지구 사건은 놀랍게도 무려 5700만 년 넘게 이어졌다. 대륙 빙상이 승화하거나 얼어붙은 바다 위로 미끄러져 가기에 충분한 시간이다. 그렇지만 모든 현생 동물의 조상이었을 원생생물은 살아남았고, 이후 2억 년 동안 갖가지 현생 동물문으로 다양화한 것 같다. 동물이 진화할 만큼 시간이 길었다는 데에는 문제 삼지 않아도 될 듯하다.

생명체는 다양화를 겪은 이후 온 세상으로 뻗어나갔을 것이다. 이 사건은 크리오스진기의 두 차례 빙하기 사이 비교적 짧은 간빙기에 벌어진 것 같다. 엄청나게 길었던 스터트 빙하기 동안 일어난 생물학적 혁신은 이제 액체로 바뀐 바다 전체로 퍼질 수 있었을 테다. 새로운 생명체는 드디어 바다에서 새롭고 다른 형태의 생명체를 만나서 경쟁했을 것이다. 생명체의 초기 확산을 알려주는 증거는 느리게 나타났다. 하지만 최근의 발견, 구체적으로 말하자면 수수께끼 같은 원반 모양 화석 아스피델라Aspidella가 유사한 심해 환경에서 나타난 일은 생물 다양화의 유전적 증거가 옳다고 알려주는 듯하다. 아스피델라는 훗날 에디아카라기에 생명체가 다시 확산할 때 두 번째로 출현한다. 크리오스진기의 간빙기는 진핵생물의 스테란 바이오마커가 처음으로 풍부하고 다양하게 나타나는 시기이기도 하다. 그렇다면 이 시기에 광합성 하는 조류가 시아노박테리아와 더 효과적으로 경쟁하기 시작했을 것이다. 하지만 우리가 아는 크리오스진기의 뿌리가 커다란 엽상체 사례는 단 하나뿐이다. 이 엽상체 화석도 주스싱이 발견한 것이다. 앞으로는 훨씬 더 많이 발견되겠지만, 아직은 크리오스진기 화석 기록이 비밀스럽게 숨어 있다.[15]

앞에서 살펴보았듯이, 마리노 빙하기는 스터트 빙하기보다 기간도 훨씬 더 짧았고 종말도 더 급작스러웠다. 광대한 빙상이 녹자, 해수면이 수백 미터나 상승해서 드넓게 펼쳐진 얼어붙은 툰드라가 물에 잠겼다. 수백만 년 동안 독립적으로 진화했던 두 번째 빙하 생태계가 빠르게 따뜻해지는 해빙기 바다와 만났다. 지질학 기준으로 보면 거의 순식간이나 다름없는 시간 동안 벌어진 일이다. 빙하기 동안 생명체는 단순히 꽁꽁 얼고 건조해졌을 뿐만 아니라 똑같이 해로운 산소에 노출되기까지 했다. 산소가 공급된 대기 아래의 차가운 담수 웅덩이에는 기체가 훨씬 더 잘 녹았기 때문이다. 그런데 이처럼 극심한 역경을 견디고자 진화했던 새로운 생명체가 얼음에서 나와 불길 속으로 들어갔다. 새

후생동물은 산소가 적고 염분이 있는 데다 따뜻한, 심지어 뜨겁기도 한 물에 아무런 경고도 받지 못한 채 느닷없이 노출되었다. 이처럼 갑작스러운 환경 변화로 생명체의 멸종과 확산이 똑같이 발생했을 가능성이 크다. 눈덩이지구는 생물 다양화에 '좋은 일'이었다고 밝혀졌지만, 오늘날 우리가 정상이라고 여길 법한 상태로 돌연히 복귀한 사건이야말로 진정한 재앙이었을 것이다.

아주 최근까지도 크리오스진기 빙하기 이후에 살았던 생물에 관해서는 알려진 바가 거의 없었다. 실제로 덮개 돌로스톤부터 에디아카라기 후반부에 커다란 동물이 비로소 등장할 때까지, 화석 기록에는 무려 5000만 년이라는 공백이 있다. 암석은 비밀을 쉽게 내어주지 않는다. 학계는 오랫동안 오스트레일리아 남부의 에디아카라기 암석층을 용해해서 유기물 함량을 조사했다. 하지만 표준으로 꼽히는 이 암석층 하부에서 (사실 그 어디에서도) 흥미로운 것은 전혀 없었다. 그런데 알고 봤더니, 늘 연구 결과가 이처럼 시시했던 것은 아니었다. 별다른 결과가 없었던 것은 햇볕에 바짝 탄 이 붉은 대륙에서 전형적으로 나타나는 심층 풍화 작용deep weathering 때문이었다. 1980년대와 1990년대에 암석층을 시추해서 풍화되지 않은 표본을 조사하자마자 아주 다른 상황이 펼쳐졌다. 에디아카라기 암석층 하부는 시시하지 않았다. 암석층에는 유기질 세포벽이 있는 미화석, 즉 아크리타치가 원래 풍부했다는 사실이 곧바로 드러났다. 이 아크리타치는 이전에 발견된 어떤 것과도 달랐다. 오스트레일리아 서부 지질조사국의 전문가 캐스 그레이Kath Grey가 이런 화석 대다수를 발견하고 설명했다. 이 '크고 가시가 있는 아크리타치large spiny acritarchs', 줄임말로 LSA는 나중에 전 세계에서 나타났고, 처음 발견된

오스트레일리아의 지층 이름을 따서 페르타타타카 군집Pertatataka assemblage 이라고 불린다. 가장 오래된 LSA는 중국에서 발견되었다. 연대가 6억 3100만 년 전으로 추정되는 에디아카라기 암석층 바닥의 덮개 돌로스톤 바로 위에 있었다. 어떤 학자는 장난스럽게 일부 LSA를 현대 동물의 휴면 낭종에 비유하기도 했다.[16]

아크리타치가 실제로 어떤 생물이었는지는 9장에서 살펴보자. 당장은 우리가 아직 완전히 확신할 수 없다는 것만 알고 있으면 된다. 이름이 단서다. '아크리타치'는 유기질 세포벽이 있는 생물 화석이지만 분류학적 유연관계가 불분명한 경우를 전부 아우르는 이름이다. 기이하게도 커다랗고 가시가 많은 아크리타치는 갑자기 나타나서 갑자기 사라졌다. 이들의 퇴장은 풍화 작용으로 생겨난 결과가 아닌 듯했다. LSA는 약 5억 8200만 년 전 가스키어스 빙하기 이후의 지층에서는 그 어디에서도 발견되지 않았다. 학계가 열심히 찾아보지 않아서가 아니었다. LSA가 극히 작은 실마리를 전해주었지만, 에디아카라기 전반부는 생물학적 비밀을 대체로 숨기고 있다. 하지만 독특한 LSA 같은 증거를 감질나게 흘긋 보고 나면 답을 찾을 수 있다는 확신이 든다. 반대로 에디아카라기 후반부는 화석 사냥꾼의 천국이다. 뒤이은 캄브리아기에 생명체가 퍼져나가는 동안 등장할 다채로운 새 형태와 특성을 예고하는 것 같다.

아스피델라는 이미 만나본 적 있는 화석이다. 이 불가사의한 원반 모양 화석은 마리노 빙하기 이전에 캐나다 북서부에 잠시 등장했다. 그러다가 대략 5억 8200만 년 전에 형성된 가스키어스 빙하 다이아믹타이트 위의 암석에서 다시 나타났다. 이번에는 뉴펀들랜드의 깊은 해양 퇴적암이었다. 아스피델라는 1868년에 스코틀랜드 지질학자 알렉산더 머리Alexander Murray가 처음으로 발견했다. 머리는 이 화석이 최초의 진정한 선캄브리아 시대 화석이라고 설명했다. 그런데 미국의 위대한 지질학자 찰스 둘리틀 월컷Charles Doolittle Walcott이 이 발견에 찬물을 끼얹었다. 월컷은 이 화석을 직접 보지 못한 것 같다. 이후로 거의 100년이 지날 때까지 아스피델라에 관심을 기울이는 사람은 거의 없었다. 안타깝게도 원반 모양은 퇴적암에서 흔하게 발견되는 데다, 대체로 생물이 남긴 흔적이 아니다. 이러니 귀무가설을 세워서 검증하는 과정이 중요한 것이다. 이후 뉴펀들랜드 암석층과 연대가 비슷한 암석에서 명백하게 생물이 만든 화석을 더 발견한 끝에 아스피델라도 마침내 주목받았다.[17]

지질학적으로 볼 때 뉴펀들랜드는 영국 제도와 쌍둥이다. 둘 다 한가운데가 봉합대suture zone로 나뉘어 있다. 이 봉합대는 잉글랜드와 웨일스, 아일랜드 남부, 뉴펀들랜드 남부가 뭉친 아발로니아Avalonia 대륙이 스코틀랜드, 아일랜드 북부, 뉴펀들랜드 북부가 뭉친 로렌시아Laurentia 대륙과 고생대에 충돌한 지점을 나타낸다. 점점 세력을 넓힌 대서양이 두 대륙을 거칠게 찢을 때까지는 뉴펀들랜드의 일부 지역이 스코틀랜드보다 잉글랜드와 공통점을 더 많이 공유했다. 그러니 1956년에 잉글랜드 레스터셔의 찬우드 숲에서 티나 너구스Tina Negus라는 열다섯 살짜리 여학생이 뉴펀들랜드 암석과 아주 비슷한 바위에서 종류와 연대가 똑같은 화석을 발견한 일은 별로 놀랍지 않다. 이듬해에는 열여섯 살짜리 남학생 로저 메이슨Roger Mason이 이 화석을 다시 발견했다. 메이슨은 훗날 지질학자가 되었다(아이러니하게도 퇴적암을 멀리하고 화성암을 주요 연구 대상으로 삼았다). 그는 UCL과 중국 우한대학교에서 가장 열정적인 교수로 명성을 날린 후 '은퇴'를 선언했다. 찬우드 숲의 화석은 별로 도드라지지 않아서 맨눈으로 보기가 어렵고, 동이 트거나 땅거미가 질 무렵 낮은 각도로 들어오는 빛에 비추어 볼 때 가장 잘 보인다. 메이슨은 선견지명이 아주 대단했던지, 화석의 탁본을 떠서 아버지에게 보여드렸다. 그러자 아버지가 지역 지질학자인 트레버 포드Trevor Ford에게 탁본을 보여주었다. 포드는 화석에 '카르니아 마소니Charnia masoni'라는 이름을 붙였고, 그 이후는 모두가 다 아는 역사가 되었다. 찬우드 숲 화석은 이제까지 가장 컸던 중국 가오유좡 엽상체보다도 더 커서 무려 10억 년 먼저 세워진 기록을 깨뜨렸다.[18]

카르니아는 이제 전 세계 곳곳에서 발견된다. 하지만 이 생명체가 어떻게 살았는지는 아직도 모른다. 분명히 카르니아는 움직일 수 없었으므로 먹이가 가까이 다가와야 했을 것이다. 더불어 햇빛이 비치는 유광층photic zone 아래 깊은 해저에서 살았으므로 식물이나 공생 동물, 지의류처럼 태양 에너지를 활용할 수도 없었을 것이다. 오늘날 학계는 카르니아가 후생동물이라는 해석에 합의했다. 그렇다면 카르니아는 알려진 화석 가운데 가장 오래되고 확실한 동물 화석일 것이다. 줄무늬가 난 잎처럼 생긴 이 상징적 화석은 어떤 생명체였든지 간에, 어떻게 살았든지 간에 다윈이 한 세기 전에 증명하려고 애썼던 사실을 입증했다. 다큐멘터리 〈애튼버러의 여정Attenborough's Journey〉에서 위대한 박물학자이자 영화 제작자인 데이비드 애튼버러David Attenborough는 그 암석에 온전히 관심을 기울이지 않았던 일을 깊이 후회했다. 그는 젊어서 메이슨과 같은 학교에 다녔다. 하지만 찬우드 숲 암석이 아주 오래되었다는 사실을 알고는 다른 곳에서 화석을 찾아다니기로 마음먹었다.

요즘 잉글랜드와 뉴펀들랜드는 해마다 비밀로 숨겨두었던 화석을 조금씩 더 공개한다. 폴 호프먼이 눈덩이지구 가설을 부활시킨 후 논란이 분분했던 시절, 캐나다 킹스턴대학교의 기 나르본과 사우스오스트레일리아 박물관의 짐 겔링Jim Gehling이 이끄는 고생물학 팀이 국제 지질학자 단체를 안내해서 캐나다 미스테이큰 포인트Mistaken Point에 있는 잎 모양 에디아카라기 화석을 찾아갔다. 험한 날씨 때문에 선원들이 이곳을 인근의 안전한 항구로 착각mistaken하곤 했기 때문에 미스테이큰이라는 이름이 붙었다. 이번 답사는 나를 포함해 많은 사람에게 에디아카라기 화석을 처음으로 볼 기회였다. 당시에 갓 발표된 따끈따끈한 논문들이 전 지구를 집어삼킨 빙하 작용이라는 아이디어를 지지하거나 반박하고 있었다. 답사 팀 사이에는 묘한 흥분이 느껴졌다(그림 15). 저녁이면 우리는 브루스 러니거Bruce Runnegar와 돌프 자일라허Dolf Seilacher 같은 이 분야의 거두가 하는 이야기를 오래도록 듣고, 눈덩이지구와 초기 생명체에 관해 열띤 토론을 벌였다. 과학 작가 개브리엘 워커Gabrielle Walker가 저서 《눈덩이지구Snowball Earth》에 이런 대화 일부를 실어놓았다. 우리는 화석이 발견된 그대로 고스란히 보존될 수 있도록 양말만 신은 채로 위험천만한 바위 절벽을 돌아다녔다. 전 세계 과학자가 이런 식으로 성스러운 화석지에 경의를 표하는 모습을 보니 이상야릇하면서도 묘하게 자연스럽게 느껴졌다.

여러 고생물학 연구진의 작업 덕분에 우리는 에디아카라기 '아발로니아 대륙'의 화석 군집에 대해서 더 자세히 알게 되었다. 예를 들어 많은 생명체가, 심지어 카르니아도 원래는 원반처럼 생긴 붙임뿌리를 이용해서 해저에 뿌리내렸다는 사실을 알아냈다. 이런 생물은 바다 밑바

그림 15. 대표적인 에디아카라기 말 화석 분류군. 대략 5억 6500만 년 전에서 5억 4500만 년 전 사이에 형성되었다. 오른쪽 위부터 시계 반대 방향으로 소개하겠다. 첫 번째는 에디아카라기 화석을 대표하는 디킨소니아Dickinsonia다. 오스트레일리아에서 발견한 이 불가사의한 분류군은 몸의 앞뒤로 말단이 있지만, 머리와 항문이 없다. 왼쪽 위는 나미비아의 랑게아Rangea로, 이파리처럼 생긴 '엽상체'로 구성된 레인지오모프 중 하나다. 자기 유사성을 보여주는 프랙털 형상이어서 이파리 모양이 네 단계에 걸쳐 반복된다. 역시 나미비아에서 발견된 프테리디니움Pteridinium은 전형적인 에르니에토모프다. 에르니에토모프는 에어매트리스 모양의 튜브와 특이한 '미끄럼glide' 대칭이 특징이다. 생명체가 이동했다는 첫 번째 증거도 바로 에디아카라기에 나타났다. 마지막 사진이 보여주는 뉴펀들랜드의 흔적 화석이 대표적인 예시다. 사진 속 자국은 미생물 깔개의 표면을 유기체가 기어서 지나간 흔적이다. 위의 화석 가운데 어느 것도 현대 동물군에 확실하게 포함될 수 없다. 그러나 동물로 볼 수 있는 초기 형태의 유기체와 관련 있을 것으로 보인다. 흰색 기준 막대의 길이는 10밀리미터다. (사진: 알렉스 리우 촬영)

닥에서 해류에 따라 흔들렸고, 가끔은 흘러오는 심해 퇴적물이나 화산 분출로 뿜어져 나온 재를 먹고 살찌웠다. 아스피델라 역시 그런 붙임뿌리였을 것으로 보인다. 이 뿌리에서 자라난 줄기는 아직 발견하지 못했다. 뉴펀들랜드의 화산회층은 고생물학자에게 신이 보낸 선물이나 다름없다. 화산재가 동물의 부드러운 부분을 보존하는 데 도움이 되었기 때문이다. 이곳의 화석은 폼페이 유적보다 훨씬 더 잘 보존되어 있다. 게다가 화산재로 화석의 연대를 정확하게 확인할 수도 있다. 아발로니아 군집 가운데 가장 오래된 화석은 가스키어스 빙하기 직후인 약 5억 7500만 년 전에 만들어졌다. 얼추 몇백만 년 정도 차이가 있을 수 있다. 가장 젊은 화석은 아무리 빨리도 5억 6000만 년 전 이후에나 형성되었다. 이런 생물은 대개 얕은 해양 환경에 서식했지만, 카르니아를 포함해 일부는 다른 지역에도 살았다. 흥미롭게도 가장 오래된 화석과 가장 젊은 화석 사이의 시간 간격은 에디아카라기 말 탄소 동위원소 이상과 일치한다. 6장 내용을 떠올려보라. 이 이상은 지질학 기록을 통틀어서 가장 큰 음의 이상이었다. '슈람Shuram' 이상은 일부 생명체의 성공 비결을 밝히는 데 도움이 될 것이다. 하지만 이 같은 이상 현상은 생명체 대확산을 앞선 크리오스진기 극한 기후와 연결하기도 한다.[19]

전 세계 고생물학자들은 여전히 해마다 뉴펀들랜드의 멋진 층리면bedding plane을 방문한다. 이제야 비로소 밝혀진 귀중한 비밀 가운데에는 길이가 최대 2미터에 이르는 거대한 엽상체도 있다. 심지어 길이가 66센티미터에 달하는 카르니아도 발견되었다. 생물이 의도적으로 움직였다는 첫 번째 증거도 바로 뉴펀들랜드 암석 기록에서 찾아볼 수 있다. 움직인 흔적은 암석 표면에 난 기어간 자국과 자그마한 수직 방향

굴인데, 오늘날 산호 폴립coral polyp과 해파리 따위가 속한 자포동물이 만들었을 가능성이 있다. 이런 화석 중 다수는 마틴 브레이저의 제자들이 발견했다. 내가 최근에 뉴펀들랜드의 보나비스타반도를 방문했을 때, 마틴의 제자 몇 명이 2008년 어느 날 그가 조사 진척 상태를 알아보려고 찾아왔던 일을 애정 어린 마음으로 회상했다. 그들은 마틴에게 가장 아름다운 화석을 보여주었는데, 그의 눈길을 사로잡은 주인공은 뭔가 다른 것이었다. "그래, 멋지군. 그런데 저게 도대체 뭔가?" 마틴은 암석 표면에 찍힌 찌그러진 티백 모양 자국을 가리켰다. 우연의 힘으로, 여기에 해 질 녘 햇빛이 만든 그림자의 도움까지 더해져서 그는 가장 오래된 근육 조직 화석을 뜻밖에 발견했다. 그는 가장 가까운 도시 멜로즈의 이름을 따서 평범하게 '멜로시아Melrosia'라고 부르고 싶어 했지만, 이미 다른 화석이 그 이름을 차지한 뒤였다. 결국, 그는 새로운 화석을 '하오오티아Haootia'라고 부르자는 알렉스 류Alex Liu의 제안에 넘어갔다. 뉴펀들랜드 원주민인 베오투크족의 말로 '악마'라는 뜻이다. 아주 간단하게 설명하자면, 마틴이 발견한 '악마'는 일종의 초기 자포동물이었을 수 있다. 현생 후생동물문으로 분류할 수 있는 가장 오래된 화석일 것이다.[20]

아발로니아 대륙의 대형 생물상macrobiota(한 지역에서 맨눈으로 볼 수 있는 생물상-옮긴이)은 몸에 단단한 부분이 전혀 없는 유기체의 2차원, 심지어는 3차원 거푸집을 남겼다. 화석에서는 다소 이례적인 경우지만, 에디아카라기 후생동물의 피부와 근육, 다른 부드러운 부분은 바깥에 그대로 드러나 있다. 에르니에토모프erniettomorph처럼 더 나중에 나타난 생물 일부는 액체를 채워서 팽창한 관이 줄지어 놓인 모습인데, 꼭 부풀어 오른 누비이불처럼 생겼다. 카르니아 같은 생명체가 속한 레인지오모프rangeomorph는 동물 중에서도 유달리 신체 구조가 독특하다. 흥미롭게도 레인지오모프는 자기 유사성을 보여주는 프랙털 형상으로, 복잡한 모양이 여러 단계에 걸쳐 반복되어 나타난다. 과거 연구자들은 카르니아 같은 생명체를 자포동물 같은 현생 동물문에 억지로 끼워넣거나, 아니면 조류나 균류일지도 모른다고 생각했다. 하지만 특이한 프랙털 대칭을 볼 때 이런 분류는 가능성이 없다. 돌프 자일라허는 이처럼 누비이불 같은 에디아카라기 생명체는 멸종된 계 '벤도비온트vendobiont'에 속한다고 주장했다. 다만 학자 대다수는 이런 생물을 일종의 동물로 분류하는 것이 가장 적합하다고 생각한다. 어쩌면 현생 후생동물 대다수의 자매군에 지나지 않을지도 모른다. 어느 쪽 주장이든 이 생물이 멸종한 진화 계통을 나타내거나, 혹은 현대 동물계로 나아가는 실험에 실패했다고 암시한다. 하지만 정말 이렇게 평가하는 것이 마땅할까? 공룡은 새를 제외하고는 모조리 멸종했으니 실패한 실험이라고 보아도 될까? 공룡은 지구에 인간보다 훨씬 더 오래 머물렀다. 아발로니아 생물상은 캄브리아기 생명 대폭발 이전에 일부가 종말을 맞은 듯하지만, 주변 환경에 대단히 적합해서 오랫동안 살아남았던 것이 틀림없다. 그렇다면 에디아카라기의 마지막 3000만 년 동안 프랙털 기하학 형상이 성공한 원인은 무엇일까?

에디아카라기 레인지오모프의 형태와 관련해 매우 흥미로운 연구가 이루어졌다. 럭비공처럼 생긴 카르니아는 알뿌리처럼 생긴 작은 붙임뿌리와 짧은 줄기, 훨씬 더 긴 몸체로 구성된다. 몸체에는 1차 가지가 촘촘하게 쌓여 있고, 여기에 최대 스물다섯 개에 이르는 2차 가지가 나 있다. 더 커다란 표본에서는 3차 가지와 4차 가지까지 볼 수 있다. 특별히 잘 보존된 표본에서는 반복되는 누비 모양의 정교한 세부 사항이 입체적으로 드러난다. 가장 좋은 예가 기 나르본이 뉴펀들랜드 스패니어드 만Spaniard's Bay에서 찾아낸 조그마한 레인지오모프다. 수학 연구에 따르면, 모든 레인지오모프는 현존하는 그 어떤 동물에서도 볼 수 없을 만큼 표면적을 최대화했다. 이런 설명을 들으면 폐나 위, 장 같은 내부 기관이 떠오른다. 우리 장기의 기능이 에디아카라기 레인지오모프와 유사할 수 있을까? 갈수록 더 많은 고생물학자가 그렇게 생각하는 듯하다.[21]

폐나 소화관 같은 우리 장기는 일반적으로 표면이 복잡하게 접혀 있다. 해당 기관을 통과하는 산소나 음식물과 접촉하는 면을 최대한 늘리기 위해서다. 아울러 피부를 통해 영양분을 직접 흡수하는 방식을 삼투영양osmotrophy이라고 한다. 기 나르본의 옛 제자 마르크 라플람Marc Laflamme은 흥미로운 프랙털 구조의 레인지오모프를 포함해서 모듈식 에디아카라기 동물 전체가 이 영양분 공급 전략을 썼다고 보았다. 현재 토론토 대학교 교수인 마르크는 동료 샤오수하이Shuhai Xiao와 미할 코발레브스키Michal Kowalewski와 함께 당시 생명체에게는 다른 생활 방식을 지탱할 특징이 전혀 없으며 삼투 영양이 유일하게 남은 선택지라고 지적했다. 셜록 홈스의 대사를 빌리자면, 불가능한 것을 전부 제외하고 남은 것은 아무리 말이 되지 않더라도 진실일 수밖에 없다. 그런데 문제가 있다. 수많은 동물이 기회가 되면 삼투 영양 방식을 이용해서 영양분을 보충하지만, 박테리아보다 더 큰 동물 가운데 삼투 영양을 유일한 생명 유지 수단으로 삼은 동물은 없다. 무엇보다도 삼투 영양 방식만으로 살아갈 수 있을 만큼 먹이가 풍부하지 않다. 마르크와 다른 학자들은 많은 에디아카라기 동물의 유난히 높은 표면적 대 부피 비율이 실제로 오늘날의 삼투 영양 박테리아와 비슷하다고 추정했다. 이 의견은 삼투 영양 가설을 뒷받침한다. 하지만 그처럼 커다란 동물이 이런 생존 방식으로 살아가려면, 주변 환경에서 흡수할 수 있는 영양소가 극도로 많아야 한다. 오늘날 바닷속 영양소보다 몇 자릿수나 더 많아야 할 것이다. 원생누대 바다에 유기물 먹이가 풍부했다는 가설은 이전 장에서 논의했던 탄소 동위원소 증거가 뒷받침한다. 그러나 나중에 살펴보겠지만, 이 성가신 음의 이상을 해석하는 일은 논란의 여지가 많다.[22]

우리는 다윈의 딜레마에서 출발해서 너무도 짧은 시간에 아주 먼 길을 달려왔다. 새로운 발견을 모두 확인하고 파악하기는 어려울 것이다. 그렇지만 지질연대학이 크게 발전한 덕분에 이제는 새로운 화석 각각이 전 지구적인 진화의 틀 속 어디에 있는지 알아낼 수 있다. 새롭게 등장한 선캄브리아 시대 생물권은 오늘날과 아주 다르다. 당시에 서식했던 생명체도 달랐지만, 무엇보다도 실현할 수 있는 생존 방식이 달랐다. 토노스기 말까지만 해도 홍조류 (또는 녹조류) 진핵생물은 오직 지구의 주변부에서만 생존할 수 있었다. 게다가 복잡한 진핵생물의 종속 영양 방식은 미생물이 지배하는 세상에 거의 존재하지 않았다. 하지만 크리오스진기 빙하기에 접어들면서 전부 바뀌었다. 크리오스진기에 비밀스러운 생물 다양화가 발생해서 마침내 모든 후생동물이 탄생하는 데 이르렀다. 가스키어스 빙하기가 끝나고 뉴펀들랜드와 잉글랜드를 품었던 아발로니아 대륙의 해양 가장자리에서는 요즘 우리에게 친숙할 수도 있는 일부 생명체가 나타났다. 하지만 바다 밑바닥 대부분에서는 누비 베개 같은 이상한 생명체가 뿌리를 내리고 살아갔다. 아마 영양소와 유기물이 풍부한 곤죽 같은 환경, 솟아오른 이탄 늪을 제외하면 현대의 그 어떤 곳과도 비교할 수 없는 환경을 누렸을 것이다. 이들은 해류나 폭풍이 다가올 때가 아니면 아발로니아 대륙의 해저에서 거의 움직이지 않았다. 다윈의 딜레마는 현대 동물문이 출현해서 딱딱한 껍데기를 만들거나 굴을 파는 일 같은 행동 특성을 보였다고 강조한다. 가장 초기 후생동물이 진화한 환경에서는 이런 생활상이 실현될 수 없었을 것이다. 그런데 상황이 바뀌었다. 끝내 캄브리아기 '생명 대폭발'로 이어질 변화에서 핵심은 산소였다.

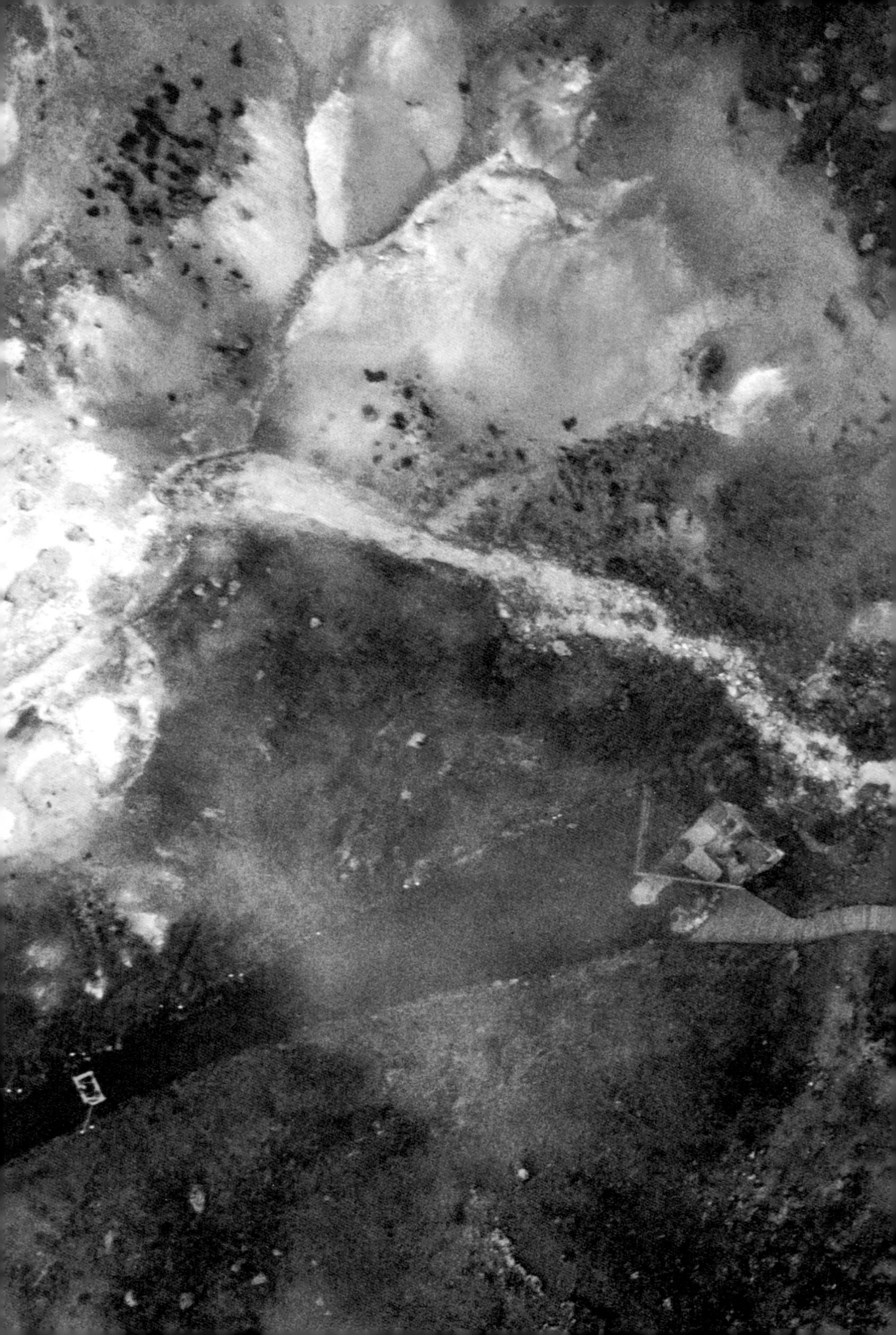

8.

산소 증가

동물이 없다면 유리 산소는 존재할 수 있는가

Oxygen Rise

모든 생명체에게

이상적인 산소 수준이란 없다.

우리 행성의 표면에는 날로 산소가 늘었다. 이 궤적이 거침없이 이어진 결과, 오늘날 대기와 해양은 유리 산소로 가득하다. 지구화학 연구는 어떻게, 그리고 언제 최초로 대기와 해양에 산소가 공급되었는지 알려준다. 대기에는 GOE를 통해 23억 년 전에 처음 산소가 공급되었고, 해양에는 5억 7000만 년 전 신원생대 산소 발생 사건Neoproterozoic Oxidation Event, NOE이 일어났다. 초기 동물이 지구 곳곳으로 퍼져나간 현상은 산소가 풍부한 환경이 늘어났을 뿐만 아니라 바다의 무산소 상태가 극심하게 변동한 덕분이기도 했다. 생명체는 산소 분포를 조절하는 데 중요한 역할을 맡는다. 하지만 생명체가 통제할 수 없는 거대한 지각 변동 역시 전 지구에서 산소량이 변화하는 데 영향을 미친다.

생명체가 탄생했을 때 지구에는 틀림없이 유리 산소가 전혀 없었을 것이다. 이처럼 흥미로운 주장은 1924년에 소련의 알렉산드르 오파린Alexander Oparin이 처음 제기했고, 뒤이어 1929년에 영국의 J. B. S. 홀데인J. B. S. Haldane이 이와 똑같은 주장을 펼쳤다. 두 사람 모두 산소처럼 다른 물질과 반응하는 성질이 큰 원소가 있는 환경에서는 생명체의 구성 요소가 자연 발생할 수 없었으리라고 보았다. 오파린과 홀데인은 다윈의 발자취를 그대로 따랐다. 다윈은 무기 분자가 "따뜻한 작은 연못warm little pond"에서 암모니아와 인산염, 열, 빛, 번개의 상호작용에 도움을 받아 생명체를 탄생시켰다고 가정했다. 1952년, 스탠리 밀러와 해럴드 유리는 고전의 반열에 올라선 실험에서 다윈이 말한 "원시 수프primordial soup"를 재현했다. 밀러와 유리는 전하를 이용해서 일종의 번개를 만들어 산소가 없는 상태에서 단순한 탄화수소를 합성했다. 그런데 UCL의 닉 레인Nick Lane 같은 과학자가 의문을 던지면서 따뜻한 작은 연못은 뜨거운 논쟁의 장으로 바뀌었다. 레인은 잘 뒤섞인 '연못'의 화학적 불균형이 과연 오늘날의 모든 살아 있는 세포에 에너지를 공급할 수 있었을지 의심했다. 요즘에는 알칼리성 유체가 상대적으로 더 산성을 띠는 바닷물과 만나는 해저 굴뚝인 백색 스모커white smoker(심해 해저의 열수분출공을 통해서 하얀 온수와 가스가 뿜어져 나오는 곳-옮긴이)가 생명의 기원에 더 적합한 곳으로 꼽힌다. 하지만 유리 산소가 전혀 없는 상태에서 생명체가 탄생했다는 개념은 여전히 의문의 여지가 없다. 그런데 복잡한 생물의 진화를 생각해 볼 때, 이 개념은 흥미롭고 의미심장하다.[1]

태초의 대기와 해양에는 원래 산소가 없었다. 그렇다면 산소가 우리 인간처럼 복잡하고 활동적인 생명체에게 에너지를 공급할 수 있는 수준으로 늘어난 시기가 분명히 있었을 것이다. 1959년, 존 너솔John Nursall은 《네이처Nature》에 기고한 논문에서 "캄브리아기에서 가장 오래된 화석인 삼엽충만 있을 뿐, 왜 캄브리아기보다 더 이른 시기의 화석 기록은 없을까?"라고 질문을 던지고 그 답변으로 앞의 사실을 언급했다. 고작 60년 전에 캄브리아기 생명 대폭발이라는 수수께끼가 꼬박 한 세기나 앞선 다윈의 딜레마와 정확히 똑같은 말로 표현된 것을 보면 흥미롭다. 혹시 당신이 기억할지 모르겠지만, 1959년은 잉글랜드에서 최초로 선캄브리아 시대 동물 화석이 보고된 이듬해였다. 하지만 캐나다의 동물학자인 너솔은 요크셔지질학회의 회보를 읽지 않았을 테니 이 사실을 모르는 것도 당연하다. 너솔은 캄브리아기 이전의 화석이 존재하지 않는다는 난제를 풀고자, 산소성 대사가 가능해진 수준까지 산소가 증가한 결과로 동물이 생겨났다고 주장했다. 이후로 질문을 구성하는 뼈대가 훨씬 더 미묘해지기는 했지만, 친산소 진영과 반산소 진영의 대립이 아직도 이어지고 있다.[2]

우리는 살아가는 데 필요한 것 가운데 산소를 가장 당연하게 여긴다. 손쉬운 일을 설명할 때면 숨쉬기처럼 쉽다고 말한다. 하지만 우리가 어떤 동물도 생겨나기 이전의 지구로 여행을 떠난다면 지금처럼 쉽게 호흡할 수 있을지 미심쩍다. 유리 산소는 캄브리아기보다 훨씬 앞선 거의 20억 년 전에 GOE가 발생하면서 처음으로 풍부해졌다. 그런데 에디아카라기 이전에도 여전히 산소 수준이 낮았다면, 이용할 수 있는 산소가 더 늘어난 현상은 6억 3500만 년 전에 눈덩이지구 시기가 끝나고 동물이 출현한 일을 정말로 설명할 수 있을 것이다. 실제로 산소가 동물 진화의 열쇠를 쥐고 있는지 알아보려면 무엇이 지구의 산소 수지를 통제하는지 이해해야 한다. 이산화탄소와 마찬가지로 산소 수준 역시 배출원과 흡수원 사이에서, 화학 용어로 말하자면 산화제(전자 수용체)와 환원제(전자 공여체)의 흐름에서 균형 작용이 이루어진 결과다. 산소의 반응성이 아주 높다는 사실을 고려할 때, 생명체가 없다면 우리 행성에 유리 산소가 존재할 수 있을지, 있다고 하더라도 많이 존재할 수 있을지 확신하기 어렵다. 실제로 생명체가 꾸준히 산소를 생산해야 이 생산량이 (산화) 풍화 작용이나 화산 활동 같은 자연적 과정에서 소비되는 양과 일치할 수 있다. 그러므로 우리가 들이마시는 산소는 광합성으로 생산한 결과물일 뿐만 아니라, 퇴적과 화산 활동, 변성 작용, 침식 같은 지질학 현상 사이에서 중요한 균형 작용이 일어난 결과물이기도 하다. 여러 간헐적 과정이 지구의 산소 수지에 미치는 영향, 잠재적 중요성과 규모를 파악하기 위해서는 야외 답사가 필요하다.

해마다 나는 학부생을 데리고 잉글랜드 남서부 시골 서머싯의 한적한 구석에 있는 테드베리캠프 채석장Tedbury Camp Quarry으로 당일치기 답사를 떠난다. 2주 연속으로 주말에 떠나는데, 첫 번째는 핼러윈 즈음이고 두 번째는 본 파이어 나이트 무렵이다. 본 파이어 나이트는 1605년에 가이 포크스가 의회 의사당을 폭파하려다가 발각된 사건을 기념하는 날이다. 운이 좋으면 고된 답사를 마치고 돌아오는 길에 스톤헨지에서 런던까지 어두운 11월 밤을 배경으로 피어오르는 불꽃놀이와 모닥불을 구경할 수 있다. 이 채석장은 런던 중심부에서 당일치기로 다녀올 수 있는 답사지 중에서 암석 순환을 가장 잘 보여준다. 철기 시대 언덕 요새였던 테드베리캠프의 채석장 바닥은 기울어진 회색 석회암층으로 된 아래와 수평으로 쌓인 노란색 석회암층으로 된 위로 구분된다. 두 암석층에는 연대가 엄청나게 차이 나는 화석이 풍부하게 들어 있다. 아래층에는 손가락 산호finger coral가 많고, 석탄기 열대 암초에 서식했던 희귀한 바다나리crinoid와 완족류 껍데기도 있다. 반대로 위층에는 1억

7000만 년이 더 흐른 후인 쥐라기Jurassic Period에 살았다고 알려진 굴 껍데기가 있다. 두 층을 분리하는 평평한 채석장 바닥은 원래 쉴 새 없이 닥쳐와 두들겨대는 파도에 오랫동안 시달려서 평평해진 파식 대지였다. 테드베리캠프는 어떤 장소에서든 눈에 보이는 '암석 기록'에 엄청나게 긴 시간이 누락되어 있다고 알려줄 뿐만 아니라, 이처럼 불완전한 퍼즐 조각으로 지구 역사를 재구성하는 일이 만만치 않다고도 일깨워 준다.

이 같은 '경사 부정합(먼저 쌓인 지층과 나중에 쌓인 지층이 평행이 아닌 부정합-옮긴이)'이 커다란 시간 간격이나 공백을 나타낸다는 사실을 처음 알아챈 사람은 제임스 허턴이었다(그림 16). 사실, 그는 스코틀랜드의 유명한 시카포인트Siccar Point에서 처음 경사 부정합을 발견하기도 전에 그 존재를 확신했다. 허턴을 열렬하게 지지했던 존 플레이페어John Playfair는 경사 부정합의 중요성을 재빨리 알아차리고 "시간의 심연을 너무 깊이 들여다보면 정신이 아찔해진다"라고 말했다. 아무래도 허턴이 친구에게 경사 부정합이 만들어지려면 상상할 수 없을 만큼 오랜 시간이 걸린다는 사실을 확실하게 이야기한 듯하다. 우선, 부드러운 퇴적물이 새로운 퇴적물 아래에 깊이 파묻혀야 한다. 그래야 암석으로 변할 뿐만 아니라 땅 아래의 막대한 압력을 받아서 모양이 바뀔 수 있다. 압력 때문에 휘어진 암석은 이제 똑같이 맹렬한 힘을 받아 산맥으로 융기해야 한다. 그런 후 천천히 침식되어서 해수면 높이까지 내려오면, 마침내 난폭한 썰물과 파도에 깎여나간다. 그러므로 경사 부정합은 거대한 암석 순환이 끝났다는 사실을 나타낸다. 하지만 암석이 다시 침강되면 새로운 퇴적 순환이 이어질 수 있다. 테드베리캠프의 쥐라기 퇴적물도 같은 과정을 거쳐서 암석으로 변했다. 이 사실은 아래층에서 암석 순환

그림 16. 서머싯의 밸리스베일에 있는 유명한 경사 부정합. 빅토리아 시대 과학자들이 지구 암석 순환의 막대한 규모를 밝히는 데 도움을 주었다. 아래층의 암석은 석탄기에 만들어진 회색 산호질 석회암이다. 이 석회암은 깊이 파묻힌 후, 바리스칸 조산 운동이 일어나서 라익 대양Rheic Ocean이 폐쇄되었을 때 엄청난 수평 압력을 받아 습곡 작용을 겪었다. 습곡 작용으로 기울어진 암석층은 히말라야산맥만큼 거대한 산맥으로 융기해서 당시 서유럽 땅을 내려다보았다. 산맥은 1억 7000만 년 동안 침식되어서 해수면 높이로 낮아졌고, 쥐라기에는 다시 바다에 잠긴 데다 땅이 침강했다. 결국 그 위로 노란색 석회암층이 수평으로 쌓였다. (사진: 필립 비숍Philip Bishop / 알라미 스톡 포토Alamy Stock Photo)

이 발생하고 나서 매장과 융기, 침식이라는 순환이 적어도 한 번 더 일어났다고 말해준다. 아마 알프스산맥을 형성한 대륙판 충돌과 관련 있을 것이다. 허턴은 이 같은 경사 부정합을 관찰하고 무한해 보이는 지구 역사에서 순환이 쉼 없이 이어졌다는 사실을 인식했다.[3]

테드베리의 경사 부정합은 헤르시니아 조산 운동Hercynian orogeny(또는 바리스칸 조산 운동Variscan orogency)이라는 남쪽의 어마어마한 지각 변동 때문에 생겨났다. 유라메리카Euramerica 대륙이 곤드와나 대륙과 충돌해 초대륙 판게아를 형성한 후 히말라야산맥만큼 거대한 산맥이 솟아서 유럽 서부를 가로지른 시기가 바로 이 무렵이다. 시생누대 이래로 작은 땅 조각의 잇따른 충돌을 통해 대륙 지각 대다수가 하나의 커다란 블록, 즉 강괴로 합쳐질 때마다 초대륙이 간헐적으로 형성되었다. 물론, 현재 잉글랜드 서부에는 산이 없다. 그렇다고 해서 먼 옛날의 지각 변동이 오늘날에 아무런 영향을 미치지 않는다는 뜻은 아니다. 부정합은 나이와 종류가 매우 다른 암석 두 가지가 나란히 놓인 현상이다. 지금 우리가 살펴보는 병치는 서유럽 다른 지역에서와 마찬가지로 산업혁명에 막대한 영향을 끼쳤다.

경사 부정합을 이해하는 일은 지질학 공부를 시작한 초보 학생에게 여전히 커다란 도전 과제다. 나도 왕립 광산학교의 학부생이었을 때 마찬가지였다. 학생 대다수는 부정합을 공부하면서 시간과 공간이 더해진 4차원 속에서 우리 행성이 어떻게 변화하는지 처음으로 생각해 볼 것이다. 세월이 흐르며 진흙이 바위가 되고, 바위가 압력을 받아서 구부러지고, 산이 쉴 새 없이 갉아대는 비바람 때문에 점점 줄어들어서 없어진다는 것이 정말로 어떤 의미인지 이해해 보려는 첫 시도일지도 모른다. 하지만 내가 테드베리캠프에 도착해서 학생들에게 가장 먼저 던지는 질문은 그런 것과 아무 상관이 없다. 나는 우리를 태운 버스 기사가 때때로 힘겹게 지나가야 했던 좁은 시골길의 이름을 혹시라도 알아차렸는지 물어본다. 버스가 대로에서 꺾자마자 접어든 첫 번째 시골길의 이름은 아이언밀레인Iron Mill Lane, 즉 제철소 길이다. 어째서 좁다란 시골길이 이런 이름으로 불리는지 아무도 이유를 곧바로 떠올리지 못한다. 아이언밀레인은 콜애시레인Coal Ash Lane(석탄재 길)으로 이어진다. 이 길들을 지나고 나면 그레이트엘름스Great Elms(커다란 느릅나무)라는 아주 작은 마을이 나온다. 채석장으로 가는 길에 지나치는 건물의 이름만 봐도 아주 달랐던 과거의 모습이 그려진다. 스틸밀스코티지Steel Mills Cottage(제강소 오두막)는 목가적인 배경 속에서 부드럽게 졸졸 흐르는 시냇물 위의 돌다리 옆에 서 있다. 석탄을 때는 제철소의 요란한 굉음과 뭉게뭉게 피어오르는 그을음 연기는 온데간데없이 사라지고 없다. 하지만 분명히 말해두는데, 이 아름다운 곳은 한때 영국 산업혁명의 심장부였다. 전성기에 인근 멜스의 거대한 공업 단지에서만 농기계를 만드는 노동자를 250명 이상 고용했다. 그런데 왜 런던처럼 연결성이 훨씬 더 좋은 대도시가 아니라 여기에서 산업이 발달한 걸까? 암석의 나이가 단서를 알려준다.

국제 지질연대에서 석탄기라는 명칭은 유럽의 석탄 매장지가 바로 이 시기의 암석층에 자리 잡고 있기 때문에 지어졌다. 석탄기에 최초의 숲이 출현해 나뭇잎과 뿌리, 심지어 굵은 몸통까지 화석화한 유기물 잔해를 남겼다. 식물 화석은 너무나 풍부해서 채굴할 수 있는 두꺼운 층을 이루기도 한다. 서머싯의 석탄기 화석도 예외는 아니었다. 테드베리캠프의 가느다란 산호초 근처에 고인 연안 석호는 식물 잔해로 가득한 퇴적물이 쌓이기에 완벽한 환경이었다. 시간과 열, 압력의 조합은 이 퇴적물을 검은 금으로 바꿔놓았다. 예전에는 탄광 스무 곳이 이곳 서쪽에서 직접 운영되었다. 로마 시대에 시작한 더 광범위한 지역 산업의 유물이다. 석탄은 물론 산업혁명에 무척 중요한 자원이었다. 하지만 암석을 운송하는 데는 비용이 많이 들기 때문에 초기 단조 공장과 제철소는 근처에 흐르는 물과 석회가 있는 석탄 산지에 지어졌다. 철도망이 구축되기 전인 산업혁명 초기에는 모르타르와 회반죽, 콘크리트를 만드는 데 쓰이는 석회를 현지의 석회 가마에서 조달해야 했다. 섭씨 900도가 넘는 가마에서 석탄기의 석회암이 산화칼슘으로 분해되었다. 현지 철공소는 물론이고 글래스턴베리 대수도원과 웰즈 대성당 같은 웅장한 건물도 이 지역의 부정합을 기리는 기념물이다. 이런 건물은 쥐라기의 어란석으로 만든 벽돌을 석탄기의 석탄을 때는 가마에서 생산한 석회로 이어 붙여서 지었다.

쥐라기는 쥐라기 공원을 누볐던 거대한 '주민'으로도 유명하다. 근처 도싯주에 있는 이 시대의 암석에서 공룡 발자국이 발견되었으니, 이곳에서도 공룡이 어슬렁거렸을 것이다. 마침내 바다가 땅을 집어삼키자, 파도에 휩쓸린 해안의 잔해는 '구멍boring(돌을 먹는 벌레와 쌍각 조개가 오늘날처럼 과거에도 해변 바위를 파서 생긴 튜브 같은 구멍)'과 굴 껍데기, 이상하고 작은 공 모양의 방해석인 어란석 입자로 남았다. 요즘에는 바하마에 가면 어란석 입자를 찾아볼 수 있는데, 따뜻하지만 물결이 거센 바닷물에서 달걀처럼 생긴 모래 입자가 이리저리 굴러다닌다. 우리는 4장에서 이미 만나본 적 있다. 다들 기억하겠지만, 어란석 입자는 눈덩이지구 시기가 시작되기 직전에 스코틀랜드에서도 만들어졌다. 잉글랜드의 쥐라기 어란석은 런던의 세인트폴 대성당과 뉴욕의 UN 본부, 옥스퍼드대학교, 케임브리지대학교, 런던대학교 등 세계적으로 유명한 건물을 짓는 데 쓰였다. 쥐라기 해안의 달팽이와 굴, 암모나이트 화석은 이제 전 세계의 번쩍이는 벽과 바닥에서 만날 수 있다. 테드베리 캠프 채석장의 인부들은 아주 단단한 석탄기 석회암을 발파하기 전 준비 단계로 부드러운 어란석을 벗겨냈다. 그런데 경제적 이유로 계획이 버려졌고, 인부들은 두 석회암 사이의 수평 경계면을 그대로 방치했다. 이제는 누구든지 과거에 해안 대지였던 이곳을 걸어 다니면서 잉글랜드에서 가장 큰 것으로 알려진 용각류 공룡 케티오사우루스의 발자국을 마음의 눈으로 더듬을 수 있다. 공룡과 우리의 발자국 사이에는 무려 1억 7000만 년이라는 장대한 시간이 흘렀다. 흥미롭게도, 공룡이 밟았던 암석화한 산호초와 공룡의 발자국 사이에도 똑같이 1억 7000만 년이 흘렀다. 실제로 암석 순환에는 평균적으로 대략 1억 7000만 년이 걸린다는 사실이 밝혀졌다.

나와 학생들이 허턴과 플레이페어처럼 유레카를 외쳤다고는 할 수 없다. 아직도 내가 학부생일 때 떠났던 현장 조사가 생생하다. 춥고 축축하고 햇빛의 온기를 느낄 수도 없는 겨울날, 시시해 보이는 것에서 감동적일 만큼 심오한 깨달음을 끌어내려면 상상력을 많이 발휘해야 한다. 직접 경험해 봐서 안다. 하지만 나는 이런 답사가 눈에 보이는 것 너머에도 시야가 미칠 수 있도록 생각의 폭을 넓혀주기를 바란다. 다행히도 현장 조사는 대개 지질학을 공부하는 과정에서 가장 기분 좋은 추억이다. 경사 부정합은 풍화와 퇴적이 거대한 지각 변동 순환의 양쪽 끝에 있다고 알려준다. 테드베리캠프 같은 곳에서는 양 끝 사이에 적어도 1억 7000만 년이 흘렀다. 이 책의 뒷부분에서 공통으로 다룰 주제인데, 원소의 저장과 배출 사이에 커다란 시간 단절이 생기면 해양과 대기의 원소 수지에 어마어마한 불균형이 초래될 수 있다. 무엇보다도 여기에는 산소 수지도 포함된다. 퇴적과 풍화는 지질학적 시간 규모에서 각각 산소의 주요 배출원과 흡수원이기 때문이다. 산소는 유기물이 석탄과 같이 암석 기록의 일부가 되어서 일반적인 산화와 부패 과정을 피할 때 배출된다. 반대로, 화석이 비로소 암석이라는 무덤에서 벗어나 대기에 노출되어 풍화되면 산소가 소비된다. 허턴이 밝힌 암석 순환은 규모가 막대해서 지구의 조성을 변화시킬 수 있고, 더 나아가 조건에 맞는 생명체가 기회를 잡을 환경을 만들어낼 수도 있다. 산소가 과다하게 공급된 크라이요코나이트 구멍에서 새롭게 생겨났을 산소성 대사 생명체가 번성했던 것도 지구의 산소 수지가 증가한 덕분 아닐까?

지각이 융기해서 엄청난 양의 퇴적물이 표면으로 되돌아와 다시 비바람에 노출되는 데에는 상상할 수 없을 만큼 오랜 시간이 걸린다. 바다의 퇴적물도 대양 분지 한가운데에서 가장자리까지 가는 데 비슷하게 기나긴 여정을 거친다. 섭입이 발생한 후, 분지 가장자리의 퇴적물 일부가 화산호의 융기와 침식으로 다시 표면에 드러날 수 있다. 그러면 새로운 암석 순환도 끝을 맺는다. 퇴적과 풍화라는 이 거대한 순환은 인처럼 귀중한 영양분이 아주 오랜 세월 동안 화학적으로 반응하지 않은 채 남아 있다가 활발한 생물지구화학적 순환biogeochemical cycle(지각과 대기, 해양 등 지구 시스템 내 물질 순환-옮긴이)에 잠깐 재진입한다고 암시한다. 또 다른 예로 탄소를 살펴보자. 석탄의 탄소 함량은 90퍼센트 이상일 수 있다. 그런데 서머싯의 소규모 광산도 전성기에는 석탄을 매년 100만 톤 이상 생산했다. 이 숫자에 세상의 모든 유기물 화석을 곱해보라. 탄소가 암석에 그야말로 어마어마하게 저장되어 있다는 사실이 분명해진다. 석탄을 태우면 자기 무게의 네 배에 달하는 이산화탄소가 배출된다. 그리고 이 과정에서 광합성으로 배출되었던 것과 똑같은 수의 산소 분자가 소비된다. 단단한 고체 안에 갇힌 화석 탄소가 이산화탄소로 돌아갈 방법은 오직 산화 작용뿐이다. 산화 풍화를 통해 느리게 이산화탄소가 될 수도 있고, 아니면 인류가 산업혁명 이래 대대적으로 박차를 가한 연소를 통해 빠르게 이산화탄소가 될 수도 있다.

이 장기적 유기 탄소 순환은 우리가 앞서 살펴본 무기 탄소 순환을 보완한다. 다만 우리는 이 탄소 순환이 우리가 들이마시는 산소에 미치는 영향을 자세하게 다루지 않았다. 탄소가 암석에 갇혀 있는 한, 광합성 중에 배출된 산소는 그냥 대기 중에 머무른다. 해마다 일어나는 광합성과 유기물 부패의 양은 거의 비슷하다. 하지만 일부 식물성 물질이 부패하지 않으면, 산소는 표면 환경에 그대로 남게 된다. 서머싯의 석탄기 석탄 매장지가 형성될 때 배출된 산소는 3억 4000만 년이 지난 지금에야 자연의 풍화 작용과 석탄 연소를 통해 다시 소비되고 있다. 이처럼 '단기적 탄소 순환'에서 장기적 탄소 순환으로 탄소가 수백만 년 동안 누출된 현상은 대기가 어떻게 최초로 호흡하는 생물부터 오늘날 우리에 이르기까지 생명체가 살 수 있는 상태를 꾸준히 유지했는지 설명한다.

유기물 매장으로 배출된 산소는 결국 대부분 산화 풍화 작용으로 소비되어서 장기적 유기 탄소 순환을 마무리 짓는다. 하지만 이것이 지구의 산소를 둘러싼 이야기의 전부일 수는 없다. 모두 언제나 완벽한 균형을 이룬다면, 지질학적 시간 규모에서 어떤 변화도 일어나지 않을 것이다. 게다가 지구의 전체 산소는 과잉 생산되어야 한다. 오래된 풍경이 녹슨 철 때문에 붉게 변할 때나 황화수소처럼 화산에서 끊임없이 분출되는 가스가 산화할 때 산소가 조금 소비되기 때문이다.

황 순환은 산소 조절에서 공동 주연을 맡은 것으로 드러났다. 황은 탄소와 마찬가지로 환원된 형태와 산화된 형태가 있어서 매장되거나 풍화될 수 있다. 더욱이 환원된 형태의 황은 유기 탄소보다 풍화 작용 중에 더 쉽게 산화한다. 유기물이 풍부한 퇴적암, 특히 해양 퇴적암에는 유기 결합 황이나 황화 광물 형태로 환원된 황이 풍부하다. 황화 광물은 일반적으로 황금색 정육면체나 더 작은 산딸기 모양framboid 황철석(황화철)으로 구성된다. 보통 황철석은 산소가 없는 환경에서 황산염 환원 세균이 유기물 부패를 촉매할 때 형성된다. 세균이 부패를 촉매할 때 배출되는 황화수소는 환원된 철, 즉 철(II)과 반응해서 황철석(FeS_2)을 만들 수 있다. 매장된 황철석 결정은 다시 산화를 겪지 않겠지만, 지각 융기와 침식 때문에 또 풍화 작용에 노출될 수 있다. 오늘날 대기는 산소가 충분하므로 황철석이 빠르고 쉽게 산화한다. 실제로, 우연히라도 콘크리트 속에 황화 광물이 존재했다가는 건물이 복구될 수 없을 정도로 약해질 수 있다. 구조 공학자라면 잘 알 것이다. 유기물 매장의 최종 결과가 산소 '배출'이듯이, 황철석이 매장되어도 암석 순환이 한 번 이루어지는 동안 유리 산소가 표면 환경에 그대로 머무를 수 있다. 황산염 분자가 하나 환원될 때마다 산소 분자 거의 두 개가 유리된다. 황철석이 산화 풍화 작용을 겪을 때는 그 반대가 일어난다. 원자 대 원자로 따져보면, 황 순환은 산소 수지의 균형을 맞추는 데 탄소 순환보다 거의 두 배나 중요하다(그림 17).[4]

일반적으로 한 원소의 산소 균형(매장 대 풍화)에서 잉여가 발생하면 다른 원소의 균형에서 부족이 발생해야 한다. 예를 들어, 유기 탄소가 풍화되는 양보다 매장되는 양이 더 많아서 산소량이 순 증가한다면 황철석 매장이 감소해서 지구의 산소 수지가 다시 균형을 이룰 수 있다.

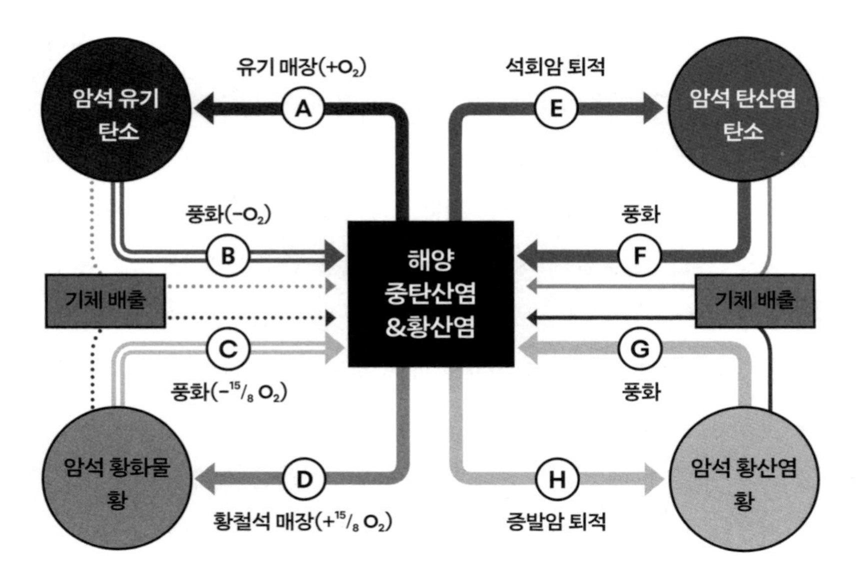

그림 17. 지구 표면의 산소 수지를 보여주는 상자 모형. 외인성 (표면) 지구 시스템에서 탄소와 황의 흐름(A~H)을 나타낸다. 장기적으로는 E와 F가 같다. 하지만 G의 흐름이 D로 이어질 수 있기 때문에 황 순환에 불균형이 생겨서 G와 H가 달라질 수 있다. G가 D로 이어질 때 B의 흐름을 늘리는 데 사용될 수 있는 산소가 배출되고, 따라서 음의 탄소 동위원소 이상을 유발할 수 있다(이 내용은 10장에서 설명하겠다). 표면 환경에서 산소의 순 증가량은 $(A+{}^{15}/_{8}D) - (B+{}^{15}/_{8}C)$이다.

이 균형 작용이 가장 잘 이루어지던 시기는 최초의 숲이 출현한 데본기Devonian Period부터 페름기까지였을 것이다. 석탄 매장지가 형성되는 육상 환경은 대체로 탄소가 풍부하지만, 황이 부족하다. 그래서 많은 (육상) 유기물 매장이 적은 (해양) 황철석 매장으로 보완되는 완벽한 메커니즘이 작용한다. 이 결합은 해수 황산염 농도로 입증되었다. 데본기부터 페름기까지 바닷물의 황산염 농도가 눈에 띄게 증가했고, 결국 페름기 유럽 북부의 체히슈타인해Zechstein Sea 전체에서 석고(황산칼슘) 침전이 발생했다. 산화 환원 반응이라는 측면에서 과다한 탄소 환원은 대체로 과다한 황 산화로 상쇄되고, 지구의 산소 수지는 안정적으로 (그리고 복잡한 생명체가 살 수 있는 수준으로) 유지된다. 해수의 탄소 동위원소 비율($^{13}C/^{12}C$)과 황 동위원소 비율($^{34}S/^{32}S$) 사이 장기적 음의 관계는 이 섬세한 균형 작용 덕분이다. 지구화학자들은 이 음의 피드백이 아주 짧은 시간 단위에서 작동한다고 생각하지 않는다. 그런데 음의 피드백이 더 긴 시간 단위에서도 언제나 작동하는 것은 아닐 수 있다. 앞에서 살펴보았듯이, 눈덩이지구 사건이 끝나고 화학적 풍화 작용에 이례적인 변화가 뒤따랐다. 급증한 화학적 풍화는 전 세계 바다에 영양분을 쏟아부어서 유기물 생산을 촉진하고 산소를 배출했다. 이 시기에는 지각 융기와 침식이 아니라 높은 기온과 이산화탄소 수준이 크게 영향을 미쳤기 때문에 유기 탄소나 황철석 매장이 증가했더라도 산화 풍화 흡수원의 증가로 상쇄되지 않았을 것이다. 재앙이나 다름없는 풍화 작용이 산소에 큰 영향을 미치지 않았다니 정말로 놀랍다. 하지만 이 사실을 어떻게 증명할 수 있을까?

몽골 서부의 고비사막과 알타이산맥을 처음 방문하고 3년 후, 나는 더 많이 배우고자 몽골을 한 번 더 방문했다. 이번에는 혼자서였다. 취리히에서 박사 학위 논문을 제출하고(스위스에서는 논문 발표를 대중에게 공개하는데, 꼭 벌을 받는 기분이었다) 국제지질과학총회가 열리는 베이징으로 곧장 날아갔다. 총회에서 〈선캄브리아 시대 말 빙하기 이후 지구 환경 변화: 희토류 원소를 통한 접근Global Environmental Change Following the Late Precambrian Ice Ages: A Rare Earth lement Approach〉이라는 거창한 제목의 논문을 발표할 예정이었다. 총회가 끝난 후, 나는 시베리아 횡단 열차표를 샀다. 비자는 도착하고 나서 받을 수 있다고 생각했다. 몽골 서부는 페스트와 콜레라가 고약하게 날뛰는 바람에 봉쇄된 상태였다. 요즘에는 다들 봉쇄라는 단어가 아주 친숙할 것이다. 페스트는 중앙아시아에 만연한 풍토병이다. 안타깝게도 유목민 사냥꾼이 갓 잡은 마멋을 가족 유르트(몽골어로 게르)로 가져와서 가죽을 벗기는 관습 때문이다. 사냥꾼들이 집에 도착할 때쯤이면 마멋에 있던 벼룩이 싸늘하게 식은 숙주에서 벗어나려고 필사적으로 움직이다가 인간에게 질병을 퍼뜨린다. 울란바토르 관공서에서 줄 서서 기다리고 있다가 공무원에게 비자를 거듭 연장해 달라고 꼬드기던 일이 기억난다. 나는 수도 바깥으로 여행하는 일이 금지되었지만, 기한이 만료된 학생증을 어찌어찌 쓸 수 있었다. 가끔 학생증이 먹히지 않을 때는 보드카 한 병을 찔러주고 자유 통행권을 얻었다.

베이징 총회에서 나는 스터트 빙하기 이후에 몽골에서 탄소와 스트론튬의 더 무거운 동위원소(^{13}C과 ^{87}Sr)가 점점 농축되었다고 발표했다. 총회 몇 년 전에는 앨런 제이 코프먼Alan Jay Kaufman이 나미비아에서 마리노 빙하기 이후에 유사한 경향이 뒤따랐다는 사실을 발견했다. 유명한 하버드대학교 동위원소 연구소의 핵심 구성원이자 앤디 놀의 주요 동료인 제이는 고전의 반열에 오른 폴 호프먼의 논문이 나오고 고작 2년 후에 눈덩이지구 가설을 입증하는 지구화학 증거를 발표했다. 5장에서 왜 해수의 $^{87}Sr/^{86}Sr$ 비율 상승이 빙하 후퇴 이후 온실 상태에서 화학적 풍화의 증가를 의미하는지 알아보았다. $^{13}C/^{12}C$ 비율($\delta^{13}C$) 증가는 대체로 탄소 매장 증가 때문이다. 하지만 제이는 지구 시스템을 통과하는 탄소의 양을 모른다면 유기물 매장으로 배출된 산소의 양을 계산할 수 없다고 지적했다. 그는 이 두 시스템을 독창적으로 결합해서 탄소 매장량의 (아울러 그에 따른 산소 배출량의) 상대적 변화를 추산할 뿐만 아니라, 침식 속도를 제한해서 탄소 매장량의 절대적 변화까지 계산할 수 있었다. 제이의 연구 결과를 그대로 받아들이면, 두 결괏값은 크리오스진기의 빙하기가 끝날 때마다 표면 환경에 산소가 더 늘어났다는 견해와 일치했다. 과거의 산소 수준을 직접 측정할 수 없는 데다 산소가 생명체에 어떤 영향을 미쳤는지, 또는 반대로 생명체가 산소에 어떤 영향을 미쳤는지 판독하려는 시도는 몹시 어려웠으므로 이런 발견은 중요했다. 하지만 여전히 동위원소 증거는 산소 발생 사건을 결정적으로 입증하지 못하고 암시할 뿐이었다. 우리는 빙하 후퇴 이후의 환경에 산소가 존재했다는 사실을 입증하고 그 양이 얼마였는지 계산할 독립적 수단을 찾아야 했다. 나는 희토류 원소rare earth elements, REE에 관심을 보였다.[5]

REE는 자연적으로 발생하는 중전이금속heavy transition metal 열네 개를 총칭하는 말로, 이 화학 형제들은 사실상 서로 분리할 수 없을 정도로 긴밀하게 연결되어 있다(그림 18). 누구나 다 알 만큼 유명한 원소는 아니지만, 첨단 기술 산업에서 중요한 덕분에 최근 뉴스에 자주 등장한다. 사실 정말로 드물지는 않고 지각에 꽤 흔하지만, 본격적으로 채굴할 만큼 풍부하게 매장된 곳은 거의 없다. 그래서 REE는 지정학적 논란거리가 되었고, 중국이 더 희소하고 가치 있는 무거운 REE 시장을 거의 독점하고 있다. 일반적으로 REE는 자연에서 커다란 3+ 이온으로 존재하므로 모든 REE가 예측할 수 있는 똑같은 방식으로 반응한다. 적어도 GOE가 발생할 때까지는 그랬다. GOE가 발생하면서 가장 풍부한 REE인 세륨은 훨씬 더 작은 4+ 이온으로 산화되어서 용액 밖으로 빠

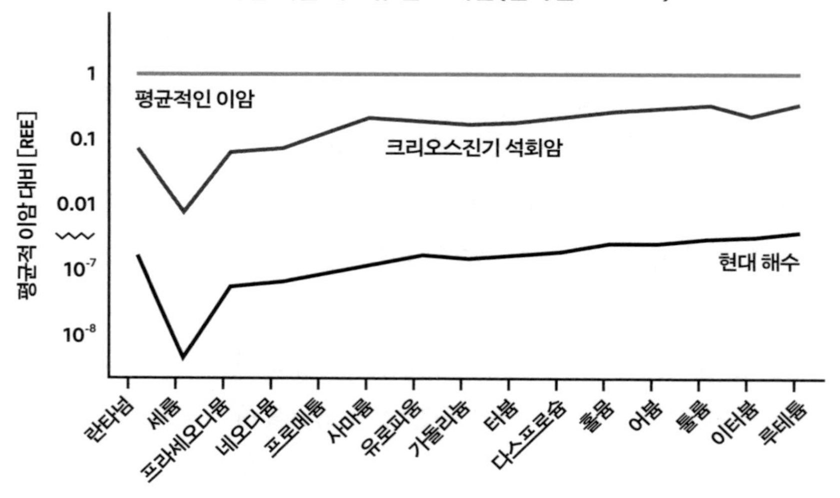

그림 18. 최대 6억 6000만 년 된 크리오스진기 빙하 후퇴 이후의 몽골 서부 석회암과 현대 해수의 대표적인 REE 농도를 비교했다. 세륨은 불용성 상태로 산화하는 유일한 REE라서 대기와 바다에 산소가 공급된 환경에서 다른 REE에 비해 고갈될 수 있다. 지구화학 연구는 이런 '음의 세륨 이상' 변화를 이용해 시간에 따른 산소 수준을 추적한다.

져나올 수 있었다. 이 과정은 철이 녹스는 것, 즉 철이 불용성 Fe^{3+} 이온으로 산화하는 것과 비슷하다. 다만 세륨 산화는 더 높은 산화 상태에서 일어난다. 현대 해양에서는 세륨 산화가 '음의 세륨 이상'으로 나타난다. 세륨이 다른 REE 형제에 비해 비정상적으로 부족하다는 뜻이다. 정확히 언제 바다가 오늘날 수준의 세륨 이상이 나타날 만큼 산화했는지는 논쟁거리다. 1990년대 중반까지는 선캄브리아 시대 퇴적암 어디에서도 주요 이상 현상을 발견하지 못했다. 나의 연구는 스터트 빙하기 이후에 세륨이 실질적으로 고갈되는 추세가 분명해졌다는 사실을 밝혔다. 아울러 당시의 스트론튬 동위원솟값은 화학적 풍화 작용 속도가 더 빨라졌다고 암시하며, 탄소 동위원솟값은 유기물 매장이 늘어났다고 암시한다. 나는 베이징 총회 논문 발표에서 이 공변covariation이 해빙 이후 전 지구에서 대기 중 산소가 대거 증가했다는 사실을 의미한다고 제안했다. 몽골의 표본은 데본기보다 더 오래된 암석 가운데 세륨이 가장 많이 고갈된 암석으로 꼽힌다.[6]

울란바토르에 도착해 시베리아 횡단 열차에서 내린 나에게는 알타이로 가서 이 연구 결과를 확인하는 일이 유일한 계획이었다. 나는 기회가 생기자마자 왕복 여정을 위한 미니버스와 운전기사, 통역사를 고용했다. 첫 번째 여행에서 우리는 기적처럼 독일에서 온 학생 두 명과 말을 타고 대초원을 여행하던 이스라엘 사람 한 명, 옥신각신하는 리히텐슈타인 출신 부부, 수도에서 학교를 다니는 어린 유목 소년 한 명을 만났다. 두 번째 여행에서는 고비사막의 황금 절벽을 들렀다. 모래 폭풍에 갈려서 새하얗게 변한 프로토케라톱스의 두개골이 사구 아래에서 우리를 으스스하게 올려다보고 있었다. 물자 문제와 봉쇄 때문에 세 번째 여행에서야 비로소 이전 표본을 보완할 새로운 표본을 손에 넣었다. 몇 달 뒤, 실험실에 돌아온 나는 3년 전의 연구 결과를 그대로 재현할 수 있었다. 하지만 이런 산소 발생 사건이 국지적 현상인지 아니면 지구적 현상인지 의문이 해결되지 않았다. 스트론튬 동위원소처럼 전 지구적 변화를 추적할 수 있는 요소는 세륨 고갈 같은 국지적 현상과 상관관계를 맺고 있으므로 모든 현상의 원인이 공통된다고 추측할 수 있었지만, NOE 가설을 뒷받침할 증거가 더 필요했다. 결국, 다른 산화 전위oxidation potential에 민감하게 반응할 새로운 산화 환원 반응성 금속, 또는

다원자가multivalent 금속을 찾으려는 조사가 시작되었다.[7]

많은 원소가 여러 가지 서로 다른 산화 상태, 또는 원자가valence 상태로 존재할 수 있다. 이후 몇 년 동안 NOE를 입증하려는 결정적인 지구화학 증거를 찾으려고 무수히 시도했다. 변화를 추적하기에 가장 좋은 원소로는 크로뮴과 바나듐, 우라늄, 몰리브데넘처럼 두 가지 이상의 산화 상태로 존재할 수 있는 전이 금속transition metal인 듯하다. 이 원소 네 가지는 산소가 풍부한 오늘날 바다에 많다. 완전히 산화하면 용해성이 높은 산소 음이온 복합체 형태로 산소와 강력하게 결합하기 때문이다. 그런데 환원된 형태로는 덜 용해되는 경향이 있어서 산소가 없는 환경에서는 퇴적물에 갇히고 만다. 마리노 빙하기 이후 중국의 환경을 파헤친 연구는 이런 전이 금속의 농도가 극도로 높았다는 사실을 확인했고, 더불어 국지적으로 산소가 없는 환경도 있었다고 암시했다. 이처럼 높은 농도는 전 세계 바다에 산소가 많이 공급되었다는 사실을 알려준다. 더 오래된 암석에서는 이렇게 높은 농도를 찾아볼 수 없었다. 아마 에디아카라기 이전에는 해저 대부분이 무산소 상태였을 것이다. 몰리브데넘 같은 원소는 수성 황화물의 존재에 유달리 민감하다. 따라서 이런 원소가 풍부하다는 사실은 해당 지역의 바닷물이 산소가 없을 뿐만 아니라 황화물도 함유했다고 구체적으로 보여준다. 또한, 전 세계 바다에는 산소가 널리 공급되어 있었고, 황산염 같은 산소 음이온이 이례적으로 풍부했다는 것도 말해준다.

여러 후속 연구가 에디아카라기 내내 산소 발생 사건이 간헐적이지만 꾸준하게 발생했다는 증거를 내놓았다. 캄브리아기에는 오늘날과 거의 유사한 상태가 되었을 것이다.[8] 환경의 '산화 환원 조건'이라는 면에서 지구화학 데이터를 해석할 때는 우리가 추적에 이용하는 각 원소 또는 동위원소가 서로 다르다는 사실을 기억해야 한다. 우선, 각 원소가 민감하게 반응하는 조건이 다양하다. 일부 원소나 동위원소가 변화에 반응하지 않는데 다른 원소나 동위원소는 반응할 수도 있다. 더욱이 원소마다 바다에 머무른 시간이 다르므로 어떤 원소는 전 지구의 조건을 반영하지만, 다른 것은 특정 지역의 조건만 반영한다. 어떤 원소는 산소를 직접 따라다니지만, 다른 원소는 황산염이나 몰리브덴산염 같은 산소 음이온을 통해 간접적으로 움직인다. 일부는 대기 중 산소에 반응하지만, 일부는 해양이나 해저의 무산소 정도를 추적한다. 그러므로 원소끼리 서로 완전히 모순된다고 판단하거나 예측할 수 있다. 이 탓에 연구자마다 관점에 따라서 상당한 혼란을 겪거나, 그저 미묘한 차이가 있다고 여긴다. 예를 들어, 대기 중 산소의 변화는 해양 산소와 완전히 반대되는 궤적을 그릴 수도 있다. 산소 배출원이 흡수원을 압도할 때만 유리 산소가 축적될 수 있는데, 이런 상황은 육지와 바다에서 서로 다를 수 있기 때문이다. 지구의 산소 대부분을 공급하는 궁극적인 배출원은 광합성이다. 유기 탄소 원자가 하나 매장될 때마다 광합성의 폐기물인 산소 분자 하나가 남는다. 배출된 산소는 환경에 축적될 수도 있고, 산소 흡수원과 반응할 수도 있다(이럴 가능성이 더 크다). 산소는 반응성이 매우 크므로 이처럼 산소를 없애는 요소는 아주 많다. 유리 산소는 날마다 화산 가스와 메탄, 암모니아, 황철석, 부패하는 유기물은 물론이고 철과 망간, 세륨처럼 '녹슬어서' 더 높은 산화 상태로 변할 수 있는 각종 전이 금속과도 반응한다.

오늘날에는 산소 생산량이 육상의 산소 흡수원을 쉽게 압도해서 대기와 해양은 산소가 풍부한 상태로 유지될 수 있다. 하지만 대기의 산소 수준이 높더라도 바다 일부가, 특히 영양분이 풍부한 곳이 무산소 상태로 변할 수 있다. 철(II)과 황화물, 유기물 같은 산소 흡수원이 바다에 축적되면 유기물 생산이 활발한 곳에서 산소를 흡수할 수 있기 때문이다. 유리 황화물을 함유한 해역은 흑해의 라틴어 이름 폰투스 에욱시너스Pontus Euxinus에서 딴 'euxinic', 즉 폐쇄해성 바다(해수가 정체되어서 용존산소가 고갈된 혐기성 해수. 폐쇄해성 현상은 흑해 현상으로도 불린다-옮긴이)라고 불린다. 반대로 환원된 철분이 풍부한 바다는 함철ferruginous 바다라고 한다. 부패하는 유기 탄소가 많이 함유된 수역을 가리키는 단어는 없지만, 정말로 필요한 것 같다. 6장에서 보았듯이 선캄브리아 시대 바다에는 이 산소 흡수원 세 가지 모두, 다시 말해 철(II), 황화물, 유기 탄소 모두 풍부했을 수 있다. 물론 시간과 공간에 따라 상당한 변화가 있기는 했을 것이다. 이런 차이를 알아보려면, 앞서 말한 원소와 동위원소뿐만 아니라 변화를 추적하는 데 가장 유용한 원소인 철도 살펴보아야 한다. 철은 산소와 황화물이 있는 상태일 때 해양에 체류하는 시간이 매우 짧으므로, 체류하는 지역 해저의 산화 환원 조건에 극도로 민감하게 반응한다.

6장에서 소개한 GOE는 대기에 산소가 처음으로 생겨난 사건이다. GOE 이후의 어떤 퇴적물에도 쇄설 황철석이 없다는 사실로 미루어보건대, 대략 24억 년 전에 대기 중 산소 수준이 현재의 약 0.1퍼센트라는 변화의 문턱을 넘어섰고 그 이후로도 늘 이 수치를 초과했다고 확신한다. 달리 말하면, GOE 이래로 풍화 작용을 겪은 황철석은 모두 철(III)과 황산염 이온으로 녹슬어서 강물에 실려 바다로 흘러들었다. 하지만 이로써 철의 해양 순환이 끝나지는 않는다. 불용성인 철(III)은 입자 상태로 바닷물에 유입된 후에도 용해성이 더 높은 철(II)로 다시 환원될 수 있다. 요즘에는 이런 현상이 오직 퇴적물 내부에서만 발생해서 해저에 산소가 풍부하게 공급된다. 하지만 산소가 없는 바다는 용해된 철분이 축적되어서 '함철' 바다로 바뀔 수 있다. 세계의 철광석은 대부분 약 30억 년 전에서 20억 년 전 사이에 철분이 풍부한 바다에 침전된 거대한 '호상철광층'에서 나온다.

따라서 철(II)은 주변의 산화 환원 조건에 극도로 민감하다. 유리 산소가 미량만 존재해도 추가 전자를 잃고 철(III)이 되어 용액에서 빠져나오기 쉽다. 이런 현상이 대규모로 벌어진다면 오늘날 바다처럼 철 농도가 대단히 낮아질 것이다. 황화물이 존재하는 경우에도 철(II)은 용액에서 빠져나와 황철석 같은 여러 황화 광물로 침전되기 쉽다. 황산염과 반응성 유기물을 자유롭게 이용할 수 있는 환경이라면, 단순히 철의 이용 가능 여부에 따라 황철석 침전이 좌우될 것이다. 따라서 폐쇄해성 조건에서는 황철석이 퇴적물 내부에 쌓인 반응성 철을 지배할 것이다. 산소도 없고 황화물도 없는 조건이라면 철은 자유롭게 축적되고, 산화물이나 탄산염 같은 다른 광물이 퇴적물에 쌓인 철을 좌우할 것이다. 이것이 흔히 '철 분화iron speciation'로 알려진 현상의 기본 원리다. 더 정확하게는 철상 분할iron phase partitioning이라고 해야 하는데, 밥 버너Bob Berner부터 로버트 레이스웰Robert Raiswell, 던 캔필드Don Canfield, 팀 라이언스Tim Lyons까지 저명한 지구화학자들이 현대는 물론이고 먼 과거의 해양 환경에 적용하고자 공들여서 개발한 기술이다. 최근 몇 년 사이에 누구도 반박할 수 없는 철 분화의 전문가로 꼽히는 학자는 리즈대학교의 사이먼 폴

턴Simon Poulton이다. 사이먼은 철을 분화하는 기술을 연마하는 데 남다른 노력을 기울였다. 추출할 수 있는 철의 저장량을 실증적으로 명확하게 규정하고 활용한 그의 비범한 연구는 먼 과거의 해양 환경을 산소가 있는 영역과 철이 있는 영역, 황화물이 있는 영역으로 깔끔하게 나눌 수 있다는 사실을 증명했다. 철 분화는 국지적이거나 지역적인 해저 산화 환원 조건을 알려줄 뿐만 아니라, 더 중요하게는 초기 동물이 어떻게 살았는지 밝히기까지 한다(그림 19).[9]

2006년이 저물 무렵, 캐나다의 명망 높은 고생물학자이자 불과 몇 년 전 잊지 못할 답사를 주도했던 기 나르본이 내게 연락했다. 그는 곧 《사이언스》에 실릴 연구 소식을 알려주었다. 그 논문은 약 5억 8200만 년 전 에디아카라기 중반의 가스키어스 빙하기 이전과 이후에 철 광물 유형에서 일어난 아주 미묘한 변화를 다루었다. 폴턴과 캔필드가 개발했던 철저한 철 추출법을 활용한 연구 논문 가운데 거의 최초였다. 새 연구 결과에 따르면, 에디아카라기 레인지오모프가 뉴펀들랜드의 미스테이큰포인트 해저에서 서식하기 시작한 바로 그 시점에 심해 환경에서 산소가 생겨났다. 가스키어스 빙하기는 진정으로 전 세계를 휩쓴 사건은 아니지만, 요즘에는 여러 대륙에 걸쳐서 발생했다고 인정받는다. 가스키어스 빙하기는 지구의 두 번째 산소 대폭발 사건인 NOE를 증명할 '결정적 증거'가 될 수도 있다. 1998년에 던 캔필드는 GOE가 대기와 해양 표면에만 영향을 미쳤으며 심해는 훨씬 나중까지 계속 무산소 상태로 남아 있었다는 주장을 철 분화 데이터로 뒷받침했다. 심해는 한참 나중까지도 산소가 없는 상태였다는 사실에 모두가 놀랐다. 캔필드의 논문은 당연히 학계에 커다란 영향력을 발휘했다. 이후에 이 연구로

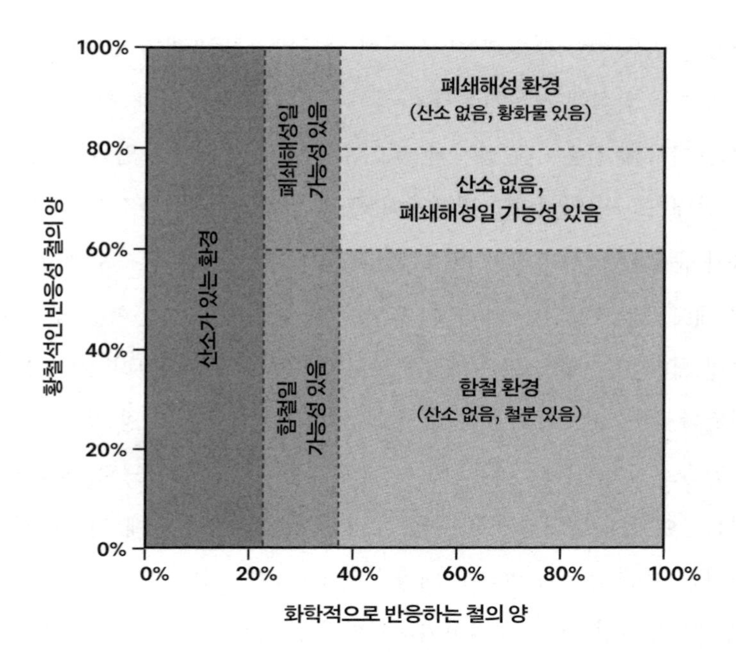

그림 19. 전형적인 '철 분화' 다이어그램. 해양 퇴적물에서 철이 어떤 광물상으로 분할될지 결정하는 것은 퇴적물 위를 덮은 물기둥과 인접한 물기둥의 산소 함유 여부, 아니라면 황화물 함유 여부다.

촉발된 쌍둥이 가설, 즉 에디아카라기 생물상은 호기성이었으므로 동물일 가능성이 크다는 가설과 바다에 산소가 공급되던 시기에 이 생물들이 심해 환경 전체로 퍼져나갔다는 가설을 지지하는 독립 연구가 쏟아졌다.[10]

새롭게 산소가 공급된 아발로니아 대륙붕에서 레인지오모프가 무성하게 번성하던 바로 그때, 중국에서는 생존에 훨씬 더 불리한 환경이 펼쳐졌다. 에디아카라기에 중국 남부의 해로는 양쯔 소대륙과 캐타이

시아 소대륙Cathaysia microcontinents 사이에 샌드위치처럼 끼어 있었다. 이 시기의 중국 암석에는 유기물과 황철석이 극도로 풍부하다. 철 분화 데이터는 이따금 철분이나 심지어 산소까지 함유한 물이 유입되는 폐쇄해성 상태가 광범위했다고 말해준다. 중국 남부 해저는 산소가 들어오자마자 순식간에 사라지는 환경이었지만, 다세포 조류와 수수께끼 생명체 에오안드로메다Eoandromeda가 잠시나마 살기에는 충분했던 것 같다. 여덟 개나 되는 팔을 뻗은 에오안드로메다는 오스트레일리아에서도 발견된다. 앞서 크로뮴과 바나듐, 우라늄, 몰리브데넘이 해빙 직후에 농축되었다고 언급했다. 중국 남부는 폐쇄해성 환경이었으므로, 해수에서 황화물이 몰리브데넘과 바나듐, 우라늄처럼 산화 환원에 민감하게 반응하는 미량 금속과 만나서 대량으로 침전되기 쉽다. 우리는 중국에서 연구를 수행한 결과, 에디아카라기와 캄브리아기의 흑색 셰일에 몰리브데넘 함량이 매우 높다고 주장했다. 이 데이터는 폐쇄해성 환경을 증명하지만, 전 세계의 산소 음이온 저장량이 거의 오늘날 수준까지 단계적으로 증가했다는 중요한 사실도 시사한다. 더 나아가 우라늄과 셀레늄, 크로뮴을 포함하는 다양한 금속 동위원소가 에디아카라기에 바다에서 산소가 풍부해졌다는 가설이 옳다고 결정적으로 확인해 주었다.[11]

아마 지금 당신은 앞의 설명이 혼란스러울 것이다. 산화 환원 조건을 추적하는 원소는 뉴펀들랜드에는 산소가 있었고 중국에는 산소가 없었다고 말한다. 하지만 나는 두 지역의 데이터 모두 산소가 있는 해양 환경과 일치한다고 주장했다. 이 명백한 모순은 산소가 유기물 및(또는) 황철석의 생산과 저장에서 생겨나며, 이를 위해서는 세상 어딘가에 무산소 조건이 필요하다는 내용으로 거슬러 올라간다. 중국은 산소가 거의 없으며 아마도 물의 흐름이 제한된 해로였을 것이다. 이런 곳은 용승이 일어나서 대단히 생산적인 생태계를 만들어내는 오늘날 나미비아 해안처럼 다른 곳의 심해에 산소가 공급되도록 돕는다. 처음에는 모순처럼 보이겠지만, 사실 국지적 무산소 상태가 나란히 존재해야 전 지구에 산소 공급이 촉진된다. 그래도 여전히 혼란스러울까? 명쾌하게 이해했기를 바라지만, 혹시 아직도 헷갈린다면 나머지 내용을 꾸준히 읽어주길 바란다.

바다에 산소가 널리 공급되자마자 지구가 뒤도 돌아보지 않은 채 "반가워, 현대 세상!"이라며 인사를 건넸으리라는 상상은 매력적이다. 어쨌거나 에디아카라기에 진화한 근육질 동물이 오늘날에도 살아가고 있고, 우리는 활동적으로 생활하려면 산소가 많이 필요하다는 사실도 잘 안다. 하지만 안타깝게도 현실은 그렇게 단순하지 않다. 몰리브데넘 동위원소 데이터는 이미 캄브리아기 초기에 이르면 해저의 무산소 상태가 오늘날 수준으로 줄어들었다고 알려준다. 그런데 철 분화 연구는 무산소 상태가 당시에도 여전히 현저하게 퍼져 있었을 수 있고, 지금 우리가 사는 세계와 완전히 달랐다고 말한다. 산소 공급은 에디아카라기에서 캄브리아기로 넘어가는 과도기 내내 국지적이거나 일시적으로 발생한 것 같다. 어쩌면 국지적이면서 일시적이었을 수도 있다. 이처럼 조심스러운 해석은 환경이 변화를 허용했다는 가설을 회의적으로 바라보는 학자들의 의심을 부채질한다. 이런 학자 가운데 주요 인물은 앞서 세상에서 가장 오래된 홍조류를 발견했다고 소개했던 닉 버터필드다.

닉은 유쾌한 연설가다. 학회에서 강연해 달라고 종종 요청받는데, 때로는 바로 나 다음 순서로 나와서 지구화학자들의 파티를 망쳐달라고 부탁받기도 한다. 버터필드 같은 회의론자가 제공하는 균형추는 지극히 중요하다. 우리는 대안을 빠짐없이 검토한 뒤에만 자기 자신의 지식을 확신할 수 있다. 그러니 언제나 마음을 열어놓고 있어야 한다. 산소 논쟁을 보면, 7장에서 이야기했던 달리의 꾀 대 솔러스의 수 대결이 떠오른다. 다만 이제는 캄브리아기 생명 대폭발을 촉발한 원인이 환경 변화였는지, 아니면 생물학적 진화였는지를 가리는 논쟁의 중심이 생물학적 광물 생성 작용이 아니라 산소로 옮겨왔다. 그런데 '산소 발생 사건은 동물의 진화와 확산으로 이어졌다'라는 가설에 대한 버터필드의 비판이 지구화학 증거에 의지하지 않는다는 사실에 주목해야 한다. 그는 이 시기 내내 산소 수준에 변화가 없었다는 가설이나 산소가 상당량 발생했지만 순수하게 생물학적 원인에서 기원했다는 가설 모두 받아들이는 것 같다. 생물학적 진화가 환경 변화를 이끈 주요 원동력이었다고 여기는 수많은 생물학자들이 이 두 번째 가설을 지지한다. 하지만 나는 이런 주장을 뒷받침하는 증거가 탄탄하다고 생각하지 않는다.

나의 논거는 이렇다. 진핵생물은 터무니없이 오랜 시간에 걸쳐 다세포와 종속 영양 대사에 필요한 유전자 도구를 진화시켰다. 필요한 도구를 마련한 동물은 군비 경쟁에 나섰고, 갖가지 신체 구조를 다양하게 갖추었다. 이들은 훗날 현생 동물문이 된다. 동물은 유기 쇄설물을 배설물이라는 더 무거운 물질로 바꾸어서, 또 유기 쇄설물이 섞인 물을 들이켜거나 유기 쇄설물 자체를 먹어 없애서 해양 생태계에 산소를 공급했을 것이다. 더 깨끗해지고 산소도 더 많아진 바다에서 진핵생물 조류는 드디어 시아노박테리아와 경쟁할 수 있었다. 그 결과, 정체되어서 탁한 미생물 곤죽 같던 바다가 변했다. 이 세계관에는 충분한 근거가 있고, 상황이 이런 맥락에서 전개되었을 가능성이 매우 크다. 그러나 생물학적 변화와 지질학적 변화를 분명하게 분리할 수 없다는 주장도 마찬가지로 진실이다. 두 변화가 서로 거의 확실하게 영향을 주고받기 때문이다. 호기성 생물은 산소가 생겨나는 시기와 사라지는 시기에 늘 민감했을 것이다. 그러므로 진공 상태의 생물학적 진화를 다루는 일은 별 의미가 없다. 더 구체적으로 말해서, 변화를 허용하는 지질학적 동인이 없다면 생물학적 혁신은 쓸모없을 것이다. 표면 환경의 산화 능력은 허턴이 발견한 엄청난 규모의 암석 순환, 즉 퇴적과 풍화의 순환에 달려 있기 때문이다.[12]

이를 고려할 때, 레인지오모프나 해면 같은 원시 동물이 에디아카라기 동안 바다에 산소를 공급했다고 인정할 수는 없을 듯하다. 오히려 이런 동물의 산소성 대사가 주변 환경에서 산소를 빼앗았을 것이다. 다른 중요한 동인이 산소를 과다하게 생산하지 않았다면, 산소가 부족한 환경에서 이런 동물이 성공적으로 서식한다고 해도 자멸로 이어졌을 것이다. 새로 진화한 생명체의 활동이 산소 같은 기존 자원을 소모하는데, 그 활동 때문에 해당 자원이 풍부해진다는 말은 직관에 어긋나 보인다. 물론, 어떤 면에서는 동물이 산소의 이용 가능성을 높였을 수도 있다. 내장에 들어온 유기물을 배설물로 바꿔서 내보내는 활동과 고착성sessile 동물이 여과 장치를 이용해서 유기물 입자를 걸러 먹는 방식, 유기물을 분해해서 흡수하는 삼투 영양 방식 때문에 산소가 소비되는 장소는 더 깊은 바닷속과 해저로 옮겨갔을 것이다. 그러면 얕은 곳의 바닷물에서는 이런 활동이 사라졌을 것이다. 달리 말하자면, 선캄브리아 시대 환경에서 산소 소비가 훨씬 더 두꺼운 물기둥으로 분산되며, 산화 환원 경계가 더욱 확산했을 것이다. 그러나 산화 환원 경계가 선명해졌더라도 해양 산소 수지의 규모 자체는 변하지 않고 그저 재분배되었을 것으로 보인다. 표면 환경으로 유입되는 산소량을 결정하는 주요 요인은 유기물 생산과 그에 따른 유기 탄소 및 황철석의 매장이다. 이 작용은 영양분을 얼마나 이용할 수 있는지에 달려 있다. 영양분에 관한 내용은 다음 장에서 살펴보겠다. 당장은 동물이 주요 제한 영양소limiting nutrient(광합성 생물의 생장이나 1차 생산을 제한하는 영양소-옮긴이)인 인을 환경에서 더 효과적으로 제거해서 지구의 산소 생산을 줄였을 수도 있다고만 알아두자. 어떻게 인을 없앨 수 있었을까? 동물은 해저에 굴을 파서 물이 들어오도록 하고 매장된 유기물을 먹었을 뿐만 아니라 오늘날의 우리와 마찬가지로 인을 인회석 형태로 골격에 직접 저장했다.[13]

이런 주장이 억지 논쟁으로 보일지도 모르겠다. 적어도 일시적인 산소 공급에 대한 지구화학 증거가 매우 강력한 데다, 나중에 알아보겠지만 탄소 동위원소를 활용해서 산소 발생 사건의 규모까지 계산할 수 있기 때문이다. 하지만 산소 발생 사건을 증명하는 증거뿐만 아니라, 그 반대를 증명하는 증거도 풍부한 상황에서, 위와 같은 논거는 산소가 생물학적 요인으로 발생했다는 가설이 틀렸다고 확실하게 못 박는다. 초기 동물의 출현은 산소가 새롭게 생겨난 표면 환경이 도래했다고 알리기는커녕, 캄브리아기로 넘어가는 전환기에 정반대 추세가 보였다고 말한다. 기본적인 산소 수준은 단계적으로 변하지 않았다. 사실 현대 세계로 이행하는 과정은 양방향으로 극단까지 치달을 만큼 몹시 야단스러웠던 것 같다. 이 기간 내내 탄소 동위원소 이상의 폭이 극도로 넓었다는 사실은 1980년대 중반에 알려졌다. 하지만 우라늄 같은 다른 동위원소 시스템을 분석한 뒤에야 이 탄소 순환 교란이 해양 산소 발생 사건의 변화와 들어맞는다고 비로소 증명할 수 있었다. 학계는 겨우 지난 몇 년 사이에 이처럼 짜릿한 도약을 성취했다.

에든버러 지질학 교수인 레이철 우드는 탄산염 암석을 연구하는 데 경력을 대부분 바쳤다. 나의 첫 몽골 방문에 함께했던 레이철은 암초 연구 덕분에 당시에 이미 유명했고, 답사 동안 줄곧 석회질 고배류archaeocyatha 해면의 꽃병 모양 뼈대를 조사했다. 한때 고배류는 암초를 만드는 최초의 동물로 여겨졌다. 그런데 최근 레이철과 제자 어밀리아 페니Amelia Penny가 나미비아의 가장 오래된 에디아카라기 암초 형성 동물을 보고했다. 클라우디나과cloudinidae는 석회질 '원뿔이 겹겹이 쌓인' 관처럼 생겼고, 분류학적 유연관계가 불분명하다(그림 20). 레이철은 거의 해마다 조사 팀을 이끌고 나미비아사막으로 떠난다. 에디아카라기와 캄브리아기에서 현생 생물권으로 바뀌는 과정을 가장 잘 관찰할 수 있는 곳이다. 레이철 팀은 세계 최초의 동물성 암초뿐만 아니라 진정한 움직임과 지능적 행동을 입증할 최초의 증거, 즉 이동 흔적과 굴 화석까지 발견했다. 나미비아 화석은 아발로니아 대륙(영국 제도 남부와 뉴펀들랜드)의 레인지오모프와 캄브리아기에 퍼진 현생 동물문 사이, 지구 역사에서 결정적으로 중요한 시점에 만들어졌다. 산소와 진화의 관계를 입증할 증거가 지구상 어디에선가 발견된다면, 바로 이곳일 것이다.[14]

철 분화 연구에 따르면, 우리 예상과는 정반대로 나미비아 대륙붕은 동물이 서식하는 데다 상당히 얕은 곳인데도 대체로 무산소 상태였다. 사실, 나미비아 산호초는 치명적인 무산소 환경에 둘러싸인 산소 오아시스였던 것 같다. 고작 1000만 년 전에 심해에서 산소가 생겨난 이후

6
7
cm

분명히 무언가가 달라졌다. 이곳에서 드러나는 현상은 중국에서와 마찬가지로 대개 산소가 풍부한 바다에서 영양소와 유기물 생산이 풍부하기 때문이라고 설명할 수 있다. 하지만 남아프리카공화국 케이프타운대학교의 로잘리 토스테빈Rosalie Tostevin이 이러한 가능성에 이의를 제기했다. 로잘리는 다양한 지구화학 데이터를 활용해서 세계적 산화 환원 조건과 국지적, 지역적 조건을 분리했다. 박사 과정 학생일 때 레이철과 나와 함께 작업했던 로잘리는 처음으로 REE를 이용해서 나미비아 바다의 최상층에만 산소가 완전히 공급되었다고 확인했다. 더 깊은 곳에는 산소가 적거나 아예 없었다. 로잘리는 뉴질랜드의 동위원소 지구화학자인 클로딘 스털링Claudine Stirling의 도움으로 우라늄 동위원소를 활용해서 깜짝 놀랄 만한 연구 결과를 얻었다. 에디아카라기 중반에 해양은 어느 면으로 보나 분명히 산소가 풍부했지만, 후반에는 정확히 반대 상황이 펼쳐졌다. 에디아카라기 중반에서든 후반에서든 바다의 우라늄 동위원소 비율은 극단적이었지만, 서로 정반대였다. 이런 연구 결과가 단 한 번 나왔다면 쉽게 무시했겠지만, 학계는 중국과 멕시코에서도 똑같은 변화를 발견했다. 에디아카라기와 캄브리아기에 현생 동물이 퍼져나갈 때 전 지구의 산소 수준은 전례 없이 요동친 것 같다.[15]

로잘리가 에디아카라기 말의 바다를 연구하던 시기, UCL의 학생 허

그림 20. 캄브리아기 생명 대폭발의 두 가지 특징은 위 사진에서 보이는 생물학적 광물 생성 작용과 아래 사진에서 보이는 생물 교란 작용 bioturbation(생물이 먹이를 구하거나 이동하면서 퇴적물을 교란하는 작용-옮긴이)이다. 세계 최초의 동물성 암초는 약 5억 5500만 년 전에 차곡차곡 포개진 방해석 튜브로 만들어졌다. 사진 속의 예는 스페인에서 발견한 것으로, 정교하고 오밀조밀하게 규화되어 있다. 지름이 최대 2밀리미터, 길이가 20밀리미터인 이 클라우디나과 껍데기는 다모류 polychaetes 벌레가 만든 것으로 여겨진다. 대략 5억 3900만 년 전인 캄브리아기의 시작 지점은 최초의 복잡한 굴 파기 흔적 화석 트렙티크누스 treptichnus로 표시한다. 스페인에서 찾은 이 트렙티크누스는 새예동물 priapulida에 속하는 벌레의 흔적으로 보인다. 전 세계 캄브리아기의 시작점을 정의하는 전형적인 흔적 화석이다. (사진: 저우잉 촬영, 2019년)

텐첸Tianchen He은 탄소 동위원소와 황 동위원소를 이용해서 캄브리아기 바다에 관해 비슷한 데이터를 부지런히 추출하고 있었다. 이미 오래전부터 캄브리아기는 $\delta^{13}C$이 급격하게 변동한 이례적 시기로 알려졌다. 그런데 허텐첸은 각 탄소 동위원소 순환이 $\delta^{34}S$, 즉 황 동위원소의 급격한 변동과 일치한다는 사실을 발견했다. 그렇다면 유기물 매장으로 산소가 배출되었는데, 그 효과를 상쇄할 만큼 황철석 매장에도 변화가 일어나서 산소 수준이 균형을 이루었을 가능성은 거의 없다. 아울러 허텐첸의 연구 결과를 보면, 각 순환이 전 세계의 산소 발생 사건과 산소 소멸 사건에 해당한다고 여길 수 있다. 오래지 않아서 우라늄 동위원소 증거가 이 불안정성을 한 번 더 확인해 주었다. 새롭게 진화한 호기성 생물이 거주할 수 있는 공간은 늘 변화했던 것으로 보인다. 아마 이런 환경 변화 때문에 캄브리아기 생명 대폭발로 대표되는 고도의 생물 다양화가 일어났을 뿐만 아니라, 기회를 포착한 생명체가 지구 곳곳으로 퍼져나갈 때마다 서식지가 줄어들고 심지어 멸종까지 일어났을 것이다. 이처럼 극단적인 변화는 캄브리아기의 생명체 확산이 지나치게 급작스러웠다는 다윈의 딜레마를 설명하는 데 큰 도움이 될 수 있다.[16]

이 모든 변동은 그저 무의미한 잡음일 뿐이고 신원생대에는 중요한 산소 발생 사건이 없었다고 생각하기 쉽지만, 그렇지는 않은 듯하다. 에디아카라기와 캄브리아기에 산화 용량oxidizing capacity은 상당한 변화를 겪으면서도 대폭 늘어나서 5억 2000만 년 전 즈음이면 해저에 거의 현대 수준으로 산소가 공급되었다. 변동이 있기는 하지만, 해양 환경에 산소가 더 많이 생겨났다는 기본적인 추세는 분명하다. 닉 버터필드가 설명한 생태 변화 역시 현생누대 해양의 수직 산화 환원 경사gradient가 이전과 근본적으로 다를 수밖에 없다고 말한다. 나중에 살펴보겠지만, 탄소 동위원소 이상만으로도 에디아카라기는 물론이고 캄브리아기 초반에도 주기적으로 해양-대기 시스템의 산화 용량이 엄청나게 변화했다는 사실을 짐작할 수 있다. 산소가 늘어날 때마다 환경 변화에 따른 생물학적 사건도 발생했을 것이다. 산소, 혹은 에너지에 커다란 변화가 생겼다는 말은 물질에도 마찬가지로 커다란 변화가 생겼다는 뜻이다. 이런 물질 변화는 테드베리캠프의 경사 부정합을 만든 융기와 침식 같은 지각 변동 사건과만 관련될 수밖에 없다. 이번에도 퇴적과 풍화라는 암석 순환이 핵심이지만, 당장은 너무 깊게 파고들지 말자. 우리가 이해해야 할 내용이 너무 복잡해졌지만, 수많은 지구화학 증거는 크리오스진기부터 캄브리아기까지 산소가 더 풍부한 세상에 적합하도록 변한 호기성 생물의 확산(과 멸종)이 환경 변화 때문이라는 사실을 증명한다.

어느 면에서 보든, 생명체는 유기 탄소 매장이나 황철석 매장을 통한 산소 생산을 촉진한다. 그런데 생명체에게는 영양분이 필요하다. 어떻게 산소가 풍부해졌는지 묻기 전에(나중에 답을 확인할 것이다) 유기물 생산과 황철석 매장에 활기를 불어넣을 영양분이 대체 어디에서 생겨났는지 먼저 따져봐야 한다. 단단한 암석의 풍화를 통해서만 생겨날 수 있는 유일한 영양소인 인은 궁극적인 제한 영양소로 불리곤 한다. 인은 완전히 암석이 되기 전에 그 어떤 원소보다, 탄소나 질소보다도 표면 환경에서 순환을 더 많이 겪는다. 전 세계 수십억 인구를 먹이는 데 필요한 비료의 원료인 인산염 자원 대부분이 에디아카라기와 캄브리아기에 만들어졌다는 사실은 우연이 아닐지도 모른다. 놀랍게도 인산염 자원에는 인산염 광물에 절묘하게 보존된 최고의 에디아카라기 화석도 있다.[17]

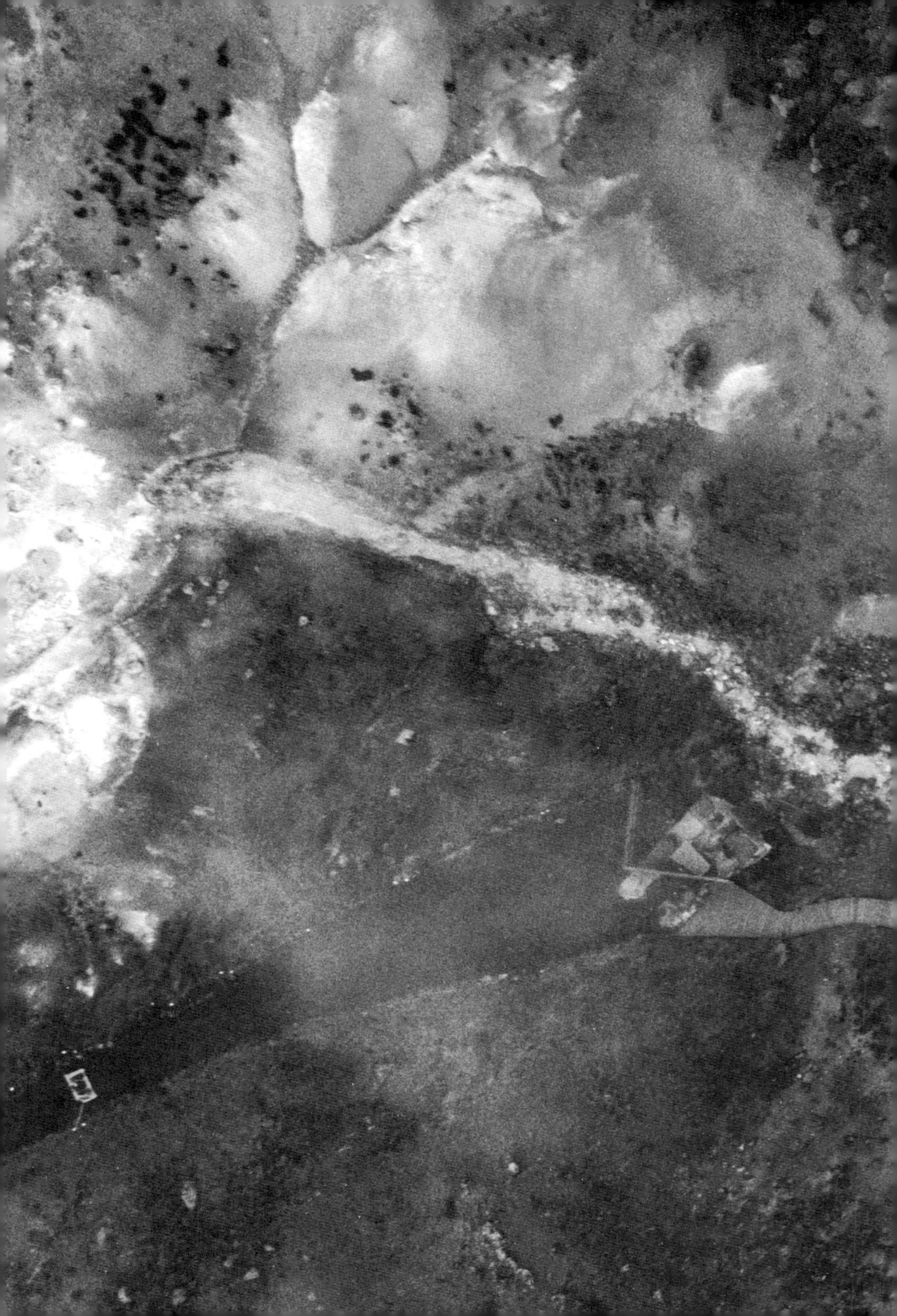

9.

제한 영양소

대량 축적된 '인'이라는 수수께끼

Limiting Nutrients

우리는 이 끝없는

순환 게임에서 누가 악역인지

아직 발견하지 못했다.

가장 초기의 동물로 추정되는 화석은 석화한 배아다. 기이하게도 이런 화석은 세계 최대의 암석 비료 퇴적지 중 한 곳을 이루고 있다. 눈덩이 지구 시기 이후 인산염이 왜 그렇게 많이 만들어졌을까? 인산염은 풍화 작용과 유기물 생산성, 산소 발생과 모두 얽혀 있는 오랜 수수께끼다. 오랫동안 유지되었던 고도가 낮은 초대륙이 천천히 갈라지는 과정에서 빙하시대가 시작되었다. 빙하기가 끝나자 쪼개진 지각 덩어리들이 무시무시하게 충돌했다. 에디아카라기와 캄브리아기 초반 진핵생물의 번성과 쇠락이라는 물결이 이어지는 가운데, 거대한 산맥이 침식되며 생물지구화학적 순환이 빨라졌다.

오늘날 대기와 해양으로 유입되는 산소의 최소 4분의 3은 유기 탄소 매장으로 생겨난다. 나머지 4분의 1은 박테리아의 황산염 환원 작용 이후 황화물이 황철석 형태로 매장되어 만들어진다. 지구 산소 순환에서 황화물과 탄소의 상대적 중요성은 과거 무산소 바다에서 정반대였을 수도 있다. 10장에서 자세히 살펴보겠지만, 이 산소 배출원 두 가지 모두 유기 생산성에 의존한다는 사실에 주목하길 바란다. 유기 생산성은 영양소를 얼마나 이용할 수 있는지에 달려 있다. 인산염은 궁극적인 제한 영양소라고 불린다. 화학적 풍화 작용으로만 생겨나기 때문에 자연환경에서 양이 너무 적기 때문이다. 인산염이 없다면 산소는 물론이고 생명체 자체도 존재할 수 없다. 인산염이 부족하다면 생명체의 생산성이 심각하게 제한되고, 따라서 산소 발생도 제한된다. 지구의 산소 수지에서 영양 제한이 어떤 의미가 있는지 알아보기 전에 인산염과 관련된 인간적인 이야기를 잠깐 들려주고 싶다.

2007년, 인도의 서벵골주에서 대규모 폭동이 일어났다. 치솟는 물가, 특히 'f'로 시작하는 세 가지, 식량food과 연료fuel, 비료fertilizer의 가격이 폭등한 데에 분노한 숱한 시위의 시작을 알리는 사건이었다. 당시에는 대개 공무원 부정부패에 항의하는 시위로 여겨졌지만, 사실 벵골 지역의 '식량' 폭동은 더 광범위한 소요 사태의 출발점이었다. 2008년 4월에는 방글라데시에서 노동자 수천 명이 식량 가격 때문에 파업에 돌입했다. 정부가 겨우 몇 년 전에 식량 자급을 선언했는데도 벌어진 일이었다. 쌀 같은 주식의 가격이 뛰면서 폭동은 아프리카로, 라틴아메리카로 더욱더 퍼져나갔다. 전 세계 사람들이 가족을 부양하기가 갈수록 어려워졌다. 정부가 개입하자 2008년 중반에 가격이 내려갔지만, 문제는 완전히 사라지지 않았다. 4년 후에 물가 상승이 한 차례 더 발생해서 아랍의 봄Arab Spring 반정부 시위운동에 기름을 끼얹었다. 결국, 중동에서 사회가 대혼란에 빠져들고 4개국 정부가 전복되었다.

식량 위기가 계속되자 각국 정부는 국내 시장을 보호하려고 보호주의 정책을 도입했다. 하지만 보호주의 때문에 수출이 감소하면서 국제 원자재 가격은 훨씬 더 올랐다. 식량을 생산하고 운송하는 데 필요한 연료와 비료를 대부분 수입하는 방글라데시 같은 나라에서는 정부가 국제 원자재의 가격 급등을 통제할 수 없었다. 부르키나파소와 세네갈, 이집트, 모로코 등 식량 폭동이 터진 수많은 아프리카 국가는 자국 영토에 비료를 제조하는 데 필요한 주요 인광석 매장지가 있는데도 연료와 식량 둘 중 하나 혹은 둘 모두를 수입해야 했다. 점점 더 인구가 늘어나고, 발전하고, 세계화한 세상에서 진정한 식량 안보를 달성한 나라는 거의 없다. 비료를 자급할 수 있는 나라도 역시 거의 없다.

2007년에서 2008년 사이에 무수한 원자재의 가격이 올랐지만, 인광석 또는 인산염 가격만큼 폭등하지는 않았다. 인산염 가격은 무려 450퍼센트나 뛰었다. 인으로 만든 비료 가격도 덩달아서 치솟았다. 당시 가격 위기를 최근에 분석한 결과, 인산염 가격이 가장 급격하게 오른 것은 인도에서 비료 생산이 급격하게 줄었기 때문이었다. 다른 나라가 수출을 제한해서 자국 시장을 보호하는 와중에 인도는 인 비료 수입을 두 배로 늘려야 했던 탓에 가격 상승은 불가피했다. 비료의 원료인 인산이암모늄에 대한 추가 수입 수요는 연간 전 세계 공급량의 20퍼센트가량으로 추산된다. 인도도 방글라데시와 마찬가지로 인산염이 없어서 진정으로 식량 안보를 누릴 수 없다.[1]

이 위기가 터진 데에는 중국도 한몫했다. 중국도 비료를 많이 사용하지만, 인도와 달리 에디아카라기나 캄브리아기에 형성된 천연자원을 엄청나게 많이 보유하고 있다. 이 글을 쓰는 현재 중국이 채굴하는 인산염의 양은 전 세계 나머지 나라의 채굴량을 모두 합친 것보다 더 많다. 비료 가격 상승을 우려한 중국 당국은 국내 시장을 지원하고자 비료에 수출 관세를 100퍼센트 부과했다. 부르키나파소도 자국 시장을 보호하느라 비슷한 조치에 나섰다. 여러 국가가 비료 보조금을 지급하고 수출을 제한했다. 비료를 더 많이 쓰도록 장려하는 동시에 비료 공급을 제한하는 조치는 전형적인 양의 피드백을 불러왔다. 비료의 세계 시장 가격은 훨씬 더 높아졌고, 전 지구에서 식량 불안이 터져 나왔다. 인도는 자체 인산염 공급량이 국가 전체 수요의 5~10퍼센트에 지나지 않아서 비료 가격 인상에 몹시 취약하다. 방글라데시를 비롯해 여러 나라는 인구가 급증하는데, 채굴할 수 있는 인산염 자원이 아예 없다. 유럽의 농업도 인산염 수입에 의존한다. 인은 모든 생명체에 필수적이다. 그런데 왜 이렇게 부족할까? 왜 중국은 운이 좋지만, 방글라데시 같은 수많은 나라는 그러지 못할까? 대답은 지질학이 알려준다.

19세기의 농화학자 유스투스 폰 리비히Justus von Liebig는 현대의 거대한 비료 산업을 탄생시킨 인물로 인정받는다. 하지만 리비히의 유명한 최소량 법칙law of the minimum은 카를 슈프렝겔Carl Sprengel의 최소량 정리를 되풀이한 것에 지나지 않는다. 슈프렝겔은 가장 부족한 영양소가 식물의 생장을 좌우한다고 먼저 주장했다. 찰스 다윈의 할아버지 이래즈머스 다윈Erasmus Darwin은 인산칼슘의 일종인 수산화인회석으로 만들어진 뼈를 갈아서 작물용 비료로 쓴다는 아이디어를 처음 떠올렸다고 한다. 리비히는 미량 원소가 중요한 비료일 수 있다고 여겼지만, 식물이 공기에서 질소를 흡수할 수 있으므로 질소는 절대로 제한 영양소일 수 없다고 잘못 생각했다. 우리 주변의 흔한 식물 가운데 콩과 식물이 공기에서 질소를 흡수할 수 있는 유일한 식물인데, 질소 고정 박테리아와 공생하는

덕분이다. 실제로 질소를 흡수하는 작업은 식물이 아니라 미생물이 담당한다.[2]

시행착오를 거쳐서 만들어낸 현대 비료에는 칼륨과 질산염, 인산염이라는 주요 성분 세 가지가 들어간다. 칼륨은 오래전에 바닷물이 증발하면서 침전된 가용성 칼륨의 혼합물이다. 전 세계에 풍부하지만, 오히려 어디에나 존재하기 때문에 채굴해도 수익성이 별로 없다. 그래서 캐나다와 러시아, 벨라루스 딱 세 나라가 세계 시장을 거의 완전히 독점한다. 어쨌거나 원칙적으로는 전 세계의 많은 나라가 칼륨을 자급할 수 있다. 질산염도 마찬가지다. 암석에서 전혀 발견되지 않지만, 하버보슈법Haber-Bosch process을 통해 공기에서 추출한다. 이 방법은 미생물이 공짜로 하는 일을 막대한 비용을 들여서 모방하는 것과 같다. 이렇게 질산염을 얻으려면 에너지를 극도로 소모해야 하지만, 대기는 질소를 거의 무제한으로 공급한다. 반대로 인산염은 땅에서만 채취할 수 있고, 칼륨보다 훨씬 희소하다. 전 세계 인산염 생산량의 90퍼센트 이상을 좌우하는 나라는 겨우 한 손에 꼽을 수 있을 만큼 적다. 게다가 보고된 인산염 매장량의 80퍼센트 이상, 매해 채굴되는 전체 인산염의 50퍼센트 이상이 중국과 모로코 단 두 나라에서 나온다. 아울러 중국에서는 오직 에디아카라기와 캄브리아기의 암석에서만, 모로코에서는 오직 백악기와 신생대의 암석에서만 인산염을 채굴할 수 있다. 그런데 왜 인산염을 채굴할 수 있는 퇴적물이 시간상으로나 공간상으로나 산발적으로 분포되어 있을까? 정답은 생화학과 해양학이 만나는 지점에 놓여 있다.

인은 지구상 모든 생명체에 필요하다. DNA와 RNA의 기본 구성단위인 뉴클레오타이드nucleotide를 형성하는 데 빠져서는 안 될 성분이 수소와 탄소, 산소, 질소, 그리고 인이다. 인은 인지질의 형태로 모든 세포막에 존재한다. 아데노신 삼인산adenosine triphosphate, ATP은 인산염 가수분해를 통해 대사 과정에 필요한 화학 에너지를 방출한다. 인산염은 이처럼 생명에 필수적이지만, 자연에 매우 드물다. 지질 시대를 기준으로 삼는다면 인은 분명히 슈프렝겔이 말한 제한 영양소다. 인이 몹시 귀중한 탓에 생명체는 인을 이용할 수 있으면 가능한 한 빠르게 써버린다. 그 후에 인은 우선 포식이나 부패를 통해, 시간이 더 흐르고 나서는 퇴적물의 매장과 융기, 풍화를 통해 재순환한다. 오늘날 풍화 작용으로 배출된 인산 이온은 강물을 타고 바다로 흘러 들어간다. 바다에서 유기물이 생산되고 부패하는 과정을 거쳐 인산 이온은 심해에서 다시 배출된다. 그러면 대륙의 서부 해안처럼 차가운 심해수가 용승하는 곳에서 인산염이 바다 표면으로 올라와서 해양 생물에게 생명을 불어넣는다.

인산염은 전부 강물에 실려서 바다로 들어가야 하지만, 강을 통한 인 흐름의 규모는 재순환된 인 흐름의 규모보다 1000배나 더 작다. 인이 바닷물 용승을 통해 재순환하는 덕분에 해양은 지구에서 가장 생산적인 곳이 된다. 인산염은 뼈와 배설물, 작디작고 별 특징도 없는 유기물 입자POM 형태로 대륙붕에 비처럼 쏟아져 내리고 엄청나게 쌓인다. 해저에서 유기물이 부패하며 배출된 인 가운데 일부는 인산칼슘 광물인 인회석의 안정적 형태인 프랑코라이트francolite가 되어서 퇴적물 더미에 갇힌다. 프랑코라이트는 인광석의 주요 광물 성분이다. 오늘날 전 세계 인구를 먹여 살리는 인산염 매장량의 상당 부분이 점점 넓어지는 대서양과 폐쇄되어 사라진 테티스해Tethys Ocean(인도판과 유라시아판 사이에 있던 바다-옮긴이)의 가장자리에 있던 용승 지역에서 나왔다. 그런데 매장된 인산염의 연대 분포가 고르지 않은 것으로 보아 인산염이 축적될 만한 조건은 지구 역사에서 드물었던 것 같다. 지질학적 기준으로 볼 때 지중해와 북아프리카 지역의 인산염 매장지는 그렇게 오래되지 않았다. 그런데 이보다 더 오래된 매장지는 겨우 몇 곳에 지나지 않는다. 그러니 채굴할 수 있는 인산염 매장량이 그토록 부족한 것이다. 흥미롭게도 세계에서 가장 오래된 인산염 매장지는 에디아카라기와 캄브리아기에 형성되었다. 사실, 6억 년 전에서 5억 년 전의 퇴적층에서 채굴한 인산염량은 지구 역사 속 다른 모든 기간의 퇴적물에서 채굴한 양을 합친 것보다 더 많다. 이 놀라운 사실 때문에 수많은 학설이 캄브리아기에 풍화 속도가 이례적일 만큼 빨랐고, 그 덕분에 영양소가 풍부해져서 생물이 크게 확산했다고 설명한다.

나는 1997년에 사하라 사막에서 현장 연구를 마치고 누악쇼트로 돌아와서야 처음으로 영양소 이용 가능성의 중요성을 절실하게 깨달았다. 유럽행 비행기를 타려면 며칠 더 기다려야 했던 터라 나는 모리타니 수도를 조금씩 알아갔다. 누악쇼트는 사하라 사막의 문화와 사막 이남 지역의 문화가 만나서 어우러지고, 서부의 사하라 사막 모래가 동부의 대서양 해안 모래 언덕으로 탈바꿈하는 놀라운 용광로다. 모래처럼 매끄럽게 뒤섞이지는 않지만, 물고기를 잡으며 살아가는 남부의 다채로운 부족이 무역으로 먹고사는 북부 부족과 어울리는 곳이기도 했다. 모리타니가 1960년에 프랑스에서 독립한 이래로 누악쇼트의 인구는 100배나 늘어났고, 식량 공급은 자주 한계에 부딪혔다. 모리타니의 기후에서는 주식을 재배하기가 어려울 수 있지만, 적어도 물고기는 풍부하다. 이곳의 수역은 세계에서 가장 풍요로운 어장으로 손꼽힌다. 수평선 바로 너머에서 영양분 풍부한 인산염이 용승하기 때문이다.

선선해진 저녁이면 이웃한 세네갈과 감비아에서 온 어부까지 모여서 노래를 부르고 발을 구르며 화려하게 꾸민 배를 물에 띄우는 광경을 지켜보았다. 하지만 내가 모리타니로 간 이유는 어부들처럼 짜릿한 경험을 하기 위해서가 아니었다. 나는 스트라스부르의 실험실에서 칼슘 동위원소 표준으로 사용할 대서양 바닷물 시료가 필요했다. "돌, 돌, 돌Dolle, Dolle, Dolle." 뱃사람들은 노를 저어 위험한 파도를 헤치고 나아가면서 외쳤다. "우리가 힘이다." 밤에는 물고기가 수면으로 올라와서 찾기가 더 쉽다. 하지만 거세게 불어닥치는 바람과 무엇이든 부술 듯한 파도를 제대로 막지 못하는 작은 목선을 타고 물고기를 잡는 일은 여전히 위험천만하다. 나는 아침이 밝아오면 들뜬 아낙네들이 해변으로 돌아오는 어부들을 기다리며 노래하던 모습을 애틋한 마음으로 기억한다. 아낙들은 눈길을 잡아끄는 근사한 원피스의 주름 사이에 종종 꼬마들을 숨긴 채 만선의 기쁨을 기대하고 있었다. 땀방울과 자부심으로 빛나는 젊은 어부는 최고의 어획량을 자랑하고 싶어서 안달이었다. 누악쇼트에서 어업은 단순한 일거리가 아니다. 물고기는 사랑의 언어이기도 하다.

최근 현지 어시장은 북적거리지만, 바다의 진정한 풍요로움을 보여주지는 못한다. 이미 1997년에도 거대한 컨테이너선이 바다 저 멀리까지 길게 늘어선 광경을 슬쩍 볼 수 있었다. 모리타니 해역은 최고가를 부른 국제 입찰자에게 '임대'된 지 오래다. 요즘 모리타니 바다에서는 물고기가 해마다 100만 톤 이상 잡히지만, 이중 현지에서 처리되는 양은 고작 5퍼센트에 지나지 않는다. 인산염이 바다 깊은 곳에서 솟아오르면 먹고 먹히는 연쇄 반응이 활발해진다. 1차 생산자인 식물성 플랑크톤은 동물성 플랑크톤이 먹고, 동물성 플랑크톤은 새우가 먹고, 그 다음은 작은 물고기, 큰 물고기, 심지어 고래까지 여기에 끼어들어서 잡아먹고 먹힌다. 각 영양 단계trophic level에 이르면 인산염은 배설물과 뼈에 축적되고, 동물이 죽은 후 마침내 물기둥을 통해 좁은 대륙붕 위에 떨어져서 쌓인다.

에디아카라기에서 캄브리아기로 넘어가는 전환기에는 중국도 지금의 모리타니만큼 생산적이었을지 종종 궁금해진다. 인산염은 생명의 원동력이다. 아직 물고기가 진화하기 이전이었지만, 중국 남부에는 7000만 년에 이르는 세월에 걸쳐 인산염이 대규모로 퇴적되었다. 아프리카 해안에서는 백악기 이래로 거의 같은 기간 동안 인산염이 퇴적되었다. 가장 커다란 인산염 매장지는 양쯔 강괴에 있지만, 세계의 여러 다른 지역에서도 같은 시기의 인광석 매장지가 발견되었다. 가장 이른 시기에 생겨난 인광석 퇴적물은 마리노 빙하기 직후에 아프리카 북서부와 브라질, 중국, 몽골에 걸쳐 형성되었다. 캄브리아기의 막이 오르자, 전 지구에서 인이 생산되기 시작했다. 이 무렵 동물은 배설물을 만들 내장도, 오늘날처럼 인산염을 담을 뼈도 진화시키지 못했다. 에디아카라기와 캄브리아기에 인광석이 막대하게 축적된 일은 아무래도 지구 역사에서 아주 특별한 사례로 보인다. 화석이 단서를 알려주지 않을까?

맨눈으로 볼 수 있는 가장 오래된 동물 화석은 7장에서 만나보았다. 그런데 에디아카라기 후반 해저에 뿌리를 내린 엽상체와 누비이불처럼 생긴 프랙털 생물은 사실 가장 오래된 동물 화석이 아닐 수도 있다. 폴 호프먼이 엄청난 에너지로 눈덩이지구 가설을 주장했던 1998년, 《네이처》에 마찬가지로 파급력이 대단했던 논문이 실렸다. 미국과 중국의 고생물학 연구진이 중국 남부의 구이저우성에 있는 인광석 채석장의 암석을 연구했다. 연구진은 웡안현Weng'an 근처에서 6억 년이나 된 기이한 암석을 우연히 발견했다. 자그마한 공 같은 입자가 무수히 모여서 만들어진 이 암석은 꼭 어란석 같았다. 하지만 자세히 조사해 보니, 어란석 입자처럼 방해석질도 아니고 표면이 매끄럽지도 않았다. 암석은 인산염을 함유한 데다 표면에 무늬가 나 있었다. 더욱이 서로 다른 수의 방으로 구성된 뇌 같은 구체였는데, 꼭 다양한 성장 단계에 있는 배아처럼 보였다. 지도교수 장윈Yun Zhang과 앤디 놀, 학생 샤오수하이는 놀라운 주장을 펼쳤다. 우선, 이 암석 가운데 일부는 조류의 배아일 가능성이 있었다. 흥미롭지만 별로 놀랍지는 않은 견해다. 그런데 다른 일부는 동물의 특징인 세포 분열cleavage 패턴을 보여주는 듯했다. 어쩌면 좌우대칭 동물의 세포 분열이 보존된 화석일지도 몰랐다. 그때까지 성체가 된 좌우대칭 동물 화석 중 가장 오래되었다고 확인된 것은 5000만 년이 더 지난 시기의 암석에서만 발견되었다.[3]

이 발견 직후, 고생물학계에서는 이 놀라운 미세 화석을 찾아내서 해석하려는 열띤 시도가 줄을 이었다. 하지만 연구 결과는 무척 다양했다. 이 화석이 동물이었을 가능성이 크다고 동의한 연구자도 있었지만, 조류일지도 모른다고 생각한 연구자도 있었다. 거대한 박테리아라고 본 학자도 있었다. 일부 배아는 에디아카라기 초기 암석에서 흔히 보이는 LSA 내부에서도 발견되었다. 어쩌면 이런 '가시 형태 아크리타치acanthomorphic acritarch'는 휴면 포자resting cyst, 다시 말해 다세포 유기체가 여건이 좋아지기를 기다리며 힘든 시기를 버틸 때 두르는 딱딱한 껍데기일지도 모른다. 페르타타타카 화석 군집에 있는 가시 형태 아크리타치는 중국 일부 지역에 있는 덮개 돌로스톤 바로 위의 암석에서도 발견되었다. 그러므로 이 가시 돋친 포자가 무엇이었든 간에, 지구의 얼음 담요가 녹아서 사라진 직후인 6억 3100만 년 전 무렵에는 세상에 존재했던 것이 확실해 보인다. 이들은 눈덩이지구에서 살아남은 후 재앙이나 다름없는 해빙의 여파 속에서도 진화 군비 경쟁에서 승리한 생명체의 가까운 조상일 가능성이 매우 크다.[4]

20년 동안 범죄 수사처럼 치밀하게 연구하고 최첨단 3D 영상 처리 기술을 활용한 끝에 학계 해석은 수수께끼 같은 배아가 박테리아라거나 좌우대칭 동물과 생물학적 유연관계가 있다는 극단적 주장에서 벗어나 중간 지점으로 좁혀졌다. 실제로 일부 화석은 계통수에 현생 동물 대다수가 등장하기도 전에 나타났을 초기 동물의 배아일 수도 있다. 웡안 화석 가운데 일부는 해면 화석으로 보이기도 한다. 하지만 이런 화석 전부는 아니어도 다수가 후생동물이 아닌 홀로조아holozoa(균류를 제외하고 동물과 가장 가까운 단세포 생물과 동물을 포함하는 생물군-옮긴이)라고 해석하는 것이 더 타당해 보인다(그림 21). 홀로조아는 균류보다는 동물과 더 가까운 유기체를 모두 포함하는 계통군clade을 이룬다. 후생동물이 아닌 홀로조아 가운데 가장 유명한 깃편모충류는 이미 앞에서 만나보았다. 깃편모충류는 해면과 모든 현생 동물의 조상으로 여겨진다. 우리는 진기한 웡안 화석 덕분에 현생 동물로 이어지는 진화 과정 중 초기 단계를 슬쩍 엿볼 수 있다. 그런데 이런 화석은 어떻게 형성되어서 보존되었을까? 정답은 바로 인 생산이다.[5]

놀랍게도 전 세계의 인 비료는 대체로 우리 초기 조상의 배아 화석

그림 21. 6억 년 된 웡안 배아 화석의 주사 전자 현미경 이미지. 사진 (a)부터 (c)까지는 단세포에서 여러 세포로 분열하는 과정 중 서로 다른 단계에 있는 톈주사냐tianzhushania 표본이다. (d)부터 (i)까지는 화석 종류를 더 구체적으로 구분할 수 있다. (d): 헬리코포라미나helicoforamina, (e): 스피랄리켈룰라spiralicellula, (f): 카베아스파에라caveasphaera, (g): 홍조류로 추정되는 아르카이오피쿠스archaeophycus, (h): 멩게오스파에라mengeosphaera. 가시가 돋친 아크리타치이거나 배아 화석을 둘러싸고 있는 휴면 포자와 유사한 것일 수 있다. (i): 해면일 가능성이 있는 에오키아티스폰기아eocyathispongia. 화석의 지름은 약 0.5~1밀리미터다. (사진: 브리스틀대학교 필 도너휴 제공, 커닝햄, J. A. 바르가스, K., 인, Z., 벵스턴, S., 도너휴, P. C. J., 〈웡안 생물상(두산퉈층): 연체 및 다세포 미생물을 들여다볼 에디아카라기 창The Weng'an Biota(Doushantuo Formation): An Ediacaran window on soft-bodied and multicellular microorganisms〉, 《저널 오브 더 지올로지컬 소사이어티Journal of the Geological Society》 제174호, 2017년, pp.793~802에 최초로 실렸다.)

을 채굴하고 가공해서 만든다. 그런데 당시 생명체의 몸에는 단단한 부분이 없었고, 원래 인산염으로 만들어진 부분도 확실히 없었다. 그렇다면 대체 어떻게 인산염 광물로 보존된 걸까? 일부 화석은 온전한 모습을 고스란히 지킨 채로 광물이 되어서 비침습 단층 촬영 방법으로 세포핵을 포함해 내부 구조를 확인할 수 있다. 인산염 광물화는 더 나중에 시작되었다고 알려졌지만, 인 생산은 그 어느 때보다도 에디아카라기와 캄브리아기에 가장 뚜렷하고 왕성했다. 만약 생물이 죽고 나서 부패와 분해가 일어났다면, 화석의 미세한 특징은 하나도 발견되지 못했을 것이다. 따라서 틀림없이 생물체가 죽은 직후에 석화 작용, 이 경우에는 인 생산 작용이 일어났을 것이다. 그렇다면 해저에 분명히 인산칼슘이 과포화되어 있었다는 뜻이다. 인 함량은 왜 그렇게 높았을까? 다양한 요인이 작용했을 가능성이 크다.[6]

궁극적으로 인산염은 화학적 풍화 작용으로 생겨난다. 그러므로 눈덩이지구 이후처럼 풍화 속도가 높았던 시기는 인 생산이 대폭 늘어난 시기와 일치하리라고 당연히 예상할 수 있다. 이 관련성을 뒷받침하는 증거도 있다. 하지만 앞에서 지적했듯이, 생명체에게 영양분이 되어주는 인은 대개 재순환 과정에서 생겨난다. 따라서 인 흡수원의 변화가 훨씬 더 커다란 영향을 미쳤을 것이다. 이때 황 순환이 관여했을 가능성이 크다. 인의 주요 흡수원은 프랑코라이트 광물이다. 프랑코라이트는 미생물이 촉매하는 산화와 환원 순환에 철과 탄소, 황이 관여하는 지점인 산화 환원 경계나 경계 근처의 퇴적물에 침전된다. 산화철과 유기물 모두 인을 소비해서 없애버리는 것으로 알려져 있다. 그러면 이 인은 산화 환원 경계 가까이에서 배출되어 프랑코라이트로 침전된다.

여기서 황화물 산화 박테리아도 무대에 끼어든다. 산소가 있는 조건에서 폴리인산염을 저장하는 이 박테리아는 퇴적물의 산화 환원 경사를 이용해 프랑코라이트 침전에 커다란 영향을 미친다. 이 사실은 인 생산이 일반적으로 산소가 공급된 물기둥 아래에서 발생하지만, 중국이나 다른 곳에서는 산소가 없고, 심지어 황화물을 함유한 물과 아주 가까운 곳에서 발생한다는 관찰 결과와 일치한다. 그렇다면 황화물 함유 수역이나 폐쇄해성 수역이 효율적인 인 재순환에 지극히 중요하다고 볼 수도 있다. 이런 환경에서는 프랑코라이트를 통해서도, 산화물을 통해서도 인이 효과적으로 흡수되지 않기 때문이다. 웡안 역시 8장에서 설명한 폐쇄해성 바다와 아주 가까웠다. 하지만 배아 자체의 지구화학적 성질은 화석 위를 덮은 물에 산소와 황산염, 질산염이 풍부했다고 말한다. 그렇다면 에디아카라기와 캄브리아기의 거대한 인산염 퇴적물도 변덕스럽고 이질적인 해양 산화 환원 환경이 만들어낸 결과가 아닐까?[7]

산소가 공급된 물기둥 아래에서 유기물이 부패하면 산성도가 발생하므로 산소 역시 인 순환에 중요하다. 산성도는 탄산칼슘 침전을 억제하며, 따라서 인산칼슘의 포화 상태가 훨씬 더 높아진다. 약 5억 5000만 년 전에 동물이 퇴적물 속에 굴을 파서 생물 교란 작용을 일으키자, 산소와 다른 전자 수용체가 퇴적물에 유입되었고 전 지구에서 인 흡수가 더욱 촉진되었다. 산소 발생 사건과 동물의 근육 진화는 바다에서 인산염을 더 효율적으로 없애버려서 대기 중 산소 수준에 음의 피드백을 일으켰을 것이다. 그러면 생산성이 떨어지고, 유기물 매장과 추가 산소 발생이 제한되었을 것이다. 만약 퇴적물 위에 있는 물에 유리 산소가 존재하고, 생물 교란 작용이 거의 혹은 아예 없고, 용승 구역처럼 생산성이 높은 지역에서 폐쇄해성 환경이 널리 퍼진다면, 이 완벽한 조합 속에서 퇴적물의 가장 위쪽 표면에까지 인화 작용phosphatization(인산염층이 생성되는 작용-옮긴이)이 뚜렷하게 발생했을 수 있다. 그러면 인회석 결정이 개별 홀로조아 세포 위에서, 심지어 세포 내부에서도 세밀한 무늬를 고스란히 보존할 것이다.[8]

이런 설명은 웡안 화석이 그 일대에서만 풍부한 사실과 잘 맞아떨어진다. 하지만 위와 같은 조건은 지구 역사에서 그다지 드물지 않았다. 규모는 더 작지만, 황산염이 농축되고 바다에 산소가 없던 원생누대의 다른 시기에서도 기존 모습을 온전히 유지한 채로 인산염이 된 미생물층과 유기물 시료가 발견되었다. 이 발견은 토노스기와 캄브리아기에 생명체가 확산하던 무렵에 인산칼슘이 골격을 이루는 가장 초기의 생광물biomineral 중 하나였던 이유를 설명하는 데 도움이 될 수 있다. 생명체는 골격을 만드는 데 에너지가 가장 적게 드는 생광물을 선택하는 것 같다. 그러므로 생명체가 진화하는 시점에 이 생광물은 과포화 상태거나 과포화에 가까운 상태일 것이다. 생명체는 생광물을 고르고 나면, 이후에 환경이 여의찮더라도 기존 생광물을 그대로 고집하는 경향이 있다. 흥미롭게도 최초의 골격 화석 중에는 모악동물chaetognath이 먹이를 움켜쥘 때 쓰는 인산염 가시 프로토코노돈트protoconodont도 있다. 투명하고 꼭 어뢰처럼 생긴 이 동물은 화살벌레로도 불리는데, 최초의 좌우대칭 육식 동물로 꼽힌다. 우리의 머나먼 조상이 남긴 인산염 유산은 왜 우리가 하필 인산칼슘으로 뼈를 만드는지 설명할지도 모른다.[9]

자, 복잡한 내용을 간단히 정리해 보자. 산소가 없는 환경, 특히 폐쇄해성 환경에서 인 재순환이 더 효율적이라는 사실은 확실한 증거가 뒷받침한다. 이런 상황은 양의 피드백을 불러온다. 영양소 덕분에 유기물 생산이 활발해지고, 생산된 유기물이 부패하기 시작하면 무산소 조건이 악화하기 때문이다. 하지만 걷잡을 수 없는 부영양화eutrophication는 결국 산소 배출로 이어진다. 1차 생산과 관련 있는 유기 탄소와 황철석 둘 중 하나가, 혹은 둘 모두가 매장되면서 산소가 배출되기 때문이다. 그러므로 이 과정이 어느 정도 진행되고 나면, 즉 폭주하는 기관차를 멈춰 세울 산소가 대기로 충분히 배출되면 해당 지역에서 무산소 조건을 강화하는 양의 피드백이 장기적 음의 피드백으로 바뀐다. 유기 탄소 매장으로 기후가 냉각되어서 화학적 풍화 작용의 속도가 줄어들고 마침내 영양분을 공급하는 인 순환의 속도가 떨어지면, 양의 피드백을 상쇄하는 음의 피드백이 작용할 수 있다. 황 순환도 음의 피드백이 작용하는 데 영향을 미칠 수 있다. 황철석이 매장되면 바닷물의 황산염 농도가 낮아지고 황산염이 환원되는 속도도 억제된다. 네 번째 가능성도 있다. 에디아카라기에서 캄브리아기로 넘어가는 전환기에는 음의 피드백이 강력하지 않아서 불안정한 양의 피드백을 막지 못했다. 이례적인 탄소와 황, 우라늄 동위원소 기록과 기후 사건이 잘 보여주듯이, 당시에는 탄소 순환 교란이 극단적인 수준으로 요동쳤다. 이 현상을 살펴보면 음의 피드백은 너무 약해서 쉽게 휘청거린다고 볼 수 있을 것 같다. 그런데 왜 생물권이 변화에 저항하고 회복하는 힘을 잃었을까? 주요 원인 가운데 하나는 틀림없이 지각 변동이었을 것이다. 판구조운동은 지구 시스템에 가장 커다란 영향력을 발휘할 뿐만 아니라, 표면의 피드백에 가장 적게 영향을 받는다. 그렇다면 에디아카라기 지구에서는 어떤 지각 변동 사건이 벌어졌을까? 이 변화는 점점 속도가 빨라진 영양소 호름과 과연 일치할까?

2019년 9월, 나는 처음이자 마지막으로 그랜드캐니언을 방문했다. 피닉스에서 열린 미국지질학회 회의에 참석해서 각각 발표를 마친 우리 부부는 6리터 엔진으로 연료를 무섭게 먹어 치우는 괴물 같은 트럭을 빌렸다. 우리가 유일하게 세운 계획은 아마 세상에서 가장 유명할 지질학 장관을 경외의 눈길로 바라본다는 것뿐이었다. 그랜드캐니언을 처음 마주한 나는 그 풍경이 너무나 익숙해서 놀랐다. 지질학 입문 교과서마다 협곡 북부를 바라보는 풍경이 실려 있으니 당연했다. 나도 지난 20년 내내 강의하면서 똑같은 사진을 학생들에게 보여주었다. 지질학자가 보기에 협곡에서 가장 인상적인 면은 선캄브리아 시대의 암석과 캄브리아기 암석을 나눠놓는 경사 부정합이다. 대부정합Great Unconformity이라는 이름을 얻은 이 경사 부정합은 세계 여러 지역의 캄브리아기계 아래에서 퇴적이 한 차례 중단되었다는 오랜 견해를 뒷받침한다. 지난날 학계는 리팰리언 휴지기Lipalian interval라고 불리는 이 공백기가 적어도 어느 정도는 다윈의 딜레마, 다시 말해 암석 기록에서 동물 화석이 느닷없이 등장한 현상의 원인이라고 생각했다. 이제는 이런 견해가 사라졌지만, 전 세계에서 대략 이 시기에 형성된 부정합의 수는 너무도 많아서 깜짝 놀랄 정도다. 에디아카라기에서 캄브리아기로 넘어가는 전환기는 확실히 지각이 크게 융기하고 침식되는 시기였다. 그랜드캐니언 암석층에서 보이는 단절 가운데 다수는 이 전환기보다 수백만 년 앞선 크리오스진기나 에디아카라기의 빙하의 깎는 작용 때문에 발생했을 수도 있다. 그러나 앞으로 더 살펴보겠지만, 빙하의 깎는 작용으로는 지각 침식을 모두 설명하지 못한다. 특히 에디아카라기에는 '티탄의 충돌'이 일어났다. 그리스 신화 속 거인족 티탄이 서로 충돌하듯이, 무수한 땅덩어리들이 충돌해서 대륙을 형성했다. 이 사건은 지구 역사상 가장 거대한 조산 운동으로 손꼽힌다.[10]

높은 퇴적 속도와 전 세계에 사암이 어마어마하게 많이 퇴적된 것을 보면 에디아카라기-캄브리아기의 전환기에 융기와 침식이 전례 없는 규모로 발생했다는 사실을 알 수 있다. 이런 대격변을 뒷받침할 지구화학 증거도 풍부하다. 해수의 스트론튬 동위원소 비율(5장에서 알아보았듯이, 전 세계의 풍화 작용을 추적하는 데 쓰인다)은 이 기간에 가장 큰 폭으로 증가했다. 동위원소 데이터는 오래된 강괴 내부에서 융기와 침식이 일어났다는 사실을 설득력 있게 증명한다. 아마도 지각 충돌 때문에 이런 대격변이 터졌을 것이다. 퇴적물의 광물 함량을 관찰해서 침식을 추적할 수도 있다. 가장 유용한 광물은 바로 지르콘이다.[11]

앞서 살펴보았듯이 지르콘은 암석의 나이를 측정하는 데 가장 유용한 방사성 시계다. 우라늄-납 연대를 정확하게 측정하려면 마그마에서 만들어진 자그마한 지르콘을 바위에서 떼어내야 한다. 이 기술 과정은 바위를 깨부수는 일에서 시작해 체로 걸러내는 작업, 유독한 브로모포름이나 아이오딘화 메틸, 아니면 독성이 훨씬 더 낮은 텅스텐산나트륨 같은 중액heavy liquid과 자기장을 이용해서 광물을 분리하는 작업으로 이어진다. 쌍안 현미경을 이용해 가느다란 바늘로 지르콘 결정을 골라낸 후, 음극선 발광을 이용해서 순도를 조사한다. 그리고 압축 공기로 연마하고, 산으로 식각하고, 완전히 용해해서 증발시킨 다음 다시 한번 더 용해한다. 마침내 용액을 양이온 교환 칼럼에 통과시켜서 우라늄과 납을 농축하고 나면 드디어 질량 분석계로 분석할 수 있다. 이 모든 과정에서 외부 환경의 납 1피코그램(1그램의 1조 분의 1-옮긴이)만 섞여도 시료가 오염될 수 있다. 취리히에서 공부하던 시절에 한 번은 암석 연대 측정 때문에 표본 세 개를 준비하느라 며칠 내내 현미경만 들여다보며 지르콘 결정을 채취했다. 그랬더니 몇 주 동안 눈을 감기만 하면 지르콘이 보였다. 심지어 꿈에서도 지르콘으로 만들어진 사람들이 나왔다. 취리히 연구실은 납을 연구하는 세상의 모든 연구실 가운데 가장 깨끗했다. 납 동위원소 작업은 연구실 가장 깊숙한 곳에 있는 성소에서 이루어졌다. 그러니까 커다란 지구화학 실험실 내부에 깨끗한 양압 실험실이 있고, 그 안에 또 양압 실험실이 있다는 뜻이다. 나와 박사 과정생인 동료들은 실험실이 절대로 오염되지 않게 극단적인 수를 다 써보았지만, 재미있게도 해마다 여름이면 어김없이 개미 떼가 수도꼭지에서 줄지어 나왔다. 개미 떼가 가져오는 납은 실험실을 오염시키지 않는 것 같아서 그냥 무시하곤 했다. TIMS를 이용해서 단일 지르콘 결정의 연대를 측정하는 일은 몹시 힘들고 기술적으로도 지극히 까다롭다. 하지만 ±0.05퍼센트 오차 이내로 연대를 측정하려면 이 작업이 무조건 필요하다. 다행히도 레이저로 재빠르게 처리해서 지르콘 연대를 측정하는 방법도 있다. 이 방법을 쓰면 정확성을 희생해야 하지만, 그 대신 연대나 기타 지구화학 데이터를 빠른 속도로 뽑아낼 수 있다.

지난 20년 동안 레이저 삭박 유도 결합 플라스마 소스 질량 분석법laser ablation inductively coupled plasma source mass spectrometry, LA-ICP-MS이라는 기술이 발전한 덕분에 지르콘 연대 측정 분야와 지구 역사의 이해에서 혁명이 일어났다. 이제는 그저 레이저를 조준하기만 하면 단박에 지르콘 광물을 분리하고 채취해 곧바로 연대를 측정할 수 있다. 이 작업 단 한 번으로 연대를 수십 개나 심지어 수백 개까지 알아낸다. 퇴적암 속의 지르콘 연대는 풍화 작용을 겪는 유역을 알려주므로, 연대 분포는 풍화된 암석과 해당 지역의 지체 구조 역사에 관한 중요한 증거가 된다. 이 방식으로 연대를 측정한 지르콘 개수는 벌써 100만 개에 가깝다. 그 덕분에 학계는 전 세계에서 세월이 흐르며 변화한 지르콘 빈도수를 파악했고, 지르콘이 가장 많이 만들어진 시점과 가장 적게 만들어진 시점을 확인했다. 지르콘이 가장 많이 만들어진 시점은 파란만장한 지각 충돌을 거쳐 초대륙이 형성된 시기와, 가장 적게 만들어진 시점은 지각 변동이 중단되어 잠잠했던 시기와 관련 있을 것이다(그림 22). 슈퍼리아Superia와 누나Nuna, 로디니아 등 유라시아 대륙만큼 거대한 대륙이나 초대륙이 판게아 이전에도 존재했다는 추측의 근거로는 지질학 해석뿐만 아니라 지르콘 빈도수와 분포, 동위원소 조성도 있다. 게다가 레이저 삭박 기술에는 장점이 하나 더 있다. 같은 지르콘으로 다양한 동위원소 시스템을 분석할 수 있어서 우리 행성의 지질 구조 역사에 관한 단서를 더 많이 찾아낼 수 있다.[12]

지르콘 빈도수도 기록에서 최고점은 18억 6000억 년 전과 10억 2000만 년 전으로, 각각 누나와 로디니아를 만든 거대한 조산 운동과 관련 있다. '지루한 10억 년'이 상대적 안정기였다는 사실은 지르콘 기록에서도 잘 드러난다. 이후 에디아카라기 도중인 6억 년 전 무렵에 지르콘 형성이 다시 절정에 달했다. 이 시기의 지반 융기와 침식을 뒷받침하는 독립 증거는 스트론튬 동위원소다. 흥미롭게도 에디아카라기와 캄브리아기의 지각 충돌에서 나타나는 특징은 전 세계의 쇄설 지르콘 속 하프늄 동위원소와 산소 동위원소의 평균값이 이례적일 만큼 극단

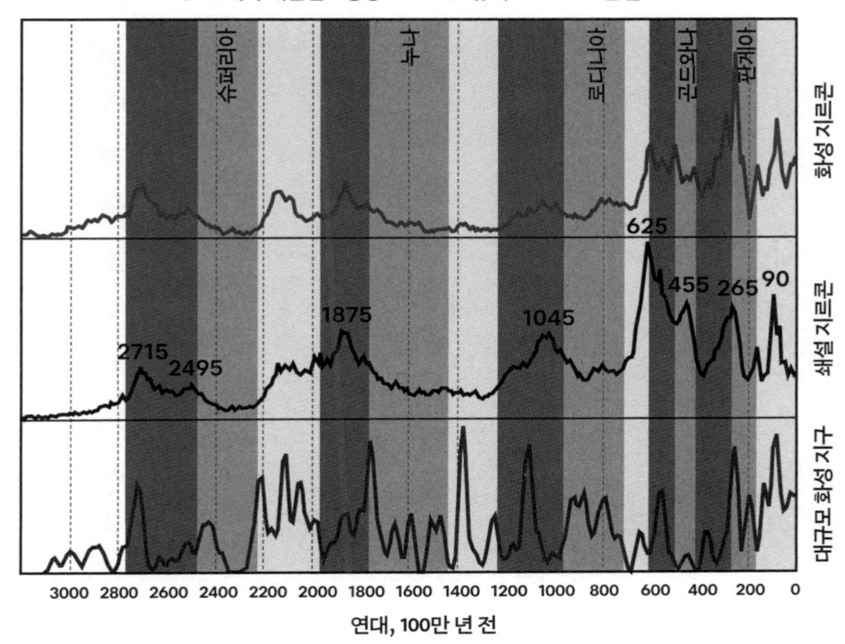

그림 22. 지구 역사 속 초대륙 순환. 지르콘 빈도수와 마그마 활동 기록을 통해 지각 변동과 마그마 활동 순환 또는 초대륙 순환을 파악할 수 있다. 각 지르콘이 가장 많아진 지점은 초대륙 형성과 관련된 조산 운동의 절정기를 나타낸다. 반대로 지르콘이 가장 적은 지점은 초대륙이 장기간 침식되고 삭박되다가 끝내 분열하기까지 지각 변동이 소강상태에 이른 시기를 가리킨다.

적이라는 사실이다. 지르콘의 하프늄 동위원소 조성은 스트론튬 동위원소로 미루어보아 조산 운동이 벌어졌을 때 아득하게 오래된 지형이 융기하고 침식했다는 주장을 확증한다. 산소 동위원소는 전례 없는 규모로 지각이 재형성되었다고 알려준다. 그런데 이런 지각 변동이 어떻게 일어난 걸까? 대체 무슨 일이 있었기에 이처럼 전대미문의 대격변이 벌어진 걸까?[13]

오늘날에는 이처럼 거대한 융기와 침식, 재형성이 대체로 히말라야산맥과 관련 있다. 히말라야산맥은 5000만 년 전에 인도판과 유라시아판이 충돌한 지점에서 솟아올랐다. 현재 아프가니스탄에서 미얀마까지 2400킬로미터나 뻗은 봉합대를 따라 지각 덩어리 두 개가 붙어 있다. 히말라야산맥이 그렇게나 높은 것은 두 지각 덩어리 사이에 있었던 바다가 맨틀로 섭입했기 때문이다. 두꺼워진 대륙 지각이 짜부라지고 녹으면서 밀도가 낮은 지각이 마치 물속에 빠뜨린 얼음 조각처럼 불쑥 떠올랐다. 그러자 원래 깊숙하게 파묻혀 있던 먼 과거의 암석이 높은 고도에서 지표면으로 드러나 악천후에 시달리며 더 빠르게 풍화되었다. 2010년, 오스트레일리아의 지질학자 이언 캠벨Ian Campbell과 리처드 스콰이어Richard Squire는 에디아카라기와 캄브리아기에 조산 운동이 일어난 지역이 8000킬로미터 넘게 뻗어 있었을 것이라고 추산했다. 오늘날 히말라야산맥의 봉합대보다 세 배 이상 길다. 두 사람은 당시 조산 운동으로 생겨난 산맥에 곤드와나횡단 거대산맥Transgondwanan Supermountain이라고 이름을 붙였다. 이 산맥이 침식되면서 퇴적물이 1억 세제곱킬로미터 이상 생겨났다. 두께가 10킬로미터에 달하는 암석층으로 미국을 너끈히 덮어버릴 양이다. 이 '초산맥'이 솟아오르는 지점에서 맞부딪치던 두 거대 대륙은 당시에 서로 붙어 있던 아프리카와 남아메리카가 포함된 서곤드와나West Gondwana와 남극과 인도, 오스트레일리아, 아라비아가 합쳐진 동곤드와나East Gondwana였다.[14]

캠벨과 스콰이어는 초산맥이 풍화되어서 엄청난 양의 퇴적물이 바다로 유입되자 유기 탄소가 매장되고 산소가 배출되고 결국 동물 다양화로 가는 길이 마련되었다고 주장했다. 화학적 풍화 작용을 통해서만 생겨날 수 있는 영양소인 인산염은 유기물이 생산되는 데 연료로 쓰였고, 칼슘 이온 같은 다른 풍화 산물은 생물학적 광물 생성 작용에 쓰였다. 캄브리아기 생명 확산을 설명하는 '풍화 이론'은 수도 없이 나타났다가 사라졌는데, 그럴 만한 이유가 있다. 유기물이 매장되면 양의 탄소 동위원소 이상이 발생한다. 그런데 에디아카라기에서 캄브리아기로 넘어가는 전환기에는 지구 역사상 거의 유일무이하게 음의 이상이 발생했다(다음 장에서 더 자세히 살펴보겠다). 융기와 침식이 일어나면 퇴적물과 영양분이 만들어져서 산소가 생성되는 데 도움이 된다. 하지만 환원된 형태의 탄소와 황화물, 철이 노출되어서 풍화되므로 산소가 엄청나게 많이 소비되기도 한다. 지각 융기만으로 암석 순환 속도가 빨라졌을 때 반드시 지구 산소 수지에서 순 잉여가 생기는 이유는 당장 명확하게 알 수 없다. 아울러 바다는 탄산칼슘이 포화한 상태다. 그러므로 풍화 작용이 늘어날수록 탄산칼슘 퇴적도 늘어나지만, 반드시 탄산칼슘 포화 정도가 더 높아지지는 않는다. 이때 균형이 깨지며 생물학적 광물 생성 작용이 발생한다. 이 시기의 놀라운 지각 대격변은 우리의 기원 이야기에서 명백히 중요하다. 실제로 지각 변동 때문에 인산염이 평소보다 더 많이 바다로 흘러들었을 것이다. 하지만 인산염이 단순히 산꼭대기에서 바닷속 밑바닥으로 이동하는 것만으로는 충분하지 않다. 다음 장에서 수많은 실마리를 한데 합쳐서 마침내 완전한 그림을 그릴 테니 지금은 여기에서 멈추자. 이번 장을 마무리하기 전에 생명체에 중요한 영양 원소를 하나만 더 간단히 살펴보겠다. 새로운 주인공은 질소다.

질소는 대기에서 쉽게 얻을 수 있다. 하지만 유스투스 폰 리비히처럼 단지 질소가 풍부하므로 제한 영양소가 될 수 없다고 오해해서는 안 된다. 질소를 원소 형태로 활용할 수 있는 생명체는 극소수다. 질소 고정 유기체, 다시 말해서 질소 자급 영양형diazotrophic 생물은 모두 박테리아거나 고세균류다. 모든 진핵생물을 포함해서 다른 생명체는 다른 방식으로 질소를 얻어야 한다. 콩과 식물처럼 질소 자급 영양 생물diazotroph과 공생할 수도 있고, 아질산염이나 질산염 암모니아처럼 이미 고정된 형태의 질소를 얻을 수도 있다. 이런 조건은 산소가 별로 없는 바다에서 광합성을 하는 조류에게 문제가 된다. 시아노박테리아와 맞붙은 경쟁에서 쉽게 밀릴 수 있기 때문이다(시아노박테리아는 질소를 고정할 수 있다-옮긴이). 고정된 질소는 탈질소 작용denitrification 도중에서 손실되고, 사용할 수 없는 원소 상태로 되돌아간다. 오늘날 탈질소 작용은 대체로 퇴적물 내부에서 일어난다. 해저에는 일반적으로 산소가 공급되어 있어서 용승하는 해류가 인산염뿐만 아니라 질산염도 운반하기 때문이다. 하지만 산소가 없던 과거 바다에서는 탈질소 작용이 물기둥 내부에서 더 흔하게 발생했을 것이다. 그러면 조류는 고정된 질소를 얻지 못할 테고, 바다에서 조류가 생존할 수 있는 곳은 급격하게 줄었을 것이다. 바다에 산소가 더 널리 공급되기 전까지는 진핵생물 조류가 질소 자급 영양형 미생물에 의존할 수밖에 없었을 것이다. 그렇다면 NOE가 일어난 신원생대에 와서야 조류 바이오마커가 두드러진 이유를 이해할 수 있다.

질소 고정은 산소가 없는 조건에서 일어난다. 그래서 시아노박테리아는 산소가 매우 풍부한 오늘날 환경에서도 질소를 고정할 메커니즘을 발전시켰다. 시아노박테리아는 대체로 이형세포heterocyst를 이용해서 질소를 고정한다. 구상coccoid 시아노박테리아는 구슬이 가느다란 실처럼 줄줄이 연결된 모습인데, 이 안에 이형세포가 들어 있다(이형세포는 산소 유입을 차단해서 혐기성 환경을 만들고 질소 고정 효소를 활성화한다-옮긴이). 이 능력이 언제 처음 진화했는지는 아직 확실하지 않다. 하지만 연대가 토노스기 초기로 거슬러 올라가는 중국 북부의 시아노박테리아 화석에서 커다란 세포가 발견되었다. 흥미롭게도 일부 분자 연구는 토노스기에 시아노박테리아가 뚜렷하게 다양해졌다고 강조했다. 이는 외해에서 질소 고정이 가능해졌다는 의미다. 이런 생물학적 혁신이 왜 그렇게 늦게 발생했는지는 여전히 수수께끼다. 이런 사건이 발생한 시기와 광합성을 하는 홍조류와 녹조류가 출현한 시기가 일치한다는 사실을 고려할 때, 토노스기 초반의 생물 다양화에 관한 내용이 머지않아 훨씬 더 많이 발견될 것 같다. 나는 이번에도 초기 진핵생물의 확산에서 산소가 핵심이었다고 주장하고 싶다. 진핵생물은 질산염 재순환 덕분에 시아노박테리아와 경쟁할 수 있었고, 시아노박테리아는 산소가 늘어나는 환경에서 대비책을 더 발전시켜야 했기 때문이다. 전형적인 에디아카라기 원반 모양 화석, 즉 아스피델라로 볼 수 있는 최초의 화석도 북중국 강괴의 토노스기 초반 암석에서 발견되었다. 원반 모양 화석은 언제나 가장 중요한 순간에 나타나는 듯하다. 앞에서 살펴보았듯이, 캐나다에서는 스터트 빙하기 이전에, 뉴펀들랜드에서는 더 나중인 가스키어스 빙하기 이후에 비슷하게 수수께끼 같은 화석이 출현했다. 어쩌면 토노스기 초반에 최초의 해양 산소 발생 사건이 일어나서 장차 본격적으로 펼쳐질 해양 생물 다양화의 길을 닦았을지도 모른다.[15]

그렇다면 산소가 없는 바다에서 고정된 질소를 이용할 가능성과 산소가 있는 바다에서 인을 이용할 가능성이 유기물 생산을 좌우했다고 추측할 수 있지 않을까? 하지만 시아노박테리아는 스스로 질소를 고정할 수 있다. 그러므로 산소가 없는 바다에서는 미생물 생태계가 유리해서 다양한 진핵생물 개체군이 주변부로 밀려나고, 산소가 더 풍부한 바다에서는 균형이 진핵생물 쪽으로 기운다고 생각하는 편이 옳아 보인다. 우리 연구진은 에디아카라기에서 캄브리아기로 넘어가는 전환기 내내 이런 균형 작용이 일어났다는 가설을 증명하고자 질소 동위원소를 조사했다. 탈질소 작용이 독특한 동위원소 지문을 남기기 때문이다. 지금까지 확보한 데이터로 보건대, 에디아카라기 바다는 현대 바다와 약간 비슷하게 질산염 함유량을 안정적으로 유지했다. 다만 이 함유량은 황산염과 몰리브덴산염, 바나듐산염 같은 다른 산소 음이온의 변화에 맞춰서 에디아카라기와 캄브리아기 내내 늘어나고 줄어들기를 거듭한 것 같다. 이런 상황에서 조건이 유리해질 때마다 동물이나 다른 절대 호기성 생물obligate aerobe이 성공을 거두었을 뿐만 아니라, 조류와 원생생물 같은 다른 형태의 진핵생물도 이 대열에 합류한 듯하다. 서식할 수 있는 환경이 늘어나면 새로운 호기성 동물이 기회를 낚아채고 지구 곳곳으로 뻗어나갔다.[16]

산소가 생겨난 바다는 분명히 생물지구화학 순환에 커다란 영향을 미쳤다. 산소가 공급되고 동물이 활동하면서 혼탁했던 바닷물이 마침내 깨끗해지자, 조류와 다른 진핵생물은 미생물이 고정한 질소에 덜 의존할 수 있었다. 슈프렝겔이 말한 제한 영양소는 상황에 따라서 인산염이었다가 질산염으로, 또 질산염이었다가 인산염으로 바뀌었을 가능성이 있다. 적어도 진핵생물의 경우에는 그랬을 것이다. 하지만 눈덩이지구 이후 초온실 상태가 찾아오고 초산맥을 만든 조산 운동이 일어나면서 전 세계 바다에 인산염이 엄청나게 많이 유입되었다. 중국처럼 바다 가장자리의 생산적인 구역은 폐쇄해성 조건 덕분에 인산염 재순환에 이상적이었고, 양의 피드백이 작용하면서 유기물 생산과 황철석 매장, 산소 흐름이 걷잡을 수 없을 정도로 급증했다. 그러자 부영양화가 발생해서 해양 환경에 급격한 산화 환원 경사가 만들어졌다. 더불어 해저를 덮은 미생물 깔개의 최상층이나 얕은 대륙붕에서 산소가 있는 환경이 산소가 없는 환경과 인접해서 생겨났다. 그 결과, 초기 인화 작용이 널리 확산했다. 흥미롭게도 원생누대의 더 이른 시기, 20억 년 전이나 16억 년 전에 해양에 일시적으로 산소가 공급되었을 때도 초기 인회석이 만들어졌다. 이처럼 환경이 변하자 산화 환원 경계와 인 생산이 일어나는 곳도 더 깊은 심해로 이동했다. 시간이 더 흘러서 새로운 동물이 진화하고 생물 교란 작용을 일으키면서 바다에 산소가 더 꾸준히 공급되었다. 우리는 에디아카라기에서 캄브리아기로 넘어가는 전환기의 바다에 감사해야 한다. 산소를 품은 당시 바다는 오늘날 우리의 식량 안보와 비료 공급을 대부분 책임지고 있다.[17]

지금까지 지구 시스템에 관해 배운 내용으로 미루어보건대, 영양소나 기후, 산소가 한 방향으로만 도저히 막을 길 없이 변화하는 현상은 세상이 돌아가는 자연스러운 이치가 아닌 것 같다. 우리는 음의 피드백을 당연하게 여긴다. 예를 들어 지각 변동이 어떤 결과를 낳으면, 다른 현상이 그 결과를 상쇄해서 현재 상태를 안정적으로 유지한다. 여러 원소 순환이 오늘날의 지구 시스템과 동물이 출현하는 데 한몫했다. 산소는 물론 주연을 차지했고, 인과 질소도 중요한 역할을 맡았다. 기후 변화와 지각 변동, 풍화 작용도 빼놓을 수 없다. 하지만 우리는 이 끝없는 순환 게임에서 누가 악역인지 아직 발견하지 못했다. 전부 언제나 거의 완벽하게 균형을 이루고 있다면, 대체 왜 눈덩이지구 같은 대혼란이 벌어진 걸까? 크리오스진기에 빙하기는 어떻게 발생했을까? 규산염 풍화라는 기후 조절 피드백이 고장 난 이유는 무엇일까? 산소가 늘어날 때마다 초기 동물이 훨씬 더 멀리 퍼져나갔던 에디아카라기와 캄브리아기의 전환기에는 대체 왜 극단적인 산소 변동이 일어났을까? 지구 시스템은 파도가 다시 닥쳐오는데 균형을 잡는 귀중한 능력을 거의 다 잃은 채 거친 물결 위에서 까닥거리는 배처럼 변하고 말았다. 이제는 인산염과 질산염 같은 영양소의 역할까지 자세히 파악했으므로, 이런 요소가 어떻게 결합해서 지구 시스템을 바꿔놓았는지 본격적으로 알아볼 차례다. 다만 아직 준비를 완벽하게 마치지 못했다. 성가신 탄소 순환 변동이 어떻게 발생했는지 알아낼 수만 있다면, 퍼즐의 마지막 조각을 끼워서 맞출 수 있다. 토노스기부터 크리오스진기와 에디아카라기를 거쳐 캄브리아기 초반에 이르는 기간 내내 무엇보다도 탄소 동위원소 이상이 두드러진 현상은 절대 우연일 수 없다. 이 장의 첫머리에서 넌지시 말했듯이 지각 변동과 영양소도 중요하지만, 정말로 의문을 해소하려면 가장 껄끄러운 문제에 정면으로 부딪쳐야 한다. 바로 음의 탄소 동위원소 이상이다.

10.

소금 한 꼬집

급작스러운 생명체 확산에 대한 의문을 풀어내다

A Pinch of Salt

생물은 우연과 우발적인

사고로 진화한다.

눈덩이지구 이전부터 캄브리아기 생명 대폭발까지 지구 탄소 순환은 줄곧 불안하게 요동쳤다. 이 변화는 극한 기후뿐만 아니라 급격한 탄소 동위원소 변동으로도 확인할 수 있다. 지구화학 기록은 산소가 거의 없는 바다에 방대한 양의 유기물이 있었다고 말해준다. 유기물의 양은 육지에 있는 광대한 염분 퇴적물의 풍화 작용과 연관된 세균성 황산염 환원의 순환에 따라서 늘어나거나 줄어들었다. 최근의 새로운 증거를 토대로 이 시기의 특이한 사건들을 하나로 묶어보면, 생명체의 급작스러운 확산(다윈의 딜레마)이 조산 운동과 산소 모두와 연관되어 있다는 사실을 확인할 수 있다.

나는 꼭 엊그제처럼 느껴지는 30년 전에 처음으로 취리히 땅을 밟았다. 몇 달 동안 스위스 중부의 루체른 호숫가에서 간식을 팔다가 온 터라 온몸이 구릿빛으로 멋지게 타기는커녕, 얼룩덜룩하게 타버렸다. 그 해 여름 내내 아침마다 메겐 인근의 수영장 관리인 사무실까지 몇 킬로미터를 한가로이 걸어갔다가 저녁이 되면 다시 느긋하게 걸어서 돌아왔다. 소지품을 모조리 작은 더플백 안에 욱여넣을 수 있던 시절이었다. 유일하게 내 곁을 변함없이 지키는 동반자는 옷 몇 벌, 별나지만 믿음직한 책 한두 권, 《오늘날의 지구과학Erdwissenschaften heute》이라는 고급 잡지 한 권이었다. 잡지에는 취리히연방공과대학교가 발견한 흥미진진한 내용이 실려 있었다. 내가 1년 동안 지질학과 독일어를 함께 공부한 다음 박사 과정을 시작할 학교였다. 기차에 앉아 잡지를 한 번 더 뒤적이던 중, 켄 쉬 교수가 이끄는 연구진의 작업에 유독 눈길이 갔다. 그때는 몰랐지만, 그는 이미 세상에서 가장 유명한 지질학자였다.

켄 쉬는 1948년에 중국을 떠나 미국으로 간 이후로 지질학계에서 눈부신 경력을 쌓았다. 그가 집필한 대중 과학 서적 역시 화려한 명성에 적지 않게 이바지했다. 가장 인기 있는 작품으로는 날지 못하는 공룡이 운석 때문에 멸종한 과정을 이야기하는 《대멸종The Great Dying》 같은 그림책과 지중해 해저에서 막대한 양의 소금을 발견한 사건을 다룬 《지중해는 사막이었다The Mediterranean Was a Desert》가 있다. 나는 운 좋게도 시기적절하게 취리히연방공과대학교에 들어갔다. 마침 켄 쉬가 제임스 러브록의 가이아 이론에 어느 정도 영감을 받아서 캄브리아기 생명 대폭발에 관심을 두기 시작한 참이었다. 가이아 이론은 생명체가 자기 자신의 성공에 유리한 조건을 직접 만들어낸다고 가정한다. 이 책을 마무리할 때 가이아 이론을 살펴볼 예정이니, 지금은 켄 쉬의 지중해 작업에 집중하자. 그때부터 지금까지 30년 동안, 학계는 빙하 작용과 영양소, 산소, 지각 변동 등 겉으로는 이질적으로 보이는 단서들을 점점 하나로 합쳐서 우리의 진화 기원을 둘러싼 전체 이야기를 구성해 나갔다. 30년 전 나는 아직 찾지 못한 마지막 조각이 소금일 것이라고는 조금도 의심하지 못했다.

한 세대 전, 켄 쉬와 빌 라이언Bill Ryan은 심해저를 시추하는 과학 탐사선 글로마챌린저호를 타고 공동으로 조사 팀을 이끌었다. 조사 팀은 평균 수심이 1500미터이고 제일 깊은 곳은 5000미터에 이르는 지중해의 가장 깊은 해저 아래에서 두꺼운 소금 퇴적물을 발견했다. 소금은 이번 항해의 목표가 아니었다. 원래 지중해는 테티스해라는 훨씬 더 넓은 대양 분지의 서쪽 끝에 있었다. 테티스해라는 이름은 그리스 신화 속 가이아의 딸이자 오케아노스의 아내인 티탄족 여신 테티스에서 따왔다. 본디 글로마챌린저호는 국제 심해 시추 프로젝트의 열세 번째 구간에서 테티스해가 언제, 어떻게 폐쇄되었는지 알아낼 계획이었다. 쉬와 라이언은 지각과 맨틀 최상부를 구성하는 단단한 땅에서 잘 부서지는 윗부분인 테티스해 해양 암석권이 더 북쪽에 있는 유럽 남부의 화산 아래로 섭입했으며, 그 과정에서 지각이 일그러지고 알프스산맥이 솟아올랐다는 사실을 확인하려고 했다. 1970년 당시는 판구조론이 아직 보편적으로 받아들여지지 않았던 때였다. 지중해의 가장 깊은 해구에서 섭입 증거를 찾는다면, 판구조론을 더 확실하게 검증할 수 있다는 전망이 밝아질 터였다. 그런데 지중해의 가장 깊은 곳에서 소금이 발견되자, 지질학 기준으로 볼 때 비교적 가까운 과거 언젠가에 지중해 전체가 완전히 증발하고 소금만 남았던 것인지 의문이 피어올랐다.

이 소금 덕분에 대서양으로 나가는 지중해 서쪽 관문이 대략 500만여 년 전 마이오세Miocene Epoch 말에 지브롤터해협 근처에서 거의 막혔으리라는 과거의 의심이 옳았던 것으로 밝혀졌다. 겨우 몇 해 전, 이 사건을 메시나절 염분 위기Messinian Salinity Crisis라고 부르자는 제안이 나왔다. 시칠리아의 메시나를 비롯해 지중해 가장자리에 가까운 곳이면 어디에서든 발견되는 두꺼운 황산칼슘 수화물, 즉 석고층 때문에 이런 이름이 붙었다(메시나절은 마이오세의 마지막 시기이며, 이탈리아 시칠리아의 메시나에서 이름을 따왔다-옮긴이). 석고는 부드러운 광물이다. 메소포타미아에서 스페인까지 걸친 온 지역이 오랫동안 설화석고로 조각품을 만들었다. 오늘날에도 지중해를 둘러싼 지역에서 마이오세의 설화석고가 채굴된다. 지중해가 한때 바짝 마른 땅이었다는 생각은 새롭지 않다. 고대 로마의 학자 대大 플리니우스의 저술부터 허버트 조지 웰스의 공상과학 소설까지, 사람들이 자주 곰곰이 생각하던 주제였다. 바닥까지 마른 지중해로 대서양의 바닷물이 쇄도한 일은 플라톤이 이야기한 아틀란티스 신화에 영향을 주었을지도 모른다. 그러나 지중해가 얼마나 깊은지 밝혀지고 나자(어쨌거나 이 바다도 대양이 남긴 유산이다), 이런 공상은 가라앉았다. 1970년에 심해 시추 항해가 시작될 때만 해도 메시나절 염분 위기의 규모가 얼마나 대단했는지 아무도 예상하지 못했다.

바닷물이 증발할 때 가장 먼저 침전되는 광물은 탄산염 광물이다. 물을 끓인 주전자에 묻어 있는 석회 자국과 똑같다. 바닷물이 더 많이 증발해서 염도가 세 배 넘게 올라가면 석고가 침전되기 시작한다. 하지만 침전이 시작되는 시점은 바닷물 속의 다른 이온, 즉 나트륨과 염화물의 농도에 따라 크게 달라진다. 예를 들어, 현대의 카스피해에서는 염도가 일반적인 해수 염도보다 조금만 더 높아져도 황산칼슘 광물이 곧바로 침전될 것이다. 칼슘과 황산염 이외에는 이온이 상대적으로 부족하기 때문이다. 일부 연구자는 역시 테티스해가 남긴 유물인 카스피해와 흑해가 메시나절 염분 위기 동안 염도가 낮고 석고가 포화한 물을 지중해에 댔다고 추측했다. 암염(NaCl)은 용해성이 훨씬 더 커서, 바닷물이 엄청나게 증발해 염도가 평소의 열 배 이상으로 오르는 극단적 조건이 되어야 침전되기 시작한다. 증발의 마지막 단계에 이르면, 훨씬 더 용해성이 높은 염분도 침전된다. 지중해 가장자리에는 석고가 수백 미터나 쌓여 있다. 염분 위기를 가장 명백하게 보여주는 징후다. 반대로 가장 깊은 해저 아래를 지배하는 광물은 두께가 3킬로미터가 넘는 암염 퇴적물이다. 심해저 아래에 쌓인 이 소금층의 존재는 1970년 이전에 지진학자들이 연속 반사층을 발견했을 때 이미 알려졌다. 기존에 학계는 근해의 소금층이 육상 석고 퇴적물보다 훨씬 더 오래되었다고 추정했고, 어쩌면 해저 확장seafloor spreading(중앙 해령 주변에 있는 판들이 벌어지면서 새로운 지각이 생겨나고 해저가 확장되는 현상-옮긴이)의 가장 초기 단계와 관련 있을지도 모른다고 여겼다. 글로마챌린저호가 지중해를 시추하고 나서야 이 근해 소금층이 마이오세에 만들어져서 아직 젊다는 사실이 분명하게 드러났다. 쉬를 비롯해서 배에 타고 있던 과학자들 모두 깜짝 놀랐다.[1]

지질학자들이 육지와 근해의 소금층을 연결하면서 메시나절 염분 위기의 방대한 규모가 밝혀지자, 과학계는 경악하며 격렬한 논쟁을 펼쳤다. 켄 쉬가 집필한 책의 제목이 눈길을 잡아끌기는 하지만, 당시에 지중해 전체가 한동안 사막으로 변했을 가능성은 극히 희박하다는 사실이 곧 드러났다. 증발 퇴적물이 이처럼 두껍게 쌓이려면 건조만으로는 불가능하고, 바닷물이 반복적으로 보충되어야 한다. 암염과 석고를 포함해서 퇴적된 소금의 양은 확실히 오늘날 지중해에 녹아 있는 전체 소금의 양보다 훨씬 더 많다. 메시나절Messinian Age에 지중해는 여러 차례 말라붙었을 수도 있고, 대서양이나 파라테티스해Paratethys Sea(테티스해에서 분리되어 현재 중앙아시아 지역에 형성된 바다-옮긴이) 둘 중 하나, 혹은 둘 모두와 부분적으로 연결되었을 수도 있다. 아마 후자가 가능성이 더 클 것이다. 수문학에서는 이런 부분적 증발을 '음의 물 수지negative water balance'라고 일컫는다. 음의 물 수지는 물이 증발하는 속도가 해로와 강수, 땅 위를 흐르는 유수를 통해 보충되는 속도를 넘어설 때 발생한다. 지중해의 물 수지는 오늘날에도 여전히 작은 음수값이라서 이곳은 대서양보다 염도가 훨씬 더 높다. 590만 년 전에서 533만 년 전 사이에는 음의 물 수지가 비정상적으로 심각해져서 증발 광물이 100만 세제곱킬로미터 이상 퇴적된 것이 틀림없다. 메시나절 염분 위기 같은 사건은 규모가 너무 거대해서 전 세계 해양 염도를 낮출 수 있다.

이처럼 '막대한 증발 사건'은 유역 폐쇄와 관련 있으며, 드물게 발생한다. 아주 따뜻한 지역에서 대양 분지가 막 열릴 때 발생하는 경향이 있지만, 마이오세의 테티스해처럼 대양 분지가 막힐 무렵에 벌어질 수도 있다. 그러므로 증발 사건의 시공간 분포는 기후와 우발적인 지각 현상이 만든 우연의 산물이다. 토노스기, 에디아카라기와 캄브리아기의 전환기, 데본기 말, 페름기 말, 쥐라기 중반, 백악기 초에도 최소한 메시나절 위기만큼 규모가 엄청났던 염분 위기가 벌어졌다. 평균을 내면 대략 1억 년마다 거대한 염분 위기가 터진 셈이다. 백악기에는 마치 누가 지퍼를 연 것처럼 대서양 남부가 열리면서 염분 위기가 일어났다. 대서양의 바닷물이 오늘날 브라질 동부와 아프리카 서부 해안에 깊이 잠긴 열개분지로 쏟아져 들어갔던 것이다. 지중해의 마이오세 증발 퇴적물처럼 백악기 증발암도 대부분 해저 훨씬 아래에 묻혀 있다. 이 증발암은 아직 잠잠한 대륙 가장자리가 융기와 침식을 겪어야만 햇빛을 볼 것이다. 판의 섭입이 일어나서 결국 지각 충돌이 발생해야 가능한 일이지 싶다. 증발암은 용해성이 높으므로 물에 완전히 녹아서 아주 쉽게 풍화된다. 테티스해 동부의 가장자리에 오랫동안 파묻혀 있던 막대한 양의 증발 광물은 약 5000만 년 전에 인도가 처음으로 아시아와 충돌했을 때 바닷물에 씻겨 내려간 것으로 추정된다. 이 충돌 사건은 끝내 히말라야산맥과 티베트 고원의 융기로도 이어졌다.[2]

증발 퇴적물은 지구 시스템 조절을 괴롭히는 골치 아픈 가시가 될 수 있기 때문에 흥미롭다. 제임스 허턴이 말한 대규모 암석 순환과는 달리, 증발암의 퇴적과 풍화는 장구한 시간이 흘러도 거의 균형을 이루지 못한다. 풍화가 꾸준히 일어나는 가운데 규모가 터무니없이 큰 퇴적 현상이 산발적으로 겹치기까지 한다. 증발암의 퇴적과 풍화를 일으키는 원인은 지각 변동 사건인데, 이런 사건은 기후와 탄소 순환을 안정적으로 조절한다고 추정되는 음의 피드백에 영향을 덜 받는다. 지구 시스템을 불안하게 뒤흔드는 증발암 역학의 역할은 수십 년 동안 무시당한 끝에 지난 몇 년간 주목받았다. 증발암은 우리가 이 책에서 꾸준히 던지는 질문 일부에 대답을 내놓을지도 모른다. 원생누대의 마지막에 기후가 왜 눈덩이지구처럼 전례 없이 극단적으로 변했을까? 하필 이 시기에는 바닷속 깊은 곳에 산소가 공급되었는데도 바다 가장자리는 왜 무산소 환경, 심지어 폐쇄해성 환경으로 바뀌었을까? 이상하게 들릴지도 모르겠지만, 증발암은 생물학적 광물 생성 작용의 원인이었을 수도 있다. 어떻게 그런 일이 벌어졌는지 이해하려면 탄소 동위원소로 돌아가야 한다. 지금까지 나는 탄소 동위원소를 아득한 과거 세상에서 일어난 모든 일의 배경으로만 설명했다. 지질학에서는 탄소 동위원소를 지층 대비에 활용하는 도구이자 탄소 순환 역학을 측정하는 기준으로 너무나 자주 사용해서, 우리가 탄소 동위원소를 거의 모른다는 사실을 깜빡 잊곤 한다. 하지만 탄소 동위원소 변동은 지구 탄소 순환의 교란을 직접 보여주는 요소이고, 탄소 순환은 기후와 산소를 조절하는 데 중요하다. 정말로 난제를 해결하려면 탄소 동위원소 변화를 일으키는 원인을 밝혀야 한다. 특히 크리오스진기 이전부터 캄브리아기 초반까지 줄곧 2억 년 넘게 지속된 유일무이하고 기묘한 사건, 음의 탄소 동위원소 이상을 규명해야 한다.

나는 박사 과정 시절부터 탄소 동위원소의 의미, 특히 음의 탄소 동위원소 이상이 품은 의미를 고민했다. 어떤 주제가 박사 학위 논문감으로 괜찮은지 묻자, 켄 쉬는 선캄브리아 시대와 캄브리아기의 경계를 다뤄보라고 제안했다. 그때로부터 7년 전인 1985년, 켄 쉬는《네이처》에 논문을 실어서 에디아카라기에서 캄브리아기로 넘어가는 전환기에 음의 탄소 동위원소 이상이 발생했다고 최초로 발표했다. 그래서 나는 중국 남서부의 윈난성, 쓰촨성, 후베이성에 있는 전형적인 선캄브리아시대-캄브리아기 경계 구간을 연구하고자 몇 달을 들여서 자금 지원 신청서를 작성했다. 결국 1992년에 쥐꼬리만 한 경비로 중국을 방문해서 5주 동안 지냈다. 베이징의 학생 두 명이 기초 중국어와 마작을 가르쳐 주었고, 지루하고 불편한 기차 여행에서 푹신한 객차를 잡을 때 찔러줘야 하는 담배로는 어떤 상표가 가장 좋은지도 알려줬다. 거의 30년 전 내게 윈난성 쿤양의 메이슈춘Meishucun에 있는 전형적인 선캄브리아 시대와 캄브리아기 경계를 안내했던 장스산Shishan Zhang은 요즘도 방문객에게 채석장 일대와 그의 개인 화석 '박물관'을 구경시켜 준다. 내가 2019년에 마지막으로 이 지역을 방문했을 때, 그는 이웃한 왕자완Wangjiawan 지층과 빙하에 홈이 팬 마리노 빙하기 자갈을 보여주었다.[3]

나는 얼마 지나지 않아 지도교수가 고국에서 상당히 유명하다는 사실을 깨달았다. 인맥 덕분에 원래 외국인이 접근할 수 없는 채석장과 노두를 둘러볼 수 있게 되자 기분이 우쭐해졌다. 사실, 혜택은 여기서 그치지 않았다. 어느 날, 어쩌다 나는 쉬 교수가 은퇴를 앞두고 있어서 내가 마지막 박사 과정 제자라는 말을 우연히 내뱉었다. 그저 지나가는 말일 뿐이었는데, 어느덧 나는 켄 쉬의 위대한 유산을 이어나갈 인물, 적어도 상징적으로는 그 유산을 이어받을 인물이 되어서 당치도 않은 존경을 받았다. 켄 쉬는 선구적인 논문에서 낮은 $\delta^{13}C$ 값의 원인이 전 지구적 해양 생태계 붕괴라고 지적했다. 그리고 특유의 말솜씨를 부려서 소름 끼치는 이런 사건의 여파에 '스트레인지러브 바다'라는 별명을 붙였다. 냉전을 다룬 스탠리 큐브릭의 명작 〈닥터 스트레인지러브〉에서 빌려온 표현이다. 켄 쉬는 왜 해양 생태계가 붕괴했다고 결론 내렸을까? 더 무거운 동위원소 ^{13}C이 ^{12}C보다 부족하다는 뜻인 음의 탄소 동위원소 이상은 전 지구에서 유기물 생산량이 비정상적으로 적었다는 사실을 암시하기 때문이다(그림 23). 백악기와 고진기Paleogene Period 사이의 대량 멸종, 페름기와 트라이아스기Triassic Period 사이의 대량 멸종 이후에도 비슷한 이상 현상이 발생했다. 그러므로 선캄브리아 시대와 캄브리아기의 경계를 이루는 시기에도 같은 논리를 적용해야 마땅할 것이다. 1998년, 폴 호프먼과 동료 과학자들은 나미비아의 훨씬 더 오래된 덮개 돌로스톤에서 비슷한 음의 이상을 발견했다. 그들도 처음에는 정확히 똑같은 논리를 댔고, 눈덩이지구 사건 때문에 스트레인지러브식 생산성 붕괴가 발생했다고 해석했다. 그런데 이런 관습적 해석에는 문제가 하나 있었다. 학계에 보고된 탄소 동위원소 비율 대다수가 지구 역사상 그 어떤 시대보다 낮았다. 수치가 너무 낮아서 해석하기가 갈수록 어려워졌고, 시간이 더 흐르면서 훨씬 더 극단적인 음의 이상까지 발견되었다. 이처럼 낮은 값은 유기물 생산으로 배출된 산소가 풍화 작용으로 소비된 산소보다 적었다고 암시한다. 지구화학자 대부분이 해양 산소 발생 사건이 발생했다고 예측했던 시기에 실은 산소가 부족했다는 뜻이다. 당연히 터무니없어 보이는 생각이다.[4]

솔직히 인정하자면, 박사 과정을 시작할 무렵 나도 당시 수많은 사람처럼 켄 쉬의 발견이 지구 해양 전체를 대표할 수 있을지 약간 회의적으로 생각했다. 그리고 가끔은 에디아카라기에서 캄브리아기로 넘어가는 전환기에 나타난 의심스러울 만큼 막대한 변동이 암석 퇴적 후에 어떤 식으로든 바뀐 것이 아닌지 크게 따져 묻곤 했다. 하지만 이런 의심은 얼마 지나지 않아서 풀렸다. 나는 중국에서 현장 연구를 마치고 취리히로 돌아오자마자 알베르트 마터Albert Matter가 이끄는 연구진의 초대로 스위스의 수도 베른을 방문했다. 마터의 연구진은 오만의 사막에서 연구하던 중이었는데, 감사하게도 안정 동위원소 실험실의 책임자 스티브 번스Steve Burns가 실험실은 물론이고 심지어 아직 발표하지 않은 새로운 동위원소 데이터까지 제시해 주었다. 놀랍게도 그들이 찾아낸 데이터는 켄 쉬가 발견한 것보다 훨씬 더 커다란 음의 이상을 보여주었다. 이 데이터는 해수 $^{87}Sr/^{86}Sr$ 값의 급격한 상승과도 겹쳤다. 음의 탄소

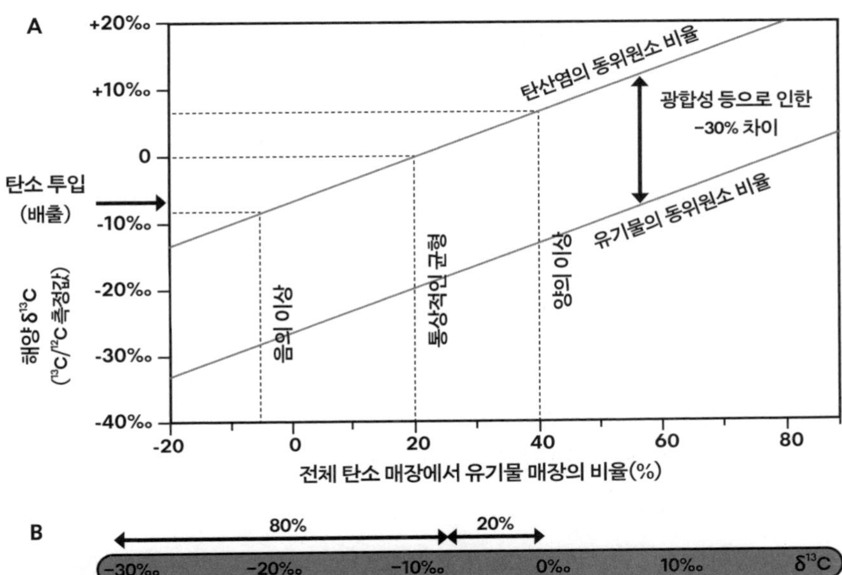

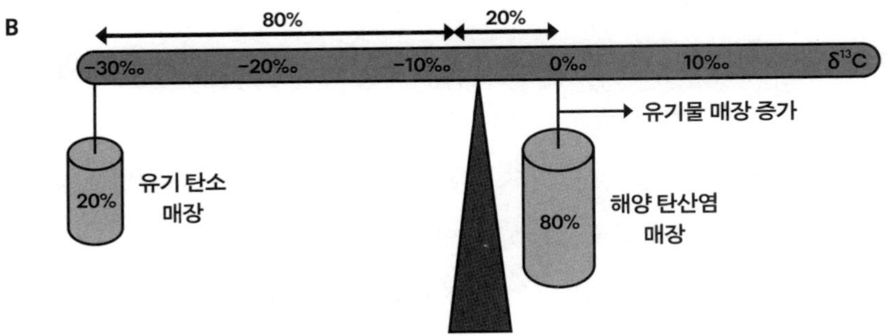

그림 23. 탄소 동위원소 물질 수지. (A) 탄소 동위원소 '지레 규칙lever rule'은 해양의 탄소 동위원소 비율($\delta^{13}C$)이 화석 유기물로 매장된 탄소의 비율에 의존한다는 사실을 잘 보여준다. 오늘날 이 값은 0퍼밀인데, 퇴적된 탄산염과 유기 탄소 사이의 차이가 30퍼밀로 일정하다고 가정할 때 약 20퍼센트의 유기 탄소 매장에 비례한다. (B) 지레의 받침점은 투입값(-6퍼밀) 자리에 있다. 더 낮은 값은 음의 탄소 매장, 다시 말해 산화된 유기물이 생산된 유기물보다 더 많다는 뜻이다. 더불어 지구의 외인성exogenic(지구 표면이나 그 위 작용에서 유래했다는 뜻-옮긴이) 시스템에서 황 순환 같은 다른 시스템을 통해서만 공급될 수 있는 산소 수요가 엄청났다는 의미이기도 하다.

동위원소 이상은 에디아카라기 후반 슈람층을 중심으로 언제나 층위가 똑같은 여러 지역에 걸쳐서 나타났고, 마터의 연구진은 이 데이터를 서로 연관시킬 수 있었다.[5]

번스와 마터가 오만에서 얻은 데이터의 의미를 깊이 고민하던 시기, 오스트레일리아의 시드니에서도 다른 연구 팀이 다른 데이터를 놓고 숙고하고 있었다. 매쿼리대학교의 맬컴 월터Malcolm Walter가 지도하는 학생들은 다양한 안정 동위원소계를 연구했다. 이 학생들 가운데 한 명이 에디아카라기 후반의 워노카층Wonoka Formation에서 거의 비슷한 이상을 발견했다. 워노카층은 LSA가 있는 지층 위와 세계적으로 유명한 에디아카라기 생물상 아래에 끼어 있다. 대표적인 에디아카라기 생물상으로는 갈비뼈가 있는 팬케이크처럼 생긴 디킨소니아나 팔이 여덟 개 달린 에오안드로메다가 있는데, 모두 좌우대칭 운동의 증거를 보여준다. 이처럼 극단적인 탄소 동위원소 이상의 주요 원인과 부수적 원인에 대한 논쟁은 오늘날에도 학계에서 이어지고 있지만, 회의론자는 극소수로 줄어들었다. 슈람 이상Shuram anomaly 혹은 슈람워노카 이상Shuram-Wonoka anomaly이 발견된 이후, 중국과 러시아, 영국, 캐나다, 미국, 몽골의 층위가 같은 지층에서도, 더 나아가 사실상 5억 7500만 년 전에서 5억 6000만 년 전 사이의 암석이 있는 곳이라면 어디에서나 유사한 변칙이 확인되었다. 이상 현상은 LSA가 더는 발견되지 않는 지층 위에서, 그리고 'b'로 시작하는 특징 세 가지, 즉 좌우대칭bilaterian, 생물학적 광물 생성 작용biomineralization, 생물 교란bioturbation 흔적 화석이 나타나는 층 아래에서 일관되게 나타났다. 이처럼 전 세계에서 일관성을 보이므로 음의 이상이 실재하는 주요 현상이라고 더욱 확신할 수 있지만, 그렇다고 이 현상을

더 쉽게 해석할 수 있다는 뜻은 아니다.[6]

켄 쉬가 발견한 음의 이상도 결국 사실이라고 확인되었다. 이 이상은 캄브리아기 생명 대폭발을 대표하는 삼엽충의 진화보다 앞선 것으로 드러났다. 이때 다른 동위원소도 함께 변동을 겪었지만, 캄브리아기 초반 동안 변화의 폭이 줄어들었다. 음의 이상 기록은 에디아카라기에서 캄브리아기로 넘어가는 전환기에 가장 뚜렷하게 존재하지만, 그 이전에도 10억 년 넘는 세월 동안 드문 변칙 현상이 산발적으로 발생했다. 예를 들어, 16억 년 전의 커다란 저생동물benthic animal의 증거보다 앞서서 일어났다. 그리고 이상 현상과 저생동물의 출현 모두 크리오스진기의 빙하기 이전에도, 이후에도 발생했다. 음의 이상은 이처럼 편재하지만, 기존의 논리를 적용해서 설명하기에는 그 규모가 너무나 크다는 단순한 이유 때문에 오히려 이 현상을 이해하기가 어렵다. 캄브리아기의 이상은 나중에 발생한 이상보다 규모가 다소 더 크지만, 에디아카라기에 최소한 두 번 발생한 가장 큰 이상과 비교하면 미미해 보일 정도다. 규모가 가장 큰 이상은 베른의 연구진이 발견한 슈람 이상이다. 그런데 마리노 빙하기 직전에도 역시 규모가 막대한 이상 현상이 한 차례 더 일어났다. 처음 보고된 오스트레일리아의 지층 이름을 따서 트레조나 이상Trezona anomaly이라고 한다. 스터트 빙하기 직전에 일어난 것을 포함해서 규모가 더 작은 이상 현상은 토노스기부터 캄브리아기 내내 드문드문 발생했다. 규모가 가장 컸던 이상 현상 세 차례의 탄산염 탄소 동위원소 $^{13}C/^{12}C$의 비율, 다시 말해서 $\delta^{13}C$ 값은 지구 역사 속 그 어느 시기의 해양 탄산염과 비교해도 훨씬 더 낮다.[7]

아마 지금쯤이면 낮은 $\delta^{13}C$ 값이라는 문제의 본질이 다소 난해하게 느껴질 것이다. 하지만 지구의 과거에서 특별하고도 핵심적인 이 시기의 수수께끼를 풀고 싶다면 탄소 동위원소 이상을 깊이 이해해야 한다. 탄소 동위원소 이상은 캄브리아기와 에디아카라기의 전환기에 발생한 탄소 순환 교란을 뚜렷하게 보여주는 기록 같지만, 우리가 실제로 벌어진 일을 이해하는 데 도움이 되기는커녕 오히려 방해한다. 물질 수지mass balance라는 보편적 원리를 거스르는 것처럼 보이기 때문이다. 그래서 켄 쉬가 이런 이상을 처음으로 발견한 이래 35년 동안, 이 현상은 실수라거나, 작위적 해석이라거나, 대표성이 없는 국지적 현상이라고 거듭 비판받았다. 바다와 대기 같은 저장소에서 어느 원소의 배출원과 흡수원은 특정한 시간 단위 안에서 반드시 서로 균형을 이루어야 한다는 개념은 이미 앞에서 자세히 살펴보았다. 현대의 단기적 탄소 순환의 경우, 대기 중 이산화탄소 수지를 맞추는 데는 고작 수십 년밖에 걸리지 않는다. 그런데 장기적인 지질학적 탄소 순환의 경우, 탄소의 순 흡수원과 순 배출원이 균형을 이루려면 10만 년이 걸린다. 이 기간은 지구 표면에서 가장 커다란 저장소인 바다에서 탄소의 체류 시간을 넘어선다. 만약 이 기간에 해양의 동위원소 조성이 안정적으로 유지된다면, 배출원과 흡수원의 동위원소 조성도 마찬가지로 균형을 이루어야 한다. 동위원소 물질 수지 원리에 따르면, 탄소 배출원과 흡수원의 $\delta^{13}C$ 값은 장기간에 걸쳐 정확하게 똑같아야 한다. 일반적으로 이 값은 전체 지구bulk earth의 값일 것으로 추정된다(현대 해양에 비해 −5퍼밀).

이산화탄소의 주요 자연 배출원 네 가지는 화산 가스 배출, 변성 탈탄산 작용, 탄산염 침전, 화석 유기물의 산화 풍화다. 오늘날 이산화탄소 주요 흡수원 세 가지는 규산염 풍화, 탄산염 풍화, 유기물 매장이다.

음의 이상은 수백만 년 동안 지속되었으므로 동위원소 물질 수지 원리로 설명할 수 있어야 한다. 그런데 -10퍼밀만큼이나 낮게 지속된 값은 유기물을 제외하고는 탄소 배출원과 흡수원에서 ^{12}C가 훨씬 더 풍부했다는 사실을 증명한다. 이 값의 수수께끼 같은 의미를 파헤쳐 보자면, 그 당시에 유기 탄소에서 표면 저장소로 이동하는 산화 흐름의 양은 틀림없이 매우 많았다. 심지어 유기물 매장보다 많았을 것이다. 달리 말하면, 탄소 풍화로 소비된 산소의 양이 탄소 매장으로 배출될 수 있는 양보다 더 많았고, 그래서 산소 불균형이 수백 년 동안 이어졌다는 뜻이다. 비록 곤드와나횡단 거대산맥이 융기하며 유기물이 더 많이 풍화되었지만, 융기와 침식 작용의 증가만으로는 잉여 산화 흐름이 발생할 수 없다. 늘어난 산화 풍화 작용의 동위원소 효과가 늘어난 탄산염 풍화 작용으로 상쇄될 수 있기 때문이다. 어쨌거나 가장 큰 문제를 꼽자면, 오늘날에도 이처럼 커다란 불균형을 유지하기에는 산소가 부족하다. 그렇다면 바다가 대체로 무산소 상태였던 까마득한 과거에는 대체 어떻게 산소가 충분할 수 있었던 걸까?

특별한 데이터에는 특별한 설명이 필요하다. 그런데 표준 탄소 동위원소 물질 수지의 음의 이상에 대한 기존 설명은 너무나 특별해서 믿는 사람이 거의 없었다. 1990년대 초, 베른의 연구진은 이 이상 현상이 진짜로 발생했다고 지구화학계를 애써 설득했지만, 회의적인 동료 학자들은 쉽사리 수긍하지 않았고 결국 연구진은 기존 해석을 포기해 버렸다. 후속 연구진도 똑같이 완고한 반응을 마주했다. 심지어 요즘에도 학계 회의론을 극복하는 데 실패할 수 있다. 동료 심사peer review 과정이 낯선 독자를 위해 설명하자면, 어떤 학자든 발표하려는 논문을 모두 '독립' 전문가 두 명 이상에게 검토받는다. 그러면 해당 주제를 담당하는 학술지 편집자가 그대로 논문을 승인하거나(이런 일은 흔치 않다), 전문가 검토를 바탕으로 수정을 권한다. 동료 심사를 받기 이전이든 이후든, 영향력이 큰 학술지에 논문을 싣겠다고 연락하면 거절당하기가 일쑤다. 거절하는 답신의 행간을 잘 읽어보면 뜻은 두 가지다. 수정한 논문을 다시 보내면 한 번 더 고려해 보겠다는 뜻일 때도 있고, 그냥 포기하고 다른 학술지에 문을 두드리라는 뜻일 때도 있다. 2020년에 어느 후배는 내가 읽어본 것 중 가장 잔인하고 신랄한 거절 연락을 받았다. "대기 중 산소의 엄청난 변화(가 의미하는 바) 가설 전체가 아무런 의미가 없습니다. 이 논문을 명백하게 거절하며, 저자가 다시 제출하지 않기를 바랍니다. 논문 전체에 심각한 결함이 있으므로 프로젝트를 폐기할 것을 권합니다." 가혹하고 너무나도 충격적인 말이지만, 음의 탄소 동위원소 이상이라는 주제를 심사한 익명의 학자들도 딱 이렇게 반응했다. 논문 전체를 검토한 의견은 위에 인용한 문장보다 그다지 길지 않으므로 별로 도움이 되지 않는다. 동료 심사 결과는 대체로 여러 페이지씩 이어지거나 더 자세한 분석을 담고 있다. 나는 동료 심사 덕분에 가시 돋친 말에도 꿋꿋하게 견딜 수 있게 되었지만, 검토 과정을 겪을 때는 기가 죽기 마련이다. 특히 학생이거나 이제 막 경력을 쌓기 시작한 연구자라면 더욱 그럴 것이다.

음의 이상이 정말로 주요한 동위원소 조성을 나타낸다면, 낮은 동위원솟값은 표면 환경에 있는 이산화탄소 상당 부분이 원래 틀림없이 유기물이었다는 뜻이다. 이는 전 지구에서 수백만 년 동안 계속된 유기탄소의 순 산화를 암시한다. 계산해 보라. 잉여 산소가 유기물 매장만으로 생산할 수 있는 산소량보다 적어도 두 배는 더 필요했을 것이다. 다시 말해, 추가적인 산소 배출원이 있어야 한다. 산소 결핍은 끔찍한 재앙이며, 오늘날에는 불가능할 것이다. 그런데 대체 잉여 산소는 어디에서 왔을까? 게다가 유기 탄소 배출원은 무엇이었을까? 이 모든 생각이 터무니없다고 여겼던 학자들의 말이 옳았을까? 탄소 동위원소 기록을 쓰레기처럼 내다 버려야 할까?

우리는 6장에서 로스먼이 제안한 모델, 즉 원생누대 바다에 화학 반응을 일으키지 않은 유기 탄소가 비정상적으로 많이 쌓여 있었다는 추정을 살펴보았다. 로스먼이 이끄는 연구진은 이를 용존 유기 탄소dissolved organic carbon 저장소, 줄임말로 DOC 저장소라고 일컬었다. 오늘날에도 유기물 산화가 불완전하거나 시간제한을 받는다는 주장은 매우 타당해 보인다. 그러므로 산소 수준이 상당히 낮을 때 특히 심해에 방대한 DOC 저장소가 형성될 수 있다고 어렵지 않게 추측할 수 있다. DOC 저장소는 시간이 흐르며 늘어나고 줄어들면서 양의 탄소 동위원소 이상과 음의 이상을 일으킬 수 있다. 하지만 수치 모델링은 황산염, 질산염, 몰리브덴산염 산소 음이온 등 관련 전자 수용체를 모두 포함하더라도 오늘날의 바다와 대기에는 산소가 이런 저장소를 산화할 만큼 많지 않다는 사실을 보여주었다. 에디아카라기의 바다와 대기는 말할 것도 없다. 이 문제는 오랫동안 해결될 수 없을 것만 같았다. 어쩌면 우리가 산소 문제를 완전히 잘못된 각도에서 바라보고 있었을지도 모른다. 과거는 전혀 다른 장소라는 사실을 잊지 말자. 오늘날의 지구 시스템이 과거와 비슷하리라고 기대해서는 안 된다.[8]

최근 몇 년 동안, 상황이 역전되기 시작했다. 대체로 초기 수치 모델은 막대한 양의 유기 탄소 산화가 현대와 같이 산소가 충분히 공급된 지구 시스템에서만 발생할 수 있다고 예상했다. 이 모든 산소가 생겨나는 데에는 새롭게 진화한 해면, 아니면 레인지오모프 같은 다른 후생동물의 활동이 영향을 미쳤을 것이다. 이들도 모든 동물과 마찬가지로 유기물을 소비하고 산화시켰다. 일부 모델은 탄화수소나 메탄이 오늘날과 같은 지구 시스템에 스며드는 식으로 유기물이 유입되었다고 제안했다. 하지만 유기 탄소의 산화 현상이 산소가 대거 공급된 환경에서 일어나지 않았다면 어떨까? 무산소 바다에 산소가 아닌 다른 산화한 화학종이 대량 유입되어서 이런 현상이 일어났다면? 당시에 바다의 산화 용량이 오늘날보다 훨씬 더 높은 수준으로 늘어나서 호기성 생명체가 지구 곳곳으로 퍼져나갈 기회를 얻었다면 어떨까? 이렇게 접근한다면, 산소 수준 자체가 높았다는 가정도 필요 없고 그저 산화 속도가 빨랐다는 설명만으로도 의문을 해결할 수 있다. 하지만 이 아이디어도 문제에 부딪힌다. 명백한 배출원도 없는데 잉여 산화제의 흐름이 느닷없이 출현해서 수백만 년 동안 꾸준히 이어졌다는 뜻이기 때문이다. 앞에서 살펴보았듯이, 오늘날 표면 환경으로 유입되는 산소 흐름은 탄소 매장에 좌우된다. 그런데 탄소 매장량이 많다면, 탄소 동위원솟값은 떨어지는 것이 아니라 올라간다. 다시 말해서 과다한 탄소 매장으로 배출된 산소가 유리 탄소를 산화시키는 데 사용되었다면, 산소 수지나 탄소 동위원소에서 순 변화가 없을 것이다. 하지만 주요한 산소 배출원이 하나 더 있다.[9]

오늘날에는 황산염 환원 이후 황화철(황철석)이 매장되면서 산소가 상당량 배출된다. 사실 황산염이 황화물로 환원되더라도 산소가 직접 생성되지는 않지만, 최종 효과는 똑같다. 황산염 환원은 미생물의 도움을 얻어 유기물을 산화시키므로 유리 산소가 소모되지 않는다. 그러면 광합성으로 배출된 산소가 표면 환경에 그대로 남아 있을 수 있다. 몰mol로 따지면 황산염 환원은 유기 탄소 매장보다 산소를 거의 두 배 더 많이 배출하지만, 황철석 매장은 장기적으로 보아 산소 순 배출원도 순 흡수원도 아닌 것으로 여겨진다. 황화 광물의 산화 풍화 작용과 환원퇴적 작용이 거의 같은 속도로 일어난다고 예상되기 때문이다. 유기물을 산화시키는 데 쓰이는 황산염은 대부분 풍화 과정에서 발생하는 황철석 산화에서 생겨난다. 자, 그러므로 유기물 매장과 황철석 매장이라는 두 메커니즘 모두 막다른 골목인 것 같다. 둘 다 여기에서 산소를 빌려와 저기에서 메꾸는 식이라 순 산화 용량이 거의 혹은 전혀 남지 않는다. 당연히 예나 지금이나 회의론이 강하다. 하지만 가능성이 하나 더 남아 있다. 이 가능성을 좇아가면 다시 소금으로 돌아온다.

오늘날 강에 있는 전체 황산염의 절반 정도는 황철석 풍화가 아니라 석고 같은 증발 광물의 용해로 생겨났다. 경석고(황산칼슘의 무수 형태)나 폴리할라이트polyhalite(칼슘칼륨과 마그네슘 양이온을 함유한 황산염 광물)처럼 다른 일반적인 황산염 광물 역시 바닷물에서 침전되었다. 이것들 모두 풍화할 때 같은 방식으로 반응하므로 간단하게 석고라고 부르겠다. 황철석과 달리, 석고가 풍화할 때는 산소가 소비되지 않는다. 아울러 석고의 풍화 과정에서는 칼슘과 황산염 이온이 똑같이 배출된다. 이 황산염이 박테리아의 촉매로 환원되어서 황철석이 형성된 이후에는 산소가 다량 배출될 수 있다. 오늘날에는 폐쇄해성 조건이 드물고 황철석이 매장되는 비율도 낮으므로 석고 풍화가 산소의 주요 배출원이 아니다. 다시 말해, 산소가 풍부한 현대 바다에서 황산염은 대부분 단순히 바다에 머무르거나 황산염인 채로 제거된다. 하지만 과거의 특정 시점, 특히 바다에 산소가 없었던 시기에는 상황이 전혀 달랐을 수도 있다. 배터리가 에너지를 저장하듯이, 석고 퇴적물은 황산염 형태로 산소를 저장한다. 이 산소는 지각이 융기해 거대한 증발 분지가 침식되면서 석고가 퇴적된 분지에서 풍화 작용이 일어날 때만 배출된다. 예를 들어 인도가 아시아와 충돌했을 때 이런 일이 벌어졌다. 하지만 그때는 이미 바다와 대기에 산소가 충분히 공급되어 있었으므로 극단적인 산소 발생 사건이 뒤따르지 않았다. 오히려 황산염 농도가 사상 최고 수준으로 높아졌다. 그 당시에도 지금과 같이 폐쇄해성 환경은 흑해 같은 소수의 대양 분지 가장자리로 제한되어 있었다. 황산염이 산소를 배출하려면, 바다가 생산성이 높고 산소가 없는 환경이어야 한다. 유기물 생산이 미생물의 황산염 환원을 촉진하기 때문이다. 영양소와 철분이 풍부한 에디아카라기 바다는 소금을 산소로 바꾸기에 완벽한 생화학 공장이었을 것이다.[10]

9장에서 우리는 에디아카라기의 어마어마한 지각 대격변을 살펴보았다. 이 지각 변동 때문에 오늘날의 아프리카와 오스트레일리아, 남아메리카에 걸쳐 수천 킬로미터나 뻗은 곤드와나횡단 조산대를 따라 히말라야산맥 수준으로 높은 산맥이 솟아났다. 확실히 에디아카라기에서 캄브리아기로 넘어가는 전환기에는 빨라진 가스 배출 속도에 힘입어 엄청난 양의 퇴적물이 세계 대양으로 유입되었다. 아마 엄청난 양의 영양분도 함께 이동했을 것이다. 그렇다면 석고는 어땠을까? 던 캔필드의 선구적 연구를 뒤따른 후속 연구들 덕분에 원생누대의 지루한 10억 년 동안 바다에는 산소가 없었던 데다가 황화물이 널리 존재했다는 증거를 수두룩하게 찾아냈다. 반면에 GOE 이전에는 지구의 표면 환경 전체에 산소가 없었고, 따라서 황산염도 없었다. 얼마 전까지만 해도 에디아카라기가 되어 바다에 산소가 널리 공급되기 전에 과연 황산염이 바다에 축적되었는지 아닌지 의문이 풀리지 않았다. 그러나 이제는 몹시 드물기는 하지만, 크리오스진기 이전에도 석고를 함유한 거대 증발암이 정말로 퇴적되었다는 사실을 잘 안다. 이 퇴적층의 융기와 침식 때문에 음의 탄소 동위원소 이상이 발생할 수 있었을까? 이 질문에 대답하려면 훨씬 더 오래된 지각 변동 사건을 알아보아야 한다.

에디아카라기와 캄브리아기에 곤드와나 대륙을 이루었던 땅 조각들은 원래 대략 12억 년 전에서 9억 년 전에 로디니아라는 초대륙을 구성했다. 로디니아는 수억 년 넘게 잘 뭉쳐 있다가 오랜 세월에 걸쳐 쪼개진 것 같다. 요즘에는 대륙 열개를 표시하는 화산 분출의 연대를 더 정확하게 측정할 수 있어서 로디니아 분열을 둘러싼 전체 상황을 더 구체적으로 파악할 수 있다. 로디니아는 이전에도 몇 차례 완전히 분열될 뻔했다가 실패했지만, 7억 5000만 년 전 이후로 결정적인 분열 사건을 겪고 제대로 타격을 입은 듯하다. 초대륙 분열은 7억 1700만 년 전 무렵에 스터트 빙하기를 불러온 것으로 추정된다. 백악기에 대륙이 열개하는 동안 증발암 분지가 형성되었듯이, 다양한 열개 작용은 주요 증발암 퇴적물을 남겼다. 로디니아 분열도 예외는 아니었다. 토노스기의 대규모 증발 퇴적물(약 8억 2000만 년 전~7억 7000만 년 전)은 오스트레일리아와 캐나다, 콩고에서 보고되었고, 퇴적량은 심지어 지금도 100만 세제곱킬로미터를 넘는다. 다만 이보다 훨씬 더 많은 양이 퇴적 이후에 침식되었을 것이다. 놀랍게도 이 퇴적물에는 석고가 풍부하다. 적어도 토노스기 후반에는 바다에 황산염이 많이 있었다는 뜻이다. 이보다 훨씬 더 이른 시기, 구체적으로 들자면 20억 년 전, 16억 년 전, 12억 년 전에 형성된 퇴적물도 몇 군데 더 발견되었다. 이런 퇴적물은 규모가 더 작지만, 황산염이 풍부하다. 이 같은 증거를 볼 때, 원생누대 해양의 조성은 일반적인 예상보다 더 많이 변화를 겪은 것 같다. 증발암이 쌓인 열개 분지의 지체 구조 환경을 최근에 더 상세히 분석했더니, 토노스기 석고 퇴적물 모두 에디아카라기 중반에, 더 정확히는 슈람 이상이 발생했을 때 풍화 작용에 노출되었다는 결론이 나왔다. 그렇다면 이 퇴적물의 풍화 때문에 황산염이 충분히 생겨나서 유기 탄소를 산화시키고 끝내는 탄소 동위원소 이상을 일으켰을까?[11]

원래 학계는 탄소 동위원소 이상이 산소 소비를 의미한다고 여겼다. 하지만 이전 장에서 보았듯이, 이 무렵 바다에는 산소가 공급되었다. 더불어 음의 이상이 벌어지는 동안에도 황산염 농도는 증가했다. 그러므로 이 아이디어를 뒤집어서, 황산염이 무수한 유기물로 혼탁했던 '로스먼' 바다를 산화하는 데 필요한 양보다 더 많았던 덕분에 산화 용량이 생겨났다고 가정해야 한다(로스먼은 당시 바다에 산화되지 않은 유기물이 대단히 많았다고 추정했다. 6장 참조-옮긴이). 균형을 가정할 때, 산화되는 유기 탄소의 대략 절반 수준으로 잉여 황산염이 수백만 년 동안 공급되어야 했다는 뜻이다. 황산염 분자 한 개는 산소 분자를 거의 두 개 배출한다. 그러므로 황철석 매장 이후 유기 탄소 원자 거의 두 개를 이산화탄소로 산화시킬 수 있다. 이렇게 물질 수지를 계산하면 깜짝 놀랄 만한 결과가 나온다. 강물에서 바다로 흘러드는 황산염의 양이 오늘날보다 두세 배만 높아져도 음의 탄소 동위원소 이상이 일어날 수 있다. 여기서 핵심은 흐름 그 자체가 아니다. 이 황산염 대부분이 염분 퇴적물에서 생겨나 황철석으로 매장되어야 한다는 사실이다.

마침내 퍼즐 조각이 각각 제자리를 찾았지만, 상황은 더 복잡해졌다. 이 거대한 퍼즐에는 지각 변동과 풍화 작용, 영양소, 유기 탄소, 석고, 황철석, 산소, 기후는 물론이고 생명체까지 들어 있다. 물질 수지를 가정하면 이상 현상을 일으키는 데 필요한 황산염의 양을 계산할 수 있지만, 전체 과정을 파악하려면 수치 모델링이 필수다. 규산염 풍화 작용이라는 기후 조절 피드백이 제안되었던 바로 그해, 미국 대기과학자 세 명이 최초의 단순한 생물지구화학 모델을 발표했다. 2년이 더 흐르고 1983년, 미국의 다른 3인조 밥 버너와 앤서니 라사가Anthony Lasaga, 밥 개럴스Bob Garrels가 이름의 첫 글자를 따서 BLAG라는 컴퓨터 모델을 내놓았다. 이 모델은 장기적 탄소 순환의 각 연결고리에 대한 속도 방정식을 사용하고 정상 상태 조건을 가정해서 장기적 탄소 순환을 정량화했다. BLAG에서 진화한 GEOCARB는 오늘날에도 널리 사용된다. 처음에는 탄소 동위원소, 나중에는 황 동위원소를 이용해서 대기 중 산소나 이산화탄소 수준 같은 결과를 계산한다는 차이점이 있다. 수많은 학자가 이 모델의 계산 결과로 얻은 곡선을 생명체 확산이나 멸종에 관한 이론들을 뒷받침하는 데 활용했다. GEOCARB는 지질학계에 이루 말할 수 없이 유익했고 지금도 꾸준히 발전하고 있지만, 중요한 주의 사항이 있다.[12]

"모든 모델은 틀렸다. 하지만 일부 모델은 유용하다." 자주 인용되는 명언인데, GEOCARB도 예외는 아니다. GEOCARB는 역방향 모델링reverse modeling 방식을 따르므로 데이터가 결과를 좌우한다. 따라서 데이터의 품질과 명확성뿐만 아니라 우리가 그 데이터의 의미를 어떻게 이해했는지도 결과에 영향을 미친다. 앞서 살펴보았듯이, 기존의 질량 수지로는 탄소 동위원소 이상을 이해할 수 없다. 이는 데이터 기반 모델이 믿기 어려운 결과, 심지어는 음의 산소 수준처럼 불가능한 결과를 내놓는다는 뜻이다. 그래서 전방향 모델forward model이 여럿 개발되었다. 가장 중요한 모델은 이스트앵글리아대학교의 앤디 왓슨Andy Watson과 제자 노엄 버그먼Noam Bergman, 팀 렌턴이 개발한 COPSE다. COPSE는 GEOCARB와 달리 모델이 동위원소 데이터를 예측하므로, 이 데이터를 이용해서 모델 결과를 산출하는 대신 시험한다. 모델에 입력하는 자료는 조산 운동과 대륙 배치, 진화 사건, 암석 기록으로 추론한 기타 현상 따위다. 모델 모수화parameterization(모집단의 특성을 보여주는 모수를 통해 전체를 예측하는 방법-옮긴이)는 두 모델 유형 모두 똑같지만, 전방향 모델은 알려진 데이터 집합(이 경우는 동위원소 기록)을 이용해서 해석을 검증할 수 있다는 장점이 있다. 나 역시 슈람 이상을 연구할 때 앤디 왓슨의 또 다른 제자로 현재 리즈대학교에서 부교수로 지내고 있는 벤 밀스와 COPSE 전방향 접근 방식을 활용했다. 우리는 석고 풍화가 음의 탄소 동위원소 이상을 일으키면서 동시에 유리 산소를 소비하지 않고 오히려 잠재적으로 산소량을 늘릴 가능성을 시험했다. 우리의 주요 과제는 어떤 모델에든 내재하지만 비현실적인 가정, 즉 모든 시간 규모에서 석고 풍화 속도와 퇴적 속도가 정확히 똑같으므로 산화 용량이 확보된다는 가정을 없애는 일이었다.[13]

풍화 속도는 여러 지각 변동 사건과 눈덩이지구의 여파로 크게 빨라졌을 것이다. 지각 충돌이 융기를 일으키고, 변성 작용과 화산 활동으로 배출된 이산화탄소가 노출된 암석을 화학적으로 풍화하기 때문이다. 배출된 영양분은 바다를 비옥하게 바꾸었다. 생산성이 높아진 폐쇄해성 바다 가장자리는 황산염이 충분히 공급되는 한 황철석을 잔뜩 만들어내는 공장이 되었다. 이런 공장은 석고가 대량 퇴적된 특정 해저분지가 융기하고 침식한 덕분에 생겨났다. 수치 모델링이 확인해 주듯이, 석고는 비교적 적은 양만 투입되어도 필요한 산화 용량을 만들어낼 수 있다. 이로써 슈람 이상의 수수께끼가 해결된 듯하다. 아마 다른 이상 현상도 마찬가지일 것이다. 머나먼 과거의 황산염 퇴적물이 효율적으로 황화 광물로 바뀐다면, 지구 산소 수지를 무너뜨리지 않아도 된다. 우리 직관에는 어긋나지만, 이런 현상은 산소가 적게 공급되더라도 필요한 잉여 산화가 발생하는 데 도움이 된다. 그 결과, 바다에 산소가 공급되어서 지구 역사상 가장 놀라운 생명체 확산 사건이 발생했다. 에디아카라기를 대표하는 화석인 프랙털 형상의 고착성 저생 동물 레인지오모프는 새롭게 산소가 공급된 깊은 해저를 마음껏 활보했다. 벤은 이 전체 상황에 예측할 수 있는 연쇄 반응이라는 세부 사항을 추가 모델링 작업에 추가했다.

벤의 COPSE 모델링은 핵심적인 양의 피드백이 발생하지 않으면 무엇도 예상대로 작동하지 않으리라고 말한다. 산소가 생겨나는 바다가 수성 황화물의 안정성에 미치는 영향을 생각해 보면, 양의 피드백이 필요한 이유가 분명해진다. 산소가 공급되어서 폐쇄해성 환경이 줄어들면 황철석 매장과 산소 발생이 즉시 중단되기 때문에 오늘날에는 이런 사건이 벌어지지 않는다. 그렇다면 왜 에디아카라기에는 달랐을까?

그 이유를 이해하려면 신원생대 바다의 방대한 유기 탄소 저장소를 다시 생각해야 한다. 슈람 이상을 살펴보면, 미생물의 촉매로 발생했을 황산염 환원이 동물의 촉매로 발생했을 탄소 산화와 연관되었다는 사실을 알 수 있다. 탄소 산화는 따뜻한 기후와 높은 화학적 풍화 속도를 안정적으로 유지하면서 대기 중 이산화탄소 수준이 높아지는 데 영향을 주었을 것이다. 바로 이 피드백 때문에 황산염과 영양분이 강물을 통해 대량으로 바다에 유입되어서 황철석 매장이 촉진되었다. 결국, 산화될 유기 탄소와 풍화될 황산염이 존재하는 한 산소 공급은 오래도록 이어진다(그림 24). 이 피드백이 작동했는데도 모든 황산염이 황화물로 환원되지는 않은 것이 분명하다. 이 시기 내내 바닷물의 황산염과 기타 산소 음이온 농도가 증가했기 때문이다. 더불어 당시 바다의 황 동위원소 조성은 극적으로 떨어져서 토노스기 증발 퇴적물의 동위원솟값과 정확히 일치했다.[14]

슈람 이상 같은 흥미로운 사례는 DOC 저장소가 지구 대기 조성의 교란을 막는 거대한 콘덴서였다고 시사한다. 규산염 풍화라는 피드백과 무기 탄소 순환이 기후를 조절하는 오늘날과 달리, 아득한 과거에는 유기 탄소 순환이 더 중요한 기후 조절 장치였을 가능성이 크다. 표면의 유기 탄소 중 상당량이 환원된 채로 남아 있는 한, DOC 저장소는 잉여 산화제를 흡수하는 거대 콘덴서로 작동할 수 있다. 기후가 한랭해지는 사건이 몇 차례 발생해서 물이 차가워지고 산소 용해도가 올라가면 오래된 탄소와 새로운 탄소의 균형이 새로운 탄소 쪽으로 기울었을 것이다. 그 과정에서 이산화탄소가 배출되어 지구를 따뜻하게 데웠을 것이다. 어쩌면 바로 이 때문에 기후가 한결같은 데다 산소가 그리 많

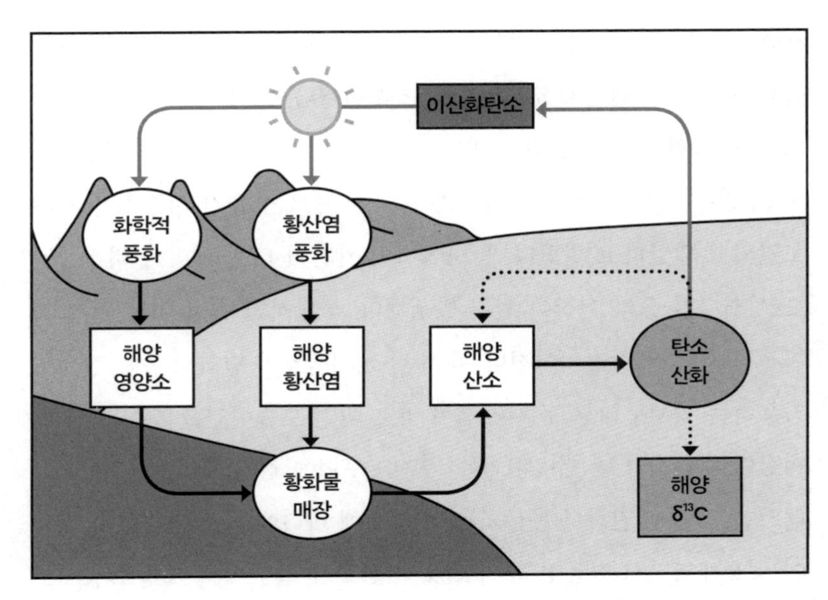

그림 24. 황산염 풍화가 산소와 기후에 미치는 영향을 보여주는 그림. 에디아카라기의 지각 융기와 침식 이후 석고 같은 증발 황산염 광물이 용해될 때 탄소와 황 순환에서 발생하는 자연적 피드백을 알려준다. 사각형은 저장소, 타원형은 작용이 발생하는 과정, 실선 화살표는 양의 효과, 점선 화살표는 음의 효과를 의미한다. 탄소 산화와 그에 따른 온실효과 때문에 기후가 더 따뜻해지면 풍화 작용과 영양분 유입, 유기물 생산이 늘어난다. 그러면 박테리아의 황산염 환원과 해양 산소 발생에 뒤이어 황철석(황화물) 매장이 증가하는 양의 피드백이 발생한다.

지 않은 지루한 10억 년이 그토록 안정적이었을 것이고, 탄소 동위원소가 정상에서 벗어나는 경우는 매우 드문 데다 일시적이었을 것이다. 하지만 탄소 동위원소 이상이 실제로 발생했다는 사실은 크리오스진기 이전에 실패한 산화 사건이 몇 차례 존재했음을 의미한다.

7억 5000만 년 전 무렵 로디니아가 제대로 쪼개지기 시작한 이후, 극히 드물었던 음의 탄소 동위원소 이상은 잇따라 대거 발생했다. 6억

5000만 년 전 즈음에 갈라진 강괴가 서로 부딪히기 시작한 이래로는 음의 이상이 더 빈번해졌고 극단적으로 변했다. 유기 저장소 덕분에 탄소 순환 교란이 기후 변화로 번지지 않았으리라는 의견은 타당해 보이지만, 일부 음의 이상이 보여주는 막대한 규모는 유기 저장소가 거의 고갈되고 말았다고 말한다. 눈덩이지구 사건이 터질 때마다 비정상적으로 커다란 음의 이상이 먼저 발생했다. 극단적인 슈람 이상 역시 국지적 빙하 작용으로 이어졌다. 유기 탄소 저장소가 변화의 완충 장치로 작용하는 원생누대 지구 시스템이 바로 이런 모습이었을 것이다. 음의 이상이 대략 5억 년 전(캄브리아기 후반) 무렵에 점차 사라진 사실을 고려하면, 새롭게 진화한 동물의 활동 덕분에 바다에 산소가 공급되고 물이 깨끗해지면서 반응성 유기 탄소 저장소가 갈수록 줄어들었다고 추측할 수 있다. 새로운 동물에게는 유기 탄소를 걸러내는 다양한 기관이나 빽빽한 배설물로 바꾸는 내장이 생겨났다. 하지만 캄브리아기 생명 대폭발 이야기에는 산소 이외에도 중요한 것이 있다. 증발 역학이 빠른 진화 속도와 에너지 대사의 출현, 생물학적 광물 생성 작용의 시작에 관해 알려줄 수 있을까? 동물은 애초에 왜 껍데기를 만들었을까? 왜 첫 번째 생광물로 인산칼슘을 썼다가 그다음에는 탄산칼슘을 썼을까?

최초의 생광물이 칼슘 화합물인 원인을 설명하는 초창기 이론은 칼슘이 동물에게 유독하다는 사실을 상기시킨다. 당시 이론은 동물이 칼슘 농도가 위험한 수준, 심지어 치명적인 수준으로 꾸준히 늘어나는 해양 환경에서 진화했다고 가정했다. 그러므로 칼슘을 껍데기 형태로 배출하는 일은 건강에 도움이 되었다. 껍데기라는 방어 수단이 생기자, 여기에 맞설 발톱과 이빨이 필요해졌다. 군비 경쟁은 갈수록 격렬해졌다.

다른 생물들도 자기 자신을 보호하기 위해 광물을 생산해야 했다. 해면은 오늘날의 주요 생광물인 이산화규소를 선택했다. 그런데 생물학적 광물 생성 작용에는 별난 점이 하나 있다. 대체로 골격이 있는 동물군은 다른 광물로 껍데기를 만들면 에너지가 더 적게 들더라도 원래 쓰던 광물을 고집한다. 최초의 칼슘 생광물은 지구가 슈람 이상에서 회복하던 시기에 나타났다. 생광물을 만드는 생명체는 이 광물을 그다지 적극적으로 통제하지 않았을지도 모른다. 그러므로 칼슘 광물을 이용한 생물학적 광물 생성 작용이 시작되기 전에 바닷물의 칼슘 수준이 매우 높았다고 가정할 수 있다. 이 의견은 석고 풍화가 증가했다고 보는 모델과 맞아떨어질까?[15]

풍화 작용이 일어나면 영양소뿐만 아니라 칼슘 이온도 바다로 흘러든다. 따라서 오래전부터 학계는 높은 풍화 속도가 생물학적 광물 생성 작용이 시작되는 데 영향을 주었다고 추측했다. 하지만 이 주장에는 치명적일 수 있는 오류가 하나 있다. 칼슘 이온은 주로 강물을 타고 바다로 흘러드는데, 화학적 풍화 작용으로 생긴 탄산염 이온도 바다로 들어간다. 바다는 언제나 탄산칼슘 광물로 포화한 상태이므로 추가로 들어온 칼슘은 역시 추가로 들어온 탄산염과 결합해서 침전된다. 결국 바다의 칼슘 수준은 이전과 비슷하게 유지된다. 유스투스 폰 리비히가 언급한 나무통 비유Liebig's barrel와 약간 닮은 상황이다. 리비히의 유명한 통은 높이가 서로 다른 판자를 빙 둘러 잇대서 만들었다. 그러므로 통에 맥주를 아무리 많이 붓더라도, 높이가 가장 낮은 판자의 꼭대기까지만 맥주가 찰 것이다. 마치 맥주를 '수용'할 공간을 늘리듯이 어떤 식으로든 다른 요소가 탄산염 퇴적을 제한하지 않는다면, 칼슘이 더 많이 유입되는 것만으로는 칼슘 농도가 높아질 이유가 없어 보인다. 유독한 수준으로 높아질 일은 확실히 없을 것이다. 하지만 황산염 광물 풍화에는 이 논리가 적용되지 않는다.

석고가 풍화 도중에 용해될 때는 탄산 알칼리도가 소비되거나 배출되지 않는다. 풍화 흐름이 칼슘에 유리한 쪽으로 불균형하다는 의미다. 따라서 칼슘이 탄산염보다 비교적 덜 퇴적되고, 바다에서 전반적인 칼슘 농도가 올라간다. 에디아카라기 말에 칼슘 농도가 오른 데에는 이유가 두 가지 더 있다. 첫 번째, 슈람 이상 이후 해수면이 한동안 낮아진 것 같다. 아마도 유기 탄소 저장소의 고갈에 따른 냉각 효과 때문일 것이다. 중국 북부 뤄취안에는 빙하 작용으로 홈이 팬 바위와 그 위의 빙성층이 정교하게 보존되어 있다. 이런 암석은 당시 이 지역에 빙하 작용이 있었다고 알려준다. 빙상이 커지고 바다가 차가워지면서 탄산염 광물이 퇴적될 수 있는 대륙붕에 수용 공간이 줄어들어서 해양의 탄산칼슘 포화도가 올랐을 것이다. 두 번째 이유가 더 일반적인데, 해저에 산소가 공급되면서 새로 퇴적된 탄산염이 용해되고, 저층수에서 칼슘과 탄산염 이온의 활동이 늘었을 것이다. 그러므로 에디아카라기 말에는 바다에서, 특히 퇴적물과 그 위를 덮은 해수 사이 경계면에 가까울수록 칼슘 농도가 비정상적으로 높았다고 추론해도 타당할 것이다. 이 세 가지 메커니즘 모두 증발암 용해와 황철석 매장으로 인한 해양 산소 발생 모델과 관련된다. 따라서 생물학적 광물 생성 작용은 물론이고 심지어 우리의 등뼈까지 증발암 용해의 결과일지도 모른다.

과거에 학계는 해양 산소 발생 사건이 일방통행로를 따라 너솔이 말한 변화의 문턱을 넘기만 하면 순조롭게 진행되었으리라고 생각했다

(너솔은 산소성 대사가 실현 가능해진 수준으로 산소가 증가한 결과로 동물이 출현했다고 주장했다. 8장 참고-옮긴이). 하지만 앞에서 말했듯이, 이 의견은 전혀 진실이 아니다. 우라늄 동위원소 연구는 무산소 환경이 에디아카라기 말에 다시 한번 더 유달리 광범위하게 퍼졌다고 밝혔다. 그래서 캄브리아기 생명 대폭발이 일어나 다시 생명체가 대확산하기 (그리고 위기를 겪기) 시작할 때까지 좌우대칭 동물의 서식지는 산소가 있는 연해沿海 환경으로 갈수록 제한되었다. 증발암이 풍화하면서 산소가 다량 배출되었는데 어떻게 환경이 이처럼 빠르게 역전되었을까? 이런 역전을 설명하는 주요 이론 두 가지 모두 타당하다.[16]

우선, 애초에 산소 발생을 촉진한 양의 피드백을 다시 생각해야 한다. 산소 발생 사건을 일으킨 요인은 석고 풍화뿐만이 아니었으며, 이산화탄소 배출도 중요한 역할을 맡았다. 이산화탄소 배출은 지구 기후를 온난하게 바꾸고 화학적 풍화와 영양소 유입을 촉진해서 생산성 높은 대양 분지를 폐쇄해성 환경으로 바꿔놓는 데도 한몫했다. 하지만 탄소 동위원소가 정상으로 보이는 상태로 회복한 것을 보면, 이런 사건을 연결하는 고리 일부가 사라진 것 같다. 해양의 유기 탄소 저장소가 너무 작게 쪼그라들었을 수도 있다. 어쩌면 2억 년 앞선 대규모 증발 사건 이후 처음으로 석고 풍화 속도가 퇴적 속도보다 느려졌을 수도 있다. 두 가지 모두 사실일지도 모른다. 하지만 무엇보다도 석고 풍화 속도가 느려졌다는 직접 증거가 있다. 광범위한 증발암 퇴적은 5억 5000만 년 전에 처음 시작되어서 캄브리아기까지 계속되었다. 이 시기에 막대하게 쌓인 석고 퇴적물은 중국과 인도, 파키스탄, 오만, 시베리아에서 발견되었다. 이때 쌓인 퇴적물의 원래 양은 마이오세 메시나절 염분 위기에 형성된 양의 두 배로 추정된다. 신생대에 그랬던 것처럼, 당시에도 대규모 풍화 작용은 끝내 대규모 퇴적으로 이어졌다.

이 사건으로 산소 발생이 멈췄을 뿐만 아니라 아마 산소가 줄어들기까지 했을 것이다. 산화 풍화 작용 동안 소비된 산소 일부가 황철석 매장으로 다시 배출되지 못해서 장기간에 걸쳐 산소가 부족해졌을 것이다. GOE 이후 풍화 작용에 노출된 퇴적 황철석은 산소가 풍부해진 대기를 만나 완전히 산화했다는 사실을 잊지 말자. 석고가 과다하게 매장되면 지구 시스템에서 산화 용량 누출이 꾸준히 발생한다. 환원이 더 잘 일어났던 까마득한 과거 환경에서, 특히 황산염 농도가 황철석 매장을 제한된 이후로는 이 누출이 훨씬 더 커다란 영향을 미쳤을 것이다. 황 동위원소 연구는 황산염 농도가 캄브리아기 초기 내내 꾸준히 낮아졌고, 대략 5억 1500만 년 전에 현생누대 최초의 대량 멸종이 발생했을 무렵에는 최저로 떨어졌다고 밝혔다.

캄브리아기에 동물이 존재했다는 사실로 미루어보아 바다에서 산화 환원 경계가 더욱 뚜렷해졌음을 확실히 알 수 있다. 이 경계 덕분에 산소가 더 풍부한 얕은 바다 환경에서는 언제나 동물이 살아갈 수 있었다. 여건이 좋아지면 동물은 바다 전체로 퍼져나갔고, 오늘날 동물이 누리는 것과 똑같이 광범위한 생태 지위를 차지했다. 하지만 상황이 나빠지면서 에디아카라기와 캄브리아기의 동물은 생존할 수 있는 소수 영역에서 치열하게 충돌하고 경쟁한 것이 분명하다. 이처럼 불안정한 환경이 캄브리아기 생명 대폭발이라는 혁신을 터뜨렸을 것이다. 더불어 위기가 찾아올 때마다 극소수 동물만 통과할 수 있는 진화 병목 구간이 만들어진 것으로 보인다. 그 결과, 이례적인 동물 다양화가 발생했다.[17]

지난 몇 년 사이, 학계는 에디아카라기에서 캄브리아기로 넘어가는 전환기에 생명체가 단 한 차례 폭발적으로 증가한 것이 아니라 성공과 실패가 연달아 이어졌다고 인정했다. 그러자 캄브리아기 생명 대폭발에 대한 다윈의 골치 아픈 딜레마를 해결할 방법이 나타났다. 설득력 있지만, 미처 예상하지 못했던 방안이었다. 지각 대격변은 생명 대폭발 사건의 배경이 되었지만, 몇 년 전까지만 해도 우리는 지각 변동의 역할을 제대로 파악할 수 없었다. 지각 융기로 생겨난 영양소와 쇄설물은 유기물 생산과 매장에 도움이 되어서 결국 산소를 발생시킨다. 하지만 융기가 일어나면 환원 상태의 유기 탄소와 황화 광물이 더 많이 산화에 노출되기도 한다. 탄소와 황화 광물이 산화 풍화되면 잉여 산소가 소비된다. 따라서 전례 없는 탄소 동위원소 불안정이라는 렌즈로 볼 때, 기후와 영양소, 산소, 지구 탄소 순환에 벌어진 막대한 변동을 단지 지각 융기나 침식의 결과로 해석한다면 틀렸다. 하지만 지구 황 순환에서 지각 변동이 맡은 역할은 그만큼 중요할지 모른다. 황산염과 황화 광물의 풍화와 퇴적 사이 불균형은 장기적으로 지구 시스템을 통제한다고 추정되는 음의 피드백을 무너뜨릴 수 있다. 학계는 DOC 콘덴서나 규산염 풍화 온도 조절 장치 등 지금까지 우리가 따로 살펴본 음의 피드백이 모든 시간 단위에서 탄소 순환의 불균형을 흡수한다고 짐작한다. 하지만 이제는 일부 음의 피드백이 훨씬 더 규모가 작은 황 순환에서 꾸준히 발생하는 불균형에 압도될 수 있다는 사실이 밝혀졌다. 어쩌면 이 불균형으로 눈덩이지구 사건의 원인을 설명할 수 있을지 모른다. 더 나아가 생물 다양화와 확산, 멸종, 생물학적 광물 생성 작용, 모든 동물의 이동 능력으로 이어진 상황은 물론, 심지어 동물의 진화 기원까지 설명할 수 있을 것이다. 내가 20여 년 전에 중국과 몽골, 모리타니에서 모험을 시작할 때만 해도 우리의 지식이 이토록 빠르게 변하리라고는 짐작하지 못했다. 하지만 여기에 이르기까지 몹시 힘든 여정을 거쳐야 했다.

동물의 진화적 기원에 관한 이야기가 결국 원점으로 돌아온 것처럼 보이겠지만, 아직 할 말이 조금 더 남아 있다. 책의 마지막 부분에서 황 순환 불균형이 지구 역사 속 다른 시기에 기후 변화와 산소 발생, 생명체의 확산과 다양화, 멸종을 유발할 수 있는지 탐구할 예정이다. 증발암에 아직 밝혀지지 않은 비밀이 더 남아 있을까?

11.

생물권의 회복력

멸종을 불러온 환경 변화에 대하여

Biosphere Resilience

지구는 생물의 대량 멸종과

눈덩이지구 같은

명백한 좌절을 겪기도 한다.

✦

지구 시스템은 태양 에너지와 판구조운동에 의해 변해왔다. 새로운 생태 기회에 가장 적합한 생명체는 전 세계로 퍼져나갔다. 하지만 기후 변화와 해양 무산소 조건이 결합해 생물 진화를 되돌려 놓는 바람에 대량 멸종 사건이 터질 때마다 동물은 무수히 타격을 입었다. 23억 년 전 GOE 이후 지구가 변화하고 이런 재앙이 벌어지는 데에는 황 순환과 여러 피드백이 큰 영향을 미쳤을 것이다.

나는 전 세계를 떠돌아다니다가 마침내 런던 가워가Gower Street에 있는 UCL로 돌아왔다. 그 사이 20년 동안 믿지 못할 만큼 커다란 행운을 누린 덕택에 취리히와 스트라스부르, 오타와, 타운즈빌, 뮌스터, 난징에서 살고 일했다. 현장 연구를 하느라 스코틀랜드에서 시작해 중국과 몽골, 모리타니, 말리, 세네갈, 캐나다, 미국, 인도, 오스트레일리아 오지까지 갔다가 다시 중국과 스코틀랜드로 돌아가기도 했다. 하루는 생물학과 건물 앞을 지나가다가 입구에 있는 파란 명판을 보고 다윈 역시 여행을 마치고 돌아온 후에 가워가에서 살았다는 사실을 알게 되었다. 이곳에서 다윈은 가라앉는 화산 주위에서 환초가 형성되는 과정을 밝히는 새로운 이론과 지질학 아이디어를 대부분 집필했다. 우리 진화의 기원을 두고 당시에 논란을 크게 일으켰던 의견을 조심스럽게 기록하기 시작한 곳도 바로 이 거리였다. 하지만 다윈은 분주하고 북적거리는 거리를 견디지 못하고 곧 켄트주 시골에 있는 다운하우스Down House로 떠났다. 야단스러운 실내 장식 때문에 마코 별장으로 불리는 집이었다(여기서 마코는 마코앵무새를 가리킨다-옮긴이). 나는 거의 해마다 연구 팀의 새 일원을 데리고 다운하우스를 방문한다. 다윈이 날마다 아침과 오후에 거닐었던 '사색의 길'을 걸어보는 것만으로도 방문할 가치가 있다. 전형적인 19세기 시골 대지주의 집과 주변을 한가로이 걸으면 다윈의 글쓰기에 도움을 주었던 평온한 영감을 어렵지 않게 느낄 수 있다. 다윈이《종의 기원》을 완성했을 때와 같은 나이에 이 책을 얼추 완성하고 나자, 그가 어떻게 글을 그토록 많이, 일관되게 쓸 수 있었는지 경외감과 적지 않은 부러움을 느꼈다.[1]

다윈은 세계 일주를 마치고 빠르게 변화하는 도시로 돌아왔다. 그는 런던의 건축을 싫어했지만, 이곳은 급진적인 지질학 사고의 중심지로 발돋움하고 있었다. 거의 30년 동안 코벤트가든의 프리메이슨스 태번Freemasons' Tavern이라는 술집에서 모임을 열었던 지질학회가 주역이었다. 이 술집에서 축구 규칙을 정하는 모임도 열렸다는 사실이 더 흥미롭기는 하다. 시간을 거슬러 올라가 이곳에서 한잔할 수 있다면, 어느 날 저녁에는 과학 탐사 항해와 급진적 진화론 이야기를 즐겁게 듣다가 다음 날 저녁에는 오프사이드 규칙에 대한 열띤 토론을 들을지도 모른다. 1842년 9월에 먼지 자욱한 가워가를 떠날 무렵, 다윈은 이미 비글호 항해를 다룬 논문 네 편을 학회에 제출하고 학회 서기로 뽑힌 뒤였다. 두 번째 브리튼섬 지질도를 작성한 조지 벨러스 그리너George Bellas Greenough는 지질학회와 UCL의 창립 멤버로 활발히 활동했다. 1826년에 대학교가 설립된 이래로 지질학을 가르친 교수 역시 그리너였다. 당시에 UCL은 옥스퍼드대학교와 케임브리지대학교라는 기득권의 요새에 맞선 세속적 대안으로 런던대학교로 불렸다. 다윈이 비글호 항해에 나섰던 1831년, 최초의 브리튼섬 지질도를 만든 윌리엄 스미스William Smith의 조카이자 제자인 존 필립스John Phillips가 갓 설립된 런던대학교에서 강의하기 시작했다. 스미스와 그리너는 지질도 제작을 놓고 경쟁했을 뿐만 아니라, 화석으로 퇴적층, 즉 지층을 대비할 수 있는지를 두고 다투었다. 논쟁은 스미스가 창시한 새로운 학문 분과 층서학에 유리한 방향으로 끝났고, 다윈의 사고에 지대한 영향을 미쳤다. 그런데 5년 후 다윈이 돌아왔을 즈음, 런던대학교는 새로운 런던대학교 연합에 소속된 대학이 되어 있었다(학생의 인종과 성별, 계급, 종교에 구애받지 않고 교육하겠다는 런던대학교의 개교 이후 런던에 대학이 더 많이 생겨나자, 이를 모두 아우르는 런던대학교 연합이 생겨났고 런던대학교는 UCL로 불리게 되었다-옮긴이). 필립스도 런던대학교를 떠나고 없었다.

이런 변화가 생긴 데에는 이유가 있었다. 다윈이 멀리 떠나 있는 동안, 옥스퍼드대학교와 케임브리지대학교가 런던대학교의 학위 수여를 허락하는 칙허를 취소해 달라고 국왕과 의회에 청원을 넣었기 때문이었다. 그러자 조지 4세가 직접 킹스칼리지를 세웠다. 존 필립스를 비롯해 여러 학자는 블룸스버리의 가워가에 있는 '신을 믿지 않는 기관'을 떠나서 왕이 세운 데다 더 독실하게 신을 믿기까지 하는 학교로 옮겨갔다. 1836년, 빈털터리가 된 신생 대학은 조지 4세 이후 새로 즉위한 왕에게 자비를 구해서 새로운 칙허를 받아야 했다. 결국 런던대학교는 킹스칼리지와 자매 대학이 되어서 새로운 런던대학교 연합체에 소속되었다. 자기가 떠나 있는 동안 벌어졌던 정치적 모략을 다윈이 어떻게 받아들였을지는 모르겠다. 우리는 그가 돌아온 후 본격적으로 재개된 건축 작업을 탐탁지 않게 여겼다는 사실만 알 뿐이다. 주제에 벗어나서 대학교 이야기를 잠시 늘어놓은 것은 이 일이 오늘날 세계가 과거 사건에 의존한다는 사실을 잘 보여주기 때문이다. 나는 당시에 왕이 조금만 더 아량이 넓었다면 어땠을지 공상에 빠지곤 한다. 그랬다면 존 필립스가 1841년에 최초로 지질 시대 구분을 제안했을 때, 스트랜드의 킹스칼리지가 아니라 몇 킬로미터 채 떨어지지도 않은 가워가에서 첫 지질학 교수가 되어 내 전임자로 남았을지 모른다. 시간이라는 화살이 날아가는 방향은 역사를 바꾸는 사건에 달려 있다. 다윈도 잘 알았듯이, 지구 역사도 예외는 아니다. 그는 가워가를 떠나기 겨우 3개월 전에 35쪽짜리 '밑그림', 즉 자연 선택 진화론을 다룬 초고를 완성했다.

필립스는 수년 동안 정성스럽게 재구성한 화석의 순서를 활용해서 절대 시간이 아니라 상대 시간을 기준으로 지질 시대를 구분했다. 스승 윌리엄 스미스에게서 오랫동안 지질학을 배운 경험이 유용했다. 그는 젊어서 스미스와 함께 브리튼섬을 여행했고, 당연히 그리너 같은 주류 회의론자보다는 스미스의 선구적인 저서 《체계화한 화석으로 식별한 지층Strata Identified by Organized Fossils》에 영향을 많이 받았다. 스미스는 특정한 화석 군집으로 한 지역에서 다음 지역까지 지층을 추적하는 방법을 가르쳤다. 필립스가 화석이 있는 지층을 서로 뚜렷이 다른 세 시대로 구분할 때 의지했던 것도 바로 이 새로운 생층서학biostratigraphy이었다. 그는 화석 분류군의 숫자가 눈에 띄게 감소하는 것을 기준으로 시대를 구분하고, 각각 고생대와 중생대, 신생대라고 이름을 붙였다. 스미스가 창시한 생물 층서학은 다윈이 캄브리아기 무척추동물로 거슬러 올라가는 우리의 진화 기원을 추적하는 데에도 도움을 주었다. 요즘에도 무척추동물은 고생대의 시작을 알리는 표지로 쓰인다. 필립스도 다윈도 선캄브리아 시대 지층에 관해서는 깊이 고민하지 않았다. 당대 지질학자 애덤 세지윅Adam Sedgwick은 이 지층에 원생대라는 이름을 붙였다. 더 오래된 선캄브리아 시대 암석이 흔했던 북아메리카에서는 지질학자들이 불모의 무생물 시대Azoic 암석층을 서로 다른 두 개, 휴런Huron 암석과 로렌시아 암석으로 구분했다. 나중에 이 암석은 각각 시생누대와 원생누대의 것으로 밝혀졌다. 다윈과 당대의 많은 학자는 급격한 변화보다 점진적 변화를 선호했으며, 암석 기록이 불완전한 탓에 급격한 변화가 일어난 것처럼 보인다고 믿었다. 하지만 우리는 지구 역사 전반에 걸쳐 점진적인 변화도, 진정한 멸종과 대확산도 모두 존재했다는 사실을 잘 안다. 아울러 필립스가 제안한 현생누대의 세 시대가 전환될 때 벌어진 주요 사건이 각각 캄브리아기 생명체 확산과 페름기-트라이아스기 대량 멸종, 백악기-고진기 대량 멸종이라는 사실도 안다. 이 같은 진화와 확산, 병목 현상은 생물학 역사의 흐름을 바꾸었다. 이 장에서 바로 이 주제를 살펴보려고 한다.[2]

대량 멸종은 존 필립스가 확인한 지질 시대의 경계 두 군데에서만 발생하지 않았다. 훗날 지질학자들은 대량 멸종이 발생한 시점을 네 개 더 찾아냈다. 초기 캄브리아기 생명 대확산이 끝난 시점, 그리고 각각 오르도비스기와 데본기, 트라이아스기가 끝날 무렵에도 주요한 멸종 사건이 일어났다. 백악기가 끝나고 고진기가 출발하는 경계를 알리는 사건은 운석 충돌이다. 이 운석은 멕시코에 폭 150킬로미터, 깊이 20킬로미터의 구멍을 파놓았다. 그런데 수년 동안 아무리 조사해도, 다른 대량 멸종은 외계 원인과 관련지을 수 없었다. 나머지 대량 멸종 다섯 차례는 모두 기후 변화와 해양의 무산소 상태와 관련 있었다. 더욱이 이 다섯 번 중 네 번은 화산 분출과 동시에 일어났다. 그래서 가장 유력한 근본 원인으로 온실가스의 강력한 힘이 꼽혔다. 더불어 이런 대량 멸종 전부는 아니더라도, 일부는 주요 증발암 퇴적 사건에 뒤이어 발생했다. 지난 몇 년 동안 나는 거대한 증발 사건이 크리오스진기와 에디아카라기의 동물 진화와 다양화뿐만 아니라 이후 호기성 생명체가 겪은 수많은 멸종까지 설명할 단서가 아닐지 고민했다. 증발암 퇴적과 풍화 사이의 불균형은 산소와 기후 모두 조절한다고 추정되는 탄소 순환 피드백을 강화할 수도, 불안정하게 흔들 수도 있다. 눈덩이지구의 빙하기와 마찬가지로, 대량 멸종이 터진 시기에도 지구 시스템을 조절하는 메커니즘은 약해졌거나 아예 존재하지 않았던 것으로 보인다. 그러므로 증발암이라는 퍼즐 조각을 놓친다면 지구 역사에서 가장 영향력 있는 사건 일부를 잘못 해석할지도 모른다. 마이오세와 지중해의 염류화 현상을 더 자세히 살펴보자.[3]

이전 장에서 나는 메시나절 염분 위기가 얼마나 중요한 사건이었는지 강조했다. 이 염분 위기로 고작 50만 년 만에 소금이 100만 세제곱킬로미터나 쌓였다. 그런데 놀랍게도 메시나절 염분 위기는 마이오세에서 가장 규모가 큰 석고 퇴적 사건이 아니었을 수도 있다. 이 염분 위기는 마찬가지로 거대한 사건, 즉 장차 홍해가 될 열하fissure(지각이나 암석의 깊이 갈라진 기다란 틈-옮긴이)로 바닷물이 쏟아져 들어간 일에 연이어서 발생했기 때문이다. 하지만 마이오세에서 가장 규모가 컸을 사건은 메소포타미아 해로Mesopotamian Seaway가 폐쇄된 일로, 앞의 두 사건보다 훨씬 더 일찍 일어났다. 이 사건으로 중앙 테티스해(파라테티스해)와 동쪽 테티스해가 갈라졌다. 약 1500만 년 전에 증발암 퇴적이 본격적으로 시작되어서 석고가 이란과 중동 전역에 수백 미터나 쌓였다. 요즘 석유 기업은 이 퇴적물에 눈독을 들인다. 불침투성 염분 퇴적물이 상승하는 석유를 이상적인 조건으로 가두고 있기 때문이다. 메소포타미아 해로 폐쇄의 여파는 약 1380만 년 전 동유럽 전역에서 시작된 바덴 염분 위기Badenian Salinity Crisis로 정점에 이르렀다. 1억 년도 더 전에 대서양이 열린 이후로 거대한 증발 사건은 거의 없었지만, 마이오세 후반의 짧은 1000만 년 동안 대규모 증발 사건이 무려 네 번이나 잇달아서 발생했다. 마이오세 후반에 염분이 너무나도 많이 퇴적된 탓에 전 세계 해양 염도가 10퍼센트 넘게 떨어졌고, 해수의 특정 원소에는 훨씬 더 커다란 변화가 일어났다. 가장 먼저 탄산칼슘, 그다음이 황산칼슘, 마지막 염화나트륨과 다른 광물까지 예측할 수 있는 순서대로 침전이 일어나기 때문이다. 가장 영향을 많이 받은 것은 칼슘 농도로, 10퍼센트 이상, 어쩌면 최대 50퍼센트까지 떨어졌을 것이다. 흥미롭게도 이처럼 극단적이면서 가능한 변화를 고려한 사람은 이제까지 거의 없었다.[4]

마이오세는 내가 25년 전에 박사 학위 과정을 밟고 있을 때나 지금이나 논란이 분분한 대상이다. 펄펄 끓는 이 말썽거리로 뛰어들려니 두

려운 마음이 없지는 않다. 나 같은 선캄브리아 시대 지질학자보다 마이오세를 포함해 신생대를 훨씬 더 잘 아는 전문가들에게 공격받기 쉽기 때문이다. 하지만 믿을 구석이 있다. 나는 취리히에서 지내던 시절 초반에 몰타의 마이오세 인산염 석회암을 중점적으로 연구하는 프로젝트에 참여했다. 동료 학생을 위해 스트론튬 동위원소를 측정해 주다가 프로젝트에 참여했는데, 연구 주제에 푹 빠진 나머지 1995년에 직접 몰타에 가서 시료를 더 채집하기까지 했다. 연구 팀은 방해석으로 자그마한 소용돌이 모양 껍데기를 만드는 저생성 및 부유성 유공충의 탄소와 산소 동위원소 조성을 조사했다. 내가 맡은 주된 역할은 껍데기와 기타 자료의 스트론튬 동위원소 조성을 활용해서 안정 동위원소 특징을 전세계 해수 곡선과 비교해 연대를 측정하는 것이었다. 똑같은 산소 동위원소 고온도 측정법paleothermometer을 이용해서 훨씬 더 정확하게 기후 변화를 재구성하는 데 경력을 통째로 바친 사람들과 비교하면 나는 이 분야에 그저 발가락을 담근 수준이었을 뿐이다. 하지만 우리 연구는 순조롭게 풀려서 마이오세 중기의 잘 알려진 한랭화를 식별하고 연대를 측정할 수 있었다. 몰타 유공충의 $^{18}O/^{16}O$ 비율이 갑자기 증가한 것으로 이 변화를 알 수 있다.[5]

'마이오세 중기 기후 혼란'은 여전히 잘 파악되지 않았지만, 1400만 년 전에서 1350만 년 전 사이에 육생 생물은 물론이고 악어 같은 수생 생물까지 멸종하는 급작스러운 사태를 불러왔다고 추정된다. 이런 혼란이 지속적인 한랭화와 관련 있다는 사실은 확실하다. 기온이 계속 떨어지자, 동 남극대륙East Antarctica 빙상이 크게 확장해서 해수면이 급작스럽게 낮아졌다. 마이오세에는 중기까지 1500만 년 동안 비교적 안정적이고 따뜻한 기후가 이어진 후, 느닷없이 기후 혼란이 발생해 현재까지 간헐적인 한랭화가 뒤따랐다. 해양 순환 변화와 유기물 매장 모두 한랭화를 촉발한 잠재적 원인으로 꼽힌다. 다만 왜 이 무렵에 우리 행성이 갑자기 추워졌는지 학계가 아직 확실하게 의견 일치를 보지 못했다고 보는 편이 더 타당하다. 붕소 동위원소 연구는 대기 중 이산화탄소의 감소가 원인이라고 말한다. 하지만 우리는 이산화탄소가 줄어든 원인도 역시 모른다. 그런데 흥미롭게도 마이오세 중기 기후 혼란은 1억 년 넘는 기간 내에서 규모가 가장 방대했던 석고 퇴적과 정확히 똑같은 시기에 일어났다. 메소포타미아 해로가 닫히던 때였다. 게다가 토르토나절Tortonian Age과 메시나절 사이에 홍해와 지중해에서도 추가로 증발암 퇴적이 일어나서 급격한 온도 하강이 한 번 더 일어났다. 이 탓에 남극 빙상이 오늘날 수준으로 확장되었고, 북반구에서도 빙하 작용이 시작되었다. 의심할 여지 없이, 마이오세 중기와 후기 사이는 우리 행성을 얼음 속으로 더 깊이 밀어 넣은 기후 전환점이었다.[6]

전 지구의 온도가 떨어지는 상황은 증발암 퇴적과 기후를 잇는 연결고리가 될 수 있다. 빙상이 커지고 작아지는 빙하기 환경에서 온도가 떨어지면 빙상이 팽창해 해수면이 낮아지므로 해로가 막혀서 증발암이 퇴적될 수 있다. 하지만 마이오세에 두 차례 벌어진 증발 사건 모두 빙상이 크게 확장되기도 전에 퇴적이 시작되었다. 물론 나중에 해수면이 낮아져서 퇴적이 확실히 더 활발해지기는 했다. 그렇다면 혹시 반대로 증발암 퇴적이 기후 변화를 일으킬 수도 있을까? 이전 장에서 살펴보았듯이, 황산염 풍화는 산소가 없는 바다에서 유기물이 산화하는 데 영향을 미쳐서 지구 온난화를 불러올 수도 있다. 반대로 황산염 퇴적이 유기 탄소 축적과 한랭화로 이어지는 일도 가능하다. 마이오세처럼 산소가 풍부한 환경에서는 이런 메커니즘이 작동하지 않았을 듯하지만, 증발암은 칼슘 순환을 통해서도 장기적 탄소 순환을 방해할 수 있다.

이제 당신은 지구의 풍화 온도 조절 장치가 규산염 풍화의 온도 의존성을 통해서 기후를 조절한다는 사실을 잘 기억할 것이다. 온도가 오르면 규산염 풍화 속도가 빨라져서 더 많은 칼슘 이온과 탄산염 알칼리도가 바다로 흘러든다. 이 둘은 바다에서 재결합해 탄산칼슘을 이룬다. 규산염 풍화는 이산화탄소를 소비하므로 탄산칼슘 침전은 이산화탄소 순 흡수원으로 작용하고, 따라서 지구 기온의 초기 기온 상승을 억제한다. 바다로 배출되는 칼슘 1몰당 이산화탄소 1몰이 지질 순환 한 차례 또는 그 이상 동안 저장된다. 적어도 이론상으로는 그렇다. 19세기 초의 위대한 도예가이자 박식가 자크조제프 에벨망이 장기적 탄소 순환을 처음 발견한 이래로, 탄소 순환을 옹호하는 이들은 풍화 작용의 균형 작용이 언제나 완벽하다고 추정했다. 정말로 완벽할까? 근본적인 전제에 의문을 품는 일은 건전하다. 근본 전제를 향한 관심이 사라지고 없더라도 이런 질문은 무척 재미있다. 최근 몇 년 동안 많은 지구화학자가 바다에 칼슘을 공급하지만 이산화탄소 제거와는 관련 없는 다른 주요 요소 두 가지를 연구하며 규산염 풍화 패러다임을 조금씩 공격하고 있다.

사실, 바닷가로 칼슘을 배출하는 주요 공급원은 규산염 풍화가 아니라 석회암 풍화다. 둘의 배출량 사이에는 차이가 어느 정도 난다. 그런데 수천 년보다 더 긴 시간 규모에서 탄산염 풍화와 퇴적은 균형을 이루어야 한다. 다시 말해, 석회암 풍화는 이산화탄소의 순 배출원도 아니고 순 흡수원도 아니므로 기후에 크게 영향을 주어서는 안 된다. 그런데 이 규칙에 예외가 있다. 가장 뚜렷한 예외는 희석된 탄산인 빗물이 아니라 황철석 풍화 도중 배출된 황산에 탄산염이 풍화되는 경우다. 이런 경우, 석회암 풍화는 이산화탄소 순 배출원이 되어 기후에 적게나마 영향을 미칠 수 있다(그림 25).

석회암 풍화와 규산염 풍화에 이은 세 번째 칼슘 배출원은 석고 풍화다. 이미 알아보았듯이, 석고 풍화는 수백만 년이 지나도 석고 퇴적과 균형을 이루지 않는다. 그 결과, 석고가 용해되어 배출된 칼슘 이온은 탄산염 알칼리도와 함께하지 않고 혼자 바다로 흘러든다. 탄산염 알칼리도는 석고가 아닌 탄산칼슘으로 남겨져서 바다의 알칼리도 수지가 불균형해진다. 그러므로 석고 풍화의 최종 결과로, 바닷물에서 칼슘과 탄산염 이온의 비율은 칼슘이 더 많아지는 쪽으로 바뀐다. 바닷물에서 탄산염 이온이 적어지면, 물속의 탄산염 화학종은 이산화탄소가 더 많아지는 방향으로 다시 평형을 이룬다. 이 이산화탄소 가운데 일부는 대기로 배출된다. 다시 말해, 흥미롭게도 침식 속도가 빨라졌을 때 황철석과 석고 풍화 형태의 황 순환은 히말라야산맥 융기 같은 조산 운동 동안 규산염 풍화가 증가해 발생한 냉각 효과를 상쇄한다. 그런데 학계가 풍화 작용에 관심을 보이기는 하지만, 풍화가 기후에 미치는 영향은 증발암 퇴적의 잠재적 영향과 비교하면 보잘것없다.[7]

오늘날, 바다로 흘러드는 황산염의 절반은 황철석 풍화로 생겨나고, 나머지 절반은 석고 용해로 생겨난다. 정확히 양을 파악하기는 어렵지만 황철석 일부는 틀림없이 바다에서 빠져나가고 있다. 한편, 500만 년도 더 전에 발생한 메시나절 염분 위기가 끝난 이후로 순 석고 퇴적은 사실상 존재하지 않았다. 약 1억 2000만 년 전에서 1500만 년 전 사이

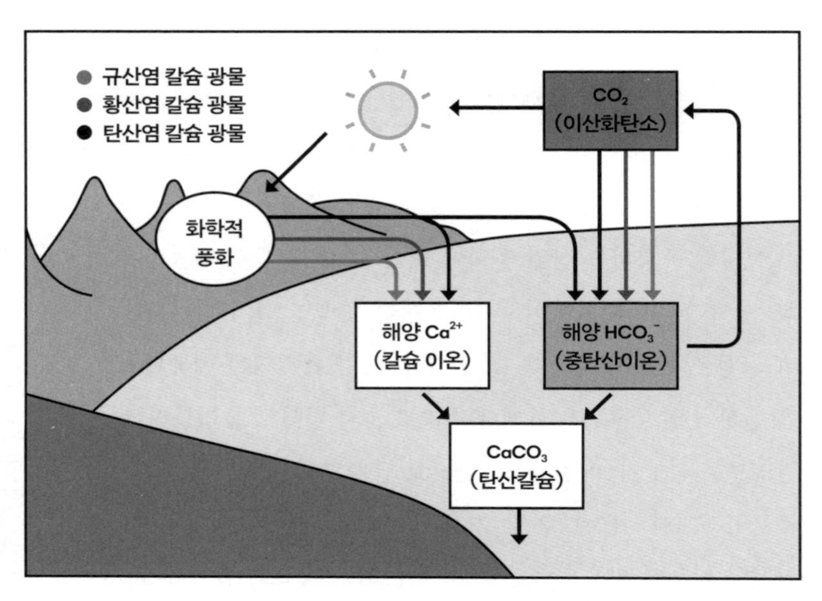

그림 25. 칼슘 풍화가 기후에 미친 영향을 나타낸 상자 그림. 칼슘을 함유한 광물이 화학적으로 풍화되어 결국 해저에 퇴적될 탄산칼슘을 구성하는 성분을 배출하는 과정을 보여준다. 각 경로는 대기 중 이산화탄소와 기후에 서로 다른 영향을 미친다. 화살표를 따라가면 규산염 풍화가 이산화탄소 순 손실로 이어진다는 사실을 확인할 수 있다. 탄산염 풍화는 순 변화를 일으키지 않으며 황산염 풍화는 칼슘 이온이 탄산염 알칼리도보다 더 많아지는 결과를 낳는다.

에도 주요한 증발암 퇴적 사건이 없었다. 이는 퇴적 작용으로 인한 황 순환에 엄청난 불균형이 생겼을 뿐만 아니라, 비교적 기간이 짧은 퇴적 사건의 흐름과 규모가 풍화 사건보다 훨씬 더 컸다는 의미다. 석고 풍화의 온난화 효과가 역전되면서, 석고 퇴적은 원래 탄산칼슘으로 퇴적되었을 칼슘을 없애버린다. 그러면 칼슘과 탄산염의 균형은 탄산염이 많아지는 쪽으로 바뀌어서, 바다의 수소 이온 농도가 올라가고 대기의 이산화탄소가 줄어든다. 퇴적의 한랭화 효과는 풍화의 온난화 효과보다 더 급격하고, 더 극심하고, 더 오래 지속된다. 나와 리즈대학교의 벤 밀스는 주요 퇴적 사건이 억제되지 않는다면 지구 기온이 섭씨 몇 도쯤 내려갈 수 있다고 추산했다. 빙하로 뒤덮인 세상에서 증발암 퇴적은 지구 기후에 대한 양의 피드백을 유도할 수 있다. 기온이 하강하면 빙상이 팽창하고, 해수면이 낮아지며 대양 분지가 더 많이 막히고, 결국 증발암 퇴적이 계속되면서 기온이 더 떨어질 수 있다. 이런 생각을 밀고 나가다 보면, 현대의 빙하기가 부분적으로는 테티스해 폐쇄와 염분 위기에 달려 있을 수도 있다는 충격적인 결론에 이른다.

당신도 석고 퇴적이 한랭화를 일으킨다는 나의 주장을 받아들였다고 치자. 그렇다면 이런 사건이 대량 멸종과는 어떤 관련이 있는 걸까? 증발암 퇴적이 대량 멸종보다 앞서기도 하고 뒤따르기도 하지만, 대량 멸종은 대체로 한랭화가 아니라 해양 무산소 상태와 지구 온난화와 연관된다고 추정된다. 저 질문에 대한 대답은 '생물권 회복력'과 관련 있다. 눈덩이지구로 치닫던 시기에 그랬던 것처럼 지구 역사 속 특정한 순간에 양의 피드백이 고삐 풀린 채 폭주할 수 있었던 이유와도 관련 있다. 이 연결고리를 이해하려면 대량 멸종 중에서도 가장 규모가 컸던 사건을 더 자세히 살펴보아야 한다. 페름기에서 트라이아스기로 전환되는 경계에서 발생한 대량 멸종은 한때 번성했던 삼엽충을 비롯해 수많은 해양 무척추동물 종에게 죽음을 선고했다. 이때 멸종한 해양 생물 종은 90퍼센트를 훌쩍 넘기며, 육상 척추동물도 마찬가지로 경악스러운 수치인 약 70퍼센트가 멸종했다. 육지와 해양 생태계 모두 극심하게 교란되었다. 겉씨식물 숲은 500만 년에 걸쳐 석탄 매장지로 변했다. 아마도 과도한 자외선 때문에 이런 일이 벌어졌을 텐데, 이 시기의 나무

꽃가루에서 두드러지게 나타나는 돌연변이는 화산의 유황 배출 때문에 오존층이 약해져서 생긴 것으로 추정되기 때문이다. 바다에서는 암초가 형성되는 시간 간격이 훨씬 더 길어진 것 같다. 손가락 산호라고도 하는 사방산호Rugosa와 판상산호Tabulata, 방추충Fusulinid과 유공충, 다양한 껍데기가 있는 무척추동물 등 페름기 후반에 암초를 만들던 생명체가 영영 사라졌기 때문이다. 지질 시대 경계를 딱 두 개만 정했던 존 필립스가 이 시기를 경계로 선택한 것도 당연하다.[8]

페름기와 트라이아스기 경계에서 발생한 대량 멸종은 모든 멸종 사건 가운데 가장 규모가 크다. 세계 최대의 화성암 지역인 시베리아 트랩Siberian Traps(시베리아에 방대하게 펼쳐진 현무암질 용암 대지-옮긴이)의 분출 때문에 발생한 것으로 추정된다. 화산 분출로 어마어마한 양의 이산화탄소가 대기로 뿜어져 나와서 지구를 따뜻하게 데우고, 산소 용해도를 낮추고, 광대한 바다를 무산소 및 폐쇄해성 상태로 바꾸었을 것이다. 멸종에 관한 일류 전문가로 손꼽히는 브리스틀대학교의 마이클 벤턴Michael Benton은 대량 멸종이 땅과 바다의 생명체 모두에게 영향을 미친 원인이라는 까다로운 문제를 다룬다. 벤턴은 온난화의 극단적 성격을 답으로 내놓았다. 페름기에서 트라이아스기로 넘어가던 시기에 온난화는 치명적인 수준에 이르렀다. 바다에서는 열기와 무산소 상태가 결합한 탓에 플랑크톤이 살 수 있는 깊이가 절대 최소치로 줄어들었다. 땅에서는 기온이 섭씨 35~40도에 달한 탓에 동식물 대부분이 생리적으로 심각한 손상을 입었다. 이처럼 혹독한 환경은 온실가스의 강력한 힘으로 어느 정도 설명할 수 있지만, 온난화가 걷잡을 수 없이 폭주한 것을 보면 기후를 조절하는 피드백이 너무 약해져서 기후를 정상적 상태로 되돌리지 못했던 듯하다. 하지만 규산염 풍화가 증가해서 치솟는 온도를 멈춰 세우리라고 예상할 수 있지 않을까? 게다가 영양소라는 피드백이 유기물 매장을 지탱해서 결국 생명을 위협하는 무산소 상태를 막지 않을까?[9]

위기가 터진 페름기와 트라이아스기의 전환기에 기후 조절이 어려웠던 이유는 두 가지다. 첫 번째, 전 세계의 강괴 대다수가 하나로 뭉쳐서 초대륙 판게아를 이루었다. 당시 판게아는 이미 삭박 작용으로 지표가 깎여나가서 평평하고 건조한 땅덩어리가 되어 있었다. 삭박이 활발히 이루어지지 않았다는 것은 온도의 문제가 아니라 풍화될 물질이 적어서 풍화가 제한되었고, 규산염 풍화 피드백에 심각한 손상이 생겼다는 뜻이다. 시간 제한 풍화와 반대되는 이 화학적 풍화 작용은 이동 제한transport-limited 또는 공급 제한supply-limited 풍화라고 하는데, 모든 오래된 초대륙의 특징으로 보인다. 공급 제한 풍화 작용이 일어나면, 화학적 풍화 속도가 증가하더라도 화산 분출로 인한 지구 온난화가 별로 억제받지 않고 계속될 수 있다. 이처럼 결함이 생긴 온도 조절 장치는 크리오스진기의 빙하기 이후 온난화가 날뛰었던 데 영향을 주었을지도 모른다. 더불어 판게아만큼 수명이 매우 길었던 초대륙 로디니아가 분열하는 동안 탄소 동위원소 교란이 막대했던 원인이었을 수도 있다. 흥미롭게도, 멸종 이후 트라이아스기 초반에도 극심한 동위원소 변칙이 발생한 듯하다.[10]

두 번째 이유도 알아보자. 증발암은 덥고 건조한 기후에서 형성되는 경향이 있어서 온난화를 상쇄하는 음의 피드백이 될 수 있다. 하지만 황산염 농도가 너무 낮아서 석고가 침전되지 못한다면, 냉각 효과는 무시해도 좋을 수준에 지나지 않을 것이다. 유럽에서 페름기와 트라이아스기 경계는 페름기 말 체히슈타인층Zechstein Formation의 소금이 그 위의 트라이아스기 분트잔슈타인Buntsandstein(색깔이 다채로운 사암)으로 바뀌는 것으로 알 수 있다. 불침투성인 체히슈타인 암층은 현재 영국과 노르웨이의 북해에서 시추하는 석유 대부분을 가두고 있을 뿐만 아니라, 핵폐기물을 처리할 잠재적 저장소로도 홍보되었다. 암염과 경석고, 탄산염으로 이루어진 이 두꺼운 퇴적층은 북유럽에서 독일을 거쳐 영국 제도까지 100만 제곱킬로미터 넘게 뻗어 있다. 페름기 거의 내내 바닷물의 황산염량이 현대와 거의 비슷해서 전 세계에 거대한 석고 퇴적물이 쌓였지만, 페름기가 끝날 무렵 황산염 농도가 아주 낮게 떨어져서 석고가 다량으로 퇴적될 가능성이 아예 없어지고 말았다. 시베리아 전역에서 전무후무한 대규모 화산 분출이 일어나던 동안 음의 피드백 두 가지가 모두 사라진 현상은 트라이아스기 초반에 기온이 치솟아서 치명적인 온실 효과를 낳는 데 핵심 역할을 맡았을 것이다.

이례적으로 부족한 황산염, 온난화, 무산소 상태, 멸종은 에디아카라기에서 캄브리아기로 넘어가는 전환기 초에 동물이 확산한 이후로 거듭 되풀이되었다. 내가 UCL에서 가르친 제자 허텐첸은 시베리아의 황 동위원소 데이터를 연구해서 발표했다. 해수 황산염 농도는 슈람 이상 이후 캄브리아 생명체 확산이 일어나는 동안 정점에서 줄어들어 캄브리아기 초기 신스크 멸종 사건early Cambrian Sinsk extinction event, 다른 이름으로는 보토미아조-토요니아조 멸종 사건Botomian-Toyonian extinction event이 벌어질 무렵 극도로 낮아졌다. 이 멸종 사건은 현생누대에 여섯 번 발생한 주요 대량 멸종 중 첫 번째다. 낮은 황산염 농도는 데본기 후반과 백악기 말에 터진 대량 멸종은 물론 페름기 말 생물 위기에서도 공통으로 드러나는 특징이다. 지금 리즈대학교에 있는 허텐첸은 트라이아스기 말에 대량 멸종이 벌어졌을 때도 같은 현상이 나타났다는 사실을 최근에 입증했다. 이로써 대량 멸종을 모두 온난화와 연결할 수 있게 되었다. 다만 오르도비스기 말의 대량 멸종만큼은 예외일지도 모른다. 이 사건은 일반적으로 지구 온난화가 아니라 빙하기와 연관된다. 오르도비스기 말의 대량 멸종을 제외하면, 대체로 멸종 사건에 앞서 먼저 막대한 양의 석고가 퇴적되었다. 멸종이 일어나는 동안에는 바다에서 산소가 없고 황화물을 함유한 환경이 퍼졌다. 이런 상황 탓에 황산염 농도가 낮아져서 멸종이 벌어지는 동안 증발암과 관련된 기온 하강이 일어날 수 없었다. 하지만 증발암이 기후에 미치는 영향만이 멸종과 관련된 것은 아니다. 황 순환과 멸종의 연관성을 더 알아보려면 황 순환과 산소 순환이 어떻게 상호작용하는지 다시 살펴봐야 한다.[11]

이전 장에서 보았듯이, 오늘날 바다에 있는 다량의 황산염은 주로 황철석과 석고 풍화로 생겨났다. 아울러 그 규모는 적지만, 화산 활동도 황산염을 내놓는다. 그런데 화산 가스 배출과 황철석 풍화 모두 대기 중 산소를 고갈시킨다. 소비된 산소는 황철석 매장 이후에 다시 배출되어야 한다. 하지만 석고 퇴적이 바다에서 황산염을 고갈시키므로 매장될 수 있는 황철석의 양이 제한된다. 결국, 지구 시스템에서 산소 순손실이 발생한다. 해저가 점차 무산소 환경으로 바뀌면서 유기물 매장이 늘어날 테니 산소가 어느 정도 보충되고 탄소 동위원솟값도 올라갈 수 있겠지만, 갈수록 차이를 메우기 어려워질 것이다. 무산소 환경이 더 널리 퍼지면 폐쇄해성 환경도 늘어나고, 황철석이 매장되어 황산염이 더 많이 제거된다. 그러면 끝내 낮은 황산염 농도가 석고와 황철석 매장 속도를 제한하는 데 이른다. 거의 모든 대량 멸종이 터지기 이전에 이처럼 표면 환경에서 산화 용량이 꾸준히 누출되었다. 대규모 화산 폭발에 뒤이어 바다가 치명적일 정도로 뜨거워지고 산소마저 부족한 상태로 바뀌기 쉬운 조건이 미리 갖춰진 것이다.

낮은 황산염 농도가 불러오는 결과는 메탄과도 관련 있다. 오늘날 유기물은 대체로 산화되어서 부패한다. 직접 산소와 결합해서 산화될 수도 있고, 유리 산소가 모두 소모된 이후에는 에너지 수율 순서대로 여러 다른 전자 수용체에 의해, 즉 질산염부터 망간(IV), 철(III), 마지막으로 황산염 환원에 의해 산화될 수도 있다. 그러면 미생물이 매개하는 모호한 연쇄 반응이 생겨나서 해양 퇴적물의 미세 환경이 산소성에서 점점 더 환원적으로 바뀐다. 오늘날에는 해양 황산염 농도가 높으므로 모든 유기물 부패는 유기 호흡aerobic respiration(산소 호흡)과 미생물의 황산염 환원이 결합한 결과로 발생한다. 하지만 바다가 무산소 상태로 바뀌고 황산염 수준이 낮아지면 다양한 부패 경로가 전면에 등장하며, 특히 메탄 생성 세균이 관여하는 방식이 두드러진다. 오늘날 메탄 생성 세균이 매개하는 방식은 바다가 아닌 환경이나 가장 깊은 퇴적층에만 국한된다. 리즈대학교의 롭 뉴턴Rob Newton은 황산염 수준이 낮은 시기에 메탄 흐름이 증가하면 해저에서 산소 요구량oxygen demand(수중 유기물이 산화할 때 필요한 산소의 양-옮긴이)이 늘어나므로 무산소 상태가 더욱 심해진다는 가설을 세웠다. 메탄이 쉽게 이산화탄소로 산화해서 무산소 상태의 폭주를 부르는 양의 피드백을 일으킬 것이기 때문이다.

이 모든 사건이 연속적으로 벌어질 때 핵심은 지구 황 순환이다. 황산염 농도가 높은 바다에서 석고가 다량 퇴적되는 것을 시작으로 산소 부족과 무산소 환경이 뒤따르고, 더 효율적인 인 재순환과 부영양화, 폐쇄해성 환경에 이어 무산소 환경의 추가적 팽창이 발생한다. 이런 상황에서 화산이 분출해 지구를 따뜻하게 데우고 화학적 풍화를 통해 부영양화를 촉진하면, 황산염 수준이 너무 낮아져서 온실 효과가 걷잡을 수 없이 강력해지고 심지어 대량 멸종까지 터질 수 있다. 온실가스 농도가 기후를 크게 좌우하기는 하지만, 지구 탄소 순환의 교란을 억제하는 피드백은 다양하게 존재하는 것으로 추정된다. 가장 민감한 피드백은 탄산염 시스템과 관련 있다. 바다는 거의 언제나 탄산칼슘 광물이 포화한 상태에 가까운데, 이 광물은 탄소 순환 교란의 성격에 따라 침전되거나 용해된다. 황 광물은 다르다. 석고는 일반적인 바닷물에서 불포화 상태이고, 황철석 형성은 황산염뿐만 아니라 유기물 생산성에도 영향을 받기 때문에 해수 황산염 농도는 비교적 짧은 기간 내에 무려 두 자릿수나 바뀔 수도 있다. 석고 풍화 사건에 뒤이어 대규모 퇴적 사건이 발생했던 두 시기, 즉 에디아카라기-캄브리아기의 전환기와 신생대는 황 순환의 잠재적 가변성이 서로 다른 지구 시스템 조건에서 다르게 드러날 수 있다는 사실을 잘 보여준다.

신생대에는 인도가 나머지 아시아 대륙과 충돌해서 히말라야산맥이 하늘 높이 치솟는 바람에 물리적 침식 속도가 빨라졌다. 이 충돌은 대략 5000만 년 전 에오세Eocene Epoch에 시작되었다. 하지만 히말라야산맥은 대규모 증발암 퇴적이 일어난 마이오세에도 대거 융기했고, 테티스해 해로가 막히는 데 영향을 주었던 유럽과 아프리카의 충돌 때도 마찬가지였다. 이때 황철석과 석고 풍화 속도가 빨라져서 기온 하강을 막는 완충 역할을 했을 것이다. 당시 지구는 증발암 풍화와 퇴적으로 인한 소규모 기후 교란에서 회복하는 힘이 어느 정도 있었던 것 같다. 적어도 판게아 같은 초대륙이 황혼기를 맞이한 시기처럼 침식 속도가 낮았을 때와 비교하면 상대적으로 회복력이 있었다고 볼 수 있다. 무엇보다도 산소가 풍부한 신생대 바다는 폐쇄해성 환경의 확장에도, 산화 풍화 작용과 황산염 퇴적의 산소 제거 효과에도 저항했다. 그래서 신생대에는 산소와 황산염 수준이 크게 변하지 않았다. 이 상황을 에디아카라기-캄브리아기의 전환기와 비교해 보자.

겉으로 볼 때는 에디아카라기에서 캄브리아기로 넘어가던 전환기와 신생대가 아주 비슷하다. 장대한 조산 운동이 벌어졌고, 바다에 황산염이 넘쳐났다. 하지만 똑같은 일이라도 산소가 적은 환경에서는 완전히 다른 결과를 낳았다. 첫 번째, 과다한 황산염은 산소가 없는 에디아카라기 바다에서 산화 환원 균형을 극적으로 바꿔 놓았다. 황철석 매장을 통해 산소를 공급하는 동시에, 황 순환(DOC 산화)을 통해 훗날 칼슘 순환으로는 이룰 수 없는 수준으로 온난화를 일으켰다. 높은 황산염 수준은 5억 5000만 년 전 이후로 가장 두드러지는 대규모 석고 퇴적으로도 이어졌다. 활발한 침식은 산화 풍화 작용을 거쳐 산소를 소비한다. 폐쇄해성 환경과 황철석 매장은 산소를 다시 배출하고(혹은 더 많이 생산하고), 황산염 퇴적은 산소를 제거한다. 그러므로 무산소 환경의 확산은 곧 산소 발생 사건으로 이어진다. 에디아카라기에서 캄브리아기로 바뀌는 전환기에 지구 기후와 산소 수준, 황산염 수준은 크게 요동쳤고, 커다란 변화의 진폭은 생명체의 확산과 위기에 잘 드러난다.

이처럼 서로 다른 시기에, 그러나 유사하게 발생한 지각 변동 사건을 보면, 교란에 대한 생물권의 반응은 그 교란의 성격만이 아니라 당시 지구 시스템의 상태에도 크게 좌우된다는 사실이 명확해진다. 실제로, 똑같은 교란이 정반대의 결과를 낳을 수 있다. 예를 들어서 에디아카라기에는 온난화가 산소 발생 사건과 밀접하게 연관되었지만, 이후에는 반대의 경우가 더 많았다. 훨씬 더 먼 과거를 살펴보면 또 다른 반응을 확인할 수 있다. 아마 지구 역사상 가장 중요한 환경 변화일 GOE도 그런 순간이었으리라고 생각한다. 원래 산소는 오직 오아시스나 미생물 깔개 내부에 겨우 흔적만 있는 수준이었지만, GOE 이후 최저 임계치를 넘어서는 수준으로 꾸준히 유지되어서 육지의 풍화 환경을 산화할 수 있었다. 앨프리드 P. 슬론 재단Alfred P. Sloan Foundation에 자금을 지원받는 국제 공동 연구 기관 심층 탄소 관측 팀Deep Carbon Observatory은 놀랍게도 GOE가 오늘날 지구에 있는 광물 유형의 절반 이상을 생산했다고 추산했다. 갑작스레 수많은 원소가 산화할 수 있는 상태가 만들어졌기 때문이다. 황도 이런 '다원자가polyvalent' 원소였으므로 황 순환 역시 돌이킬 수 없게 변화했고, 처음으로 지구 시스템에서 주요 파괴자 역할을 맡았다.[12]

요즘에는 거대한 증발 퇴적물이 만들어지지 않지만, 여전히 황산칼슘은 뜨거운 바닷물이 해저의 균열을 통해 순환하는 곳마다 서로 다른 방식으로 제거되고 있다. 이 과정은 화산 활동을 통해 늘 새로운 해양지각을 만들어내는 대양 중앙 해령 아래에서 일어난다. 압력을 받은 바닷물이 섭씨 150도를 훌쩍 넘기는 온도에서 끓는점에 이르는 열수구 주변에서 황산칼슘의 무수 형태인 경석고가 흔하다는 사실로 미루어 알 수 있다. 경석고가 침전되면 몇 달에서 몇 년 내로 균열이 막혀서 해양 지각의 투수성이 급격하게 줄어든다. 오늘날 바다에서 황산염 농도는 칼슘의 세 배에 달하므로, 경석고 침전 이후 열수에 황산염이 남아 있겠다고 생각할 사람도 있을 것이다. 하지만 해양 지각이 변화하는 동안 현무암에서 마그네슘 대신 칼슘이 침출된다. 이는 나머지 황산염이 모조리 제거된다는 의미다. 당신은 내가 앞서 황산염 퇴적이 지구 황 순환에 미치는 영향을 설명할 때 왜 이 사실을 말하지 않았는지 의문스러울 것이다. 장기적으로 볼 때는 열수 경석고 침전을 고려하지 않아도 괜찮다. 새로운 해양 지각이 중앙 해령에서 멀리 떨어져 식고 나면 결국 이 경석고가 대부분 용해되어서 황산염이 바닷물로 되돌아가기 때문이다. 이 과정은 틀림없이 GOE 이후에 시작되었을 것이다. 정확히는 언제였을까? 이 일시적인 황산염 흡수원이 생겨난 일은 지구 산소 수지에 커다란 영향을 미쳤을까? 살짝 방향을 틀어 GOE 이전으로, 표면 환경에 사실상 유리 산소가 없었던 시기로 돌아가서 답을 찾아보자.

이제까지 우리는 주로 세 번째 원생누대와 네 번째 현생누대에 초점을 맞추었다. 가장 앞선 명왕누대는 지질 흔적을 전혀 남기지 않았지만, 화산이 폭발하고 운석이 지구를 폭격하던 시기였다. 명왕누대에 뒤이어 40억 년 전에서 25억 년 전까지 지속된 시생누대에서는 우리 고향 행성의 독특한 특징이 처음 생겨난 듯하다. 바로 이때 생명체가 탄생한 것이다. 아울러 시생누대가 끝날 즈음에는 시아노박테리아가 산소를 만들고 있었다. 지각이 부분 용융partial melting(고온 환경에서 고체 상태의 암석이 부분적으로 녹아 섞이는 현상-옮긴이)을 거듭 거치면서 마그네슘보다 칼륨이 더 많고 밀도가 낮은 지표 규산염층으로 바뀐 것도 이 시기다. 시생누대 말에 밀도가 낮은 대륙 지각은 물 위에 둥둥 뜬 얼음처럼 맨틀 위에 떠 있었을 수도 있다. 그래서 밀도가 더 높은 해양 지각이 대륙 지각 아래로 들어갈 수 있었고, 현재 우리가 알고 있는 가파른 섭입과 초대륙 순환, 지각 변동이 시작되었을 것이다. 부력이 뚜렷한 효과를 낸 덕분에 대륙이 바다 위로 솟아올라서, 사실상 물밖에 없었던 세상은 파란색과 초록색, 갈색이 섞인 오늘날의 지구와 훨씬 더 비슷하게 바뀌었다. 바위로 이루어진 대륙의 출현은 생물지구화학 순환을 영구히 바꿔놓았다.[13]

가장 눈에 띄는 변화는 풍화 작용이었다. 대륙이 만들어지기 전에는 화학적 풍화가 대개 해저나 그 아래에서 일어났을 것이다. 시생누대가 끝나고 원생누대가 시작할 무렵, 지구 역사상 가장 규모가 큰 지각 형성 사건도 마무리되고 있었다. 이 사건으로 결국 거대 대륙 케놀랜드Kenorland, Kenora, 다른 이름으로는 슈퍼리아가 만들어졌고, 대략 23억 년 전 이후로는 지각 변동이 비교적 잠잠해졌다. 이런 사건 중에 생겨난 거대한 산맥은 풍화 작용의 주 무대를 바다에서 땅으로 바꾸었다. 산성비가 갓 지표로 노출된 규산염 암석을 부식시켜서 칼슘과 탄산염, 영양소 인이 배출되었다. 시생누대의 마지막 시대인 신시생대Neoarchean Era에는 해안 지역에서 해저 분지 더 깊은 경사면의 호상철광층까지 방대하게 뻗은 탄산염 암석 대지가 만들어졌다. 육지의 풍화 작용은 산소가 생겨난 원인이기도 하다. 규산염 풍화라는 탄소 흡수원이 이제 영양소 배출과 직접 연결되어서 유기물 생산과 탄소 매장, 산소 발생을 촉진했기 때문이다. GOE는 산화 풍화라는 새로운 유형의 풍화 작용도 불러왔다. 산화한 황철석에서 생겨난 황산이 산화 풍화 작용을 강화해서 처음으로 강물의 황산염이 바다로 급히 밀려들었다.

방금 설명한 내용의 행간을 잘 읽어보면, 시생누대와 원생누대의 경계가 장기적 탄소 순환의 주요 전환점이라는 사실을 알아차릴 것이다. 탄소 동위원소 물질 균형을 살펴보면, 지구 역사를 통틀어 계산할 때 지구 시스템에서 이동하는 모든 탄소의 약 80퍼센트가 탄산염으로 제거되었고 나머지 20퍼센트는 유기물로 제거되었다. 대륙이 만들어지기 전에는 이 탄산염이 대부분 열수 변질 작용hydrothermal alteration(열수 때문에 암석이나 광물의 성질이 변하는 작용--옮긴이)으로 해양 지각의 해저 아래에 침전되었을 것이다. 규산염이나 석회암이 부족하고 산화 풍화 작용이 없었을 때는 강을 통한 탄산염 흐름이 상당히 더 적었을 것이다. 지구 곳곳에서 대륙이 만들어진 후에는 탄소 흐름과 이에 따른 유기물 매장의 산화 용량이 훨씬 더 커졌을 것이 틀림없다. 동시에 전체 탄소 흡수원에서 규산염 풍화가 차지하는 비율은 상당히 줄었을 것이다. 그러나 심해에서 해수 황산염 농도가 너무 낮은 바람에 황산염이 칼슘과 반응해 경석고가 되지 못하는 한, 해양 지각은 주요 탄소 흡수원으로 남아 있었을 듯하다. 원래 학계는 열수 경석고 침전이 지구 역사에서 꽤 늦게 시작했으리라고 여겼다. GOE 이후 강물에 황산염이 풍부해지고 나서도 최소한 에디아카라기까지는 심해에 산소도, 황산염도 없는 환경이 끈질기게 유지되었기 때문이다. 게다가 바다 가장자리의 생산성 높은 폐쇄해성 환경에서는 황산염이 쉽게 황철석으로 바뀌어서 제거되었다. 하지만 국제 과학자 그룹이 러시아 상트페테르부르크의 북동쪽에 있는 오네가호 근처에서 시생누대와 원생누대의 경계면을 시추한 뒤로, 기존 학설이 완전히 뒤집혔다. 놀랍게도 연구진은 수백 미터 두께의 경석고를 뚫고 경계면에 도달했고, 세상에서 가장 오래된 거대

증발암 퇴적물을 발견했다.[14]

페노스칸디아·북극·러시아 초기 지구 시추 프로젝트Fennoscandian Arctic Russia Drilling Early Earth Project, FAR-DEEP는 정말로 놀라운 대상과 우연히 맞닥뜨렸다. 일부 코어core(시추 작업으로 채취한 해저 퇴적물 시료-옮긴이)에서는 탄산염과 암염과 함께 두께가 500미터 이상인 석고층을 발견했다. 코어의 광물 침전 순서는 20억 년이 더 흐른 후 메시나절 염분 위기가 벌어졌을 때와 정확히 똑같았다. 연구진은 당시 바닷물의 황산염 농도가 오늘날의 최소 3분의 1 수준이라고 계산했다. 백악기 초에 대서양 남부가 열렸을 때 전 세계 바닷물의 황산염 농도 추정치보다 훨씬 더 높은 수치다. 이 결과는 아프리카 남부의 비슷한 연대 암석에서 경석고를 발견했다는 과거의 혼란스러운 보고를 뒷받침했다. 흥미롭게도 두 퇴적물 모두 탄소 동위원솟값이 극단적으로 높은 탄산염 암석과 관련 있었다. 사실, 이 수치는 이제까지 기록된 것 중 가장 높은 축에 든다. 이 동위원소 사건은 각각 처음 발견된 짐바브웨와 핀란드의 지역명을 따서 로마군디-야툴리 사건Lomagundi-Jatuli Event, LJE이라고 한다. 원생누대 초기의 바다에 대한 선입견은 완전히 틀렸다. 틀림없이 바다의 황산염 농도는 GOE 이후 줄곧 격렬한 변동을 겪으며 지구 산소 수지에 막대한 영향을 미쳤을 것이다.[15]

실제로 GOE 이전에는 바다로 유입되는 황산염이 매우 적었을 것이므로, GOE 이후 바다의 황산염은 대부분 황철석 풍화로 생겨나야 했다. 황철석 풍화는 주요한 산소 흡수원이다. 따라서 황철석 풍화와 GOE가 발생하는 데 필요한 산소는 오로지 유기 탄소 매장으로만 생겨날 수 있었다. 정말로 높은 황산염 수준 때문에 LJE 동안 경석고가 침전되었다면, 황철석이 풍화되면서 소비된 산소는 수백만 년이 지나 뜨거운 해령에서 멀어진 경석고가 다시 용해되기 전까지는 표면 환경으로 돌아가지 못한다. 바다가 계속 확장하면서 산소 흡수원인 경석고도 꾸준히 증가했을 것이고, 표면 환경에서 산화 용량이 누출되었을 것이다. 세월이 흐른 후에도 황산염 수준이 거듭 낮아졌으므로 이 일시적인 산소 흡수원도 여러 차례 다시 등장했을 가능성이 있다. LJE 동안 퇴적된 대규모 증발암은 산소 누출을 악화했다. 퇴적된 황산염이 풍화되어서 다시 나타나는 데에는 지질 시대만큼이나 긴 시간이 걸렸을 것이다. 이 상황은 에디아카라기의 슈람 이상과 정반대다. 당시의 탄소 동위원솟값이 슈람 이상의 탄소 동위원솟값과 정반대인 것과 마찬가지다. LJE는 황화물 퇴적과 결합된 황산염 풍화가 아니라 황산염 퇴적과 결합된 황화물 풍화와 관련 있다. 그런데 음의 탄소 동위원소 이상이 나타난 슈람 이상과 마찬가지로, 양의 탄소 동위원소 이상이 나타난 LJE 이상도 불균형이 존재하는 동안에만 지속될 수 있었다.

LJE는 23억 1000만 년 전에서 20억 6000만 년 전 사이에 자리 잡고 1억 년 이상 지속되었다고 알려졌다. LJE는 GOE 직후에 발생했는데, 이 동안에는 별다른 지각 변동 사건이 일어나지 않았다. 케놀랜드가 초대륙으로서의 운명을 다했다고 알려주었던 조산 운동이나 마그마 활동의 증거도 거의 없다. 페름기에 있었던 판게아와 마찬가지로, 오래 묵은 거대 강괴에서 삭박 작용의 속도가 느렸던 탓에 화학적 풍화가 일어나는 데 제한이 있었을 것이다. 풍화 속도가 느리면 대륙의 풍화 작용과 해양의 재순환으로 만들어지는 인을 이용하기가 어려워서 생물의 생산성이 억제된다. '빈영양oligotrophic', 즉 영양소가 부족한 상태에서는 세균의 황산염 환원 활동이 방해받아 폐쇄해성 환경이 만들어지지 못한다. 그러면 황산염 농도가 올라가서 끝내 석고 퇴적이 촉진된다. 직관과 어긋나지만, 케놀랜드와 로디니아, 판게아가 오래도록 건재했던 시기에는 탄산염의 탄소 동위원솟값이 매우 높았고, 따라서 유기 탄소 매장량도 비율상 많았다. 그렇지만 영양분이 부족했으므로 유기물 생산성이 높지는 않았다. 이 현상은 각각 라이악스기Rhyacian Period와 토노스기, 페름기에 느린 풍화 속도와 황산염 퇴적으로 인한 지속적인 산소 누출이 결합한 결과다. 앞서 이미 살펴보았듯이, 페름기와 트라이아스기 사이의 대량 멸종 이전에 벌어진 것과 같은 석고 퇴적 사건은 부영양화와 폐쇄해성 환경으로 끝났다. LJE도 예외는 아니었다. 약 20억 6000만 년 전, 층층이 쌓인 세계 최대의 화성암체igneous body인 부시벨트 화성암 복합체Bushveld igneous complex가 현재 남아프리카공화국인 땅에 관입했다. 이 사건은 10억 년도 더 지나서 프랭클린 거대 화성암 지대Franklin Large Igneous Province와 시베리아 트랩이 각각 로디니아와 판게아의 분열을 알린 것과 같았다. LJE에 뒤따라서 발생한 조산 운동은 그다음에 등장하는 지질시대인 오로세이라기Orosirian Period에 이름을 물려주었다. 오로세이라기는 20억 5000만 년 전에서 18억 년 전까지 이어졌다.[16]

조산 운동이 발생하면 산소 음이온이 바다로 유입되는데, 그중 가장 주요한 것은 황산염이다. 이처럼 증가한 산화 용량 흐름의 가장 기묘한 예가 냉전이 극에 달했던 1972년에 가봉에서 발견되었다. 그해 프랑스 과학자들은 가봉의 우라늄 광산에서 채취한 암석 시료에 방사성 동위원소 ^{235}U가 상당히 부족하다는 사실을 알아냈다. ^{235}U는 원자로에서 농축되어야 하는 동위원소다. 누군가가 우라늄을 빼돌려서 불법으로 핵폭탄을 제조했는지 확인하고자 즉시 조사가 시작되었다. 그러나 핵분열 반응이 최근의 원자로가 아니라 20억 년 전에 일어났다는 사실이 곧 밝혀졌다. 오늘날에는 이런 자연 핵반응이 일어나지 못한다. 방사성 ^{235}U가 대부분 납으로 붕괴했기 때문이다. 하지만 과거에는, 다시 말해 GOE 이후 황산염과 우라늄산염 이온 같은 산소 음이온이 표면 환경에서 많아졌을 때는 짧은 절호의 기회가 한 차례 존재했다. 중요한 사실은 ^{238}U의 방사성 반감기가 ^{235}U보다 훨씬 더 긴 탓에 당시 ^{235}U 대비 ^{238}U 비율은 오늘날보다 낮아서 잠재적으로 불안정한 혼합물이 만들어졌다는 것이다. LJE 이상이 끝나는 라이악스기가 저물 무렵에 폐쇄해성 환경이 더욱 널리 퍼지자, 우라늄은 산소가 없는 바다에서 추출되어 사실상 천천히 똑딱거리는 핵폭탄이 되었을 수도 있다. 가봉의 오클로Oklo 우라늄 광산에 있는 천연 원자로는 페름기와 트라이아스기 사이의 경계에서 연달아 발생한 사건과 같은 유형 중에서 최초를 입증할 진정한 '스모킹건'이다.[17]

산소가 없어진 바다에 황산염과 영양소가 더 많이 흘러든 덕분에 LJE 이후 폐쇄해성 환경이 널리 퍼졌고, 황화 광물 퇴적도 극에 달했다. 먼 훗날 슈람 이상이 발생하던 시기와 똑같다. 가봉의 프랑스빌 지층Francevillian strata에 있는 일부 황철석 결핵체(퇴적층 주위의 여러 광물이 모여서 다양한 형태를 이룬 것-옮긴이)는 너무나 크고 모양이 이상해서 몸집이 크고 움직일 수 있는 호기성 생물의 부드러운 부분을 틀처럼 감싸서 만들어졌다고 추정되기까지 했다. 내가 보기에는 그다지 믿기지 않는 해석이다. 만약 사실이라면 세상에서 가장 오래된 화석이 되겠지만, 현재로서는 알 수 없다. 유기질 세포벽이 있는 커다란 화석 가운데 가장 오래되었다고 알려진 것은 나선형으로 말린 띠처럼 생긴 그리파니아Grypania로, 연대가 비슷한 아메리카 북부 암석에서 발견되었다. 앞서 설명한 사건들은 약 16억 년 전에 초대륙 누나가 마침내 합쳐졌을 때 적어도 한 번 더 되풀이되었다. 이때는 음의 탄소 동위원소 이상과도 관련 있는 석고 퇴적이 먼저 일어났고, 이후 중국 북부의 커다란 유기질 세포벽 엽상체가 만들어졌다. 이런 이상 현상은 앞으로도 많이 발견될 것 같다. 하지만 우리는 20억 년 전, 16억 년 전, 9억 5000만 년 전, 8억 년 전에도 탄소 산화가 발생했다는 것을 이미 잘 알고 있다. 크리오스진기의 빙하기 이전과 이후에, 또 에디아카라기에서 캄브리아기로 넘어가는 전환기 내내 해양 산소 발생 사건이라는 비슷한 변화가 일어났다는 것도 잘 안다. 이런 사실은 탄소 동위원소가 안정적이었던 '지루한 10억 년'이 사실 수두룩한 교란을 감추고 있었다고 말해준다. 하지만 상황이 완전히 틀어져서 눈덩이지구가 시작되기 전까지는 해양 유기 탄소 저장소가 16억 년이 넘는 시간 동안 대체로 굳건히 지켜졌다고도 확인해 준다. 그러나 유기 탄소 저장소라는 강력한 기후 콘덴서가 연거푸 고갈되는 바람에 지루한 10억 년의 마지막 2억 년은 결코 지루하지 않았다.[18]

대륙이 처음 만들어지며 지각 변동이 시작되고 대기에 산소가 생겨난 이래로, 초대륙 순환은 지구 표면 환경의 산소 수지를 마음대로 휘둘렀고 당연히 생물권에 뻔히 예측할 수 있는 결과를 불러왔다. 호기성 생물이 기회를 놓치지 않고 지구 곳곳으로 퍼져나갔다가 멸종한 일은 캄브리아기 생명 대폭발 이후뿐만 아니라 원생누대에서도 줄곧 벌어졌다. 시간이 흐르며 표면 환경의 산화 용량이 늘어나고 생명체가 다세포 생물로 진화한 후 더욱 복잡해지자, 비슷한 지각 변동 사건과 환경 변화도 다소 다른 결과로 이어졌다. 이런 사건 중에서도 황산칼슘의 운명이 와일드카드였다. 석고가 되든 황철석이 되든, 황산칼슘은 어떤 식으로든 시스템을 고장 냈다. 이제 더는 지구 역사가 단계적 변화를 거쳤다고 말할 수 없을 듯하다. 대기에 산소가 처음 생겨난 이래로, 생물권은 지각 변동의 엄청난 영향력에 속수무책이었다. 지각 변동 사건은 석고 배터리에 산소를 저장해 놓더니 수백만 년 뒤 이상한 낌새를 전혀 눈치채지 못한 순진한 세상에 저장된 산소를 고스란히 다시 내놓아서 산소 수준과 기후를 극한으로 바꾸었다.

이제 눈덩이지구와 존 필립스가 처음 확인한 페름기-트라이아스기 대량 멸종에 라이악스기와 오로세이라기 경계의 엄청난 사건이 합류했다. 셋 모두 기원은 비슷했지만, 각자 지구 시스템의 경계 조건boundary condition이 달랐고 진화하는 생물권에도 전혀 다른 결과를 가져다주었다. 지구 역사는 시간의 화살과 시간의 순환 사이에서 이루어지는 상호작용의 비밀을 벌거벗긴다. 하지만 이 상호작용의 결과로 생긴 진화의 궤적은 얼마나 불가피한 걸까? 생명에 유리한 골디락스Goldilocks('골디락스와 곰 세 마리'라는 영국 전래 동화에서 유래한 말로 원래는 너무 뜨겁지도 차갑지도 않아서 적당한 상태를 가리키며, 골디락스 행성은 생명체가 존재할 가능성이 있는 행성을 의미한다-옮긴이) 환경으로 지구를 이끄는 보이지 않는 손을 우리가 찾을 수 있을까? 스티븐 제이 굴드의 비유를 빌려서 말해보겠다. 만약 생명의 역사를 담은 테이프를 끝까지 되감은 뒤 다시 재생한다면, 지구는 오늘날과 똑같을까? 산소가 풍부한 표면 환경이 있고 우리 같은 지적 생명체가 있을까? 최근 사우샘프턴대학교의 화학해양

학자 토비 티렐Toby Tyrrell이 행성 10만 개를 무작위로 생성해서 각각의 역량을 실험했더니, 실험의 최소 1퍼센트 중 고작 8.7퍼센트만 생명체가 거주할 수 있는 상태로 남았다. 이 보잘것없는 성공률은 우리 지구인이 그저 억세게 운이 좋은 덕분에 몹시 드문 행성에서 진화했다는 뜻일까? 런던의 프리메이슨 태번에서 열띤 토론을 벌일 가치가 있는 질문, 다윈이 사색의 길을 거닐면서 숙고할 가치가 있는 질문이다. 드디어 마지막 장에서 이 질문에 대한 잠정적 답을 몇 가지 내놓으려고 한다.[19]

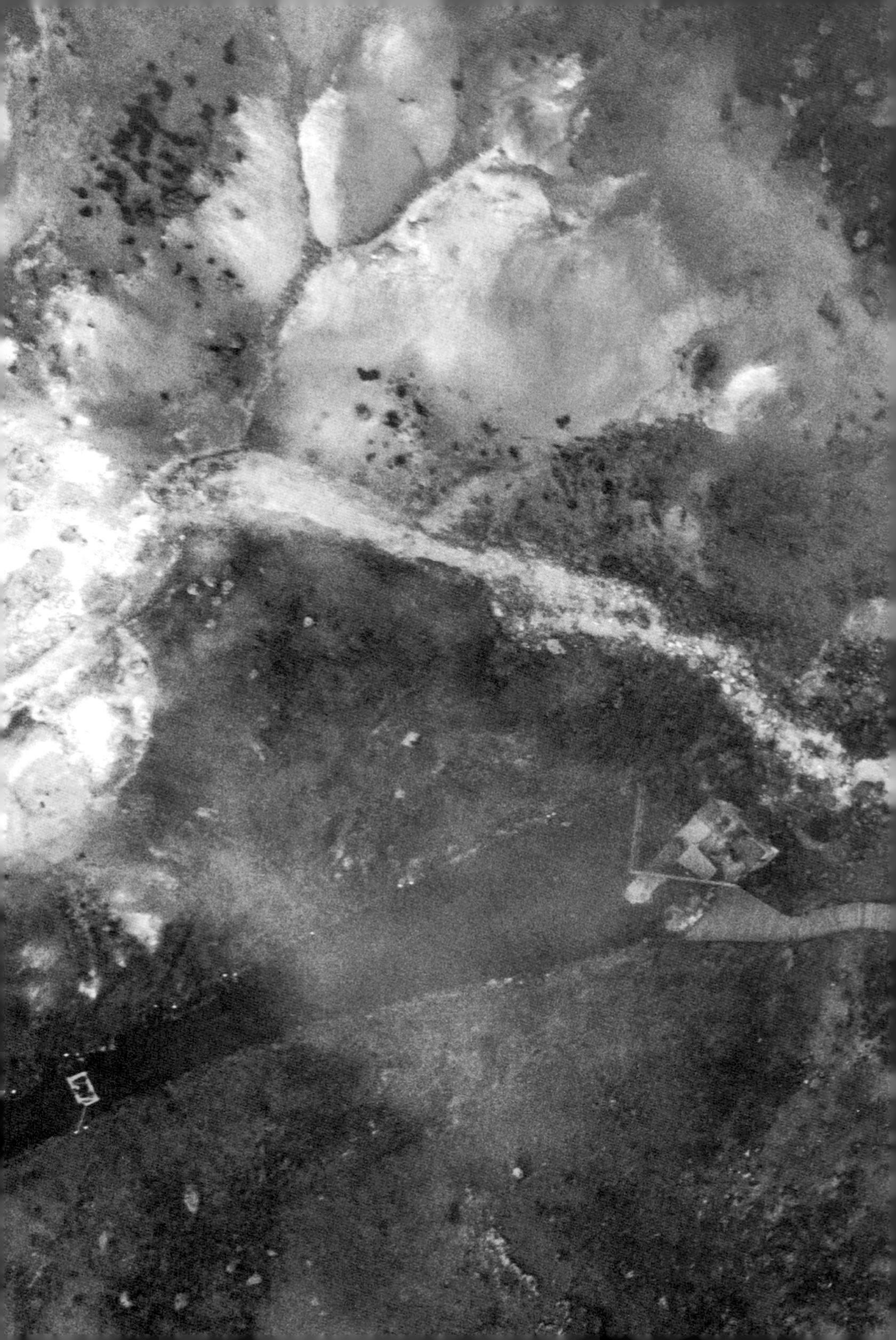

12.

시간의 화살

지구의 운전자는 태고의 불이었다

Time's Arrow

지구의 변화를 불러온 촉매제는

생명체와 관련 없는

지각 변동 사건이었다.

빙하 작용은 동물이 진화하는 데 도움이 되는 환경을 마련했다. 화산 활동은 지구의 온실 담요를 두껍게 만들어서 눈덩이를 녹였다. 계속되는 풍화 작용 덕분에 바다에 영양소와 산소가 풍부해졌고, 생명체가 이를 무기로 군비 확장 경쟁에 나선 끝에 캄브리아기 생명 대폭발이 일어났다. 생물 멸종과 확산이 거듭되며 좁은 기회의 틈이 생겨났고, 우리 조상이 이 병목 구간을 통과한 덕분에 현재 우리가 존재하게 되었다. 생명의 진화가 이런 과거 사건들에 달려 있었다면, 여기 지구에서나 비슷한 다른 행성에서나 복잡한 생명체의 출현은 거의 불가능했던 걸까? 가이아 이론은 생명체가 일단 진화하고 나면 환경을 유리하게 활용한다고 추측하지만, 애초에 외부에서 힘이 작용하지 않으면 진화에 방향성이 존재하지 않을 것이다. 물론 동물은 우연한 혁신 덕분에 복잡하게 진화했다. 특히, 산소 광합성을 하는 데 필요한 유전 기계와 진핵생물에게 필요한 놀라운 공생이 중요했다. 하지만 태양이나 판구조운동처럼 외부에서 힘을 발휘하는 메커니즘이야말로 생명체가 더 커다랗고 더 활동적인 형태로 변화해 나가는 방향을 정했다. 우리가 탄 차를 여기까지 안내한 존재는 얼음이었을지 몰라도, 그 차의 운전대를 잡은 존재는 태고의 불이었다.

2019년 여름, 제임스 러브록은 엑서터대학교에서 열린 학술회의에서 100번째 생일을 축하했다. 생일에 걸맞은 커다란 케이크도 마련했다. 다방면을 아우르는 학술회의에는 음악과 시, 명상, 추억담, 그리고 무엇보다도 과학이 있었다. 아마 오늘날 지구 시스템 과학자 사이에서 러브록의 아이디어를 가장 열렬하게 지지할 팀 렌턴과 특유의 진지한 태도로 인터뷰하면서 '짐(우리 모두 러브록을 이렇게 부르는 것 같다)'은 평생에 걸친 끝없는 호기심과 창의력 이야기를 들려주었다. 이 지칠 줄 모르는 호기심과 창의력은 결국 과학계에서 가장 잘 알려진 러브록의 업적, 가이아 이론을 낳았다. 가이아 이론은 상당히 비판받았지만, 오랜 세월을 버텨내며 여전히 건재하고 있다. 비유이자 영감이자 가설로서 가이아 이론은 짐이 생물학자 린 마굴리스와 함께 가설을 발표한 지 무려 반세기가 지난 오늘날에도 논쟁을 불러일으킨다. 이 이론이 인기를 누리는 것은 우리의 기원과 진화라는 영원한 난제를 일부 해결할 방법을 제안했기 때문이다. 나처럼 우리의 기원이라는 주제에 크나큰 매력을 느끼는 사람들에게 가이아 이론은 끊임없는 영감의 원천이 되어준다.[1]

나는 취리히에서 공부를 시작하면서 짐에게 편지를 썼다. 당시 짐은 내가 자란 잉글랜드 플리머스에서 그리 멀지 않은 곳에 '실험 기지'를 지어놓고 독립 과학자로서 지냈다. 그는 나의 순진한 질문을 진지하게 받아들였고, 답장을 써서 새롭고 매혹적인 아이디어를 소개했다. 그 무렵 짐은 던 앤더슨Don Anderson이 만약 생명체가 없었다면 지구의 액체 상태 바다는 뜨거운 태양 때문에 오래전에 증발하지 않았을지 숙고한다는 소식을 들은 참이었다. 던 앤더슨은 캘리포니아공과대학교의 저명한 지구물리학자이자《지구에 관한 새 이론New Theory of the Earth》의 저자다. 생명체는 대기에서 이산화탄소를 제거해서 온실 효과를 줄인다. 우선은 이산화탄소를 화석 탄소 형태로 저장하고, 그다음으로는 화학적 풍화를 촉매하기 때문이다. 풍화 작용으로 생긴 영양소와 이온은 바다로 흘러 들어가서 유기 탄소와 탄산염 탄소 매장을 촉진한다. 오래전부터 지질학계는 섭입 과정에서 윤활유 역할을 하는 액체 상태의 물이 없다면 지각판 활동이 빠르게 중단된다고 주장했다. 따라서 던은 심지어 허턴이 말한 암석 순환마저 생명체에게 빚지고 있다고 생각했다.[2]

과학은 새로운 데이터를 쌓아서 이처럼 터무니없는 생각을 시험해 보며 앞으로 나아간다. 오늘날 인류가 과거보다 더 많이 아는 것도 과거 사람들의 호기심 덕분이다. 실제로, 내가 지금까지 설명한 이야기는 불과 한 세대 전만 해도 존재하지 않았던 새로운 데이터와 터무니없는 아이디어에 근거한다. 의심할 여지 없이 지식의 발전은 우연한 천재성과 운 좋은 발견에 달린 데다가 가끔 잘못된 길로 들어서기도 하고 뒤로 물러서기도 하지만, 지식이 나아가는 궤도는 무작위가 아니다. 지식에는 방향이 있다. 괜히 '과학 진보scientific progress('progress'에는 앞이나 무언가를 향해서 나아간다는 뜻이 있다-옮긴이)'라는 말이 있는 게 아니다. 사실 우리는 지속적인 개선을 너무도 당연히 여겨서 새로운 기술이라면 무엇이든 예전보다 더 낫다는 광고에 쉽게 넘어간다. 그래서 우리 부부가 집에 굴러다니는 개털 뭉치를 빨아들이지 못하고 그저 밀어내기만 하는 최신 로봇 청소기를 계속 사는 게 아닐까?

생물 진화는 우연과 우발적 사고에 의지하며, 눈덩이지구나 대량 멸종 같은 명백한 좌절을 겪기도 한다. 하지만 우리 지식과 마찬가지로 더 커다란 복잡성을 향한 외길을 꿋꿋하게 걸어간다. 어떻게 생명체가 그처럼 무심하게 '진보'할 수 있을까? 어처구니없을 정도로 믿기지 않는 우연이 연달아 일어나서 우리가 우주 최고액 복권에 거듭 당첨되었기 때문일까? 아니면 생명체가 있는 행성에서 동물이 복잡하고 활동적으로 진화하는 일은 당연히 예측할 수 있는 결과였을까? 다시 말해 올바른 출발점에서 다시 시작한다면 똑같은 일이 한 번 더 벌어질까? 정말로 그렇다면 생명체가 오늘날의 모습으로 진화하도록 매번 슬쩍 밀어준 주인공은 자비로운 어머니 가이아일까, 아니면 딱 알맞은 크기로 적절한 거리에 있는 태양일까? 동화 속 소녀 골디락스의 말처럼 우리 행성은 너무 뜨겁지도 않고 너무 춥지도 않고 딱 적당한 곳이었을 수도 있다.

가이아 이론에 따르면, 생명체는 탄생 후에 자기가 성공하는 데 유리한 조건을 만들고자 나선다. 상호 이익을 위해 조류와 균류가 결합해서 지의류가 되어 공생하고 협력하는 것과 비슷하다. 제임스 러브록과 함께 가이아 가설을 주창한 린 마굴리스가 공생을 통해 진핵생물이 진화했다는 이론을 지지한다는 사실은 별로 놀랍지 않다. 이론이 처음 등장했을 때나 덜 다듬어졌을 때는 널리 비웃음을 샀다. 하지만 특정한 유형의 박테리아가 훗날 고세균으로 밝혀진 다른 미생물 내부에 들어가 협력하기 시작했을 때 진핵생물이 진화했다는 마굴리스의 엉뚱한 아이디어는 이제 통념이 되었다. 시간이 흐르며 이 최초의 기생 박테리아는 DNA를 대부분 잃은 채 우리 몸에 에너지를 주는 미토콘드리아가 되었고, 이제는 숙주에 전적으로 의지하며 숙주의 세포벽 안에 갇혀서 살아간다. 이제 과학계는 마굴리스가 예상한 대로 식물과 조류의 엽록체 역시 공생 시아노박테리아와 비슷한 방식으로 시작되었다고 확신한다. 공생은 생명체가 복잡하기 진화하는 데 가장 중요한 혁신 일부를 일구어냈지만, 무생물인 환경과 생물이 어떻게 공생할 수 있었는지는 조금 모호하다. 박테리아 공생체가 결국 미토콘드리아로 바뀌어서 세포 숙주가 필요해진 것처럼 생명체는 편안하게 자리 잡을 행성 환경이 필요하다. 반대로 행성은 반드시 생명체가 필요하지 않다. 하지만 생명체와 환경 사이에서 양방향 연결이 발견된다면, 지구가 항상성이 있는homeostatic(생명체가 환경 변화에 대응해서 일정한 상태를 유지하는 성질-옮긴이), 즉 스스로 조절하는 존재라는 가이아 개념을 뒷받침할 것이다. 공생체는 어느 생물이 버린 찌꺼기가 다른 생물의 먹이가 될 때 생겨난다. 편리해 보이기도 하고 해로워 보이기도 하는 이 상호 의존 관계는 생명의 본질이다.[3]

가이아 이론을 향해 초창기에 쏟아진 비판 가운데에는 생명체가 본디 경쟁적이며 무심코 자원을 멋대로 낭비하므로 환경을 조절하는 것이 생명체의 새로운 속성은 아니라는 의견도 있었다. 러브록의 지도로 박사 과정을 마쳤고 이제는 영국 학술원의 저명한 회원이 된 앤디 왓슨은 러브록과 함께 컴퓨터 모델 데이지월드Daisyworld를 개발해서 비판에 대응했다. 색이 옅은 데이지와 짙은 데이지의 경쟁이 행성 온도를 조절하는 이 가상 실험 이후, 두 사람은 이론을 재구성해서 생명체가 곧 음의 피드백과 같다고 제안했다. 왓슨은 박사 논문 주제로 화재가 산소 수준 조절에서 맡은 역할을 다루었는데, 이 역시 음의 피드백이다. 산불과 들불은 데본기에 최초로 등장한 숲에서 시작되었는데, 화재와 비슷한 산화 반응은 GOE 이후 산소 수준을 조절하는 데 의심할 여지 없이 도움이 되었다. 그런데 생명체는 지구 표면에서 온갖 극한 상황을 겪으면서도 끈질기게 살아남았고, 오늘날에도 너무나 다양한 조건에서 살아간다. 확실히 모든 생명체에게 이상적인 산소 수준이란 없다. 게다가 대기와 바다에 있는 유리 산소의 양은 유기물 생산과 직접적인 관련이 없다. 죽은 유기물이 산소 흡수원에서 벗어날 때 배출되는 산소에 그 흡수원이 대응하는 정도와 관련 있다. 그러므로 생명체가 산화 환원 환경을 '지배'한다는 생각은 아무런 설득력이 없다. 어쩌면 피드백은 지구처럼 복잡한 시스템에서 중요한 일부에 지나지 않을지도 모른다.[4]

100번째 생일 기념행사에서 제임스 러브록은 미국 항공우주국에서 일하며 가이아 이론을 생각하기 시작했다고 회상했다. 화성에서 생명체를 찾는 프로젝트를 진행하던 그는 지구와 달리 생명과 관련 없는 화학적 측면에서 볼 때 화성의 대기를 이해할 수 있다는 사실에 주목했다. 다시 말해, 화성에서는 암석과 환경 사이에서 전자가 이동해 동적 평형이 이루어지며 에너지가 정체되고 더 안정적인 상태에 도달할 시간이 충분했다. 그는 화학적 평형이 죽어버린 행성과 살아 있는 행성을 구분하는 본질적 요소라고 제안했다. 화학에서는 전자 이동을 산화(와 이에 상응하는 환원)라고 한다. 에너지를 가장 많이 방출하는 산화 반응으로는 '더 환원된' 물질에 산소를 직접 더해서 전자를 붙잡는 힘을 느슨하게 풀어버리는 것이다. 최종 전자 수용체terminal electron acceptor(산화 환원 반응에서 최종적으로 전자를 받는 물질-옮긴이)로 산소를 선호하는 시아노박테리아 유형이 새롭게 진화하자, 주변 환경과 이룬 균형에서 벗어나 화학적으로 반응성이 높은 종이 탄생했다. 유리 산소는 인간의 호흡처럼 에너지를 매우 많이 생산하는 대사에 연료가 되어줄 뿐만 아니라, 연속적인 미생물 생태계가 환원된 유기물과 더 산화한 환경 사이에 존재하는 화학적 잠재력을 활용하게 해준다. 에디아카라기 동안 바다에 산소가 충분히 공급되자, 지구의 생물량이 막대하게 늘어났다. 이와 함께 대조를 이루는 에너지 체제를 분리하는 표면적이 해양 퇴적물과 물기둥 안에서는 물론이고, 새롭게 진화한 동물의 몸 안에서도 엄청나게 늘어났다. 새로운 동물이 멋진 프랙털 형태로 진화한 덕분에 유기 세포막은 주변의 산소와 최대한 접촉할 수 있었다.

동물은 종속 영양 생물이라서 에너지를 태양 같은 원천에서 직접 얻지 않고 유기 화합물을 산화해서 얻는다. 산소 덕분에 산화가 아주 쉽게 일어나는 환경에서 산화 환원 반응이 자연스럽게 발생하기 때문에 이런 영양 대사가 가능해졌다. 모든 생명체와 마찬가지로 우리는 궁극적으로 정반응(화학 반응에서 반응 물질로부터 생성 물질로 가는 반응–옮긴이)과 역반응의 분리 때문에 발생하는 새로운 에너지 경사를 이용해서 에너지를 얻는다. 유기물이 분해되는 과정을 살펴보면 이를 이해할 수 있다. 죽은 생물이든, 해저로 가라앉고 있는 따끈따끈한 배설물이든, 우리 장을 통과하는 음식물이든 유기물 덩어리의 마지막 운명을 상상해보자. 산소를 이용할 수 있다면 유기 호흡이 유기물을 가장 빠르게 분해하는 방법이다. 산소를 쓰는 호흡은 에너지를 가장 많이 방출하기 때문이다. 저생동물이 퇴적물을 휘저으면 이 과정이 더 활발히 일어난다. 하지만 저생동물이 없더라도 괜찮다. 더욱 산화된 환경에서는 환원된 유기 탄소가 부패해 이산화탄소가 되려고 하므로 속도가 조금 더 느리기는 해도 똑같은 결과가 생긴다. 산소가 전부 소모되고 환경이 무산소 상태로 변한다면, 다른 미생물 대사microbial metabolism가 남은 찌꺼기를 놓고 경쟁하는데 이때 에너지를 얼마나 많이 방출하는지에 따라 순서가 정해진다. 처음에는 이용할 수 있는 질산염이 남김없이 소비되고, 뒤이어 철(III)과 다른 전이 금속, 그다음에는 황산염이 황화물로 환원된다. 마지막은 메탄 생성과 발효 차례지만, 실현될 가능성은 지극히 적다(그림 26).

피터 워드는 가이아 이론을 반박하고자 가이아의 적수 메데이아Medea 개념을 만들어냈다. 가이아가 조화를 일궈낸다면, 메데이아는 안정을 무너뜨린다. 워드는 고생물학자이자 과학 저술가로, 고향 시애틀 소재 워싱턴대학교의 교수로 오랫동안 재직했다. 그는 무산소 환경이 점점 더 퍼져서 동물이 생존하기가 불리해지면 메데이아가 우위를 차지한다고 말한다. 황화수소처럼 혐기성 미생물이 만들어낸 독성 부산물 때문에 동물은 갈수록 살기 어려워지고, 미생물이 지구를 다시 손아귀에 넣으려고 힘쓰면 파괴적인 양의 피드백이 이어진다. 앞서 살펴보았듯이, 박테리아의 황산염 환원 작용은 에디아카라기 산소 발생 사건에서 핵심이었다. 하지만 이 박테리아가 환원 작용을 하려면 황산염이 꾸준히 공급되어야 한다. 그렇다면 메데이아는 그저 극적인 비유에 지나지 않을지도 모른다. 그런데 가이아라고 다를까?

스티브 존스는 저서 《진화하는 진화론》에서 간결하고 함축적인 말로 진화를 설명했다. "통념상 생명은 태양처럼 우리를 중심으로 돈다. 이 생각에는 단 한 가지 오류가 있다. 바로 틀렸다는 사실이다." 가이

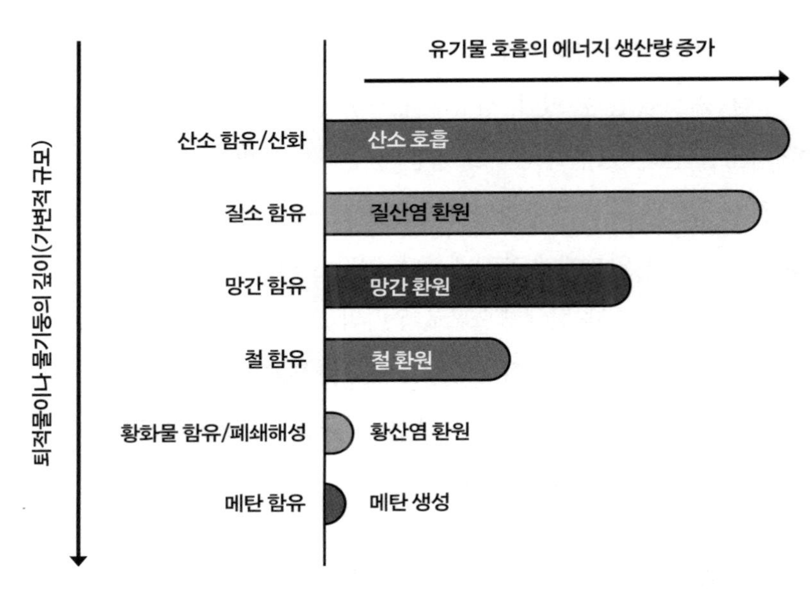

그림 26. 다양한 유형의 유기물 분해(호흡) 반응을 통해 미생물 호흡에서 생산되는 에너지. 환경이 충분히 산화되었다면 유기물이 부패하는 동안 에너지가 훨씬 더 많이 방출될 수 있으며, 산화제(전자 수용체)가 소모되면 일련의 미생물 촉매 반응이 일어난다. 미생물 군집의 주요 대사는 에너지 생산량에 따라 결정되어 자연환경에서 화학·미생물 계층 구조가 만들어진다.

아 이론에도 똑같은 문제가 있을 수 있다. 행성이 현재 우리는 물론이고 과거의 우리 조상까지 지탱하지 않았다면, 우리는 존재할 수 없다. 틀림없이 공통 조상을 이어주는 선이 끊기지 않았기 때문에, 또 이 공통 조상을 40억 년 전 웅덩이의 조류와 직접 잇는 단 하나의 선이 끊기지 않았기 때문에 당신과 내가 이 행성에서 살아갈 수 있다. 다시 말해 가이아 이론은 논리적 결함이 있지만 매우 매력적인 '인류 원리anthropic principle(인간을 포함해 생명체는 우주에서 적합한 조건을 갖춘 곳에서만 존재할 수 있고, 생명체가 존재할 수 있는 조건으로 여러 물리 법칙을 설명할 수 있다는 원리-옮긴이)'일 수 있다. 생명체가 직접 생존하고 영속하는 데 적합한 환경을 만든 것이 아니라 그저 운이 좋아서 특별한 행성에 살고 있는 것일지도 모른다. 이 행성의 환경은 '어떤' 생명체에게도 치명적이지 않았고, 갈수록 인류에게 유리해졌다. 인간은 아주 오래전부터 진화해 온 생명체 중 최근에 탄생했으므로 우리의 고에너지 대사가 오늘날 산소가 풍부한 세상에 가장 적합하다는 사실은 별로 놀랍지 않다. 산소가 충분한 현재, 유기 호흡의 에너지 생산량은 지구 역사상 최고치에 이르렀다. 반대로 혐기성 박테리아는 오래전에 주변으로 밀려나 늪과 퇴적물, 우리 몸 안으로, 심지어 우리 세포 안으로 숨어들어서 목숨을 부지했다. 그렇다고 해서 혐기성 미생물이 약하다는 뜻은 아니다. 이들은 먹이사슬 아래쪽에서 우리 배설물을 먹고 번성하며, 형편이 더 나아지지는 않았더라도 그 어느 때만큼이나 잘 지내고 있을 것이다. 다양한 생명체에게는 다양한 조건이 필요하지만, 이 책에서 다룬 이야기를 통해 생명체가 살아가는 세상의 잠재적 안정 효과를 판단할 수 있을까? 아니면 언제나 생명체는 결코 통제할 수 없는 사건들이 불러온 기회를 이용할 뿐일까?[5]

가이아 이론에 비판적인 학자들은 안정을 뒤흔드는 양의 피드백이 음의 피드백과 함께 존재한다고 지적한다. 우리는 그저 운이 좋아서 안정을 유지하는 다양한 음의 피드백이 지금 가장 우세한 행성에 살고 있는 것일지도 모르겠다. 가이아 이론에 제일 적극적으로 반대하는 토비 티럴과 데이비드 월섬David Waltham 모두 저서들을 통해 규산염 풍화 온도 조절 장치 같은 음의 피드백을 지나치게 중요하게 여기는 경향을 비판했다. 아울러 대량 멸종 같은 사건은 우리의 생물권이 '정상' 상태에서 일부 생명체에게 치명적인 상태로 바뀔 수 있다는 사실을 증명한다고 주장했다. 메데이아 가설은 이런 사건이 세상을 장악하려는 미생물의 시도라고 본다. 그런데 이른바 생물 위기가 벌어졌을 때도 동물과 달리 생물 자체는 멸종에 한 발짝도 가까이 가지 않았다. 하지만 만약 생명체에 미생물을 포함한다면, 가이아 이론은 미끈거리는 물고기가 되어 우리 손에서 빠져나갈 것이고 우리는 이 장의 출발점으로 다시 돌아가야 할 것이다. 다시 말해, 이 이론에 남은 것은 과연 '어떤' 생명체라도 '모든' 생명체에게 필요한 근본 요건인 액체 상태 물과 필수 영양소가 영구히 순환하는 데 적극적으로 이바지하는가 하는 여부다.[6]

믿기지 않을 만큼 오랫동안 지속된 눈덩이지구 사건은 근본적으로 지구 시스템이 새로운 정상 상태로 바뀐 일을 가장 잘 보여주는 예일 것이다. 현재 기준으로 보면 극단적이지만, 크리오스진기의 빙하기는 동물이 더 진화하는 데 필수적이었다. 오히려 진정한 생물 재앙은 영하의 기온이 끝없이 이어질 것 같은 환경에 적응한 생명체가 느닷없이 극단적으로 다른 기후를 만났을 때 일어났을 것이다. 생명체는 크리오스진기의 얼어붙은 환경에서 확실히 살아남았다. 하지만 생명체의 에너지 대사가 거의 멈추는 수준으로 아주 느려졌을 테니 당시 지구가 생명체에 이상적인 환경이었다고는 볼 수 없다. 게다가 전 지구를 뒤덮은 빙하에서 벗어나려면 화산 활동이 일어나야 했는데, 판구조운동이 생명체가 있는 행성에서만 지속될 수 있다는 극단적 견해를 따르지 않는다면 화산 활동은 생물이 절대 통제할 수 없는 일이다. 생명체는 온도와 염도, 건조도, 대기 구성이 굉장히 다른 조건에서도 살아남았다. 한

번도 모조리 멸종된 적도 없고, 에너지를 더 많이 만드는 대사 방식을 받아들이며 형태와 기능 모두 더욱 복잡해지도록 진화하는 동안 막다른 골목에 막힌 적도 없다. 캄브리아기에 생물이 확산하는 동안 진화한 동물의 체제body plan(동물 신체의 기본 형식-옮긴이)나 동물문은 오늘날에도 우리 곁에 남아 있다. 심지어 우리가 속한 문인 척추동물조차 환경이 극심하게 변하던 시기에 탄생했다. 생명체가 극단적인 사건을 만들기보다는 극단적인 사건에 적응하는 경향을 보면, 생명체가 기후를 조절한다는 견해는 성립될 수 없다. 생명체가 지구 시스템 변화에 아무런 역할도 하지 않는다는 뜻이 아니다. 생물은 분명히 환경에 영향을 미친다. 하지만 생명체가 자기 자신의 생존에 도움이 되는 기후 조건을 만들었다고 말할 수는 없다. 기후처럼 커다란 대상이 아니라 산소라면, 생물이 통제할 수 있을까?

GOE로 우리 행성은 예전 모습을 찾아볼 수 없을 정도로 변했다. 산소를 생산하는 시아노박테리아가 없었다면 GOE는 결코 일어나지 않았을 것이다. 이는 이미 확실한 사실이다. 물론 지각 변동으로 암석과 영양소가 순환하지 않았다면, GOE와 조금이라도 비슷한 사건 역시 일어나지 않았을 것이다. 생화학자 얼베르트 센트죄르지Albert Szent-Györgyi가 보기에 생명체는 그저 쉴 곳을 찾는 전자에 지나지 않는다. 광합성의 경우 전자는 태양 에너지 때문에 전자공여체electron donor에서 떨어져 나와 황과 철에 주어지고, 산소성 광합성의 경우 물이 전자를 잃는다. 광합성은 물 분자를 분해해서 산소를 배출하는데, 이 산소는 유기물이 암석 속에 갇혀 있는 동안에만 환경에 자유로이 남을 수 있다. 그러므로 생명체가 산소 생산을 담당하기는 하지만, 암석 순환이 발생해야 환경에 산소가 공급된다. 이것이 정반응과 역반응의 분리에 따라 에너지 경사가 일어나서 생명을 지탱하는 궁극적 방법이다. 대기에서 유리 산소를 빼내는 자연적 방법은 많으므로, 산소 배출원(유기물 매장)이 산소 흡수원(화산 활동, 풍화 작용)을 극복할 때까지 GOE는 발생할 수 없었을 것이다. 그런데 유기물 생산에는 영양분이 필요하다. 영양분은 시생누대 후반에 갓 만들어져서 맨틀 위에 떠 있던 대륙에서 화학적 풍화가 일어나 만들어졌다. 기후와 염분 조절과 마찬가지로 지구 표면 환경에 영원히 산소를 공급하는 일도 궁극적으로는 판구조운동이 좌우한다는 의미다. 이렇게 정리하고 보니, 이번에도 결정론적인 가이아에게 마지막으로 남은 희망은 지각 변동 자체가 생명의 결과인지 아닌지에 달린 것 같다.[7]

앞서 언급했듯이, 동물이 유기 호흡을 하고 생물 교란 작용을 일으킨 탓에 실제로 환경의 유리 산소량이 줄어들었다. 그래서 캄브리아기 생명 대폭발 이후 대기 중 산소량이 에디아카라기 수준으로 회복되는 데 2억 년이 더 걸렸을 것이다. 한편, 동물은 다양한 방식으로 환경에 유기물을 내놓는다. 이렇게 추가로 생겨난 유기물 때문에 산소 흡수원이 해저로 이동했을 것이다. 이런 식으로 동물은 바다의 진공청소기가 되었다. 하지만 해양 환경에 산소를 들이는 것도 그저 재분배일 뿐, 지구 표면 환경의 거침 없는 산화를 설명하지 못한다. 더 긴 시간 규모에서 볼 때, 지각 변동에 따라 석고염이 재분배되는 현상을 통해 산소 발생 사건이나 산소 제거 사건의 시기를 파악할 수 있다. 하지만 이것만으로는 부족하다. 식물계의 도움을 받아서 다시 한번 지각 변동을 살펴볼 차례다. 현재 우리 행성에 그 어느 때보다도 유리 산소가 많이 존재하는 데

는 그럴 만한 이유가 있다.[8]

모든 산소의 공급원은 퇴적물 매장과 연결된 광합성이므로, 배출되는 산소량은 궁극적으로 지구 내부 깊숙한 곳에서 생겨나는 이산화탄소에 좌우된다. 이산화탄소는 대체로 지각 변동 사건을 통해 재순환한다. 그런데 일부 이산화탄소는 맨틀의 가장 안쪽에 내내 갇혀 있다가 마침내 이동해 지구 표면에 새로운 산화 용량을 전해주기도 한다. 태고의 가스 배출에 지구의 나이를 곱해보면, 오늘날의 유기물 생산이 왜 과거 그 어느 때보다도 표면 환경에 산소를 더 많이 배출하는지 이해할 수 있다. 여기서 놓치기 쉬운 중요한 사실이 하나 있다. 원시 이산화탄소는 섭입대 위의 화산호가 아니라, 하와이와 세이셸제도처럼 핵과 맨틀의 경계 근처 열점(맨틀 상부에서 마그마가 분출되는 곳-옮긴이) 위에 있는 섬에서 분출된다. 마그마가 이처럼 깊은 곳에서 분출하는 현상은 생명체가 처음으로 진화했던 과거에 더 흔했을 것이다. 하지만 산화 용량을 유지하는 핵심 요소는 암석 순환이다. 암석 순환은 물론 매우 오랜 시간이 걸리지만, 그래도 맨틀이 혼합되는 시간보다는 훨씬 짧다. 지각 변동 덕분에 표면 환경을 순환하는 탄소량은 갈수록 많아졌고, 반대로 대기 중 이산화탄소 수준은 줄어들고 있다. 이산화탄소 수준이 감소한다니 직관에 어긋날 텐데, 핵심은 화학적 풍화 작용이다. 태양이 갈수록 따뜻해지고 토양 생물상이 진화하면서 화학적 풍화가 증가했다. 풍화될 물질을 내어놓는 것도, 탄소 매장을 지탱할 영양소를 내어놓는 것도 지각 변동이다. 세월이 흐르며 지각 변동 과정은 섭입대의 변성 탈탄산 작용을 통해 탄산염이 이산화탄소로 바뀌는 데에도 영향을 미쳤다. 대륙이 더 높이 솟아오르면서 풍화 작용이 해저에서 대륙으로 이동하는 데에도 도움을 주었다. 이 모든 변화는 훨씬 더 많은 이산화탄소가 지구 표면 환경을 통해 재순환하도록 이끌었다.[9]

모든 길이 판구조운동으로 이어지는 것 같다. 그런데 수많은 지질학자가 지각 변동에는 액체 상태의 물이 윤활유로 작용해야 한다고 결론 내렸다. 그러므로 우리는 다시 출발점의 질문으로 돌아온다. 판구조운동이 시작되고 줄곧 이어진 궁극적 원인이 생명체일까? 그래서 생명체(와 가이아)를 탄생시키고 영속시킨 궁극적 원인도 생명체인 걸까? 생명체가 영향을 주지 않는다면 이산화탄소 수준은 오늘날보다 10배에서 100배 더 높아지리라고 추정된다. 그러면 섭씨 70도 이상에서 바다가 부분적으로 증발하고 생물권이 압력솥으로 바뀔 수 있다. 더욱이 생명체는 질소 고정과 그에 따른 맨틀 내 질소 저장을 통해 대기압을 낮추고, 증발산을 통해 알베도와 구름양을 바꾸는 데에도 잠재적 영향을 미친다. 하지만 지질학계는 대체로 지구 내부 구조가 냉각된 결과로 판구조운동이 시작되었다고 본다. 원래 지구는 녹아 있던 규산염 암석 덩어리였지만, 바깥부터 안쪽으로 서서히 얼어붙고 있다. 외핵은 어느 악당 행성이 원시 지구를 들이받는 바람에 달이 만들어졌을 때부터 지금까지 여전히 녹은 상태다. 대류하는 우리 행성의 바깥 껍데기가 식자, 외부 가장자리에서 온도 경사thermal gradient(한 지점에서 다른 지점까지 온도가 바뀌는 비율-옮긴이)가 얕아졌다. 부서지기 쉬운 암석권이 더 빽빽하고 두꺼워진 덕분에 시생누대에서 원생누대로 넘어가는 전환기 동안 깊은 섭입 작용과 새로운 지각 변동이 일어날 길이 마련되었다. 판구조운동이 일어난 결과, 최초의 높은 산맥이 솟아오르고 오늘날과 비슷한 암석 순환이 시작되었다. 생물지구역학biogeodynamics에 초점을 맞춰 새로운 국제 암석권 프로그램을 함께 주도한 로버트 스턴Robert Stern과 타라스 게리야Taras Gerya는 지구의 냉각이 유기 산화를 유발하는 산화 환원 경사처럼 평형과 거리가 먼 과정이라고 보았다. 두 사람은 지각 변동이 지구만 한 크기에 차갑게 식은 규산염 행성 어디에서든 뻔히 예상할 수 있는 새로운 현상일 뿐이라고 추측했다.[10]

닉 레인은 저서《바이털 퀘스천》에서 스턴과 게리야의 견해를 보완하는 아이디어를 다루었다. 그는 지구의 뜨거운 내부와 해저 사이 경계면에 존재하는 자연적 열과 에너지 경사가 어떻게 생명체의 진화에 완벽한 환경을 만들었는지 설명했다. 놀라울 정도로 명석하고 엄밀하며 자신의 전문 분야 바깥의 아이디어에도 열려 있어서 감탄스러운 닉은 살아 있는 세포가 산화 환원 화학을 에너지원으로 사용하는 이유라는 문제를 고심했다. 그는 뜨겁고 압력이 강한 환원성 내부에서 안락하게 지내던 규산염 광물이 차갑고 압력이 약한 데다 산화성이 높은 표면 환경으로 나와서 평형을 벗어난 탓에 에너지 경사가 만들어져서 생명이 해저에서 진화했다고 결론 내렸다. 닉은 산화 환원 경계에서 에너지가 자연스럽게 흐르므로 최초의 세포에 필요한 반응이 자연히 발생했으리라고 지적했다. "이 반응은 환원되어, 수소가 풍부한 알칼리성 열수액이 산화되어, 금속이 풍부한 산성 바다로 들어가서 일어난 불안정한 불균형을 해소할 유일한 방법이다." 생명은 "주요 에너지 배출 메커니즘의 부반응side reaction"으로 시작되었다. 필요한 것은 암석과 액체 상태의 물, 풍부한 이산화탄소뿐이었다. 다시 한번 말하지만, 생명체와 생명체의 대사를 환경과 떼어놓고 생각하기란 불가능하다.[11]

물이 암석과 상호작용해서 수소를 배출하는 과정을 사문석화 작용serpentinization이라고 한다. 사문석serpentine은 밀도가 높고 수분이 없는 규산마그네슘 광물인 감람석이 수화 작용을 받아서 만들어지며, 부드럽고 비누처럼 미끈거려서 감람석과 아예 다르다. 사문석화 작용은 맨틀 암석이 바다와 만날 때 자연스럽게 일어나고, 그 과정에서 열을 내뿜는다. 사문석화 작용 때문에 암석이 약해지면 생명이 탄생할 기회가 마련될 수도 있다. 더욱이 약해진 암석은 지각 변동에 없어서는 안 될 윤활제 역할까지 맡는다. 그러므로 우주 어디에서든 골디락스 영역 내부에 크기가 지구와 비슷한 규산염 행성에서 물이 응축되어 액체 상태 바다를 이룬다면, 지각 변동이 반드시 존재해야 한다. 생명체가 지각 변동을 일으켰다기보다는 우연한 사건으로 바다 밑바닥의 액체 상태 물과 고체 암석 사이 경계에서 에너지 경사가 자연스럽게 만들어지며 생명체와 지각 변동이 시작되고 함께 진화한 것 같다.

이로써 산화 환원과 에너지 측면에서 지구 표면과 내부 환경이 실질적으로 분리되기 시작했다. 저 까마득한 과거에 사문석화 작용으로 생겨난 수소 일부는 우주로 유실되어서 영원히 산화되었을 것이다. 생명체의 보편적 공통 조상life's universal common ancestor, LUCA으로 향하는 초기의 비생물적·생물적 단계에서 만들어진 유기 화합물은 초창기 암석 순환에서 화석이 되어 환원력을 저장하고 두 세계 사이의 산화 환원 경사를 단단히 굳혔을 것이다. 시간이 흐르면서 분명히 태양이 규산염 지구를 대신해 에너지를 공급했을 것이다. 생화학 연구 덕분에 광합성이 호흡에서 비롯했으며, 이 일로 암석 순환과 에너지 경사가 강화되었다는 사실을 알아냈으므로 확신할 수 있다. 아득한 과거부터 생명과 환경의 공진화에서 핵심은 지구 표면에서 처음에는 탄소, 나중에는 황과 철 같은 필수 원소의 (생명체에 의한) 환원과 (환경에 의한) 산화 사이의 균형, 그리고 암석 순환 내에 앞서 말한 화합물을 저장하는 것이었다.

최근 들어, 액체 상태의 물이 시생누대뿐만 아니라 생명체가 탄생하기 한참 전이었던 명왕누대에도 존재했다는 사실이 더욱 분명해졌다. GOE 이전에 혐기성 대사로 생겨난 에너지양은 아주 적었으므로 생물량도 아주 적어서 기후에 영향을 미치기 어려웠을 것이다. 특히, 온도가 더 낮았던 희미한 젊은 태양에 대응하려면 이산화탄소 수준이 훨씬 더 높아야 했기 때문이다. 실제로 모델링 연구에 따르면, 명왕누대에는 소행성 폭격이 쏟아지거나 화산 마그마에 세상이 타버릴 때가 아니면 생물이 관여하지 않는 규산염 풍화 때문에 기온이 영하로 유지된 듯하다. 이 연구 결과는 뜨거운 원시 바다 표면이 점차 차갑게 식었다는 기존 가정과 어긋난다. 만약 액체 상태 물이 초기 지각 형성과 더 나아가 지각판 운동, 맨틀 위를 떠다니는 초대륙, 융기, 침식, 암석 순환, 생명체의 비밀을 푸는 진정한 열쇠라면, 모델링 연구 결과는 지구가 그저 태양계의 골디락스 영역 내에 만들어진 운 좋은 규산염 행성이라는 주장에 강력하게 힘을 실어준다. 그렇다면 GOE가 발생하기 위한 주요 전제 조건은 단순히 규산염 행성인 지구가 액체 상태의 물이 만들어지기에 적당한 거리만큼 태양에서 떨어져 있다는 것뿐일지도 모른다. 이런 조건에서 판구조운동과 생명체의 출현은 뻔히 예상할 수 있는 창발성emergent properties(특정 성질이나 대상이 더 근본적인 대상에서 발생하지만, 근본적인 대상으로 환원되지 않는 현상을 가리키는 속성-옮긴이)일 것이다.[12]

지각 변동이 일으킨 GOE는 또다시 지각 변동이 황 순환을 통해 평형을 뒤흔들 수도 있는 새로운 세상을 예고했다. GOE는 원래 광합성에서 비롯한 산화 용량을 황산염 같은 산소 음이온 형태로 저장하는 데 도움을 주었다. 황산염은 지각 변동이 오래도록 잠잠하고 초대륙이 삭박되어 평평한 사막으로 깎여나가는 동안 축적되었다. 21억 년 전 거대 대륙 케놀랜드와 16억 년 전 초대륙 누나, 7억 년 전 로디니아, 3억 년 전 판게아에서 황산염 수준이 높아진 덕분에 거대한 석고 퇴적층이 만들어졌다. 석고는 나중에 지각이 다시 융기하고 침식될 때 산화 용량을 내어놓았다. 이런 사건에서는 생명체가 중요했다. 대륙에서 발생한 풍화 작용이 유기물 생산을 촉진했고, 유기물 생산은 미생물의 황산염 환원을 촉진했기 때문이다. 광합성을 하는 생명체는 환경 변화에 반응해서 산소 독성을 줄이고자 이형세포나 탄소 농축 메커니즘을 진화시켰다. 최초의 진핵생물과 조류는 반응성이 높은 유리 산소가 점점 늘어나는 상황에서 박테리아식 생활 방식을 보호하고자 진화했을 수도 있다. 생명체는 분명히 거대한 생물지구화학적 순환의 촉매였지만, 변화를 불러온 가장 중요한 요인은 생명체와 관련 없는 지각 변동 사건이었다. 생명체는 훨씬 더 커다란 현상의 꼬리에 올라탄 채 앞으로 나아갔던 것 같다.

그런데 생명체의 활동이 안정을 유지하는 음의 피드백으로 이어지는 중요한 방법이 하나 있다. 다만 이 과정의 주요 원동력은 태양이다. 태양 에너지는 이산화탄소를 연료로 바꾸는 수단을 제공해서 우리 인간의 대사처럼 환원된 탄소와 더 산화된 환경 사이의 에너지 차이를 활용할 수 있는 대사 작용을 촉진한다. 대사 반응은 갈수록 활발해지고 광범위해져서 저장된 태양 에너지를 엄청나게 많이 방출했다. 생명체는 자원에 달려들어서 마구 낭비한다. 하지만 대사 작용은 산화 환원

반응의 반응물과 생성물을 모두 이용하려는 경향이 있는데, 둘 중 하나를 이용하면 나머지가 부족해지므로 음의 피드백이 반드시 발생한다. 가상의 무인도에서 여우와 토끼(와 풀)의 개체수가 급격하게 늘었다가 줄어들기를 반복하며 변하는 것처럼, 이런 줄다리기야말로 생명의 본질이다. 화학자라면 이런 상황을 반응물과 생성물이 변동을 겪은 후에 다시 평형을 이룬다는 르샤틀리에 원리Le Chatelier's principle로 이해할 것이다. 때때로 양의 피드백이 환경을 불안정하게 흔들기도 한다. 하지만 완전한 멸종이 일어나지 않는 한, 오히려 자원을 얻기 위한 끝없는 경쟁 때문에 결국에는 음의 피드백이 주도권을 쥐는 것이 생명 활동의 필연적 결과인 듯하다. 피터 워드가 말한 미생물 메데이아가 복잡한 생물을 파괴하려는 전쟁에서 결코 승리하지 못한 것도 아마 이 경쟁 때문이 아닐까. 그러나 생명체가 다양한 환경에서 다양한 자원을 두고 경쟁하므로 이상적인 조건은 조성되지 않을 것 같다. 화성처럼 생명체가 없는 행성이라도 표면에서 극단적인 산화 환원 반응이 일어나며, 강력한 태양의 힘과 내부의 열기관에 휘둘리기도 한다. 하지만 생명체가 살아가는 지구에서는 에너지 경사가 극명해져서 그 잠재력도 최대한으로 커지며, 지각 변동 사건이 꾸준히 연료와 촉매를 풍부하게 공급하고 저장한다. 생명체가 장구한 시간 동안 광대한 공간에서 안정성과 가변성을 모두 낳았다고 인정하려니 혼란스럽다. 하지만 생명을 지탱하는 항상성이 생물과 지구가 진화하는 방향의 원인이라는 견해를 거부한다면, 이제 우리에게는 무엇이 남아 있을까? 순전한 횡재밖에 없지 않을까?

나는 1990년에 아일레이섬에서 크리오스진기 빙하 퇴적물을 살펴보며 지질도를 만들 때 이 책을 구상했다. 아직 학부생이던 내가 스코틀랜드에서 야외 조사를 시작하던 무렵에는 우리 행성이 한때 온통 얼음으로 뒤덮였었다는 아이디어가 공상에 지나지 않았다. 30년이 흐른 지금, 학계는 눈덩이지구 이론을 널리 받아들였을 뿐만 아니라, 지구가 얼마나 오랜 세월 동안 얼음의 손아귀에 갇혀 있었는지도 알아냈다. 스터트 빙하기만 해도 지속 기간이 지구에 영장류가 존재한 시간만큼이나 길다. 크리오스진기의 두 빙하기 이전에 지구 탄소 동위원소 물질균형이 상당히 교란되었다는 사실을 보면, 지구가 기후 재앙에 취약해진 핵심 원인은 지각 변동이 주도하고 미생물이 촉진한 산화라는 것을 분명히 알 수 있다. 산소가 생겨난 해저는 더 큰 몸집으로 바다 밑바닥에서 생활하는 호기성 생물이 태어나기에 완벽한 장소였다. 이런 생명체는 이미 20억 년 전에 기회를 붙잡고 널리 퍼져나갔다. 하지만 15억 년이 넘는 세월 동안 생명체는 생존을 허락해 주는 환경이 아니면 자리잡지 못한 채 나타났을 때 만큼이나 갑작스럽게 사라졌다. 실제로 진핵생물 전체는 에디아카라기-캄브리아기의 전환기까지 미생물에 밀려난 단역이었던 듯하다. 바다는 지구 역사 거의 내내 산소를 받아들이지 않겠다고 완강하게 저항했다. 마침내 지각 변동으로 황산염이 충분히 쌓여서 DOC 콘덴서가 고갈된 후에야 바다 구석구석으로 산소가 공급될 수 있었다. 이런 사건 중 처음 두 번의 경우에는 전 지구적인 빙하기가 뒤따른 반면, 에디아카라기 후반과 캄브리아기에서 발생한 사건은 한 극단에서 다른 극단으로 넘어가는 과정의 일시적 정점이었다. 동물 같은 호기성 생명체는 서식할 수 있는 생태 공간에서 종잡을 수 없는 엄청난 변화에 휘둘린 것 같다. 이 때문에 캄브리아기 생명 대폭발의 특징인 진화 병목 구간과 대확산이 발생했다. 지구 시스템은 기후와 환경, 심지어 생물 측면에서도 원시에서 현대로 단 한 번에 크게 바뀌지 않았다. 우리 직계 조상의 계보는 다사다난한 변화를 탈 없이 거치면서 간신히 이어졌다.

복잡한 생명체에게는 산소가 풍부한 조건이 유리하지만, 생물지구화학적 순환은 이 조건을 유지하는 데 도움을 주는 동시에 훼방을 놓는다. 오늘은 유기물 매장이 생명을 지탱하는 산소를 만들지만, 내일은 연료, 다시 말해 산소 흡수원을 만든다. 황철석은 슈람 이상 동안 매장되면서 산소를 배출했지만, 그 이후로 지금까지 풍화되면서 산소를 소모해 버렸다. 유기물도 마찬가지다. 아마 과거에는 유기 탄소의 상당량이 유기 쇄설물로 재생되었겠지만, 산소가 충분한 오늘날 환경에서는 화석 유기물 거의 전부가 산화될 것이다. 즉, 거대한 산소 흡수원이 된다는 뜻이다. 이 제로섬 게임은 과연 어떤 변화를 불러왔을까? 우리는 의심할 여지 없이 지구 역사상 산소가 가장 풍부한 시대에 살고 있다. 대기의 산소와 해양의 황산염, 지각의 철(II) 양은 기록적이다. 우리의 진화가 성공할 수 있었던 이 완벽한 조건은 어떻게 생겨났을까?

지구 시스템의 산화 이야기는 표면 이산화탄소 저장소가 끝없이 줄어드는 가운데 가스 배출과 유기물 생산, 영양분 이용 가능성이 증가하면서 지구 탄소 순환이 빨라지는 사건을 그린다. 물질의 흐름은 늘어나는데 저장소가 줄어들면 변화에 취약해진다. 하지만 우리는 과거처럼 극단적인 변화를 목격한 적 없다. 오늘날 우리의 생물권이 변화에 맞서는 회복력이 강하고 음의 피드백이 강력하다는 의미다. 음의 피드백 가운데 하나인 탄산염 보상심도carbonate compensation depth, CCD(바다에 탄산염이 공급되는 속도와 용해되는 속도가 같아 퇴적물에서 탄산염을 발견할 수 없는 지점-옮긴이)는 오직 중생대에만 나타났다. 중생대 이후로는 바다에 산소가 사라지는 사건이 발생하더라도 이전과 같은 유형의 대량 멸종이 일어나지 않았다. CCD는 해저에서 탄산염이 더는 나타나지 않는 깊이를 가리킨다. 바다는 낮은 온도와 높은 압력, 수소 이온 농도 변화 때문에 탄산칼슘 광물이 불포화한 상태라서 이런 현상이 나타난다. CCD는 원양 석회화 플랑크톤의 진화에 따른 결과이므로 중생대에 이 플랑크톤이 진화하기 전에는 CCD가 기후 조절 콘덴서로 존재하지 않았다. 현재 음의 피드백 가운데 가장 중요한 축에 드는 CCD는 바닷물을 뒤섞는 데 걸리는 시간 때문에 수백 년에서 수천 년 기간에 걸쳐 대기 중 이산화탄소 수준의 변화에 대응한다.

이 현상을 탄소 물질 균형을 사용해서 다르게 볼 수도 있다. 대륙이 대체로 깊이 가라앉아 있었던 시생누대에는 탄산염 매장이 대개 바닷속에서 일어났으므로 풍화 작용 피드백이 상당히 비효율적이었다. 매장된 유기물은 유리 산소가 부족한 탓에 그대로 남았다. 오늘날 탄소 흐름은 대부분 풍화 작용에서 비롯하며, 탄산염 풍화는 이산화탄소 수준에 장기적인 영향을 거의 미치지 않는다. 다만 변성 반응 때문에 매장된 대리석에서 이산화탄소가 다시 추출될 수 있다. 현재 탄소 순 흡수원으로는 유기물 매장과 탄산염 매장, 규산염 풍화가 가장 중요하며, 이 과정 모두 화학적 풍화와 밀접하게 연관된다. 유기물 매장이 탄소 순 흡수원에서 차지하는 비율, 다시 말해 가스 배출로 인한 이산화탄소만 포함하는 탄소 순환에서 차지하는 비율은 5분의 1에서 5분의 3으로 바뀌었다. 시생누대에 물 아래로 잠긴 대륙에서 풍화 작용이 별로 일어나지 않아서 화산 활동으로 배출된 이산화탄소 중 20퍼센트 정도가 결국 유기물이 되었다는 의미다. 시간이 흐르며 단기적·장기적 탄소 흐름이 훨씬 더 늘어났는데도 이 비율은 거의 60퍼센트까지 늘어났다.[13]

이 커다란 변화는 탄소 농축 메커니즘이 꾸준히 진화한 덕분에 오늘날 유기 탄소 순환이 더 효율적으로 변했다는 증거이자, 육상 식물의 도움 덕분에 암석이 풍화될 때 영양소 인이 우선 배출된다는 증거다. GOE 이후 시아노박테리아부터 올리고세Oligocene Epoch의 온난하던 기후가 마이오세 중반을 지나 빙하기로 바뀌는 동안 퍼져나갔던 풀 같은 C4 식물까지, 광합성 유기체에서 산소가 이산화탄소 분압에 비해 증가했기 때문에 탄소 농축 메커니즘도 진화했다. 게다가 더욱 산화한 환경의 반응성 때문에 각 탄소 원자는 매장되기 전에 최소한 1000번 이상 대사되면서 표면 환경에서 순환한다. 이렇게 되면 결국 피드백의 반응성이 굉장히 커진다. 만약 가이아가 세월의 시험을 견디고 살아남은 것이라면, 틀림없이 오늘날 세상은 가이아의 정점에 해당할 것이다. 아마 미래의 생물권도 마찬가지일 듯하다. 오늘날 생명체가 모든 주요 생물지구화학 순환에 너무도 밀접하게 관련되어 있기 때문이다. 어쩌면 가이아는 지구 온도가 지나치게 오르지 않도록 조절해서 결국 생명체가 지구에서 영원토록 살아갈 수 있게 할지도 모른다. 더욱이, 강화된 음의 피드백은 과거와 달리 규산염 지구에서 사는 생명체의 새로운 창발성이 될 수도 있다.[14]

생명 진화에서 핵심은 산화 용량이 거침없이 늘어나는 덕분에 대사 반응이 갈수록 에너지를 많이 만든다는 것이다. 생물지구화학 순환의 변화에서도 이 현상을 확인할 수 있다. 생물지구화학 순환은 새로운 산화 경로를 개발해 왔다. 새로운 환경이 점점 늘어나며 새로운 산화 환원 분기점에서 에너지를 얻은 덕분에 가능한 일이었다. 눈덩이지구나 대량 멸종 같은 사건은 산소가 훨씬 더 널리 공급되는 세상으로 이어지는 길에서 툭 튀어나온 방해물에 지나지 않았다. 산소가 풍부한 환경에서는 우리 인간의 대사처럼 에너지를 많이 만드는 대사가 번성하고, 에너지를 적게 만드는 미생물 대사는 눈에 보이지 않는 곳으로 쫓겨난다. 주요 사건이 벌어지는 시기를 결정한 요인은 판의 순환이었지만, 고에너지 세상을 향한 시간의 화살이 절대 흔들리지 않을 수 있었던 것은 강력해진 태양광선과 지구의 냉각이라는 두 요소가 가차 없이 힘을 발휘했기 때문이었다. 생명체가 지구를 살기에 알맞은 곳으로 유지한다는 상상은 생명체에게 유리한 조건을 만든 주요 원동력이 생명체의 통제 범위 바깥이라는 개념과 어긋난다. 달리 말해 지구에 출현한 생명체는 없애버리기가 몹시 어려워서 결국 지구 시스템에서 떼어낼 수 없는 일부가 되지만, 그렇다고 지구 시스템을 움직이는 운전대를 잡지는 않는다.

특정한 지질 사건이나 환경 사건에서 한 걸음 물러선다면 에너지 흐름이 줄곧 변화를 주도했다는 사실을 볼 수 있다. 생명체는 이런 변화에 꾸준히 적응해서 일사량(태양 에너지가 닿는 양-옮긴이)과 맨틀 열 손실, 예측할 수 없는 지각 순환 변화와 관련된 자연적 에너지 경사를 활용했다. 대사 반응은 폭포 가장자리에서 회오리치는 소용돌이와 비슷하다. 갓 만들어져 엔트로피entropy가 낮은 오아시스인 소용돌이는 에너지를 방출하는 부모인 폭포 없이 존재할 수 없다. 반대로 폭포는 더 정교하게 구성된 자식의 존재를 전혀 인식하지 못한다. 생명체도 마찬가지다. 태양 복사의 고작 0.3퍼센트만 총 1차 생산에서 당분을 만드는 데 필요한 화학 에너지로 바뀌며, 이 에너지는 오늘날 고도로 산화된 환경 때문에 최대 1000번까지 순환한다. 그런데도 막대한 양의 에너지가 수십억 년에 걸쳐 저장된다. 생명체가 차지하는 에너지 264테라와트(TW)는 지구의 내부 열기관이 생산하는 에너지양보다 상당히 더 많다. 예를 들어, 맨틀 대류와 지각 순환을 작동시키는 에너지보다 한 자릿수 이상 많다. 열역학 제2법칙에 따르면, 자연계에서 일어나는 모든 과정에는 에너지 상태에 따라 결정되는 방향이 있다. 뜨거운 차는 차갑게 식을 뿐, 다시 뜨거워지지 않는다. 나뭇잎은 갈색으로 변해서 분해될 뿐, 태양 에너지 없이 그냥 내버려 둔다면 구성 성분으로 다시 만들어지지 않는다. 지구는 45억 년 동안 내내 태양 에너지를 흠뻑 받았고, 생명체는 태양 에너지를 유기물과 황철석에 저장했다. 화산이 가스를 내뿜고 태양이 점차 뜨거워진 덕분에 갈수록 태양 에너지를 훨씬 더 많이 저장할 수 있었고, 점점 더 산화된 환경에서 탄화수소나 다른 환원된 물질이 다시 나타나면서 잠재적 에너지도 최대한으로 늘었다. 여기서 핵심은 우리 세포의 생화학과 마찬가지로 반응물과 생성물을 분리해서 자연적인 에너지 방출 반응을 촉진하는 것이다. 이런 작용이 없다면, 우리에게 남는 것은 역동적으로 변화하지만 재료 구성은 정체된 수프일 것이다.[15]

산소는 한 방향으로 단조롭게 변화하지 않았다. 초대륙 순환이 환원된 화합물과 산화된 화합물 사이의 산화 환원 균형을 부단히 바꿔놓기 때문이다. 균형이 어느 한쪽으로 기울면 다른 대사 방식이 기회를 잡고 새로운 정상 상태를 향한 양의 피드백을 추진했지만, 전반적인 이동 방향은 절대 바뀌지 않았다. 동물은 얼음에서 태어나 석고 염분에서 나온 산소 덕분에 번성했을 것이다. 하지만 에너지를 점점 더 많이 생산하는 대사의 진화와 더 커지고 복잡해진 생물권을 지탱한 주인공은 펄펄 끓는 화산에서 배출된 이산화탄소의 양과 타오르는 태양에서 연료를 공급받은 산화력이 갈수록 증가한 현상이었다. 만약 당신도 호기심이 아주 조금만 더 타오른다면, 과연 우리 존재는 크기가 적당한 규산염 행성이 태양계에서 딱 알맞은 곳에 자리 잡은 덕분에 당연한 결과로 생겨난 것인지 나와 함께 곰곰이 생각해 보고 싶어질 것이다. 깊이 생각하다 보면 우주의 다른 곳에 복잡하고, 활력 넘치고, 어쩌면 지능까지 갖춘 생명체가 존재할 가능성에 관해 무언가 알 수 있지 않을까? 그야말로 경이롭다.

이 책을 쓰면서 수많은 친구와 동료에게 커다란 빚을 졌다. 이들의 도움이 없었더라면 책이 훨씬 더 형편없어졌을 것이다. 아내이자 동료 과학자인 저우잉은 집필 과정 내내 나를 지적으로, 정서적으로 지원해 주었고, 내가 끝이 안 보이는 터널에서 마침내 빠져나와 빛을 보리라고 흔들림 없이 믿어주었다. 아울러 나의 집념을 참아주고 자기만의 집념을 즐겁게 공유해 준 여러 학자와 지적 자극이 가득한 토론에 참여할 수 있어서 감사했다. 특히 사이먼 풀턴과 레이철 우드, 팀 렌턴, 프레드 보여, 리처드 보일, 주마오옌에게 고맙다.

이 책의 후반부에서 다룬 아이디어는 대체로 사무실 밖이나 곳곳의 술집에서 벤 밀스와 브레인스토밍하던 중에 탄생했다. 감사하게도 벤은 내가 휘갈겨 쓴 계산이 타당하다고 확인해 주었다. 닉 레인 역시 끝없이 샘솟는 영감과 아이디어로 나를 도왔고, 지구화학 문제를 언제나 기꺼이 함께 고민했다. 내게 영감을 준 지질학자의 이름을 모두 말하기는 어려울 것이다. 이들의 유산은 모든 지질학 연구의 토대를 이루는 무수한 책과 회고록에서 찾아볼 수 있다.

이 책에서도 몇 명을 이야기했는데, 세부 사항과 진실성에 관심을 기울였던 소중한 스승 몇 분을 여기에서 한 번 더 소개하고 싶다. 이언 페어차일드와 켄 쉬, 마틴 브레이저, 막스 데누, 토니 스펜서에게 감사 인사를 전한다. 이름은 우리가 만난 시간 순서대로 적었다. 초고를 읽어준 저우잉과 레이철 우드, 일라이어스 루건, 그리고 익명의 독자에게도 특별히 감사드린다. 변함없는 전문성으로 지원해 준 예일대학교 출판부 직원에게도 고맙다는 인사를 전하고 싶다. 마지막으로, 내가 이 여정을 시작하도록 이끈 조지프 캘러미아와 끝까지 함께한 진 블랙과 엘리자베스 실비아, 에리카 핸슨, 필립 킹에게 진심으로 감사하다.

주

1. 시간 여행 현재는 과거를 여는 열쇠인가

1 지구 역사를 쭉 뻗은 양팔에 빗댄 비유는 존 맥피의 《Basin and Range》(1981)에서 빌려왔다. 패러스트라우스앤지루에서 출간한《이전 세계의 연대기》 시리즈의 첫 번째 책이다.

2 그림 1의 연대표는 F. M. Gradstein과 J. G. Ogg, M. D. Schmitz, G. M. Ogg가 편집한 엘스비어사이언스 Ltd. 출판사의 2020년 저서 《지질 연대Geologic Time Scale》에 실린 국제적으로 합의된 지질 연대표에서 수정한 버전이다. 이 연대표는 Shields, G. A., 외, "A template for an improved rock-based subdivision of the pre-Cryogenian timescale", *Journal of the Geological Society* 179 (2021)에 실렸다. 이 논문에 실린 서식은 온라인에서도 확인할 수 있다(https://doi.org/10.1144/jgs2020-222). 논문 내용을 담은 기존 제안서 역시 온라인에서 찾아볼 수 있다(https://eartharxiv.org/repository/view/1712/).

2. 사하라 빙하 가장 뜨거운 곳에서 얼음 흔적을 찾다

1 Deynoux, M., and Trompette, R., "Late Precambrian mixtites: Glacial and/or non-glacial? Dealing especially with the mixtites of West Africa,"discussion, *American Journal of Science* 276 (1976): pp.1301~1315.

2 Thomson, J., "On the geology of the island of Islay,"Transactions of the Geological Society of Glasgow 5 (1877): pp.220~222. 제임스 톰슨은 1871년 강연 〈아일레이섬의 층을 이룬 바위에 관하여(On the stratifed rocks of Islay)〉에서 처음으로 고대 빙하층을 보고했다. 강연 내용은 존 머리John Murray가 펴낸《제41차 영국과학진흥협회 회의 보고서》의 110쪽과 111쪽에 실려 있다.

3 Heezen, B. C., and Ewing, M., "Turbidity currents and submarine slumps, and the 1929 Grand Banks Earthquake,"*American Journal of Science* 250 (1952): pp.849~873.

4 Harland, W. B., "Evidence of Late Precambrian glaciation and its significance,"in *Problems in Palaeoclimatology*, ed. A. E. M. Nairn (Interscience, 1964), pp.119~149.

5 Schermerhorn, L. J. G., "Late Precambrian mixtites: Glacial and/or non-glacial,"*American Journal of Science* 274 (1974): pp.673~824.

6 Reusch, H., "Skuringmærker og morængrus eftervist i Finnmarken fra en periode meget ældre end 'istiden'"[Glacial striae and boulder-clay in Norwegian Lapponie from a period much older than the last ice age], Norges Geologiske Undersøkelse [Geological Survey of Norway] 1 (1891): pp.78~85. 이 논쟁은 Laajoki, K., "New evidence of glacial abrasion of the late Proterozoic unconformity around Varangerfjorden, northern Norway,"in *Precambrian Sedimentary Environments: Modern Approach to Ancient Depositional Systems*, ed. W. Alterman and P. Corcoran, International Association of Sedimentologists, Special Publication 33 (2002): pp.405~436에 요약되어 있다.

7 말리의 빙하 주변 풍적토와 초표면은 Deynoux, M., Kocurek, G., Proust, J. N., "Late Proterozoic periglacialaeolian deposits on the West African Platform, Taoudeni Basin,"*Sedimentology* 36 (1989): pp.531~549에 자세히 설명되어 있다.

3. 융빙수 플룸 눈덩이지구 가설을 위한 무대

1 국제지질학연합은 2004년에 에디아카라기의 시작 지점을 승인했다. 이 내용은 Knoll, A. H., Walter, M. R., Narbonne, G. M., Christie-Blick, N., "A new period for the geologic time scale,"-*Science* 305 (2004): pp.621~622에 설명되어 있다.

2 Shields, G. A., Deynoux, M., Strauss, H., Paquet, H., Nahon, D., "Barite-bearing cap dolostones of the Taoudeni Basin, northwest Africa: Sedimentary and isotopic evidence for methane seepage after a Neoproterozoic glaciation,"*Precambrian Research* 153 (2007): pp.209~235.

3 James, N. P., Narbonne, G. M., Kyser, T. K., "Late Neoproterozoic cap carbonates: Mackenzie Mountains, Northwestern Canada: Precipitation and global glacial meltdown,"*Canadian Journal of Earth Sciences* 38 (2001): pp.1229~1262.

4 Crockford, P. W., Wing, B. A., Paytan, A., Hodgskiss, M. S. W., Mayfield, K. K., Hayles, J. A., Middleton, J. E., Ahm, A.-S. C., Johnston, D. T., Caxito, F., Uhlein, G., Halverson, G. P., Eickmann, B., Torres, M., Horner, T. J., "Barium-isotopic constraints on the origin of post-Marino-

an barites,"*Earth and Planetary Science Letters* 519 (2019): pp.234~244.

5 영화 〈투모로우〉를 본 과학자들은 자연재해가 전개되는 과정에 대한 할리우드의 해석에 절망해서 비판을 쏟아냈다. 시브렌 드라이프하우트Sybren Drijfhout는 기후 모델을 이용해서 대서양 자오면 순환Atlantic Meridional Overturning Circulation이 멈추면 실제로 무슨 일이 일어날지 예측하는 논문을 썼다. Drijfhout, S., "Competition between global warming and an abrupt collapse of the AMOC in Earth's energy imbalance,"*Scientific Reports* 5 (2015): 14877, https://doi.org/10.1038/srep14877

6 '플룸계'는 Shields, G. A., "Neoproterozoic cap carbonates: A critical appraisal of existing models and the plumeworld hypothesis,"*Terra Nova* 17 (2005): pp.299~310에서 처음으로 설명되었다. 크리오스진기와 그 이후에 전 세계 해양이 수만 년 동안 여러 층으로 이루어졌다는 개념은 여러 논문이 뒷받침한다. 예를 들면 다음과 같다. Liu, C., Wang, Z., Raub, T. D., Macdonald, F. A., Evans, D. A., "Neoproterozoic cap-dolostone deposition in stratified glacial meltwater plume,"*Earth and Planetary Science Letters* 404 (2014): pp.22~32; Yang, J., Jansen, M. F., Macdonald, F. A., Abbot, D. S., "Persistence of a freshwater surface ocean after a snowball Earth,"Geology 45 (2017): 615–618; Yu, W., Algeo, T. J., Zhou, Q., Du, Y., Wang, P., "Cryogenian cap carbonate models: A review and critical assessment,"*Palaeogeography, Palaeoclimatology, Palaeoecology* 552 (2020): 109727.

7 Shields, G. A., Deynoux, M., Culver, S. J., Brasier, M. D., Affaton, M. D., Affaton, P., Vandamme, D., "Neoproterozoic glaciomarine and cap dolostone facies of the southwestern Taoudeni Basin (Walidiala Valley, Senegal/Guinea, NW Africa),"Comptes Rendus Geoscience 339 (2007): pp.186~199.

4. 얼어붙은 온실 지구가 혹한의 운명에서 벗어날 수 있었던 이유

1 Fairchild, I. J., "Balmy shores and icy wastes: The paradox of carbonates associated with glacial deposits in Neoproterozoic times,"in *Sedimentology Review*/1, ed. V. Paul Wright (1993): pp.1~16.

2 Spencer, A. M., "Late Pre-Cambrian glaciation in Scotland," *Geological Society of London Memoirs* 6 (1971).

3 Fairchild, I. J., Spencer, A. M., Ali, D. O., Anderson, R. P., Boomer, I., Dove, D., Evans, J. D., Hambrey, M. J., Howe, J., Sawaki, Y., Shields, G. A., Skelton, A., Tucker, M. E., Wang, Z., Zhou, Y., "Tonian-Cryogenian boundary sections of Argyll, Scotland,"*Precambrian Research* 319

(2018): pp.37~64.

4 1990년 이전의 주요 고지자기학 논문으로는 Harland, W. B., and Bidgood, D. E. T., "Palaeomagnetism in some Norwegian sparagmites and the late pre-Cambrian ice age,"*Nature* 184 (1959): pp.1860~1862과 Embleton, B. J. J., and Williams, G. E., "Low latitude of deposition for late Precambrian periglacial varvites in South Australia: Implications for palaeoclimatology,"*Earth and Planetary Science Letters* 79 (1986): pp.419~430이 있다. 저위도 빙하 작용을 확인한 습곡 시험은 Sumner, D. Y., Kirschvink, J. L., Runnegar, B., "Soft-sediment palaeomagnetic field tests of late Precambrian glaciogenic sediments,"abstract, *Eos* (*Transactions of the American Geophysical Union*) 68 (1987): p.1251에서 보고되었다.

5 '눈덩이지구'라는 표현은 Kirschvink, J. L., "Late Proterozoic low-latitude glaciation: The snowball Earth,"in *The Proterozoic Biosphere*, ed. J. W. Schopf and C. Klein (Cambridge: Cambridge University Press, 1992), pp.51~52에서 처음 사용되었다. 대기 중 이산화탄소 수준은 높지만 온 지구가 얼음에 뒤덮였다는 가설은 수많은 지구화학 연구가 뒷받침했다. 관련 논문으로는 다음과 같다. Bao, H., Lyons, J. R., Zhou, C., "Triple oxygen isotope evidence for elevated CO_2 levels after a Neoproterozoic glaciation,"*Nature* 453 (2008): pp.504~506; Bao, H., Fairchild, I. J., Wynn, P. M., Spötl, C., "Stretching the envelope of past surface environments: Neoproterozoic glacial lakes from Svalbard," *Science* 323 (2009): pp.119~122.

6 커쉬빙크의 눈덩이지구 가설에 새로운 활기를 불어넣은 여러 논문 중에서 대표적인 것을 하나만 꼽자면, Hoffman, P. F., Kaufman, A. J., Halverson, G. P., Schrag, D. P., "A Neoproterozoic Snowball Earth,"*Science* 281 (1998): pp.1342~1346가 있다.

7 자크조제프 에벨망의 장기적 지구 탄소 순환의 발견과 해럴드 유리의 재발견은 각각 다음 논문에 실려 있다. Ebelmen, J. J., "Sur les produits de la décomposition des espèces minérales de la famille des silicates,"*Annales des Mines* 3 (1845): pp.3~66; Urey, H. C., "On the early chemical history of the Earth and the origin of life,"*Proceedings of the National Academy of Sciences* 38 (1952): pp.351~363.

8 지구 탄소 순환 발견에 관한 훌륭한 역사적 설명을 읽고 싶다면, Galvez, M. E., and Gaillardet, J., "Historical constraints on the origins of the carbon cycle concept,"*Comptes Rendus Geoscience* 344 (2012): pp.549~567을 참고하라.

9 Kasemann, S. A., Hawkesworth, C. J., Prave, A. R., Fallick, A. E., Pearson, P. N., "Boron and calcium isotope composition in Neoproterozoic carbonate rocks from Namibia: Evidence for extreme environmental change,"*Earth and Planetary Science Letters* 231 (2005): pp.73~86.

10 해저의 부채꼴 아라고나이트와 철 억제 사이의 연관성을 처음 설명한 논문은 다음과 같다. Dawn Sumner and John Grotzinger in Sumner, D. Y., and Grotzinger, J. P., "Were kinetics of

Archean calcium carbonate precipitation related to oxygen concentration?"*Geology* 24 (1996): pp.119~122.

5. 암석 속의 시계 완전히 다른 지구 시스템을 겪은, 크리오스진기

1 풍화 작용과 빙하 작용, 환경 변화 사이의 연관성을 밝힌 논문은 다음과 같다. Derry, L. A., Kaufman, A. J., Jacobsen, S. B., "Sedimentary cycling and environmental change in the late Proterozoic: Evidence from stable and radiogenic isotopes,"*Geochimica et Cosmochimica Acta* 56 (1992): pp.1317~1329; Kaufman, A. J., Knoll, A. H., Jacobsen, S. B., "The Vendian record of Sr and C isotopic variations in seawater: Implications for tectonics and paleoclimate,"*Earth and Planetary Science Letters* 120 (1993): pp.409~430.

2 스터트 빙하기 이후 풍화 작용 증가와 이 현상이 생물권에 미친 영향을 처음으로 설명한 논문은 Shields, G. A., Stille, P., Brasier, M. D., Atudorei, N. V., "Stratified oceans and oxygenation of the late Precambrian environment: A post-glacial geochemical record from the Neoproterozoic of W Mongolia,"*Terra Nova* 5-6 (1997): pp.218~222이다.

3 현재 수많은 학자가 빙하 후퇴 이후 화학적 풍화 작용의 뚜렷한 증가를 인정한다. Wei, G., Wei, W., Wang, D., Li, T., Yang, X., Shields, G. A., Zhang, F., Lie, G., Chen, T., Yang, T., Ling, H., "Enhanced chemical weathering triggered an expansion of euxinia after the Sturtian glaciation,"*Earth and Planetary Science Letters* 539, 116244 (2020)를 참고할 것.

4 스트론튬 동위원소의 다단계 순차적 침출법을 소개한 논문은 Chao Liu and co-authors: Liu, C., Wang, Z., Raub, T. D., "Geochemical constraints on the origin of Marinoan cap dolostones from Nuccaleena Formation, South Australia,"*Chemical Geology* 351 (2013): pp.95~104이다.

5 크리오스진기 빙하기의 연대와 동시성에 관한 최근 정보는 Shields et al., "A template for an improved rock-based subdivision of the pre-Cryogenian timescale,"*Journal of the Geological Society* 179 (2021)에 실려 있다. https://doi.org/10.1144/jgs2020-222

6 시몬 케제만과 동료들은 초기 수소 이온 농도를 추정해서 Kasemann, S. A., Hawkesworth, C. J., Prave, A. R., Fallick, A. E., Pearson, P. N., "Boron and calcium isotope composition in Neoproterozoic carbonate rocks from Namibia: Evidence for extreme environmental change,"*Earthand Planetary Science Letters* 231 (2005): pp.73~86에 발표했다. 카제만의 연구 팀은 후속 연구에서 이 결과가 옳다는 사실을 확인했다. Ohnemueller, F., Prave, A. R., Fallick, A. E., Kasemann, S. A., "Ocean acidification in the aftermath of the Marinoan glaciation,"*Geology* 42 (2014): pp.1103~1106.

7 눈덩이지구 가설은 빙하기 동안과 직후에 이산화탄소 수준이 증가한다고 예측했다. 바오 후이밍은 핵심 논문 두 편에서 이 예측이 옳다고 처음으로 확인했다. Bao, H., Lyons, J. R., Zhou, C., "Triple oxygen isotope evidence for elevated CO_2 levels after a Neoproterozoic glaciation,"*Nature* 453 (2008): pp.504~506; Bao, H., Fairchild, I. J., Wynn, P. M., Spötl, C., "Stretching the envelope of past surface environments: Neoproterozoic glacial lakes from Svalbard,"*Science* 323 (2009):pp.119~122.

8 여러 차례 옳다고 확인받은 핵심 논문 두 편이 6억 3500만 년 전에 크리오스진기의 빙하기가 동시에 끝났다는 사실을 입증했다. Condon, D., Zhu, M., Bowring, S., Wang, W., Yang, A., Jin, Y., "U-Pb ages from the Neoproterozoic Doushantuo Formation, China,"*Science* 308 (2004): pp.95~98; Hoffmann, K.-H., Condon, D. J., Bowring, S. A., Crowley, J. L., "U-Pb zircon date from the Neoproterozoic Ghaub Formation, Namibia: Constraints on Marinoan glaciation,"*Geology* 32 (2004): pp.817~820.

9 현재 스터트 빙하기와 미리노 빙하기의 시작과 끝에 대한 추정치(각각 7억 1700만 년 전과 6억 6000만 년 전, 6억 5000만 년 전, 6억 3500만 년 전)를 평가한 논문은 Halverson, G. P., Porter, S., Shields, G. A., "The Tonian and Cryogenian periods,"in *Geologic Time Scale*, 2020, ed. F. M. Gradstein, J. G. Ogg, M. D. Schmitz, G. M. Ogg (Elsevier, 2020), pp.495~519이다.

10 가스키어스 빙하기와 그 위에 있는 화석 지층의 연대 제한 조건을 요약한 논문은 Matthews, J. J., Liu, A. G., Yang, C., McIlroy, D., Levell, B., Condon, D. J., "A chronostratigraphic framework for the rise of the Ediacaran Macrobiota: New constraints from Mistaken Point Ecological Reserve, Newfoundland,"*GSA Bulletin* 133 (2021): pp.612~624이다. 에디아카라기와 캄브리아기 빙하에 관한 니콜라이 추마코프의 오랜 예측은 Chumakov, N. M., "The Baykonurian Glaciohorizon of the Late Vendian,"*Stratigraphy and Geological Correlation* 17 (2009): pp.373~381에 실려 있다.

6. 고장 난 온도 조절 장치 지구는 왜 과잉 '지출'을 막을 수 없었는가

1 다소 낡은 고어와 10진법 이전의 통화(6펜스가 0.5실링이고, 20실링이 1파운드였다)가 등장하는 찰스 디킨스의 소설《데이비드 코퍼필드》에서 인용한 대목은 사소한 연간 적자가 끝내 파산으로 이어진다는 보편적 문제를 이야기한다. 빅토리아 시대 영국에서는 빚을 아주 소액만 지더라도 노역장으로 끌려가거나 강제로 이민을 떠나야 했다. 소설 주인공 미코버는 오스트레일리아로 가겠다고 선택했고, 마침내 큰돈을 모은다.

2 Hutton, J., "Theory of the Earth: Or an investigation of the laws observable in the composition,

dissolution, and restoration of land upon the globe,"*Transactions of the Royal Society of Edinburgh* 1, part 2 (1788): pp. 209~304. 데이비드 흄의 말은 1779년 런던에서 출간한《자연 종교에 관한 대화》에서 인용했다.

3 앨프리드 러셀 월리스는 1858년 2월에 찰스 다윈에게 편지를 써서 자연 선택의 자연스러운 결과를 원심 속도 조절 장치에 빗대었다. 이 편지로 알려진 유일한 글은 "On the tendency of varieties to depart indefinitely from the original type,"*Journal of the Proceedings of the Linnean Society* (*Zoology*) 3 (1858): pp.53~62에 실렸고, 1858년 7월 1일 학회에서 낭독되었다.

4 조지프 프리스틀리는 고전이 된 논문 Priestley, J., "Directions for impregnating water with fixed air in order to communicate to it the peculiar spirit and virtues of Pyrmont water, and other mineral waters of a similar nature"에서 탄산을 처음으로 소개했다. 논문은 J. 존슨J. Johnson이 1772년에 런던에서 22쪽짜리로 출간했다.

5 제임스 러브록의 가이아 이론은 1979년에 옥스퍼드대학교 출판부에서 낸《가이아》에서 처음 소개되어 많은 관심을 끌었다. 제임스 허턴의 말은 에든버러 왕립학회에서 1788년에 출간한 허턴의 글 〈지구에 관한 이론: 지구상 토지 조성, 소멸, 복원의 관찰 가능한 법칙에 대한 조사〉 209페이지에서 인용했다.

6 "우주에 우리만 있다면, 엄청난 공간 낭비다."비꼬는 듯한 이 경이로운 말은 칼 세이건의 1985년 공상과학소설《콘택트》에 나오는 대사다.

7 희미한 젊은 태양의 역설을 처음 설명한 논문은 Sagan, C., and Mullen, G., "Earth and Mars: Evolution of atmospheres and surface temperatures,"*Science* 177 (1972): pp.52~56이다. 가이아 가설은 Lovelock, J. E., "Gaia as seen through the atmosphere,"*Atmospheric Environment* 6 (1972): pp. 579~580에서 제시되었고, Lovelock, J. E., and Margulis, L., "Atmospheric homeostasis by and for the biosphere: The Gaia hypothesis,"*Tellus Series A* 26 (1974): pp.2~10에서 발전되었다.

8 장기적 지구 탄소 순환을 처음으로 완전히 설명한 논문은 Ebelmen, J. J., "Sur les produits de la décomposition des espèces minérales de la famille des silicates,"*Annales des Mines* 3 (1845): pp.3~66이다. 에벨망은 이후 Ebelmen, J. J., "Sur la décomposition des roches,"*Annales des Mines* 4ᵉ série (1847): pp.627~654에서 탄소 순환을 처음으로 정량화하려고 시도했다.

9 지의류의 진화와 탄소 농축 메커니즘은 토노스기에 이산화탄소를 고립시키는 데 도움을 주었을 수 있다. 관련 내용을 다룬 논문으로는 Lenton, T. M., and Watson, A. J., "Biotic enhancement of weathering, atmospheric oxygen and carbon dioxide in the Neoproterozoic,"*Geophysical Research Letters* 31 (2004): L05202이 있다.

10 볼프강 베르거Wolfgang Berger는 Berger, W. H., "Increase of carbon dioxide in the atmosphere during deglaciation: The coral reef hypothesis,"*Naturwissenschaften* 69 (1982): pp.87~88에서 산호초

효과를 처음으로 제안하고 크리오스진기 빙하기에 적용했다. 이후 이 가설은 Ridgwell, A. J., Kennedy, M. J., Caldeira, K., "Carbonate deposition, climate stability, and Neoproterozoic ice ages,"*Science* 302 (2003): pp.859~862에서 크리오스진기 빙하기에 적용되었다.

11 크리오스진기에 지각 변동이 잠잠해졌다는 견해는 McKenzie, N. R., Hughes, N. C., Gill, B. C., Myrow, P. M., "Plate tectonic influences on Neoproterozoic–early Paleozoic climate and animal evolution,"*Geology* 42 (2014): pp.127~130와 Mills, B. J. W., Scotese, C. R., Walding, N. G., Shields, G. A., Lenton, T. M., "Elevated CO2 degassing rates prevented the return of Snowball Earth during the Phanerozoic,"*Nature Communications* 8 (2017): pp.1~7에서 제안되었다.

12 토노스기에 유기물이 이산화탄소를 격리하는 수단이었다는 의견은 고전의 반열에 오른 Knoll, A. H., Hayes, J. M., Kaufman, A. J., Swett, K., Lambert, I. B., "Secular variation in carbon isotope ratios from upper Proterozoic successions for Svalbard and East Greenland,"*Nature* 321 (1986): pp.832~838 이후로 여러 번 제안되었다.

13 이른바 '불과 얼음'현무암 풍화 가설을 처음으로 제시한 논문은 다음과 같다. Goddéris, Y., Donnadieu, Y., Nédélec, A., Dupré, B., Dessert, C., Gerard, A., Ramstein, G., François, L. M., "The Sturtian 'snowball'glaciation: Fire and ice,"*Earth and Planetary Science Letters* 211 (2003): pp.1~12. 이후 가설은 현무암 풍화가 탄산염과 유기물 매장 모두에 영향을 미쳤다는 방향으로 수정되었다. Horton, F., "Did phosphorus derived from the weathering of large igneous provinces fertilize the Neoproterozoic ocean?"*Geochemistry, Geophysics, Geosystems* 16 (2015): pp.1723~1738; Gernon, T. M., Hincks, T. K., Tyrrell, T., Rohling, E. J., Palmer, M. R., "Snowball Earth ocean chemistry driven by extensive ridge volcanism during Rodinia breakup,"*Nature Geoscience* 9 (2016): pp.242~250.

14 GOE의 특징은 해양 퇴적 기록에서 쇄설 황철석이 사라지는 것으로, 적어도 22억 년 전부터 대기 중 산소 수준이 충분해져서 지하에서 풍화되어 이동하는 황화철을 산화시켰을 것이다. GOE는 하인리히 '딕'홀란트Heinrich 'Dick'Holland의 주요 연구 분야다. Holland, H. D., "Volcanic gases, black smokers, and the Great Oxidation Event,"*Geochimica et Cosmochimica Acta* 66 (2002): pp.3811~3826을 참고할 것. 이 사건에 관한 최신 학설을 알고 싶다면 Poulton, S. W., Bekker, A., Cumming, V. M., Zerkle, A. L., Canfield, D. E., Johnston, D. T., "A 200-million-year delay in permanent atmospheric oxygenation,"*Nature* 592 (2021): pp.232~236을 보라.

15 원생누대 중기 탄소 동위원소 기록의 상대적으로 약한 변동성이 품은 중요성은 Brasier, M. D., and Lindsay, J. F., "A billion years of environmental stability and the emergence of eukaryotes: New data from northern Australia,"*Geology* 26 (1998): pp.555~558에서 언급되었다.

16 지구가 중년이 되어 비교적 침묵을 유지했던 시기를 말하는 '지루한 10억 년'이라는 용어는 마틴 브레이저의 책에 처음 등장했다. Brasier, M. D., *Secret Chambers: The Inside Story of Cells and*

주

Complex Life (Oxford University Press, 2012).

17 수치 모델링 논문 Daines, S. J., Mills, B. J. W., Lenton, T. M., "Atmospheric oxygen regulation at low Proterozoic levels by incomplete oxidative weathering of sedimentary organic carbon,"*Nature Communications* 8 (2017): 14379에서 추론했듯이, 대기 산소 공급과 유기 탄소 풍화 사이의 음의 피드백 때문에 원생누대에서는 대체로 탄소 동위원소가 안정적이었을 것이다. 이 논문은 상대적 안정기인 '지루한 10억 년'에서도 가끔 발생했던 탄소 동위원소 이상이 황 순환의 불균형으로 일어났다고 주장한다.

18 신원생대 거의 내내 표면 환경에 거대한 유기 탄소 콘덴서가 있었다는 개념은 수학적 모델링 연구 논문 Rothman, D. H., Hayes, J. M., Summons, R. E., "Dynamics of the Neoproterozoic carbon cycle,"*Proceedings of the National Academy of Sciences* 100 (2003): pp.8124~8129에서 처음 제기되었다. 이런 콘덴서를 입증할 결정적 증거는 음의 탄소 동위원소 이상이다. Shields, G. A., "Carbon and carbon isotope mass balance in the Neoproterozoic Earth system,"*Emerging Topics in Life Science* 2 (2018): pp.257~265.

7. 화석 기록 다윈이 죽을 때까지 풀지 못한 딜레마

1 찰스 다윈은 1859년에 《종의 기원》을 발표했다. 그는 초판에서 실루리아기계라는 말을 썼지만, 요즘 우리는 캄브리아기라는 용어를 쓴다. 마틴 브레이저는 《다윈의 잃어버린 세계》에서 다윈의 딜레마에 대한 라이엘과 데일리, 솔러스의 접근법을 논의했다.

2 에디아카라기 후반 동물의 구체적인 분류학적 유사성을 입증한 논문은 Shore, A. J., Wood, R. A., Butler, I. B., Zhuravlev, A. Yu., McMahon, S., Curtis, A., Bowyer, F. T., "Ediacaran metazoan reveals lophotrochozoan affinity and deepens root of Cambrian explosion,"*Science Advances* 7 (2021): eabf2933. 에디아카라기 화석과 더 일반적인 동물(진정후생동물)의 유연관계는 적어도 5억 7400만 년 전으로 거슬러 올라간다. Dunn, F. S., Liu, A. G., Grazhdankin, D. V., Vixseboxse, P., Flannery-Sutherland, J., Green, E., Harris, S., Wilby, P. R., Donoghue, P. C. J., "The developmental biology of Charnia and the eumetazoan affinity of the Ediacaran rangeomorphs,"*Science Advances* 7 (2021): eabe0291.

3 분자 계통수에 따르면, 현존하는 모든 좌우대칭 동물의 마지막 공통 조상이 에디아카라기 초반이나 심지어 크리오스진기에 있었다. Reis, M., Thawornattana, Y., Angelis, K., Telford, M. J., Donoghue, P. C. J., "Uncertainties in the timing of origin of animals and the limits of precision in molecular timescales," *Current Biology* 25 (2015): pp.2939~2950. 하지만 가장 오래된 화석 증거인 오스트레일리아와 러시아의 민달팽이 모양 킴베렐라 화석은 5억 5500만 년보다 오래

되지 않았다. Fedonkin, M. A., and Waggoner, B. M., "The Late Precambrian fossil Kimberella is a mollusc-like bilaterian organism,"*Nature* 388 (1997): pp.868~871. 오스트레일리아와 중국에 있는 화석도 좌우대칭 동물의 흔적일 수 있다. Evans, S. D., Hughes, I. V., Gehling, J. G., Droser, M. L., "Discovery of the oldest bilaterian from the Ediacaran of South Australia,"*Proceedings of the National Academy of Sciences* 117 (2020): pp.7845~7850; Chen, Z., Zhou, C., Yuan, X., Xiao, S., "Death march of a segmented and trilobate Bilaterian elucidates early animal evolution,"*Nature* 573 (2019): pp.412~415.

4 시생누대의 박테리아로 추정되는 화석을 최초로 보고한 논문은 Schopf, J. W., and Packer, B. M., "Early Archean (3.3-billion to 3.5-billion-year-old) microfossils from Warrawoona Group, Australia,"*Science* 237 (1987): pp.7~73이다. 이후 이를 반박하는 논문이 나왔다. Brasier, M. D., Green, O. R., Jephcoat, A. P., Kleppe, A. K., Van Kranendonk, M. J., Lindsay, J. F., Steele, A., Grassineau, N. V., "Questioning the evidence for Earth's oldest fossils,"*Nature* 416 (2002): pp.76~81.

5 유기 대형 화석은 전 세계에서 20억 년 전~16억 년 전 암석에서 발견되었다. 그리파니아처럼 고리 모양도 있고, 원반 모양, 심지어 엽상체도 있다. Han, T. M., and Runnegar, B., "Megascopic eukaryotic algae from the 2.1-million-year-old Negaunee iron-formation, Michigan," *Science* 257 (1992): pp.232~235., Zhu, S., and Chen, H., "Megascopic multicellular organisms from the 1700-million-year-old Tuanshanzi Formation in the Jixian area, North China,"*Science* 270 (1995): pp.620~622.

6 대형 진핵생물 화석 가운데 가장 확실한 것은 중국에서 발견되었으며, 연대는 15억 6,000만 년 전으로 추정된다. Zhu, S., Zhu, M., Knoll, A. H., Yin, Z., Zhao, F., Sun, S., Qu, Y., Shi, M., Liu, H., "Multicellular eukaryotes from the 1.56-million-year-old Gaoyuzhuang Formation in North China,"*Nature Communications* 7 (2016):11500.

7 표면에 무늬가 있는 최초의 아크리타치(진핵생물로 추정) 미세화석은 약 16억 5000만 년 된 암석에서 나왔다. Miao, L., Moczydlowska, M., Zhu, S., Zhu, M., "New record of organic-walled, morphologically distinct microfossils from the late Paleoproterozoic Changcheng Group in the Yanshan Range, North China,"*Precambrian Research* 321 (2019): pp.172~198.

8 크리오스진기 이전과 도중에 진핵생물의 다양화가 발생했다는 증거는 분자 바이오마커 연구에서 확인되었다. Brocks, J. J., Jarrett, A. J. M., Sirantoine, E., Hallmann, C., Hoshino, Y., Liyanage, T., "The rise of algae in Cryogenian oceans and the emergence of animals,"*Nature* 548 (2017): e1700887.

9 홍조류는 화석 기록에서 쉽게 식별할 수 있는 가장 오래된 진핵생물 분류군으로, 약 10억 5000만 년 전 되었다. Butterfield, N. J., "Bangiomorpha pubescens n. gen., n. sp.: Implications for the evolution of sex, multicellularity, and the Mesoproterozoic/Neoproterozoic radiation of eukaryotes,"*Paleobiology* 26 (2000): pp.386~404. 홍조류 이후 엽록체가 있는 녹조류가 출현했다. Tang, Q., Pang, K., Yuan, X., Xiao, S., "A one-billionyear-old multicellular chlorophyte,"*Nature Ecology and Evolution* 4 (2020): pp.543~549.

10 수재나 포터와 앤디 놀은 유각 아메바류 형태의 가장 오래된 종속 영양 진핵생물로 보이는 화석을 보고했다. Porter, S. M., and Knoll, A. H., "Testate amoebae in the Neoproterozoic Era: Evidence from vase-shaped microfossils in the Chuar Group, Grand Canyon,"*Paleobiology* 26 (2000): pp.360~385. 가장 초기의 껍데기와 진핵생물 포식자의 출현에 관해 알고 싶다면 Cohen, P. A., Schopf, J. W., Butterfield, N. J., Kudryavtsev, Macdonald, F. A., "Phosphate biomineralization in mid-Neoproterozoic protists,"*Geology* 39 (2011): pp.539~542와 Porter, S. M., "The rise of predators,"*Geology* 39 (2011): pp.607~608을 참고하라.

11 깃세포가 모든 동물의 조상이라는 생각은 Dujardin, F., H*istoire naturelle des Zoophytes, Infusoires, comprenant la physiologie et la classification de ces animaux et la manière de les étudier àl'aide du microscope* (Librairie encyclopédique de Roret, 1841)에서 비롯했다.

12 해면 바이오마커 논쟁은 최근 논문인 Bobrovskiy, I., Hope, J. M., Nettersheim, B. J., Volkman, J. K., Hallmann, C., Brocks, J. J., "Algal origin of sponge sterane biomarkers negates the oldest evidence for animals in the rock record,"*Nature Ecology and Evolution* 5 (2021): pp.165~168에서 다루어졌다. 크리오스진기에는 동물의 신체 화석 증거가 전혀 없다. 선생생물 화석, 즉 섬모충류도 최근에 조류로 다시 해석되었다. Cohen, P. A., Vizcaino, M., Anderson, R. P., "Oldest fossil ciliates from the Cryogenian glacial interlude reinterpreted as possible red algal spores,"*Palaeontology* 63, no. 6 (2020): pp.941~950.

13 불확실성을 정량화하는 정교하고 신중한 방법을 통합한 여러 분자 계통발생 연구는 크리오스진기가 동물 진화에 결정적이었다고 확인했다. Reis, M., Thawornattana, Y., Angelis, K., Telford, M. J., Donoghue, P. C. J., Yang, Z., "Uncertainty in the timing of origin of animals and the limits of precision in molecular timescales,"*Current Biology* 25 (2015): pp.2939~2950.

14 이타주의에 관해서는 Boyle, R. A., Lenton, T. M., Williams, H. T. P., "Neoproterozoic 'snowball Earth' glaciations and the evolution of altruism,"*Geobiology* 5 (2007): pp.337~349을 참고하라.

15 '에디아카라기'원반 모양 화석인 아스피델라는 캐나다 북서부에서 크리오스진기의 간빙기에서 확인되었다. Burzynski, G., Dececchi, T. A., Narbonne, G. M., Dalrymple, R. W., "Cryogenian Aspidella from northwestern Canada,"*Precambrian Research* 336 (2020): 105507.

16 커다란 가시가 있는 아크리타치는 에디아카라기 초기의 전형적인 화석이며, 동물의 휴면 포자로 확인되었다. Yin, L., Zhu, M., Knoll, A. H., Yuan, X., Zhang, J., Hu, J., "Doushantuo embryos preserved inside diapause egg cysts,"Nature 446 (2007): pp.661~663; Cohen, P. A., Knoll,

A. H., Kodner, R. B., "Large spinose microfossils in Ediacaran rocks as resting stages of early animals,"Proceedings of the National Academy of Sciences 106 (2009): pp.6519~6524.

17 아스피델라는 1868년에 알렉산더 머리가 발견했다. Murray, A., *Report upon the Geological Survey of Newfoundland for* 1868 (St. John's, Newfoundland, Canada: Robert Winton, 1869), p.11을 참조하라. 유명한 고생물학자 찰스 둘리틀 월컷Charles Doolittle Walcott은 1899년 미국지질학회 회보에 게재한 〈선캄브리아 시대 화석층Pre-Cambrian fossiliferous formations〉이라는 논문에서 이 발견에 찬물을 끼얹었다. 논문의 231페이지에서 월컷은 뉴브런즈윅 세인트존의 G. F. 매슈의 말을 인용했다. "오타와의 박물관에서 아스피델라 테라노비카를 본 적 있는데, 유기체에서 만들어진 것이 맞는지 의심스럽다. 압력으로 줄무늬가 생긴 매끄러운 진흙 응결물로 보인다."

18 로저 메이슨이 카르니아를 발견한 사건은 Ford, T. D., "Precambrian fossils from Charnwood Forest, Leicestershire,"*Proceedings of the Yorkshire Geological Society* 3 (1958): pp.211~217에 실렸다. Kenchington, C. G., Harris, S. J., Vixseboxse, P. B., Pickup, C., Wilby, P. R., "The Ediacaran fossils of Charnwood Forest: Shining new light on a major biological revolution,"*Proceedings of the Geologists' Association* 129 (2018): pp.264~277도 참고하라.

19 Matthews, J. J., Liu, A. G., Yang, C., McIlroy, D., Levell, B., Condon, D. J., "A chronostratigraphic framework for the rise of the Ediacaran Macro biota: New constraints from Mistaken Point Ecological Reserve, Newfoundland,"*GSA Bulletin* 133 (2021): pp.612~624. 슈람 이상의 연대는 5억 7000만 년 전에서 5억 5100만 년 전 사이로 다양하게 추정되지만, 지속 기간이 1,000만 년을 넘기지 않은 것으로 보이므로 더 나은 제한 조건이 필요하다. Rooney, A. D., Cantine, M. D., Bergmann, K. D., Gomez-Perez, I., Al Baloushi, B., Boag, T. H., Busch, J. F., Sperling, E. A., Strauss, J. V., "Calibrating the coevolution of Ediacaran life and environment,"*Proceedings of the National Academy of Sciences* 117 (2020): pp.16824~16830을 참고하라.

20 마틴 브레이저의 하오오티아 발견은 Liu, A. G., Matthews, J. J., Menon, L. R., McIlroy, D., Brasier, M. D., "Haootia quadriformis n. gen, n. sp., interpreted as a muscular cnidarian impression from the Late Ediacaran Period (approx. 560 Ma),"*Proceedings of the Royal Society B* 281 (2014): 20141202. 이후 거의 같은 연대의 자포동물로 추정되는, 설득력 있는 사례가 영국에서 발견되었다. Dunn, F. S., Kenchington, C. G., Parry, L. A., Clark, J. W., Kendall, R. S., Wilby, P. R., "A crown-group cnidarian from the Ediacaran of Charnwood Forest, UK,"*Nature Ecology & Evolution* 6 (2022): pp.1095~1104, https://doi.org/10.1038/s41559-022-01807-x

21 뉴펀들랜드 에디아카라기 화석의 온전한 3차원 형태는 다양한 연구진, 특히 기 나르본의 연구 팀이 자세히 설명했다. Narbonne, G. M., "The Ediacara biota: Neoproterozoic origin of animals and their ecological systems,"*Annual Review of Earth and Planetary Sciences* 33 (2005): pp.421~442.

22 삼투 영양 대사는 Laflamme, M., Xiao, S., Kowalezski, M., "Osmotrophy in modular Ediacara organisms,"*Proceedings of the National Academy of Sciences* 106 (2009): pp.14438~14443에서 처음 추론되었다. 이 견해를 수학적으로 뒷받침한 논문은 Hoyal Cuthill, J. F., Conway Morris, S., "Fractal branching organizations of Ediacaran rangeomorph fronds reveal a lost Proterozoic body plan,"*Proceedings of the National Academy of Sciences* 111 (2014): pp.13122~13126이다.

8. 산소 증가 동물이 없다면 유리 산소는 존재할 수 있는가

1 오파린, A. I.,《생명의 기원Proiskhozhdenie zhizni》은 내용이 확대되어 1936년에 러시아어로 출간되었고, 1938년에 영어로 번역되어서《생명의 기원The Origin of Life》으로 나왔다. Haldane, J. B. S., "The origin of life,"*The Rationalists Annual* 148 (1929): pp.3~10.; Miller, S. L., "A production of amino acids under possible primitive conditions,"*Science* 117 (1953): pp.528~529. 이처럼 다윈의 원시 수프 개념을 발전시킨 견해는 대사를 촉진하는 열역학적경사가 그처럼 균질한 조건에서 어떻게 진화할 수 있었는지 제시하지 못해서 비판받았다. 닉 레인,《바이털 퀘스천》, 뉴욕: W.W. 노턴, 2015.

2 Nursall, J. R., "Oxygen as a prerequisite to the origin of the metazoan,"*Nature* 183 (1959): pp.1170~1172.

3 Hutton, J., "Theory of the Earth: Or an investigation of the laws observable in the composition, dissolution, and restoration of land upon the globe,"Transactions of the Royal Society of Edinburgh 1, part 2 (1788): pp.209~304. 존 플레이페어는 경사 부정합에 관한 허턴의 생각이 담긴 글 〈에든버러 영국 왕립학술원 회원 고 제임스 허턴 박사의 전기 기록Biographical Account of the Late Dr James Hutton, F.R.S. Edin〉을 낭독한 적 있다. "우리는 바위 꼭대기나 곶인 시카포인트로 향했다. 이곳에 이르러서 우리가 실제로 원시 암석을 밟았다는 사실을 깨달았다. 운모 편암에, 바닥이 거의 수직이고, 매우 단단하며, 남동쪽에서 북서쪽으로 뻗어 있다. 이 바위의 표면은 위에 붉은 사암이 수평으로 얇게 덮여 있다. 여기서는 두 바위가 직접 맞닿은 면이 눈에 보일 뿐만 아니라, 신기하게도 파도의 작용 때문에 절단되어 겉으로 드러나 있다. 이런 현상을 처음 보는 우리는 감동을 쉽게 잊지 못할 것이다. 지구의 자연사에서 가장 특별하고 중요한 사실 가운데 하나에 대한 명백한 증거는 이런 이론적 추측에 현실과 실체를 부여했다. 이론적 추측은 이제까지 감각의 증언으로 직접 입증된 적이 없었다. 만약 암석층이 바다의 품에서 솟아오르는 것을 실제로 보았다면, 이 암석들이 서로 다른 시간에 형성되었고 그사이에 오랜 간격이 있었다는 사실을 알려주는 더 확실한 증거가 될까? 시간의 심연을 너무 깊이 들여다보면 정신이 아찔해진다. 이 놀라운 사건의 순서와 연속을 설명하는 철학자의 말을 진지하고 존경하는 마음으로 듣자,

이성은 상상이 감히 따라갈 수 있는 것보다 훨씬 더 멀리 나아갈 수 있다는 사실을 깨달았다."

4 황철석 매장이 산소 수지에 화학량적으로 미치는 영향은 장기적 탄소 순환을 수치로 다루었던 초기 선구적 연구가 밝혀냈다. 예를 들자면, Garrels, R. M., and Lerman, A., "Phanerozoic cycles of sedimentary carbon and sulfur,"*Proceedings of the National Academy of Sciences* 78 (1981): pp.4652~4656.

5 Kaufman, A. J., Knoll, A. H., Jacobsen, S. B., "The Vendian record of Sr and C isotopic variations in seawater: Implications for tectonics and paleoclimate,"*Earth and Planetary Science Letters* 120 (1993): pp.409~430.

6 스터트 빙하기 직후 높은 화학적 풍화 작용 속도와 표면 산소 발생 사건으로 인한 세룸 고갈의 관련성은 1996년 실즈의 〈선캄브리아 시대 말 빙하기 이후 지구 환경 변화: 희토류 원소를 통한 접근〉 초록, 국제지질과학총회, 베이징, 1996년에서 처음 지적되었다. Shields, G. A., Stille, P., Brasier, M. D., Atudorei, N. V., "Stratified oceans and oxygenation of the late Precambrian environment: A post-glacial geochemical record from the Neoproterozoic of W Mongolia,"*Terra Nova* 5-6 (1997): pp.218~222. 이 발견에 관한 논의는 닉 레인, 《산소Oxygen》에서 확인할 수 있다.

7 NOE를 제안한 논문은 다음과 같다. Shields, G. A., and Och, L., "The case for a Neoproterozoic oxygenation event: Geochemical evidence and biological consequences,"*GSA Today* 21 (2011): pp.4~11; Och, L., and Shields, G. A., "The Neoproterozoic event: Environmental perturbations and biogeochemical cycling,"*Earth Science Reviews* 110 (2012): pp.26~57.

8 산화 환원에 민감한 전이 금속의 풍부함은 에디아카라기에 산소 발생 경향을 기록한다. Scott, C., Lyons, T. W., Bekker, A., Shen, Y., Poulton, S. W., Chu, X., Anbar, A., "Tracing the stepwise oxygenation of the Proterozoic ocean,"*Nature* 452 (2008): pp.456~459; Sahoo, S. K., Planavsky, N. J., Kendall, B., Wang, X., Shi, X., Scott, C., Anbar, A. D., Lyons, T. W., Jiang, G., "Ocean oxygenation in the wake of the Marinoan glaciation,"*Nature* 489 (2012): pp.546~549.

9 물기둥이 국지적으로 산소가 있을지 없을지 결정하는 철의 분할 접근, 즉 철의 분화는 Raiswell, R., and Canfield, D. E., "Sources of iron for pyrite formation in marine sediments,"*American Journal of Science* 298 (1998): pp.219~245에서 확립되어, Poulton, S. W., and Canfield, D. E., "Development of a sequential extraction procedure for iron: Implications for iron partitioning in continentally derived particulates,"*Chemical Geology* 214 (2005): pp.209~221에서 개선되었다.

10 던 캔필드는 원생 누대 거의 내내 무산소 환경이 바다 표층 아래에서 일반적이었다고 제안했다. Canfield, D. E., "A new model for Proterozoic ocean chemistry,"*Nature* 396 (1998): pp.450~453. 아울러 그는 에디아카라기 중반에 더 깊은 해양 환경에 산소가 공급되었다는 증거를 제시했다. Canfield, D. E., Poulton, S. W., Narbonne, G. M., "Late-Neoproterozoic deepocean oxygenation and the rise of animal life,” *Science* 315 (2007): pp.92~95.

11 팔이 여덟 개 달린 에오안드로메다를 보고한 논문은 Zhu, M., Gehling, J. G., Xiao, S., Zhao, Y., Droser, M. L., “Eight-armed Ediacara fossil preserved in contrasting taphonomic windows from China and Australia,” *Geology* 36 (2008): pp.867~870이다. 이 시기 해양 산소 발생에 대한 몰리브데넘 동위원소 증거를 제시한 논문은 다음과 같다. Chen, X., Ling, H., Vance, D., Shields, G. A., Zhu, M., Poulton, S. W., Och, L., Jiang, S., Li, D., Cremonese, L., Archer, C., “Rise to modern levels of ocean oxygenation coincided with the Cambrian radiation of animals,” *Nature Communications* 6 (2015): pp.1~7.

12 ‘진화적 혁신 이후 산소 발생’모델은 여러 논문에서 설명했다. Butterfield, N. J., “Oxygen, animals and oceanic ventilation: An alternative view,” *Geobiology* 7 (2009): pp.1~7; Sperling, E. A., Pisani, D., Peterson, K. J., “Poriferan paraphyly and its implications for Precambrian palaeobiology,” in *The Rise and Fall of the Ediacaran Biota*, ed. P. Vickers-Rich and P. Komarower, Geological Society, London, Special Publications 286 (2007): pp.355~368; Lenton, T. M., Boyle, R. A., Poulton, S. W., Shields, G. A., Butterfield, N. J., “Co-evolution of eukaryotes and ocean oxygenation in the Neoproterozoic Era,” *Nature Geoscience* 7 (2014): pp.257~264.

13 Shields, G. A., and Zhu, M., “Biogeochemical changes across the Ediacaran-Cambrian transition in South China,” *Precambrian Research* 225 (2013): pp.1~6; Boyle, R. A., Dahl, T. W., Dale, A. W., Shields, G. A., Zhu, M., Brasier, M. D., Lenton, T. M., “Stabilization of the coupled oxygen and phosphorus cycles by the evolution of bioturbation,” *Nature Geoscience* 7 (2014): pp.671~676.

14 가장 오래된 후생동물 암초를 보고한 논문은 다음과 같다. Penny, A. M., Wood, R. A., Curtis, A., Bowyer, F., Tostevin, R., Hoffmann, K.-H., “Ediacaran metazoan reefs from the Nama Group, Namibia,” *Science* 344 (2014): pp.1504~1506이다.

15 약 6억 5000만 년 전 산소 발생 사건 이후에 무산소 상태로 복귀한 일(슈람 이상 기간)은 우라늄 동위원소 기록에 잘 나타난다. Zhang, F., Xiao, S., Kendall, B., Romaniello, S. J., Cui, H., Meyer, M., Gilleaudeau, G. J., Kaufman, A. J., Anbar, A. D., “Extensive marine anoxia during the terminal Ediacaran Period,” *Science Advances* 4, eaan8983 (2018); Tostevin, R., Clarkson, M. O., Gangl, S., Shields, G. A., Wood, R. A., Bowyer, F., Penny, A. M., Stirling, C. H., “Uranium isotope evidence for an expansion of anoxia in terminal Ediacaran oceans,” *Earth and Planetary Science Letters* 506 (2019): pp.104~112.

16 요동치는 산화 환원 조건은 이제 에디아카라기-캄브리아기 전환기의 특징으로 여겨지며, 동물 진화와 대확산, 병목 현상을 유발해서 캄브리아기 생명 대폭발에 영향을 미쳤을 수도 있다. He, T., Zhu, M., Mills, B. J. W., Wynn, P. M., Zhuravlev, A. Yu., Tostevin, R., Pogge von

Strandmann, P. A. E., Yang, A., Poulton, S. W., Shields, G. A., "Possible links between extreme oxygen perturbations and the Cambrian radiation of animals,"*Nature Geoscience* 12 (2019): pp.468~472; Wei, G., Planavsky, N. J., Tarhan, L. G., He, T., Wang, D., Shields, G. A., Wei, W., Ling, H., "Highly dynamic marine redox state through the Cambrian explosion highlighted by authigenic δ^{234}U records,"*Earth and Planetary Science Letters* 544, 116361 (2020).

17 인 순환 속도를 설명한 논문은 다음과 같다. Lenton, T. M., Dutreuil, S., Latour, B., "Life on Earth is hard to spot,"*The Anthropocene Review* 7 (2020): pp.248~272.

9. 제한 영양소 대량 축적된 '인'이라는 수수께끼

1 Khabarov, N., and Obersteiner, M., "Global phosphorus fertilizer market and national policies: A case study revisiting the 2008 price peak,"*Frontiers in Nutrition* 4 (2017), http://doi.org/10.3389/fnut.2017.00022

2 최소의 법칙은 슈프렝겔이 처음으로 공식화했다. Carl Sprengel, for example in Sprengel, C., *Meine Erfahrungen im Gebiete der allgemeinen und speciellen Pflanzen-Cultur*, 3 vols. (Baumgärtners Buchhandlung: Leipzig, pp. 1847~1852).

3 Xiao, S., Zhang, Y., Knoll, A. H., "Three-dimensional preservation of algae and animal embryos in a Neoproterozoic phosphorite,"*Nature* 391 (1998): pp.553~558.

4 웡안 배아의 분류학적 유연관계는 동물에서 박테리아에 이르기까지, 다양한 해석을 통해 달라졌다. Bailey, J. V., Joye, S. B., Kalanetra, K. M., Flood, B. E., Corsetti, F. A., "Evidence of giant sulphur bacteria in Neoproterozoic phosphorites,"*Nature* 445 (2007): pp.198~201. Yin, L., Zhu, M., Knoll, A. H., Yuan, X., Zhang, J., Hu, J., "Doushantuo embryos preserved inside diapause egg cysts,"*Nature* 446 (2007): pp.661~663에서는 배아가 일반적인 아크리타치에 해당한다고 발표했다.

5 배아 가운데 다수가 홀로조아(원생생물)과 유연관계가 있는 것으로 해석된다. Huldtgren, T., Cunningham, J. A., Yin, C., Stampanoni, M., Marone, F., Donoghue, P. C. J., Bengtson, S., "Fossilized nuclei and germination structures identify Ediacaran 'animal embryos'as encysting protists,"*Science* 334 (2011): pp.1696~1699; Yin, Z., Sun, W., Liu, P., Zhu, M., Donoghue, P., "Developmental biology of Helicoforamina reveals holozoan affinity, cryptic diversity, and adaptation to heterogeneous environments in the early Ediacaran Weng'an biota (Doushantuo formation, South China),"*Science Advances* 6 (2020): eabb0083.웡안 배아 가운데 해면이 있었을 가능성도 여러 번 제기되었으며, 가장 최근의 논문으로는 다음과 같다. Yin, Z., Sun, W.,

Reitner, J., Zhu, M., "New holozoans with cellular resolution from the early Ediacaran Weng'an biota, Southwest China," *Journal of the Geological Society* 179 (2022), http://doi.org/10.1144/jgs2021-061

6 인쭝쥔Zongjun Yin은 세포 소기관과 핵을 설득력 있게 증명했다. Zongjun Yin: Yin, Z., Cunningham, J. A., Vargas, K., Bengtson, S., Zhu, M., Donoghue, P. C. J., "Nuclei and nucleoli in embryo-like fossils from the Ediacaran Weng'an biota," *Precambrian Research* 301 (2017): pp.145~151; Sun, W., Yin, Z., Cunningham, J. A., Liu, P., Zhu, M., Donoghue, P. C. J., "Nucleus preservation in early Ediacaran Weng'an embryo-like fossils, experimental taphonomy of nuclei and implications for reading the eukaryote fossil record," *Interface Focus* 10 (2020), http://doi.org/10.1098/rsfs.2020.0015

7 황 동위원소와 희토류 연구를 통해 웡안 배아가 물기둥의 산화 환원 경계와 가까이 있었다고 추론할 수 있다. Shields, G. A., Kimura, H., Yang, J., Gammon, P., "Sulphur isotopic evolution of Neoproterozoic-Cambrian seawater: New francolite-bound sulphate $\delta^{34}S$ data and a critical appraisal of the existing record," *Chemical Geology* 204 (2004): pp.163~182.

8 해저에 산소가 공급되자, 서로 다른 메커니즘 두 개 때문에 인 매장(산소 제거)가 증가했을 수 있다. Higgins, J. A., Fischer, W. W., Schrag, D. P., "Oxygenation of the oceans and sediments: Consequences for the seafloor carbonate factory," *Earth and Planetary Science Letters* 284 (2009): pp.25~33; Shields, G. A., and Zhu, M., "Biogeochemical changes across the Ediacaran-Cambrian transition in South China," *Precambrian Research* 225 (2013): pp.1~6; Boyle, R. A., Dahl, T. W., Dale, A. W., Shields, G. A., Zhu, M., Brasier, M. D., Lenton, T. M., "Stabilization of the coupled oxygen and phosphorus cycles by the evolution of bioturbation," *Nature Geoscience* 7 (2014): pp.671~676. 하지만 황산염 수준이 올라가면, 인이 더 효율적으로 재순환되어서 거대한 인광석 퇴적물이 만들어질 수 있다. Laakso, T. A., Sperling, E. A., Johnston, D. T., Knoll, A. H., "Ediacaran reorganization of the marine phosphorus cycle," *Proceedings of the National Academy of Sciences* 117 (2020): pp.11961~11967.

9 생광물의 출현 순서와 동시대 해양 조성과의 관련성은 다음에 요약되어 있습니다. Zhuravlev, A. Yu, and Wood, R. A., "Eve of biomineralization: Controls on skeletal mineralogy," *Geology* 36 (2008): pp.923~926; Porter, S. M., "Calcite and aragonite seas and the de novo acquisition of carbonate skeletons," *Geobiology* 8 (2010): pp.256~277.

10 Walcott's Lipalian interval: Walcott, C. D., *Cambrian Geology and Paleontology II*, Smithsonian Miscellaneous Collections (Smithsonian Institution, 1914), c. 57, p.14.

11 에디아카라기-캄브리아기 전환기 무렵의 높인 침식률은 스트론튬 동위원소 기록에서 입증된다. Shields, G. A., "A normalised seawater strontium isotope curve: Possible implications for

Neoproterozoic–Cambrian weathering rates and the further oxygenation of the Earth," *eEarth* 2 (2007): pp.35~42. 지각 변동과 지르콘 존재도 기록에서도 마찬가지로 확인할 수 있다. Zhu, Z., Campbell, I. H., Allen, C. A., Burnham, A. D., "S–type granites: Their origin and distribution through time as determined from detrital zircons," *Earth and Planetary Science Letters* 536, 116140 (2020).

12 지르콘 존재도와 초대륙 순환 사이의 연관성은 켄트 콘디Kent Condie가 20년 넘게 연구해서 명확하게 밝혀냈다. Condie, K. C., and Puetz, S. J., "Time series analysis of mantle cycles Part II: The geologic record in zircons, large igneous provinces and mantle lithosphere," *Geoscience Frontiers* 10 (2019): pp.1327~1336.

13 지르콘 동위원소에 관한 개괄적 설명은 다음을 참조하라. Spencer, C. J., "Continuous continental growth as constrained by the sedimentary record," *American Journal of Science* 320 (2020): pp.373~401.

14 Squire, R., Campbell, I., Allen, C., Wilson, C., "Did the Transgondwanan Supermountain trigger the explosive radiation of animals on Earth?" *Earth and Planetary Science Letters* 250 (2006): pp.116~133. 이보다 앞선 논문은 Brasier, M. D., and Lindsay, J. F., "Did supercontinental amalgamation trigger the 'Cambrian Explosion'?" in *The Ecology of the Cambrian Radiation* (Columbia University Press, 2000), pp.68~89이다.

15 해양 질소 고정에 대한 가장 오래된 화석 증거는 약 10억 년 전 중국 암석에 보존되어 있다. Pang, K., Tang, Q., Chen, L., Wan, B., Niu, C., Yuan, X., Xiao, S., "Nitrogen–fixing heterocystous cyanobacteria in the Tonian Period," *Current Biology* 28 (2018): pp.616~626. 이처럼 뒤늦은 출현은 계통학적 고려 사항을 기반으로 예측되었다. Sanchez–Baracaldo, P., Ridgwell, A., Raven, J. A., "A Neoproterozoic transition in the marine nitrogen cycle," *Current Biology* 24 (2014): pp.652~657.

16 에디아카라기와 캄브리아기에 질산염 저장고가 변동을 거치며 늘어났다는 질소 동위원소 증거를 밝힌 논문으로는, Ader, M., Sansjofre, P., Halverson, G. P., Busigny, V., Trinidade, R. I. F., Kunzmann, M., Noguiera, A. C. R., "Ocean redox structure across the Late Neoproterozoic Oxygenation Event: A nitrogen isotope perspective," *Earth and Planetary Science Letters* 396 (2014): pp.1~13; Wang, X., Jiang, G., Shi, X., Peng, Y., Morales, D., "Nitrogen isotope constraints on the early Ediacaran ocean redox structure," *Geochimica et Cosmochimica Acta* 240 (2018) pp.220~235; Wang, D., Ling, H., Struck, U., Zhu, X., He, T., Yang, B., Gamper, A., Shields, G. A., "Coupling of ocean redox and animal evolution during the Ediacaran–Cambrian transition," *Nature Communications* 9 (2019): pp.1~8이 있다.

17 마틴 브레이저는 화석, 특히 신원생대 암석에 보존된 화석의 비정상적인 초기 인산 생성의

역할에 관해 자주 언급했다. Brasier, M. D., "Phosphogenic events and skeletal preservation across the Precambrian-Cambrian boundary interval,"*Phosphorite Research and Development*, ed. A. J. G. Northolt and I. Jarvis, Geological Society, London, Special Publications 52 (1990): pp.289~303; Battison, L., and Brasier, M. D., "Remarkably preserved prokaryote and eukaryote microfossils within lake phosphates of the Torridonian Group, NW Scotland," *Precambrian Research* 196 - 197 (2012): pp.204~217.

10. 소금 한 꼬집 급작스러운 생명체 확산에 대한 의문을 풀어내다

1 메시나절 염분 위기를 널리 알린 논문은 Hsu, K. J., Ryan, W. B. F., Cita, M. B., "Late Miocene desiccation of the Mediterranean,"*Nature* 242 (1973): pp.240~244이다. 켄 쉬는 저서《지중해는 사막이었다The Mediterranean Was a Desert》에서 염분 위기 개념을 대중에게도 각인시켰다. 상층 석고에 대한 카스피해 모델을 더 자세히 설명한 논문은 Andreeto, F., Aloisi, G., Raad, F., et al., "Freshening of the Mediterranean Salt Giant: Controversies and certainties around the terminal (Upper Gypsum and Lago Mare) phases of the Messinian Salinity Crisis,"*Earth Science Reviews* 216, 103577 (2021)이다.

2 시간이 지나며 거대 증발암에 관한 편찬물이 겨우 몇 편 만들어졌다. 대부분은 러시아 작가 M. A. 자르코프M. A. Zharkov와 A. B. 로노프A. B. Ronov의 글을 기반으로 한다. 예를 들면, Warren, J. K., "Evaporites through time: Tectonic, climatic and eustatic controls in marine and non-marine deposits,"*Earth Science Reviews* 98 (2010): pp.217~268이 있다.

3 Hsu, K. J., Oberhänsli, H., Gao, J. Y., Shu, S., Chen, H., Krähenbühl, U., "'Strangelove ocean' before the Cambrian explosion,"*Nature* 316 (1985): pp.809~811.

4 ^{12}C 고갈로 입증된 대량 멸종 이후 확산 생산 붕괴라는 '스트레인지러브 바다'시나리오는 음의 $\delta^{13}C$ 해석에 오랫동안 영향을 미쳤다. Kump, L. R., "Interpreting carbon-isotope excursions: Strangelove oceans,"*Geology* 19 (1991): pp.299~302; Hoffman, P. F., Kaufman, A. J., Halverson, G. P., Schrag, D. P., "A Neoproterozoic Snowball Earth,"*Science* 281 (1998): pp.1342~1346.

5 《네이처》 등 영향력이 큰 학술지에 소식이 전해진 후, Burns, S. J., and Matter, A., "Carbon isotopic record of the latest Proterozoic from Oman,"*Eclogae Geologicae Helvetiae* 86 (1993): pp.595~607에서 최초로 슈람 이상을 보고했다.

6 오스트레일리아와 러시아, 스코틀랜드를 포함해 전 세계 여러 곳에서 슈람 이상과 비슷한 현상이 보고되었지만, 중국에서 가장 많은 수가 발견되었다. Lu, M., Zhu, M., Zhang, J., Shields, G.

A., Li, G., Zhao, F., Zhao, M., "The DOUNCE event at the top of the Ediacaran Doushantuo Formation, South China: Broad stratigraphic occurrence and non-diagenetic origin,"*Precambrian Research* 225 (2013): pp.86~109.

7 음의 탄소 동위원소 이상의 목록은 갈수록 길어졌으며, 가장 설득력 있는 사례는 마리노 빙하기 이전 트레조나(약 6억 4500만 년 전)이다. Rose, C. V., Swanson-Hysell, N. L., Husson, J. M., Poppick, L. N., Cottle, J. M., Schoene, B., Maloof, A. C., "Constraints on the origin and relative timing of the Trezona $\delta^{13}C$ anomaly below the end-Cryogenian glaciation,"*Earth and Planetary Science Letters* 319-320 (2012): pp.241~250. 스터트 빙하기 이전 아일레이섬과 가벨락스 군도(각각 7억 3,500만 년 전~7억 2,000만 년 전)에 관한 논문은 Fairchild, I. J., Spencer, A. M., Ali, D. O., Anderson, R. P., Boomer, I., Dove, D., Evans, J. D., Hambrey, M. J., Howe, J., Sawaki, Y., Shields, G. A., Skelton, A., Tucker, M. E., Wang, Z., Zhou, Y., "Tonian-Cryogenian boundary sections of Argyll, Scotland,"*Precambrian Research* 319 (2018): pp.37~64이다. Halverson, G. P., Maloof, A. C., Schrag, D. P., Dudas, F. O., Hurtgen, M., "Stratigraphy and geochemistry of a ca 800 Ma negative carbon isotope interval in northeastern Svalbard,"*Chemical Geology* 237 (2007): pp.5~27을 참조하라. 마지아툰(9억 3000만 년 전)의 경우는 Park, H., Zhai, M., Yang, J., Peng, P., Kim, J., Zhang, Y., Kim, M., Park, U., Feng, L., "Deposition age of the Sangwon Supergroup in the Pyongnam basin (Korea) and the Early Tonian negative carbon isotope interval,"*Yanshi Xuebao* 32 (2016): pp.2181~2195에 실려 있다. 가오유좡(15억 6000만 년 전)은 Zhang, K., Zhu, X., Wood, R. A., Shi, Y., Gao, Z., Poulton, S. W., "Oxygenation of the Mesoproterozoic ocean and the evolution of complex eukaryotes,"*Nature Geoscience* 11 (2018): pp.1110~1120을, 이보다 더 먼저 일어났을 수도 있는 이상인 19억 년 전의 경우는 Kump, L. R., Junium, C., Arthur, M. A., Brasier, A., Fallick, A., Melezhik, V., Lepland, A., Crune, A. E., Luo, G., "Isotopic evidence for massive oxidation of organic matter following the Great Oxidation Event,"*Science* 334 (2011): pp.1694~1696를 참조하라.

8 오늘날처럼 산소 수준이 높은 환경에서도 음의 탄소 동위원소 이상이 지속될 수 없다는 사실을 처음 지적한 논문은 Bristow, T. F., and Kennedy, M. J., "Carbon isotope excursions and the oxidant budget of the Ediacaran atmosphere and ocean,"*Geology* 36 (2008): pp.863~866이다.

9 슈람 이상이라는 난제를 해결하려는 연구가 수없이 이루어졌다. 예를 들어, Bjerrum, C. J., and Canfield, D. E., "Towards a quantitative understanding of the late Neoproterozoic carbon cycle,"*Proceedings of the National Academy of Sciences* 108 (2011): pp.5542~5547이 있다.

10 Wortman, U. G., and Paytan, A., "Rapid variability of seawater chemistry over the past 130 million years," *Science* 337 (2012): pp.334~336.

11 Shields, G. A., Mills, B. J. W., Zhu, M., Raub, T. D., Daines, S., Lenton, T. M., "Unique Neoproterozoic carbon isotope excursions sustained by coupled evaporite dissolution and pyrite burial," *Nature Geoscience* 12 (2019): pp.823~827.

12 규산염 풍화 피드백은 Walker, J. C. G., Hays, P. B., Kasting, J. F., "A negative feedback mechanism for the long-term stabilization of Earth's surface temperature," *Journal of Geophysical Research* 86 (1981): pp.9776~9782에서 처음 논의되었다. "이산화탄소 분압과 지구 온실 효과는 규산염 광물의 풍화 작용에서 이산화탄소가 소비되는 비율의 온도 의존성이 완충 장치 역할을 한다." GEOCARBSULF 모델은 1980년대 초 연구자 밥 버너와 앤서니 라사가, 밥 개럴스의 이름 첫 글자를 딴 컴퓨터 모델 BLAG에서 출발했다. GEOCARBSULF는 장기간에 걸쳐 이산화탄소 흐름을 제어하는 가능한 과정을 모두 정량화한 최초의 글로벌 모델이다. BLAG을 수학적으로 단순하게 바꾸고 동위원소 데이터를 추가해서 1991년에 GEOCARB가 탄생했다. Berner, R. A., "GEOCARBSULF: A combined model for Phanerozoic atmospheric O_2 and CO_2" *Geochimica et Cosmochimica Acta* 70 (2006): pp.5653~5664. 이런 모델의 기원과 발전을 다룬 논문으로는 Mills, B. J. W., Krause, A. J., Scotese, C. R., Hill, D. J., Shields, G. A., Lenton, T. M., "Modelling the longterm carbon cycle, atmospheric CO_2, and Earth surface temperature from late Neoproterozoic to present day," *Gondwana Research* 67 (2019): pp.172~186이 있다.

13 COPSE 모델은 동위원소 추세가 모델의 결과를 결정하는 대신 반대로 모델의 유효성을 시험하는 데 사용되는 결괏값이라는 데서 CEOCARBSULF 모델의 접근 방식을 완전히 뒤집었다. 이 모델은 순환 논리와 음의 이상이 불가능하다는 불가피한 결론을 피한다. 2004년에 앤디 왓슨과 노엄 버그먼, 팀 렌턴이 개발했다. Bergman, N. M., Lenton, T. M., Watson, A. J., "COPSE: A new model of biogeochemical cycling over Phanerozoic time," *American Journal of Science*, 304 (2004): pp.397~437. 이 모델은 지금도 꾸준히 개선되고 있다. Lenton, T. M., Daines, S. J., Mills, B. J. W., "COPSE reloaded: an improved model of biogeochemical cycling over Phanerozoic time," *Earth Science Reviews* 178 (2018): pp.1~28.

14 슈람 이상 기간에 해수의 황산염 및 다른 산소 음이온 농도가 증가한 현상은 많은 연구에서 보고되었다. Fike, D. A., Grotzinger, J. P., Pratt, L. M., Summon, R. E., "Oxidation of the Ediacaran ocean," *Nature* 444 (2006): pp.744~747; Kendall, B., Komiya, T., Lyons, T. W., Bates, S. M., Gordon, G. W., Romaniello, S. J., Jiang, G., Creaser, R. A., Xiao, S., McFadden, K., Sawaki, Y., Tahata, M., Shu, D., Han, J., Li, Y., Chu, X., Anbar, A.D., "Uranium and molybdenum isotope evidence for an episode of widespread ocean oxygenation during the late Ediacaran period," *Geochimica et Cosmochimica Acta* 156 (2015): pp.173~193.

15 해양 칼슘 농도의 상승으로 인한 칼슘 독성은 오랫동안 캄브리아기 생명 대폭발의 원인으로 추정되었다. Simkiss, K., "Biomineralization and detoxification," *Calcified Tissue Research* 24 (1977): pp.199~200. 최근에는 특정 분류군의 생광물 선택이 진화 당시의 해양 조성과 관

련 있다는 의견이 제기되었다. Zhuravlev, A. Yu., and Wood, R. A., "Eve of biomineralization: Controls on skeletal mineralogy,"*Geology* 36 (2008): pp.923~926. 에디아카라기 후반 바다의 높은 칼슘 농도는 조산 활동과 관련지어졌다. Peters, S. E., and Gaines, R. R., "Formation of the 'Great Unconformity'as a trigger for the Cambrian explosion,"*Nature* 484 (2012): pp.363~366. 증발암 풍화는 칼슘을 증가시키면서 바다의 탄산칼슘 포화도를 유지하는 특별한 메커니즘이다. Shields, G. A., Mills, B. J. W., Zhu, M., Raub, T. D., Daines, S., Lenton, T. M., "Unique Neoproterozoic carbon isotope excursions sustained by coupled evaporite dissolution and pyrite burial,"*Nature Geoscience* 12 (2019): pp.823~827.

16 슈람 이상 이후 산화 환원 반전을 가장 잘 보여준 논문은 다음과 같다. Tostevin, R., Clarkson, M. O., Gangl, S., Shields, G. A., Wood, R. A., Bowyer, F., Penny, A. M., Stirling, C. H., "Uranium isotope evidence for an expansion of anoxia in terminal Ediacaran oceans,"*Earth and Planetary Science Letters* 506 (2019): pp.104~112. 흥미롭게도 화석 기록은 에디아카라기 말에 동물이 산소가 더 풍부한 얕은 해양 환경으로 밀려났다는 사실을 보여준다. Tostevin, R., Wood, R. A., Shields, G. A., Poulton, S. W., Guilbaud, R., Bowyer, F., Penny, A., He, T., Curtis, A., Hoffmann, K.-H., Clarkson, M. O., "Low-oxygen waters limited habitable space for early animals,"-*Nature Communications* 7 (2016): pp.1~9; Xiao, S., Chen, Z., Zhou, C., Yuan, X., "Surfing in and on microbial mats: Oxygen-related behavior of a terminal Ediacaran bilaterian animal,"*Geology* 47 (2019): pp.1054~1058.

17 산소 수준 변동으로 인해 진화적 대확산과 병목 현상을 다룬 논문은 다음과 같다. He, T., Zhu, M., Mills, B. J. W., Wynn, P. M., Zhuravlev, A. Yu., Tostevin, R., Pogge von Strandmann, P. A. E., Yang, A., Poulton, S. W., Shields, G. A., "Possible links between extreme oxygen perturbations and the Cambrian radiation of animals,"*Nature Geoscience* 12 (2019): pp.468~472.

11. 생물권의 회복력 멸종을 불러온 환경 변화에 대하여

1 다윈의 런던 생활은 1992년 펭귄 출판사에서 나온 에이드리언 데즈먼드Adrian Desmond와 제임스 R. 무어James R. Moore의 전기《다윈Darwin》에 훌륭하게 설명되어 있다.

2 여기에 언급된 고전적 19세기 논문에는 Phillips, J., Life on Earth: Its Origin and Succession (London: Macmillan, 1860); Logan, W. E., "On the division of Azoic rocks of Canada into Huronian and Laurentian," *Proceedings of the American Association for the Advancement of Science* (1857): pp.44~47; Sedgwick, A., "On the older Palæozoic (Protozoic) rocks of North Wales,"*Quarterly Journal of the Geological Society* 1 (1845): pp.5~22.가 있다.

3 백악기-팔레오기 운석 충돌은 Alvarez, L. W., Alvarez, W., Asaro, F., Michel, H. V., "Extraterrestrial cause for the Cretaceous-Tertiary extinction,"*Science* 208 (1980): pp.1095~1108에서 처음으로 입증되었다. 하지만 대량 멸종은 대부분 화산 활동과 해양 무산소 환경으로 인해 온실가스가 지속적으로 강력한 힘을 발휘하던 기간과 관련된 것으로 보인다. Courtillot, V., *Evolutionary Catastrophes: The Science of Mass Extinction* (Cambridge University Press, 1999); Hallam, A., and Wignall, P. B., *Mass Extinctions and Their Aftermath* (Oxford University Press, 2000).

4 최근에 지진 시각화 기술을 활용해서 메시나절 염분 위기의 규모를 약 100만 세제곱킬로미터로 계산했다. Haq, B., Gorini, C., Baur, J., Moneron, J., Rubino, J.-L., "Deep Mediterranean's Messinian evaporite giant: How much salt?"*Global and Planetary Change* 184 (2020): 103052.

5 Jacobs, E., Weissert, H., Shields, G. A., Stille, P., "The Monterey event in the Mediterranean: A record from shelf sediments of Malta,"*Paleoceanography* 11 (1996): pp.717~728.

6 신생대에 전 세계에 빙하기가 찾아온 과정은 유공충의 산소 동위원소 조성, 예를 들어 유명한 '자코스 곡선Zachos curve'에 기록되어 있다. Zachos, J., Pagani, M., Sloan, L., Thomas, E., Billips, K., "Trends, rhythms, and aberrations in global climate 65 Ma to present,"*Science* 292 (2001): pp.686~693. 이 기록의 최신 버전을 알고 싶다면 Westerhold, T., Marwan, N., Drury, A. J., Liebrand, et al., "An astronomically dated record of Earth's climate and predictability over the last 66 million years,"*Science* 369 (2020): pp.1383~1387을 참고하라.

7 기후를 조절하는 규산염 풍화라는 기존 패러다임은 지구 탄소 순환에 대한 조산 운동의 영향을 강조하는 여러 관점에서 도전받았다. 규산염 풍화를 다룬 논문으로는 Raymo, M. E., and Ruddiman, W. F., "Tectonic forcing of late Cenozoic climate,"*Nature* 359 (1992): pp.117~122이 있다. 황철석 풍화를 다룬 논문으로는 Torres, M. A., West, A. J., Li, G., "Sulphide oxidation and carbonate dissolution as a source of CO_2 over geological timescales,"*Nature* 507 (2014): pp.346~349, 증발암 풍화를 다룬 논문으로는 Shields, G. A., and Mills, B. J. W., "Evaporite weathering and deposition as a long-term climate forcing mechanism,"*Geology* 49 (2021): pp.299~303가 있다.

8 Benton, M. J., *When Life Nearly Died: The Greatest Mass Extinction of All Time* (Thames & Hudson, 2003).

9 Benton, M. J., "Hyperthermal-driven mass extinctions: Killing models during the Permian-Triassic mass extinction," *Philosophical Transactions of the Royal Society A* 376 (2018): 20170076.

10 Kump, L. R., "Prolonged Late Permian – Early Triassic hypothermal: Failure of climate regulation?"*Philosophical Transactions of the Royal Society A* 376 (2018): 20170078.

11 He, T., Dal Corso, J., Newton, R. J., Wignall, P. B., Mills, B. J. W., Todaro, S., Di Stefano, P., Turner, E. C., Jamieson, R. A., Randazzo, V., Rigo, M., Jones, R. E., Dunhill, A. M., "An enormous sulfur isotope excursion indicates marine anoxia during the end-Triassic mass extinction,"*Science Advances* 6 (2020): eabb6704.

12 심층 탄소 관측소의 역사는 Robert Hazen, *Symphony in C: Carbon and the Evolution of (Almost) Everything* (W.W. Norton, 2019)에 잘 요약되어 있다.

13 Dhuime, B., Wuestefeld, B., Hawkesworth, C. J., "Emergence of modern continental crust about 3 billion years ago,"*Nature Geoscience* 8 (2015): pp.552~555.

14 Blättler, C. L., Claire, M. W., Prave, A. R., Kirsimae, K., Higgins, J. A., Medvedev, P. V., Romashkin, A. E., Rychanchik, D. V., Zerkle, A. L., Paiste, K., Kreitsmann, T., Millar, I. L., Hayles, J. A., Bao, H., Turchyn, A. V., Warke, M. R., Lepland, A., "Two-billion-year-old evaporites capture Earth's great oxidation,"*Science* 360 (2018): pp.320~323.

15 고생대 해수의 황산염 농도가 현생대 수준으로 높다는 사실에 대한 추가 증거는 전 세계에서 발견되었다. Schröder, S., Bekker, A., Beukes, N. J., Strauss, H., van Niekerk, H. S., "Rise in seawater sulphate concentration associated with the Paleoproterozoic positive carbon isotope excursion: Evidence from sulphate evaporites in the ~2.2 – 2.1 Gyr shallow-marine Lucknow Formation, South Africa,"*Terra Nova* 20 (2008): pp.108~117.

16 초대륙 결합과 표면 침식이 탄소 동위원소와 산소 발생 사건에 미친 영향을 더 자세히 설명한 논문으로는 Shields, G. A., and Mills, B. J. W., "Tectonic controls on the long-term carbon isotope mass balance,"*Proceedings of the National Academy of Sciences* 114 (2017): pp.4318~4323이 있다. 이 책에서 산화 사건에서 황의 역할을 최초로 설명했다. Shields, G. A., "The role of sulphate in Earth's great oxidation events,"abstract, Goldschmidt 2021 Virtual Conference, no. 8111, July 4 – 9, 2021도 참고할 것.

17 가봉의 천연 핵분열 원자로는 1970년대 초에 발견되었다. Bodu, R., Bouzigues, H., Morin, N., Pfiffelmann, J. P., "Sur l'existence d'anomalies isotopiques rencontrées dans l'uranium du Gabon,"*Comptes Rendus de l'Académie des Sciences, Paris* 275 (1972): pp.1731~1734.

18 황철석 광물에 보존된 호기성 유기체에 대한 이론을 처음으로 제기한 논문은 El Albani, A., Bengtson, S., Canfield, D. E., Bekker, A., et al., "Large colonial organisms with coordinated growth in oxygenated environments 2.1 Gyr ago," *Nature* 466 (2010): pp.100~104이다. 호기성 환경의 증거는 암석 표본에서 반응성이 높은 철과 전체 철의 낮은 비율이다. 하지만 표본에 함유된 황철석 양의 고려할 때 이는 불가능해 보인다. 생명체의 운동성은 이후 논문에서 미세화석의 형태로 제시되었다. El Albani, A., Mangano, M. G., Buatois, L. A., Bengtson, S., et al., "Organism motility in an oxygenated shallow-marine environment 2.1 billion years ago,"*Proceedings of the National Academy of Sciences* 116 (2019): pp.3431~3436. 황 동위원소값은 이 무렵 바닷물의 황산염 농도가 놀라울 정도로 높았다는 사실을 확인해 주지만, 호기성 환경이 아니라

폐쇄해성 환경을 암시하기도 한다.

19 생명체의 역사를 담은 테이프를 되감아서 재생하는 것은 *Wonderful Life: The Burgess Shale and the Nature of History*, by Stephen Jay Gould (W.W. Norton, 1989)의 중심 주제다. 토비 티럴은 지구의 생명체 거주 가능성에 관한 모델링 연구를 Tyrrell, T., "Chance played a role in determining whether Earth stayed habitable,"*Communications Earth and Environment* 1 (2020): p.61에 실었다.

12. 시간의 화살 지구의 운전자는 태고의 불이었다

1 팀 렌턴의 제임스 러브록 인터뷰는 "James Lovelock Centenary: The Future of Global Systems Thinking,"*Global Systems Institute, University of Exeter*, July 29 – 31, 2019, https://www.lovelock-centenary.info에 실렸다. 2022년 8월, 103세를 맞은 제임스 러브록은 마침내 가이아에서 활발하게 활동하던 인생을 마감했다.

2 Don Anderson published his views of how our planet works in his comprehensive book, Anderson, D. L., *New Theory of the Earth* (New York: Cambridge University Press, 2007).

3 닉 레인은 자신의 저서 *Power, Sex, Suicide: Mitochondria and the Meaning of Life* (Oxford University Press, 2005)에서 공생을 통한 진화를 밝혔다.

4 가이아 이론의 발전 과정을 훌륭하게 종합한 저서로는 팀 렌턴과 앤디 왓슨의《지구를 만든 혁명Revolutions that Made the Earth》이 있다.

5 Jones, S., *Almost Like a Whale: The Origin of Species Updated* (BCA, 1999).

6 Tyrrell, T., *On Gaia: A Critical Investigation of the Relationship Between Life and Earth* (Princeton University Press, 2013); Waltham, D., *Lucky Planet: Why Earth is Exceptional—and What That Means for Life in the Universe* (Icon Books Limited, 2014).

7 "생명체는 쉴 곳을 찾는 전자에 지나지 않는다"라는 말은 Albert Szent-Györgyi, in "Bioelectronics,"*Science* 161 (1968): pp.988~990에서 인용했다.

8 산소 공급의 지연을 다룬 논문으로는 Dahl, T. W., Hammarlund, E. U., Anbar, A. D., Bond, D. P. G., Gill, B. C., Gordon, G. W., Knoll, A. H., Nielsen, A. T., Schovsbo, N. H., Canfield, D. E., "Devonian rise in atmospheric oxygen correlated to the radiations of terrestrial plants and large predatory fish,"*Proceedings of the National Academy of Sciences* 107 (2010): pp.17911~17915이 있다.

9 지속적인 표면 산소 공급에 대한 근본적 이유를 탐구한 논문으로는 Hayes, J. M., and Waldbauer, J. R., "The carbon cycle and associated redox processes through time,"*Philosophical Transactions of the Royal Society B* 361 (2006), http://doi.org/10.1098/rstb.2006.1840; Mills, B. J. W., Lenton, T. M., Watson, A. J., "Proterozoic oxygen rise linked to shifting balance between seafloor and terrestrial weathering,"*Proceedings of the National Academy of Sciences* 111 (2014): pp.9073~9078이 있다.

10 10~100배라는 추정치는 Lenton, T. M., Dutreuil, S., Latour, B., "Life on Earth is hard to spot,"*The Anthropocene Review* 7 (2020): pp.248~272에서 인용했다. 이 문단에서 언급한 스턴과 게리야의 논문은 Stern, R. J., and Gerya, T., mentioned here is "Earth evolution, emergence, and uniformitarianism,"*GSA Today* 31 (2021): pp.32~33이다. '생물지구역학biogeodynamics'이라는 용어는 스코틀랜드 세인트앤드루스대학교의 지구화학자 오브리 저클Aubrey Zerkle이 고안했다. Aubrey Zerkle, a geochemist at the University of St. Andrews in Scotland; see Zerkle, A. L., "Biogeodynamics: Bridging the gap between surface and deep Earth processes,"*Philosophical Transactions of the Royal Society* A 376 (2018): 20170401, http://doi.org/10.1098/rsta.2017.0401.을 참고할 것.

11 Lane, N., *The Vital Question: Energy, Evolution, and the Origins of Complex Life* (W.W. Norton, 2015).

12 초기 지구의 저온 환경은 수많은 지구화학 모델이 뒷받침한다. Krissansen-Totton, J., Arney, G. N., Catling, D. C., "Constraining the climate and ocean pH of the early Earth with a geological carbon cycle model,"*Proceedings of the National Academy of Sciences* 115 (2018): pp.4105~4110.

13 심해저 시추 계획Deep Sea Drilling Project, DSDP은 탄산염 생광물이 바다에서 용해되는 깊이의 가변성을 식별하는 데 도움이 되었다. Berger, W. H., "Deep sea carbonates: Dissolution facies and age-depth constancy,"*Nature* 236 (1972): pp.392~395.

14 GOE 이후 이산화탄소 수준도 비교적 높았지만, 시아노박테리아의 탄소 농축 메커니즘은 주변의 높은 산소 수준으로부터 RUBISCO 효소를 보호하고자 일찍이 진화했다. Hurley, S. J., Wing, B. A., Jasper, C. E., Hill, N. C., Cameron, J. C., "Carbon isotope evidence for the global physiology of Proterozoic cyanobacteria,"*Science Advances* 7 (2021): eabc8998.

15 0.3퍼센트라는 수치는 다음에서 인용했다. Lenton, T. M., Dutreuil, S., Latour, B., "Life on Earth is hard to spot," *The Anthropocene Review* 7 (2020): pp.248~272.

찾아보기

ㄱ

ㄴ

ㄷ

ㄹ

ㅁ

ㅂ

ㅅ

ㅇ

ㅈ

ㅊ

ㅋ

ㅌ

ㅍ

ㅎ

기타

얼음과 불의 탄생

인류는 어떻게 극악한 환경에서 살아남았는가

초판 1쇄 발행 2025년 2월 15일

지은이 그레이엄 실즈
옮긴이 성소희
감수 최덕근
펴낸이 권미경
기획편집 김효단
마케팅 심지훈, 강소연, 김재이
디자인 [★]규
펴낸곳 ㈜웨일북
등록 2015년 10월 12일 제2015-000316호
주소 서울시 마포구 토정로 47, 701
전화 02-322-7187 **팩스** 02-337-8187
메일 sea@whalebook.co.kr

ISBN 979-11-92097-99-2 (03450)